THÉORIE

DES

FORMES BINAIRES

PAR LE

Chev. F. FAÀ DE BRUNO

DOCTEUR ÈS SCIENCES DE L'UNIVERSITÉ DE PARIS

PROFESSEUR A L'UNIVERSITÉ DE TURIN

TURIN

LIBRAIRIE BRERO succ. DE P. MARIETTI

11 - Rue du Po - 11

DÉPÔTS:

PARIS	LEIPZIG	LONDRES
GAUTHIER-VILLARS	F. A. BROCKHAUS	W. H. SMITH and Son
55, Quai des Grands-Augustins, 55		186, Strand, 186

1876

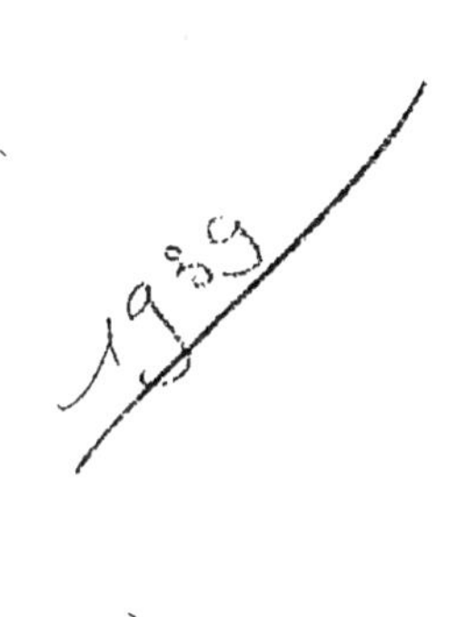

THÉORIE

DES

FORMES BINAIRES

THÉORIE

DES

FORMES BINAIRES

PAR LE

Chev. F. FAÀ DE BRUNO

DOCTEUR ÈS SCIENCES DE L'UNIVERSITÉ DE PARIS

PROFESSEUR A L'UNIVERSITÉ DE TURIN

Résumé des leçons faites à l'Université de Turin.

TURIN

LIBRAIRIE BRERO SUCC^R. DE P. MARIETTI

11 - Rue du Po - 11

DÉPÔTS:

PARIS	LEIPZIG	LONDRES
GAUTHIER-VILLARS		W. H. SMITH and Son
55, Quai des Grands-Augustins, 55.	F. A. BROCKHAUS	186, Strand, 186.

1876.

TURIN — IMPRIMERIE VINCENT BONA
Rue de l'Hôpital, N. 3.

P R É F A C E

La théorie des invariants, destinée désormais à prendre une place très-importante dans l'Analyse, doit son origine à un excellent Mémoire de Boole sur les transformations linéaires inséré dans le *Cambridge and Dublin Mathematical Journal, 1847*. Ce Géomètre, dont tous les travaux sont empreints d'autant d'originalité que de pénétration, y avait démontré que, si l'on élimine les m variables entre les m dérivées successives d'une fonction homogène de degré n à m variables x, y, z, etc., prises par rapport à ces mêmes variables, le résultat de l'élimination se reproduit, à un facteur près, lorsqu'on répétera les mêmes opérations sur la fonction susdite, après y avoir préalablement substitué de nouvelles variables liées linéairement aux premières. Ce beau théorème a été le point de départ d'un grand Mémoire de Cayley, inséré dans le *Journal de Crelle*, *tome 30*, où, par son génie vaste et fécond, il a su créer toute une nouvelle branche d'Analyse, en jetant ainsi les bases de la théorie des fonctions appelées par lui *Hyperdéterminants*, et maintenant, *Invariants*. Dans ce travail à jamais mémorable, M. Cayley fait voir que, pour toute fonction d'un degré supérieur à 3, il existe plusieurs fonctions des coefficients qui jouissent de la même propriété, signalée pour la première fois par Boole sur une seule fonction de ces mêmes coefficients. Il y détermine quelles sont les fonctions de ces coefficients qui restent indépendantes entre elles, et il trouve diverses relations qui lient linéairement les autres fonctions avec celles-ci. M. SYLVESTER est venu ensuite, et avec cette profondeur qui caractérise tous ses écrits, il a ajouté aux précédents un grand nombre de résultats nouveaux et importants. C'est à lui qu'on doit (à ce que je crois) la découverte des *Covariants* (*), nouvelles fonctions dérivées d'une fonction donnée, dans lesquelles les variables et les constantes, transformées successivement par des substitutions linéaires faites sur la proposée, reproduisent, indépendamment les unes des autres, la même fonction. M. HERMITE, enfin, digne successeur d'Abel et de Jacobi, est venu couronner l'œuvre en établissant une loi de réciprocité entre les covariants des diverses fonctions, et par là, il a ouvert à cette théorie un grand et nouveau champ de recherches.

Mais ces travaux, qui forment incontestablement une des plus belles gloires de l'Analyse moderne, sont malheureusement revêtus de formes si concises et si symboliques, ils sont tellement dépourvus de détails et de

---

(*) M. Hesse, à la vérité, avait déjà obtenu avant lui une fonction (qu'on appelle maintenant l'Hessien) qui jouit de la propriété caractéristique des covariants.

démonstrations, et chargés au contraire de nouvelles dénominations, que leur lecture, supposant presque déjà les notions qu'il s'agit d'acquérir, devient le plus souvent pénible et difficile. Il en résulte que cette théorie n'est guère connue que de leurs auteurs, ce qui la rendrait stérile et inutile pour l'avancement de la science, si l'on négligeait de l'exposer avec une clarté suffisante. Ce n'est en effet que lorsqu'une vérité est devenue accessible au plus grand nombre de personnes qu'on peut vraiment affirmer que la science humaine a fait un progrès. D'après ces considérations et sur l'invitation de savants distingués, j'ai cru que ce serait rendre un service à la science que de mettre à la portée de tous les magnifiques résultats trouvés par ces Géomètres, en simplifiant les théories, et en m'appuyant sur les notions les plus communes. Mais, ne pouvant pas embrasser toutes ces recherches, mon but sera également atteint, si par le peu que je me contente d'exposer, je réussis à faire comprendre le reste, contenu dans les Mémoires mêmes, et à préparer les élèves à la lecture des importants travaux publiés dans ces derniers temps, en dehors des auteurs précités (*), par Aronhold, Christoffel, Brioschi, Betti, Clebsch, etc., et surtout par M. Gordan, auquel on doit la limitation du nombre des *Covariants* (**). Il serait inutile de réunir dans un seul

---

(*) Particulièrement M. Cayley, qui dans les 8 *Memoirs upon Quantics* a fondé et développé la théorie des covariants.

(**) L'ouvrage était achevé, lorsque j'ai reçu de cet éminent Géomètre une lettre bienveillante que je ferai connaître ci-après.

corps d'ouvrage les immenses travaux de générali-
sation, accomplis par ces auteurs. Il n'y a rien de
mieux pour le lecteur studieux qui veut avancer que
de recourir aux sources mêmes, ce qu'il pourra faire
avec sécurité et avec profit, quand il aura bien appris
tout ce que j'expose dans cet ouvrage, et en ayant
ensuite recours à la liste des ouvrages que je donne
ci après.

J'avais déjà commencé ce travail, il y a plusieurs
années, quand a paru l'ouvrage de SALMON. Mais cet
ouvrage de maître, résumé excellent de plusieurs
parties de la science, outre celles que j'ai entrepris de
traiter, ne peut guère servir qu'aux Professeurs déjà
initiés à cette théorie, et il ne rentre pas du tout dans
le cadre d'un Traité élémentaire, à la portée des com-
mençants. C'est pourquoi j'espère que le travail actuel
pourra être encore accueilli d'une part avec faveur par
le public savant, à cause de la lacune qu'il remplit dans la
vulgarisation de la science, et d'autre part avec indul-
gence parce qu'il ne peut pas tout dire, dans les limites
étroites où il s'est renfermé.

Ce qu'il y aura d'ailleurs de nouveau de ma part,
soit pour les démonstrations, soit pour de nouvelles
propriétés, ressortira de la comparaison de mes anciens
mémoires et de l'ouvrage actuel avec les ouvrages des
auteurs cités, sans que j'aie la prétention de fixer l'attention du lecteur sur ce qui m'appartient.

Erlangen, 29 September 1875.

Geehrter Herr,

Ich habe Gelegenheit gehabt, Ihr Buch über die binären Formen zu lesen und habe mich sehr darüber gefreut, denn ich finde es wohl geeignet, den Leser mit der Theorie der Invarianten vertraut zu machen. Der Stoff ist durchsichtet und übersichtlich geordnet, die Darstellung ist einfach und klar, an vielen Stellen elegant. Selbst verständlich können die vielen und verschieden Untersuchungen auf dem Gebiete der neueren Algebra darin nicht aufgeführt sein, das werde zu weit führen und dem zwecke des Buches wiedersprechen: aber es führt in die Theorie ein und befähigt den Leser die ihm sonst nur schwer verständlichen original Arbeiten selbst zu studiren.

Sie haben durch dieses Werk der Wissenschaft einen Dienst geleistet, welchen sie dankbar anerkennen wird, indem Sie eine schmerzlich empfundene Lücke ausfüllten.

Hochachtungsvoll und ergebenst

GORDAN.

Monsieur,

J'ai eu l'occasion de lire votre ouvrage sur les formes binaires, et j'en ai été heureux, car je l'ai trouvé bien propre à initier le lecteur à la théorie des invariants. Le sujet est bien approfondi et lumineusement ordonné, l'exposition en est simple, claire et en plusieurs endroits élégante. Naturellement, plusieurs recherches qui ont été faites dans le champ de l'algèbre moderne ne pouvaient y trouver place; cela vous aurait conduit trop loin et n'aurait pas répondu au but de l'ouvrage; mais vous introduisez le lecteur dans la théorie et vous le mettez en état d'étudier par lui même les mémoires originaux dont, sans cela, la lecture lui eût été difficile.

Vous avez par cet ouvrage rendu un service à la science dont elle vous sera reconnaissante, puisque vous avez rempli une lacune importante et regrettable.

Votre Dév. Serviteur

GORDAN.

MÉMOIRES ET OUVRAGES DE DIVERS AUTEURS

relatifs à la théorie des formes binaires.

Aronhold — Fundamentale Begründung der Invariantentheorie. — *Journal de Crelle*, tome 62, 69.

» — Bemerkung über die Auflösung der biquadratischen Gleichungen. — Id., tome 52.

» — Theorie der homogenen Functionen drittes Grades von drei Veränderlichen. — Id., tome 55.

Bellavitis — Sulla partizione dei numeri. — *Annali di matematica*, tome 2, 1859.

Betti — Sopra i covarianti delle forme binarie.

» — Sur les fonctions symétriques. — *Journal de Crelle*, tome 54.

Boole — Exposition of a general theory of linear transformations. — *Cambridge Math. J., old series*, vol. 3.

Borchardt — Bestimmung der symmetrischen Verbindungen vermittelst ihrer erzeugenden Function. — *Journal de Crelle*, tome 53.

Brioschi — Ricerche sulle forme binarie. — *Annali di Tortolini*, tomo 7, 1856.

» — Ricerche sulle forme omogenee a due indeterminate. — Id., 1857.

» — Monografia dei covarianti. — *Annali di matematica*, tomo 1, pag. 296, 349 (1858). — Tomo 2, pag. 82, 265 (1859). Tomo 4.

» — Résultant de deux équations. — *Journal de Crelle*, tome 53.

Brioschi — Sulla trasformazione delle equazioni algebriche. — *Memorie del R. Istituto Lombardo*, 1858.

» — Sulla teorica degli invarianti. — *Annali di Tortolini*, tomo 5, 1854.

» - Sulle funzioni simmetriche delle radici di un'equazione. — Id., tomo 5, 1854.

» — Sul discriminante delle funzioni omogenee a due indetermi- nate, e sulle equazioni ai quadrati delle differenze. — Id., tomo 7, 1856.

» — Sulla trasformazione delle equazioni caratteristiche per un discriminante. — Id., tomo 7, 1856.

» — Sulla partizione dei numeri. — Id., tomo 8, 1857.

» — Sul principio di reciprocità nella teoria delle forme. — Id., tomo 7, 1856.

» — Ricerche analitiche sulle forme omogenee a due indetermi- nate. — Id., tomo 7, 1856.

» — Discriminante delle forme binarie del 6° grado. — Id., tomo 1, 1867.

» — Sur une formule de CAYLEY. — *Journal de Crelle*, tomo 53.

Cayley — On linear transformations. — *Cambridge and Dublin mathe- matical Journal*, vol. 5, 1846.

» — Mémoire sur les hyperdéterminants. — *Journal de Crelle*, tome 30.

» — Forme canonique des fonctions binaires. — Id., tome 54.

» — Addition au Mém. préc. — Id., tome 54.

» — Recherches sur les covariants. — Id., tome 47.

» — On the symmetric functions of the roots of an equation. — *Phi- losophical Transactions*, december 1856.

» — Resultant of a system of two equations. — Id., december 1856.

» — An introductory memoir on Quantics. — Id., 1854.

» — A second memoir upon quantics. — Id., may 1855.

» — A third memoir upon quantics. — Id., april 1856.

» — A fourth memoir upon quantics. — Id., march 1858.

» — A fifth memoir upon quantics. — Id., february 1858.

» — A sixth memoir upon quantics. — Id., nov. 1858.

» — A seventh memoir upon quantics. — Id., march 1861.

» — An eighth memoir on quantics. — Id., january 1867.

Cayley   — A ninth memoir on quantics. — Id., may 1870.

»   — On an algebrical operation. — *Quarterly Mathemathical Journal*, 1875.

»   — Researches on the partition of numbers. — Id., april 1855.

»   — Supplementary researches on the partition of numbers. — Id.

»   — On Tschirnhausen's transformation. — Id., december 1861.

»   — Sur la méthode d'élimination de Bézout. — *Journal de Crelle*, tome 53.

»   — Equation for the squared difference of the roots of a cubio equation.

Christoffel   — Fundamentalsatzes der Invariantentheorie. — *Journal de Crelle*, Id., 68.

»   — Theorie der bilinearen Formen. — Id., 68.

Clebsch   — Ueber der binären Formen vierten Grades. — Id., tome 67.

»   — Ueber eine symbolische Darstellung algebraischen Formen. — Id., tome 59, 1861.

»   — Ueber die partiellen Differentialgleichungen, welchen die absoluten Invarianten binärer Formen bei höheren Transformationen genügen. — *Abhandlungen der K. Gesellschaft der Wissenschaften zu Göttingen*, 1870.

»   — Ueber eine Fundamentalaufgabe der Invariantentheorie. — Id., 1872.

»   — Theorie der binären algebrischen Formen. — Leipzig, 1872.

Clebsch et Gordan — Sulla rappresentazione tipica delle forme binarie. — *Annali di matematica*, tomo 1, 1867.

Combescure — Sur divers points de la théorie des invariants. — *Journal de Lionville*, tome 20, 1855.

Faà di Bruno — Nota sulla teoria degli invarianti. - *Annali di Tortolini*, 1855.

»   — Sulle funzioni isobariche. — Id., 1856.

»   — Sulla determinazione d'una funzione simmetrica delle radici di un'equazione.

»   — Sulle funzioni simmetriche delle radici di un'equazione. — *Annali di Tortolini*, 1855.

»   — Sullo sviluppo delle funzioni. — Id., 1855.

»   — Sur les restes produits par la recherche du plus grand commun diviseur entre deux polynômes. — *Comptes rendus*, tome 42.

Faà di Bruno — Démonstration d'un théorème rélatif à la réduction des fonctions homogènes à 2 lettres à leur forme canonique.

» — Sur les fonctions symétriques. — *Comptes rendus*, tome 76, 1873.

» — Sur un théorème de Brioschi. — *Journal de Crelle*, tome 54.

» — Invariant of the twelfth degree of the quintic. — *Quarterly Journal*, tome 1, 1857.

» — Théorie générale de l'élimination. — *Paris*, chez Gauthier Villars.

Friedler — Theorie der binären Formen. — Leipzig, 1862.

Gordan — Ueber Covariante und Invariante. — *Journal de Crelle*, 69.

» — Ueber die Invarianten binärer Formen bei höheren Transformationen.

» — Ueber das Formensystem binären former. — Leipzig, 1875.

Hermite — Sur la théorie des fonctions homogènes. — *Journal de Crelle*, tome 52.

» — Sur la théorie des fonctions homogènes à deux indéterminées. — *Cambridge and Dublin mathematical Journal*, 1854.

» — Sur l'invariant du 18e degré des formes du cinquième degré et sur le rôle qu'il joue dans la résolution de l'équation du cinquième degré. — *Journal de Crelle*, tome 59.

Hesse — Théorie des fonctions homogènes. — Id., tome 56.

Kronecker — Ueber bilinearen Formen. — Id., 68.

Roberts (M.) — Sur les covariants des formes binaires du 5e degré. — *Annali di matematica*, tome 3, 1860.

» — Recherches sur les équations de 5e degré. — Id., tome 3, 1860.

» — Sur quelques théorèmes d'algébre. — Id., tome 4, 1867.

» — On the covariants of a binary quantic of the nth degree — *Quarterly Journal*, tome 4, 1861 (pag. 68, 324).

» — On some symmetric functions of the roots of algebraic equations. — Id., tome 4, 1861.

» — On the equation of the squares of the differences of the roots of a quintic. — Id., tome 4, 1861.

» — Sur la théorie des équations. — *Annali di matematica*, tome 2, 1859.

Salmon — Exercices in the hyperdeterminant calculus. — *Cambridge and Dublin mathematical Journal*, tome 9.

Salmon   — Lessons of higher algebra. — *Dublin*, 1859.

Schramm   — Critères pour les racines d'une équation. — *Annali di matematica*, tome 1, 1868.

Siacci   — Degli invarianti e covarianti delle forme binarie. — *Annali di Tortolini*, tomo 7, 1865.

Sylvester   — Essay on canonical forms. — London by Bell, Heat Street, 1851.

»   — On elimination and transformation. — *Cambridge and Dublin mathematical Journal*, 1851 (Supplement).

»   — Extension of the dialytic method of elimination. — *Philosophical Magazine*, 1851.

»   — On elimination. — Id., 1841.

»   — On a remarkable discovery in the theory of canonical forms and of hyperdeterminants. — Id., 1851.

»   — On Mr. Cayley's impromptu demonstration of the rule for determining at sight the degree of any symmetrical function of the roots of an equation expressed in terms of the coefficients. — Id., 1853.

TABLE DES MATIÈRES.

Chapitre cinquième

DES INVARIANTS

Chapitre sixième

DES COVARIANTS

Chapitre septième

ETUDES DIVERSES SUR LES COVARIANTS

Chapitre huitième

CHAPITRE PREMIER

—

FONCTIONS SYMÉTRIQUES DES RACINES

—

§ 1.

Détermination des fonctions symétriques et leurs propriétés.

1. Soit l'équation

$$[1] \qquad a_0\, x^n + a_1\, x^{n-1} + a_2\, x^{n-2} + \ldots + a_n = 0,$$

dont nous désignerons par $\alpha_1, \alpha_2, \ldots \alpha_n$ les racines. On y supposera quelquefois $a_0 = 1$.

Une fonction donnée des racines est appelée *symétrique*, lorsqu'elle reste la même, quelque échange que l'on opère entre les racines. On conçoit facilement que si cette fonction est entière, elle pourra généralement être décomposée en une somme d'autres fonctions symétriques plus simples, qui seront toutes de la forme :

$$[2] \qquad \varphi_l = \Sigma\, \alpha_1^p\, \alpha_2^q\, \alpha_3^r\, \alpha_4^t \ldots,$$

le signe Σ s'étendant à toutes les combinaisons l à l des indices $1, 2, 3,\ldots n$, et l désignant le nombre des racines qui figurent dans chaque terme. Si $p = q = r = t \ldots = 1$, on sait que

$$\Sigma\alpha_1 = -\frac{a_1}{a_0}\,,\ \Sigma\alpha_1\alpha_2 = +\frac{a_2}{a_0},\ \ldots\ \Sigma\alpha_1\alpha_2\ldots\alpha_i = (-1)^i\frac{a_i}{a_0}.$$

Lorsque la fonction φ ne contient qu'une seule racine dans chaque terme, c'est-à-dire lorsqu'on a $\varphi = \Sigma\,\alpha^p$, elle prend le nom de *somme des puissances semblables des racines*, et on la désigne par le symbole s_p.

Comme nous allons voir, ces fonctions, qui jouent un grand rôle dans l'analyse algébrique, sont douées de propriétés remarquables.

2. Première propriété. *Les sommes des puissances semblables des racines s'expriment en fonction entière des coefficients.*

On a en effet, pour une somme quelconque s_p, les deux formules suivantes, dont la seconde est due à Waring:

$$[3] \qquad s_p = \left(\frac{1}{a_0}\right) p \begin{vmatrix} a_1 & a_0 & 0 & 0 \ldots 0 \\ 2a_2 & a_1 & a_0 & 0 \ldots 0 \\ 3a_3 & a_2 & a_1 & a_0 \ldots 0 \\ \cdot \cdot \cdot \cdot \cdot \cdot \cdot \cdot \cdot \cdot \cdot \cdot \cdot \\ (p-1)a_{p-1} & a_{p-2} & a_{p-3} & a_{p-4} \ldots a_0 \\ pa_p & a_{p-1} & a_{p-2} & a_{p-3} \ldots a_1 \end{vmatrix}$$

$$[4] \quad s_p = p\left[-\frac{1}{a_0}\right]^p \sum \frac{[-1]^{\lambda_0}(p-\lambda_0-1)}{(\lambda_1)(\lambda_2)(\lambda_3)\ldots(\lambda_n)} a_0^{\lambda_0} a_1^{\lambda_1} a_2^{\lambda_2} \ldots a_n^{\lambda_n}$$

où (λ) et $(p-\lambda_0-1)$ expriment, pour abréger, les produits $1.2.3.\lambda$ et $1.2.3.\ldots \overline{p-\lambda_0-1}$; $\lambda_1, \lambda_2, \ldots \lambda_n$ étant d'ailleurs des nombres entiers assujettis à vérifier les deux équations de condition

$$[5] \qquad \begin{cases} \lambda_0 + \lambda_1 + \lambda_2 + \ldots\ldots + \lambda_n = p \\ \lambda_1 + 2\lambda_2 + 3\lambda_3 + \ldots\ldots + n\lambda_n = p. \end{cases}$$

Dans le cas de $a_0 = 1$ la formule [4] devient

$$[6] \quad s_p = p \sum [-1]^{\lambda_1+\lambda_2+\ldots+\lambda_n} \cdot \frac{(\lambda_1+\lambda_2+\ldots+\lambda_n-1)}{(\lambda_1)(\lambda_2)\ldots\ldots(\lambda_n)} a_1^{\lambda_1} a_2^{\lambda_2} \ldots a_n^{\lambda_n}$$

et on trouvera par des calculs très-aisés,

$$s_p = -pa_p + pa_{p-1}a_1 + pa_{p-2}a_2 - 2a_{p-3}a_2a_1 + pa_{p-3}a_1^3 - pa_{p-2}a_1^2 + pa_{p-3}a_3$$
$$+ pa_{p-4}a_4 - 2pa_{p-4}a_3a_1 - pa_{p-4}a_2^2 - a_{p-4}a_1^4 \pm \ldots + (-1)^p a_1^p.$$

La première formule s'obtient en tirant les valeurs de s_p des relations connues entre les sommes s et les coefficients, à savoir :

$$[7] \quad \begin{cases} a_0\,s_1 + 1.\,a_1 = 0, \\ a_0\,s_2 + a_1\,s_1 + 2a_2 = 0, \\ a_0\,s_3 + a_1\,s_2 + a_2\,s_1 + 3a_3 = 0 \quad (*), \\ \cdot\ \cdot\ \cdot\ \cdot\ \cdot\ \cdot\ \cdot\ \cdot\ \cdot\ \cdot \\ a_0\,s_p + a_1\,s_{p-1} + a_2\,s_{p-2} + \ldots + pa_p = 0, \end{cases}$$

qu'on trouve en comparant les coefficients d'une même puissance de x dans la dérivée de l'équation $X = 0$, considérée comme fonction des coefficients, ou comme fonction des racines.

Car dans le premier cas, on a

$$[8] \quad X' = na_0\,x^{n-1} + (n-1)\,a_1\,x^{n-2} + \ldots + a_{n-1}\,;$$

dans le second

$$[9] \quad X' = \frac{X}{x-a_1} + \frac{X}{x-a_2} + \frac{X}{x-a_3} + \ldots + \frac{X}{x-a_n}.$$

Pour démontrer la formule de Waring, nous remarquerons que l'équation [9] donne

$$[10] \quad \frac{X'}{X} = \frac{n}{x} + \frac{s_1}{x^2} + \frac{s_2}{x^3} + \frac{s_3}{x^4} + \ldots + \frac{s_p}{x^{p+1}} + \ldots\,;$$

(*) De ces mêmes équations on tire la valeur d'un coefficient exprimé en fonction des sommes s. On aura en effet :

$$1.2.3.\ldots i\,a_i = a_0 \begin{vmatrix} s_1 & 1 & 0 & 0 & & 0 \\ s_2 & s_1 & 2 & 0 & & 0 \\ s_3 & s_2 & s_1 & 3 & & 0 \\ \cdot & \cdot & \cdot & \cdot & \cdot & i-1 \\ s_1 & s_{i-1} & s_{i-2} & s_i-0 & & s_1 \end{vmatrix}$$

d'où il résulte que s_p est le coefficient de $\dfrac{1}{x^{p+1}}$ dans le développement de la fonction

$$[11] \qquad \frac{X'}{X} - \frac{n}{x} = - \frac{1}{x^2} \; \frac{a_1 + 2\dfrac{a_2}{x} + 3\dfrac{a_3}{x^2} + \ldots + n\dfrac{a_n}{x^{n-1}}}{a_0 + \dfrac{a_1}{x} + \dfrac{a_2}{x^2} + \ldots + \dfrac{a_n}{x^n}}$$

suivant les puissances ascendantes de $\dfrac{1}{x}$. En posant $\dfrac{1}{x} = y$, la série de Taylor nous fournira pour ce coefficient l'expression

$$[12] \qquad \frac{-1}{1.\,2.\,3.\,(p-1)} \, D_y^p \cdot \log\left(a_0 + a_1 y + a_2 y^2 + \ldots\right)_{y=0}.$$

Or, d'après un théorème que nous avons inséré dans les Annales de Tortolini, 1855, cette dérivée se calcule aisément [*]. Étant donnée, en effet, une fonction quelconque φ de la variable x liée avec une autre par une équation de la forme

$$x = \psi(y),$$

la dérivée d'ordre quelconque $m^{\text{ième}}$ de la fonction φ exprimée en fonction de la nouvelle variable y sera fournie par l'équation

[13]

$$D_y^m \varphi = \sum \frac{(m)}{(k_1)(k_2)(k_3)\ldots(k_m)} D_x^g \varphi \left(\frac{\psi'}{1}\right)^{k_1}\left(\frac{\psi''}{1.2}\right)^{k_2}\left(\frac{\psi'''}{1.2.3}\right)^{k_3}\cdots\left(\frac{\psi^{(m)}}{1.2.3..m}\right)^{k_m}$$

où le signe Σ s'étend à toutes les valeurs entières et positives de $g_1 \, k_1 \, k_2 \, k_3 \ldots\ldots k_m$, qui vérifient les équations

$$g = k_1 + k_2 + k_3 + \ldots + k_m,$$
$$m = k_1 + 2k_2 + 3k_3 + \ldots + mk_m,$$

(l) désignant, en général, le produit $1.\,2.\,3.\ldots l$.

(*) Voir à la fin de l'ouvrage pour la démonstration de cette formule.

Dans le cas actuel, on a

$$\varphi = \log x, \quad x = \psi = a_0 + a_1 y + a_2 y^2 + \ldots,$$

et en général

$$D_x^g \varphi = -\left(-\frac{1}{a_0}\right)^g (g-1), \quad \left(\frac{\psi^{(g)}}{1.2.3\ldots g}\right)^\lambda = a_g^\lambda.$$

Il n'y aura donc qu'à faire convenablement ces substitutions dans la formule [13] et à la multiplier par $[-1\,(p-1)]^{-1}$ pour retrouver la formule [4].

REMARQUE. De l'équation [10] on déduit, en multipliant par dx et en intégrant

$$s_1 + \frac{s_2}{2} + \frac{s_3}{3} + \ldots + \frac{s_p}{p^p} + \ldots = -\log(1 + a_1 y + a_2 y^2 + \ldots),$$

équation qu'on aurait pu tirer immédiatement de ce que si

$$f(x) = (x - \alpha)(x - \beta)(x - \gamma)\ldots\ldots,$$

il vient

$$\log\left[\frac{f(x)}{x^n}\right] = \log\left(1 - \frac{\alpha}{x}\right) + \log\left(1 - \frac{\beta}{x}\right) + \log\left(1 - \frac{\gamma}{x}\right) + \ldots$$

REMARQUE. Observons en passant une propriété de ces fonctions s, qui sera bien utile pour les calculs, à savoir que la *somme de leurs coefficients est toujours égale à* -1.

En effet supposons dans la proposée $a_0 = a_1 = a_2 = a_3 = \ldots = 1$, auquel cas s_p se reduira précisément à cette somme ; la formule [12] se transformera dans celle-ci

$$s_p = -\frac{1}{1.2.3\ldots(p-1)} D_y^p \log(1 + y + y^2 + \ldots)_{y=0}$$

$$= \frac{-1}{(p-1)}\left[D_y^p \log\frac{1}{1-y}\right]_{y=0} = \frac{-1}{(p-1)}(p-1) = -1.$$

3. Deuxième propriété. *La fonction quelconque* φ *peut s'exprimer en fonction des sommes* s_p .

Pour cela, observons qu'on a évidemment

$$\varphi_1 = \Sigma\, \alpha_1^p, \quad s_q \Sigma\, a^p - \Sigma u_1^p a_2^q \mid \Sigma\, a^{p+q};$$

d'où

[14] $$\varphi_2 = \sum a_1{}^p a_2{}^q{}^{(*)} = s_p\, s_q - s_{p+q}.$$

Pareillement

$$s_r \sum a_1{}^p a_2{}^q = \sum a_1{}^p a_2{}^q a_3{}^r + \sum a_1{}^{p+r} a_2{}^q + \sum a_1{}^p a_2{}^{q+r};$$

d'où

$$\sum a_1{}^p a_2{}^q a_3{}^r = s_r \sum a_1{}^p a_2{}^q - \sum a_1{}^{p+r} a_2{}^q - \sum a_1{}^p a_2{}^{q+r};$$

et, au moyen de la première,

[15]
$$\varphi_3 = \sum a_1{}^p a_2{}^q a_3{}^r = s_p\, s_q\, s_r - s_{p+q}\, s_r - s_{p+r}\, s_q - s_{q+r}\, s_p + 2 s_{p+q+r}$$

On a aussi

$$\varphi_4 = \sum a_1{}^p a_2{}^q a_3{}^r a_4{}^t$$

$$= s_t \sum a_1{}^p a_2{}^q a_3{}^r - \sum a_1{}^{p+t} a_2{}^q a_3{}^r - \sum a_1{}^p a_2{}^{q+t} a_3{}^r - \sum a_1{}^p a_2{}^q a_3{}^{r+t},$$

qui, par la précédente, deviendra

[16]
$$\varphi_4 = s_p\, s_q\, s_r\, s_t - \left(s_{p+q}\, s_r\, s_t + s_{p+r}\, s_q\, s_t + s_{p+t}\, s_q\, s_r \cdots \right)$$
$$+ 2\left(s_{p+q+r}\, s_t + s_{p+r+t}\, s_q + \cdots \right)$$
$$+ \left(s_{p+q}\, s_{r+t} + s_{p+r}\, s_{q+t} + s_{p+t}\, s_{q+r} \right) - 1 . 2 . 3 . s_{p+q+r+t}.$$

De même,

[17]
$$\varphi_5 = \sum a_1{}^p a_2{}^q a_3{}^r a_4{}^t a_5{}^v$$

$$= s_p\, s_q\, s_r\, s_t\, s_v - \sum s_{p+q}\, s_r\, s_t\, s_v + 2 \sum s_{p+q+r}\, s_t\, s_v + \sum s_{p+q}\, s_{r+t}\, s_v,$$

$$- 1 . 2 . 3 \sum s_{p+q+r+t}\, s_v - 2 \sum s_{p+q}\, s_{r+t+v} + 1 . 2 . 3 . 4\, s_{p+q+r+t+v},$$

en admettant que le signe $\sum$ s'étende à tous les produits que
l'on peut obtenir en combinant ensemble, 2 à 2, 3 à 3, etc.,
les lettres p, q, r, t, v qui figurent dans les indices.

______

(*) D'après M. Cayley φ_2, φ_3, φ_4, φ_5, etc., pourraient s'écrire encore
simplement
$$\varphi_2 = [pq], \quad \varphi_3 = [pqr], \quad \varphi_4 = [pqrt], \quad \varphi_5 = [pqrtv].$$

En général; on obtiendra:

$$[18] \qquad \varphi_l = \sum a_1^{\pi_1} a_2^{\pi_2} a_3^{\pi_3} \ldots a_l^{\pi_l} = s\pi_l \sum a_1^{\pi_1} a_2^{\pi_2} \ldots a_l^{\pi_{l-1}},$$

$$- \sum a_1^{\pi_1 + \pi_l} a_2^{\pi_2} \ldots a_{l-1}^{\pi_{l-1}},$$

$$- \sum a_1^{\pi_1} a_2^{\pi_2 + \pi_l} \ldots a_{l-1}^{\pi_{l-1}},$$

$$- \sum a_1^{\pi_1} a_2^{\pi_2} \ldots a_{l-1}^{\pi_{l-1} + \pi_l};$$

d'où il suit qu'en supposant connue la fonction

$$\varphi_{l-1} = \sum a_1^{\pi_1} a_2^{\pi_2} \ldots a_{l-1}^{\pi_{l-1}},$$

le second membre de l'équation précédente sera déterminé ; car il n'y aura qu'à changer les indices $\pi_1, \pi_2, \ldots \pi_{l-1}$, respectivement, en $\pi_1 + \pi_l$, $\pi_2 + \pi_l$, $\ldots \pi_{l-1} + \pi_l$, pour calculer tous les termes qu'il contient. Par la même raison, la détermination de φ_{l-1} dépendra de φ_{l-2}; celle de φ_{l-2} de φ_{l-3}, etc.

Il suffit donc de connaître les premières fonctions φ_1, φ_2, φ_3, ψ_4, φ_5, que nous avons données ci-dessus, pour en conclure toutes les autres.

De ces simples considérations et de l'inspection des cas particuliers donnés, on peut déduire une formule propre à fournir l'expression de φ en fonction des sommes des puissances semblables des racines. Appelons λ_g, λ_h, λ_k, $\ldots \lambda_i$, les sommes de g, h, k, $\ldots i$ exposants quelconques pris parmi les $\pi_1, \pi_2, \ldots \pi_l$ sous la condition

$$[19] \qquad g + h + k + \ldots + i = l,$$

et désignons par $\quad \sum s_{\lambda_g} s_{\lambda_h} s_{\lambda_k} \ldots s_{\lambda_i}$

la somme de tous les produits que l'on aura en combinant dans les indices λ_g, λ_h, λ_k, $\ldots \lambda_i$ tous les g, h, k, $\ldots i$ exposants choisis g à g, h à h, k à k, etc., parmi les exposants π.

Il est clair que φ sera le résultat de l'addition de pareilles sommes multipliées chacune par certains coefficients numériques.

D'ailleurs, on aura pour chaque terme

$$[20] \qquad \lambda_g + \lambda_h + \lambda_k + \ldots + \lambda_i = \pi_1 + \pi_2 + \ldots + \pi_l \; ;$$

car si l'on change les racines α en $k\alpha$, il faudra què chaque terme du second membre gagne le facteur $k^{\pi_1 + \pi_2 + \ldots + \pi_l}$, dont se trouvera multiplié le premier, ce qui ne pourra pas arriver à moins de la condition posée ci-dessus.

Il nous reste seulement à trouver les coefficients. A cet effet j'observe que, d'après [18], si A_{l-1} est le coefficient de

$$S_{\pi_1 + \pi_2 + \ldots \pi_{l-1}} \quad \text{dans la fonction } \varphi_{l-1},$$

celui du terme semblable

$$S_{\pi_1 + \pi_2 + \ldots + \pi_l}, \quad \text{dans la fonction } \varphi_l,$$

sera $\qquad\qquad -(l-1)\, A_{l-1}\,.$

Ce terme est le seul qui ait gagné un exposant à l'indice; les autres auront au plus le même nombre d'exposants à l'indice que les termes de la fonction φ_{l-1}, et en auront conservé les mêmes coefficients numériques. Par la même raison tous les termes de φ_{l-1}, auront des coefficients identiques à ceux de φ_{l-2}, excepté le terme en

$$S_{\pi_1 + \pi_2 + \ldots \pi_{l-1}},$$

dont l'indice contiendra un exposant de plus que les autres, et dont le coefficient sera $-(l-2)$ fois celui de

$$S_{\pi_1 + \pi_2 + \pi_3 + \ldots \pi_{l-2}}$$

dans la fonction φ_{l-2}.

En suivant ainsi bien de près la formation des coefficients, on arrivera aux conclusions que voici :

1ʳᵉ Les coefficients varient seulement lors de la variation du nombre des exposants dans un indice, et, au contraire, ils restent les mêmes tant que ce nombre demeure inaltérable ;

2ᵐᵉ Le gain d'un exposant dans un indice qui affecte la lettre s et se compose de $p - 1$ exposants, ne commence à se faire que lors du passage de la fonction φ_{p-1} à la fonction φ_p. Mais comme, dans ce passage, le coefficient acquiert le facteur $- 1 (p - 1)$, on peut dire que chaque fois que l'indice gagne un $p^{\text{ième}}$ exposant de plus, le coefficient gagne aussi un facteur $(- 1) (p - 1)$ de plus.

Il suit de là immédiatement que la lettre s, affectée d'un indice composé de p exposants, aura pour coefficient

$$(-1)^{p-1} p - 1 \cdot p - 2 \cdot p - 3 \ldots 3 \cdot 2 \cdot 1 = (-1)^{p-1} (p - 1)$$

fois celui de $\varphi_1 = s_\pi$, qui est 1.

Donc le terme en
$$s_{\lambda_g} \, s_{\lambda_h} \, s_{\lambda_k} \ldots s_{\lambda_i}$$
aura pour coefficient $(- 1)^{g-1+h-1+\ldots i-1}(g-1)(h-1) \ldots (i-1)$ et il viendra enfin

[21] $\quad \varphi = \sum (-1)^{l - \sigma} (g-1) (h-1) \ldots (i-1) \sum s_{\lambda_g} \, s_{\lambda_h} \, s_{\lambda_k} \ldots s_{\lambda_i} \, ,$

σ étant le nombre de groupes $g, h, k, \ldots i$ dans lesquels l a été partagé, et (p) désignant comme avant la factorielle $1.2.3.\ldots p$. On n'oubliera pas que plusieurs des nombres $g, h, \ldots i$ peuvent être égaux. Dans ce cas, si i exposants deviennent égaux entre eux, chaque terme exprimé en fonction des racines dans le second membre de la formule sera répété $1.2.3\ldots i$ fois de trop. Ainsi, pour avoir la juste valeur de φ, il faudra diviser le second membre par $1. 2. 3. \ldots i$.

Une fois qu'à l'aide de cette formule on aura exprimé φ en fonction des sommes s, on calculera ces diverses sommes au moyen de la formule [4] en fonction des coefficients, et alors la fonction φ se trouvera en dernier lieu exprimée par les coefficients de l'équation proposée. Comme les seconds membres des formules [3] et [4] sont entiers à une puissance près de $\frac{1}{a_0}$, il s'ensuit que, en supposant $a_0 = 1$:

Une fonction quelconque entière et symétrique des racines s'exprime par une fonction entière des coefficients.

4. REMARQUE 1re. La fonction φ peut se mettre sous la forme d'un déterminant

$$\varphi = \begin{vmatrix} s_p & s_{(p)} & s_{(p)} & s_{(p)} & \cdots \\ s_{(q)} & s_q & s_{(q)} & s_{(q)} & \cdots \\ s_{(r)} & s_{(r)} & s_r & s_{(r)} & \cdots \\ s_{(t)} & s_{(t)} & s_{(t)} & s_t & \cdots \\ \cdots & \cdots & \cdots & \cdots \end{vmatrix}, \qquad (*)$$

en admettant qu'après avoir effectué les opérations on change les produits symboliques $s_{(p)} s_{(q)} s_{(r)} \cdots$ en $s_{p+q+r+\ldots}$, c'est à dire, en des facteurs simples $s_{p+q+r+\ldots}$, dont l'indice soit égal à la somme des indices. Ainsi on aura:

$$\begin{vmatrix} s_p & s_{(p)} \\ s_{(q)} & s_q \end{vmatrix} = s_p s_q - s_{p+q}, \qquad \begin{vmatrix} s_p & s_{(p)} & s_{(p)} \\ s_{(q)} & s_q & s_{(q)} \\ s_{(r)} & s_{(r)} & s_r \end{vmatrix} = s_p s_q s_r - s_p s_{q+r} - s_q s_{p+r} - s_r s_{p+q} + 2s_{p+q+r}$$

On vérifiera φ_4 aisément ainsi qu'il suit:

$$\varphi_4 = \begin{vmatrix} s_p & s_{(p)} & s_{(p)} & s_{(p)} \\ s_{(q)} & s_q & s_{(q)} & s_{(q)} \\ s_{(r)} & s_{(r)} & s_r & s_{(r)} \\ s_{(t)} & s_{(t)} & s_{(t)} & s_t \end{vmatrix}$$

____

(*) Nous avons déjà donné ce theorème l'année 1856 dans une thèse soutenue à Paris.

$$= s_p \begin{vmatrix} s_q & s_{(q)} & s_{(q)} \\ s_{(r)} & s_r & s_{(r)} \\ s_{(t)} & s_{(t)} & s_t \end{vmatrix} - s_{(q)} \begin{vmatrix} s_{(p)} & s_{(p)} & s_{(p)} \\ s_{(r)} & s_r & s_{(r)} \\ s_{(t)} & s_{(t)} & s_t \end{vmatrix} + s_{(r)} \begin{vmatrix} s_{(p)} & s_{(p)} & s_{(p)} \\ s_q & s_{(q)} & s_{(q)} \\ s_{(t)} & s_{(t)} & s_t \end{vmatrix} - s_{(t)} \begin{vmatrix} s_{(p)} & s_{(p)} & s_{(p)} \\ s_q & s_{(q)} & s_{(q)} \\ s_{(r)} & s_r & s_{(r)} \end{vmatrix}$$

$$= s_p \begin{vmatrix} s_q & s_{(q)} & s_{(q)} \\ s_{(r)} & s_r & s_{(r)} \\ s_{(t)} & s_{(t)} & s_t \end{vmatrix} - s_{(q)} \begin{vmatrix} s_{(p)} & s_{(p)} & s_{(p)} \\ s_{(r)} & s_r & s_{(r)} \\ s_{(t)} & s_{(t)} & s_t \end{vmatrix} - s_{(r)} \begin{vmatrix} s_{(p)} & s_{(p)} & s_{(p)} \\ s_{(q)} & s_q & s_{(q)} \\ s_{(t)} & s_{(t)} & s_t \end{vmatrix} - s_{(t)} \begin{vmatrix} s_{(p)} & s_{(p)} & s_{(p)} \\ s_{(q)} & s_q & s_{(q)} \\ s_{(r)} & s_{(r)} & s_r \end{vmatrix}$$

d'où l'on voit que le 3ᵉ produit se déduit du second par l'échange des indices q et r, et le 4ᵉ du 3ᵉ par l'échange des indices r et t.

Ainsi on aura:

$$\varphi_n = s_p\left[s_q\, s_r\, s - s_q\, s_{r+t} - s_r\, s_{q+t} - s_t\, s_{r+q} + 2s_{p+q+r} \right]$$

$$- s_{(q)}\left[s_{(p)}\, s_r\, s_t - s_{(p)}\, s_{r+t} - s_r\, s_{(p)+t} - s_t\, s_{r+(p)} + 2s_{(p)+r+t} \right]$$

$$- s_{(r)}\left[s_{(p)}\, s_q\, s_t - s_{(p)}\, s_{q+t} - s_q\, s_{(p)+t} - s_t\, s_{q+(p)} + 2s_{(p)+q+t} \right]$$

$$- s_{(t)}\left[s_{(p)}\, s_q\, s_r - s_{(p)}\, s_{q+r} - s_q\, s_{(p)+r} - s_r\, s_{q+(p)} + 2s_{(p)+q+r} \right]$$

et si maintenant on a égard à la règle symbolique admise, on retrouvera la valeur [16] de φ_4. Comme de φ_3 on est passé à φ_4 on verrait aisément comment de φ_{l-1} on passerait a φl, en suivant généralement la décomposition que nous avons faite en déterminants d'un ordre inférieur d'une unité; d'où il résulte évidemment qu'il ne peut pas s'ajouter un exposant à l'indice sans un changement de signe et sans que le nouveau terme soit multiplié par le nombre $(l\text{-}1)$ de déterminants mineurs qui sont multipliés successivement par les symboles $s_{(q)}$, $s_{(r)}$, $s_{(t)}$, etc.

Remarque 2ᵉ. La formule [21] nous conduit à une relation intéressante. Elle donne en effet:

$$\frac{d\varphi l}{ds_{\lambda_g}} = \Sigma(-1)^{g-1}(g-1)(-1)^{l-g-(\sigma-1)}(h-1)..(i-1)\, \Sigma\, s_{\lambda_h}\, s_{\lambda_k} ... s_{\lambda_i};$$

c'est à dire

$$[22] \qquad \frac{d\varphi l}{d s_{\lambda_g}} = \Sigma (-1)^{g-1} (g-1)\ \varphi_{l-g},$$

φ_{l-g} étant ce que devient φ lorsqu'on y néglige les facteurs contenant les exposants qui figurent dans l'indice λ_g. Ainsi, on aura (voir les exemples [17] et [38])

$$\frac{d\varphi_5}{ds_{r+t+v}} = 1.2.\,(s_p\,s_q - s_{p+q}) = 1.2.\,\varphi_2 = 2\,\Sigma \alpha_1{}^p\,\alpha_2{}^q$$

$$\frac{d\varphi_5}{ds_4} = \Sigma \alpha^3{}_1 \alpha_2 - \Sigma \alpha^4{}_1 = \varphi_4 - s_4$$

car dans ce cas g ne peut avoir que les valeurs 1 et 2.

Lorsque, par suite de la nature des exposants, il arrivera que deux ou plusieurs des indices λ_g, λ_h, etc., seront numériquement égaux, il faudra ajouter au second membre de la relation [22] autant de termes semblables en φ_{l-g}, φ_{l-h}, etc.

Remarque 3ᵉ. Si l'on proposait de trouver le nombre de termes dans la fonction $s_{\lambda_g}\,s_{\lambda_h}\,s_{\lambda_k}\ldots s_{\lambda_i}$, ce nombre, en supposant $g, h, k \ldots i$ différents entre eux, sera évidemment

$$[23] \quad N = \frac{(l)}{(g)\,(l-g)} \times \frac{(l-g)}{(h)\,(l-g-h)} \times \ldots \frac{(l-g-h-k\ldots)}{(i)}$$

$$= \frac{(l)}{(g)\,(h)\,(k)\ldots(i)};$$

car la série des indices dans un terme sera une combinaison des exposants pris g à g, suivie d'une combinaison des $(l-g)$ exposants différents des premiers et des seconds pris k à k, et ainsi de suite.

Mais lorsque g' nombres g, h, k, etc., deviendront égaux à g, la serie des indices λ_g, λ_h, λ_k, ..., se trouvera répétée $1.2.3\ldots g'$ fois de trop, et dans ce cas il faudra encore diviser le nombre N par $1.2.3\ldots g'$, pour avoir le nombre correspondant des termes dans la fonction susdite. Supposons ainsi g' groupes d'exposants en nombre g, h' groupes d'exposants en nombre h, etc., dans la série des indices dont la lettre s est affectée, le nombre N sera

$$[24] \qquad N = \frac{(l)}{(g)^{g'} (h)^{h'} \ldots (i)^{i'} \, (g') \, (h') \ldots (i')}$$

sous la condition $g'g + h'h + \ldots i'i = l$.

Cherchons maintenant ce que devient la formule [21], lorsqu'on suppose tous les exposants égaux à π.

Alors, comme dans

$$\Sigma \, s_{\lambda_g} \, s_{\lambda_h} \, s_{\lambda_k} \ldots s_{\lambda_i} \, ,$$

tous les termes se réduiront à

$$s_{g\pi}^{g'} \; s_{h\pi}^{h'} \ldots s_{i\pi}^{i'} \, ,$$

cette fonction se réduira elle-même à

$$\frac{(l)}{(g)^{g'} (h)^{h'} \ldots (i)^{i} \, (g') \, (h') \ldots (i')} \; s_{g\pi}^{g'} \; s_{h\pi}^{h'} \ldots s_{i\pi}^{i'} \, .$$

D'ailleurs, comme nous l'avons déjà observé, il faudra, dans la même hypothèse, diviser le second membre [21] par $1.2.3\ldots l$. On aura donc.

$$\sum a_1^\pi a_2^\pi \ldots a_l^\pi = \frac{1}{(l)} \sum (-)^{l-\sigma} \frac{(g-1)^{g'}(h-1)^{h'}\ldots(i-1)^{i'}(l)}{(g)^{g'}(h)^{h'}\ldots(i)^{i'}(g')(h')\ldots(i')} \; s_{g\pi}^{g'} \; s_{h\pi}^{h'} \ldots s_{i\pi}^{i'} \, ,$$

ou

$$[25]$$

$$\sum a_1^\pi \, {}_2^\pi \ldots a_l^\pi = \sum (-)^{l-\sigma} \frac{1}{(g')(h')\ldots(i')} \left(\frac{s_{g\pi}}{g} \right)^{g'} \left(\frac{s_{h\pi}}{h} \right)^{h'} \ldots \left(\frac{s_{i\pi}}{i} \right)^{i'}$$

sous les conditions

$$\sigma = g' + h' + \ldots + i' \quad \text{et} \quad g'g + h'h + \ldots + i'i = l.$$

APPLICATION. On peut exprimer à l'aide de cette formule un coefficient quelconque d'une équation en fonction des sommes des puissances semblables des racines. Le coefficient a_l en effet d'une équation, en supposant $a_0 = 0$, est égal à

$$(-)^l \ \Sigma \alpha_1 \ \alpha_2 \ldots \alpha_l$$

et si l'on pose $\pi = 1$ dans la dernière formule [25] et si nous supposons, ce qui est toujours permis,

$$g = 1, \quad h = 2, \ldots i = l, \quad \text{et} \quad g' = \lambda_1, \ h' = \lambda_2, \ldots i' = \lambda_l \ ;$$

il viendra

$$[26] \qquad a_l = \sum \frac{(-1)^{\lambda_1 + \lambda_2 + \ldots \lambda_l}}{(\lambda_1)(\lambda_2) \ldots (\lambda_l)} \left(\frac{s_1}{1}\right)^{\lambda_1} \left(\frac{s_2}{2}\right)^{\lambda_2} \cdots \left(\frac{s_l}{l}\right)^{\lambda_l},$$

sous la condition $\qquad \lambda_1 + 2\lambda_2 + \ldots l\lambda_l = l.$

On aura, par exemple,

$$a_4 = \frac{1}{2.3.4} \, s_1^4 - \frac{1}{2.2} \, s_1^2 \, s_2 + \frac{1}{3} \, s_1 s_3 + \frac{1}{2^1.2} \, s_2^2 - \frac{1}{4} s_4.$$

REMARQUE 4°. *La somme des coefficients numériques de φ_l est $(-1)^l (l)$, divisée par les fonctionelles [g], [h], etc., si dans la fonction φ_l il y a g, h, etc., exposants des racines égaux entre eux.*

En effet si l'on pose $a_0 = a_1 = a_2$, etc., $= 1$, φ_l se transformera en cette somme, et les s qui figurent dans la formule [21], se changeront tous en -1. Par conséquent le signe des coefficients deviendra partout $(-1)^{l-\sigma} \times (-1)^\sigma = (-1)^l$, et la valeur de φ_l ne dépendra que de l. Or dans cette hypothèse la fonction φ_l, en remontant à son origine [18], comme s_p est toujours $= -1$, deviendra $\varphi_l = -l\varphi_{l-1}$, et $\varphi_{l-1} = -(l-1)\varphi_{l-2}$, etc., d'où enfin

$$\varphi_l = (-1)^l l.\,(l-1)\,(l-2) \ldots 3.2.1.$$

Mais lorsque dans la fonction φ_l il se trouve g exposants $= p$, h exposants $= q$, etc., évidemment ces combinaisons se trouvent répétées (h), (g), ... fois de trop; ainsi il faudra diviser $(-1)^l$ (l) par (g), (h) . . . .

On trouvera, par exemple, que les fonctions

$$\sum \alpha^2\beta, \ \sum \alpha^2\beta\gamma, \ \sum \alpha^2\beta^2\gamma, \ \sum \alpha^3\beta^3\gamma\delta, \ \sum \alpha^2\beta^2\gamma^2\delta\epsilon\varphi\lambda$$

se reduisent respectivement à

$$(-1)^2 1.2 = +2, \ (-1)^3 \frac{1.2.3}{1.2} = -3, \ (-1)^3 \frac{1.2.3}{1.2} = -3, \ (-1)^4 \frac{1.2.3.4}{1.2.1.2} = +6, \ -(1)^7 \frac{(7)}{(3)\,(4)} = -35.$$

Les formules [4] et [21] cependant, quoiqu'elles conduisent au but désiré, ne cessent pas de donner encore lieu à des calculs assez longs. Il en est ainsi de toute expression qui s'appuie sur les sommes des puissances semblables des racines. Cela dépend de ce que l'on a à tenir compte, dans ces sortes d'expressions, d'une multitude de termes qui, finissant nécessairement par s'entredétruire dans le résultat final, ne servent qu'à prolonger inutilement les calculs. Supposons, pour fixer les idées, qu'on ait à calculer la fonction $\sum \alpha^2\beta^2$, et posons pour un moment $a_0 = 1$.

On aura, d'après ce qui précède,

$$2 \sum \alpha^2\beta^2 = s_1 s^2_2 - s_1 s_4 - 2s_2 s_3 + 2s_5,$$

$$s_1 = -a_1, \quad s_2 = a^2_1, -2a_2, \quad s_3 = -a^3_1 + 3a_1 a_2 - 3a_3,$$

$$s_4 = a^4_1 - 4a^2_1 a_2 + 4a_1 a_3 + 2a^2_2 - 4a_4,$$

$$s_5 = -a^5_1 + 5a^3_1 a_2 - 5a_1 a^2_2 - 5a^2_1 a_3 + 5a_1 a_4 + 5a_2 a_3 - 5a_5,$$

et l'on trouvera $\quad \sum \alpha^2\beta^2 = -a_2 a_3 + 3a_1 a_4 - 5a_5.$

Ainsi, les quatre premiers termes de s_5, les deux premiers de s_4 et le premier de s_3, étant étrangers au résultat, n'ont eu d'autre effet que de rendre le calcul plus pénible. Mais on peut maintenant éviter l'introduction de ces termes et écrire même d'avance la forme littérale de la fonction des coefficients, qui représente une fonction donnée des racines, à l'aide d'un théorème important, dû à M. Cayley et à M. Sylvester, et dont j'ai déjà donné, dans les Annales de Tortolini (1855), une démonstration extrêmement simple. Voici le théorème.

5. Trosième propriété. *La fonction des coefficients qui exprime la fonction des racines*

$$[27] \qquad \varphi = \Sigma \alpha_1^p \, \alpha_2^q \, \alpha_3^r \ldots = \Sigma C a_1^{\lambda_1} \, a_2^{\lambda_2} \, a_3^{\lambda_3} \ldots$$

est de degré égal au plus grand des exposants p, q, r , . ., *et les indices avec les exposants qui figurent dans chaque terme satisfont à l'équation*

$$[28] \quad \lambda_1 + 2\lambda_2 + 3\lambda_3 + \ldots = p + q + r + \ldots = \text{somme des exposants.}$$

Pour le démontrer, nous partirons de cette remarque aussi simple que féconde, à savoir, que les coefficients de l'équation donnée [1] sont des fonctions linéaires par rapport à une quelconque des racines. En effet, quel que soit i, le coefficient a_i sera, en général, de la forme

$$[29] \qquad\qquad a_i = M^{(i)} \, \alpha_j + N^{(i)},$$

$M^{(i)}$, $N^{(i)}$ désignant les fonctions des autres racines, hormis la racine α_j , choisie arbitrairement parmi les racines α_1, α_2, $\alpha_3 \ldots$

Par conséquent , si dans la fonction exprimée par rapport aux coefficients

$$\varphi = C a_1^{\lambda_1} \, a_2^{\lambda_2} \, a_3^{\lambda_3} \ldots a_n^{\lambda_n}$$

on remplace les coefficients a_1, a_2, a_n, par leurs valeurs [29], on aura

[30]

$$\varphi = \Sigma \alpha_1^p \alpha_2^q \alpha_3^r \ldots = \Sigma C \left(M^{(1)} \, \alpha_j + N^{(1)} \right)^{\lambda_1} \ldots \ldots \left(M^{(n)} \, \alpha_j + N^{(n)} \right)^{\lambda_n},$$

et le plus grand exposant dont sera affectée la racine quelconque α_j sera la plus grande valeur de la somme des exposants

$$\lambda_1 + \lambda_2 + \lambda_3 + \ldots + \lambda_n \,,$$

qui devra être égale à la valeur maximum des exposants $p, q, r, \ldots$, que nous appellerons, pour plus de clarté, π. D'un autre côté, la somme $\lambda_1 + \lambda_2 + \lambda_3 + \ldots + \lambda_n$, représente précisément le degré de la fonction φ, considérée par rapport aux coefficients ; donc le plus haut degré de ces termes, ou, en un mot, le degré de la fonction, sera bien égal au plus haut exposant de la fonction donnée des racines.

L'autre partie du théorème se démontre avec la même facilité. Supposons que les racines $\alpha, \beta, \gamma, \ldots$ deviennent respectivement $k\alpha, k\beta, k\gamma, \ldots$; la fonction φ deviendra $\varphi\, k^{p+q+r+\ldots}$; mais en même temps les coefficients de l'équation proposée se seront changés en

$$ka_1, \quad k^2 a_2, \quad k^3 a_3,$$

et ils auront gagné autant de facteurs k qu'il y a d'unités dans leurs indices. Par conséquent, chaque terme de la fonction φ des coefficients aura gagné le facteur

$$k^{\lambda_1 + 2\lambda_2 + 3\lambda_3 + \ldots + n\lambda_n} \,.$$

Il faudra donc bien, pour que l'égalité [27] continue à subsister, que l'exposant de k dans le second membre soit constant et égal précisément à la somme des exposants des racines dans le premier.

REMARQUE. La fonction $\lambda_1 + 2\lambda_2 + 3\lambda_3 + \ldots + n\lambda_n$, c'est-à-dire, la somme des produits des exposants par les indices des coefficients appartenants à un même terme d'une fonction donnée, joue un grand rôle dans l'analyse que nous allons exposer, et en général dans tous les développements réels ou symboliques des fonctions. Il sera donc convenable, pour mieux préciser et faciliter par suite le raisonnement, de lui assigner un nom spécial. Nous l'appellerons le *poids de la fonction*, et quand ce poids sera constant, nous dirons d'après M. Cayley que la fonction est *isobarique*. Ainsi, dans le cas actuel, on dira simplement que la fonction φ des coefficients est isobarique et de poids $p + q + r + \ldots$

En se rappelant ce que nous avons dit au N. 3, on en conclurait aussi que la fonction φ des sommes s est isobarique et de poids $p + q + r + \ldots$

Nous appellerons aussi *équipollence* la propriété dont jouit une fonction d'avoir son poids constant, c'est-à-dire, d'être *isobarique*.

APPLICATION. Prenons, par exemple, la fonction $\sum \alpha^3 \beta$. Ici, le plus grand exposant est $\pi = 3$, et la somme des exposants $p + q + r + \ldots = 4$. Donc la fonction des coefficients, qui la représente, sera de degré 3, isobarique et de poids 4.

Donc elle sera de la forme

$$A a^2_1 a_2 + B a_1 a_3 + C a^2_2 + D a_4.$$

Les coefficients numériques A, B, C, D pourront se déterminer de plusieurs manières. On peut se servir des sommes des puissances semblables, si elles sont connues, en y négligeant tous les termes qui seraient d'un degré supérieur à 3, comme on aurait pu le faire dans le cas de la fonction $\sum \alpha^2 \beta^2 \gamma$, traité ci-dessus, si l'on avait connu le théorème en question. On peut encore employer des équations dont les racines soient connues. Ainsi, les équations

$$x^2 - 2 = 0, \quad x^2 - 2x + 1 = 0, \quad x^3 - 3x^2 + 3x + 1 = 0, \quad x^4 - 2x^2 + 1 = 0$$

nous auraient fourni les équations de condition

$$C = -2, \quad 4A + C = 2, \quad 27A + 3B + 9C = 0, \quad D + 4C = -4;$$

$$\text{d'où} \qquad A = 1, \quad B = -1, \quad C = -2, \quad D = 4.$$

Si l'on introduisait de nouveau le coefficient a_0, alors φ deviendrait

$$[31] \qquad \varphi = \left(\frac{1}{a_0}\right)^\pi \sum C\, a_0^{\lambda_0}\, a_1^{\lambda_1}\, a_2^{\lambda_2}\, a_3^{\lambda_3} \ldots a_n^{\lambda_n},$$

et l'on pourrait énoncer le théorème précédent sous cette forme :

La fonction φ, par rapport aux coefficients, est, à une puissance près de a_0, homogène et de degré π, isobarique et de poids $p + q + r \ldots$

6. REMARQUE. Si au lieu d'exprimer les fonctions des racines à l'aide des coefficients on exprimait les combinaisons des coefficients à l'aide des fonctions symétriques des racines, on trouverait des propriétés analogues ; c'est-à-dire, que *le plus grand exposant qui figure dans ces fonctions ne peut pas dépasser le nombre des coefficients qui figurent dans la combinaison, et que le nombre des racines est au plus égal au poids de la combinaison*(*). Cela résulte encore de ce que les coefficients de l'équation proposée sont des fonctions linéaires par rapport aux racines. Ainsi soit

$$a_1^p\, a_2^p\, a_3^r \ldots a_i^t$$

la combinaison donnée. On aura évidemment, en appelant π le poids de la combinaison $= 1p + 2q + 3r + \ldots + it,$

$$a_1^{p_1} a_2^q\, a_3^r \ldots a_i^t = (-1)^\pi (\textstyle\sum \alpha)^p (\sum \alpha_1 \alpha_2)^q (\sum \alpha_1 \alpha_2 \alpha_3)^r \ldots (\sum \alpha_1 \alpha_2 \alpha_3 \ldots \alpha_i)^t;$$

et comme, au plus dans le développement des produits, chaque racine ne pourra se répéter qu'autant de fois qu'elle se trouve dans chaque Σ, et que d'ailleurs par les mêmes raisons d'auparavant les deux membres doivent être isobariques, il en résultera évidemment la propriété énoncée. Ainsi on aura

$$-a_1 = \sum \alpha_1 \qquad \begin{cases} +\, a_2 = \sum \alpha_1 \alpha_2 \\ +\, a_1^2 = \sum \alpha_1^2 + 2 \sum \alpha_1 \alpha_2 \end{cases}$$

(*) Ce théorème est dû à M.ʳ Cayley (v. *Philosophical Transactions, 1857*); et l'on aurait pû, tout aussi bien, en faire dépendre le théorème du N. 5.

$$\left\{\begin{aligned}
- a_3 &= \sum \alpha_1\alpha_2\alpha_3 \\
- a_1 a_2 &= \sum \alpha^2_1\alpha_2 + 3\sum \alpha_1\alpha_2\alpha_3 \\
- a^3_1 &= \sum \alpha^3_1 + 3\sum \alpha^2_1\alpha^2_2 + 6\sum \alpha_1\alpha_2\alpha_3
\end{aligned}\right.$$

$$\left\{\begin{aligned}
a_4 &= \sum \alpha_1\alpha_2\alpha_3\alpha_4 \\
a_3 a_1 &= \sum \alpha^2_1\alpha_2\alpha_3 + 4\sum \alpha_1\alpha_2\alpha_3\alpha_4 \\
a^2_2 &= \sum \alpha^2_1\alpha^2_2 + 2\sum \alpha^2_1\alpha_2\alpha_3 + 6\sum \alpha_1\alpha_2\alpha_3\alpha_4 \\
a_2 a^2_1 &= \sum \alpha^3_1\alpha_2 + 2\sum \alpha^2_1\alpha^2_2 + 5\sum \alpha^2_2\alpha_2\alpha_3 + 12\sum \alpha_1\alpha_2\alpha_3\alpha_4 \\
a^4_1 &= \sum \alpha^4_1 + 4\sum \alpha^3_1\alpha_2 + 6\sum \alpha^2_1\alpha^2_2 + 12\sum \alpha^2_1\alpha_2\alpha_3 + 24\sum \alpha_1\alpha_2\alpha_3\alpha_4
\end{aligned}\right.$$

Il est aisé aussi de voir que, comme les deux membres doivent être isobariques, soit par rapport aux coefficients qu'aux racines, il y aura dans chaque groupe d'équations le même nombre de combinaisons de racines à droite qu'il y a de combinaisons de coefficients à gauche, c'est-à-dire, qu'il y a d'équations. Donc chaque groupe fournit un système d'équations linéaires par rapport aux fonctions φ, propre à déterminer n'importe quelle fonction φ de poids donné.

Ainsi on pourra tirer de là successivement

$$\sum \alpha_1\alpha_2\alpha_3 = - a_3, \quad \sum \alpha^2_1\alpha_2 = - a_1 a_2 + 3a_3, \quad \sum \alpha^3_1 = - a^3_1 + 3a_1 a_2 - 3a_3.$$

7. Si on avait à calculer la fonction symétrique $\varphi(\alpha)$, φ désignant une fonction entière de α d'un degré quelconque, on pourrait se servir du théorème suivant dû à M. Cauchy.

Théorème. *La fonction symétrique* $\sum \varphi(\alpha)$ *étendue à toutes les racines de* $f(x)$ *est égale au coefficient de* x^{-1} *dans le développement de* $\dfrac{f'(x)\,\varphi(x)}{f(x)}$.

Démonstration. En effet de l'équation

$$\frac{f'(x)}{f(x)} = \frac{1}{x-\alpha} + \frac{1}{x-\beta} + \frac{1}{x-\gamma} + \ldots$$

on déduit, en supposant $\varphi(x) = \theta(x)(x-\alpha) + \varphi(\alpha)$

(*) Quelques-uns l'attribuent à M.ˣ Transon (*Nouvelles annales de Mathém, t. 9*); mais bien auparavant, en 1826, M. Cauchy dans un magnifique Mémoire inséré dans ses *Exercices de Mathématique*, l'avait donné comme cas particulier de ses formules générales du Calcul des résidus.

$$\frac{f'(x)\,\varphi(x)}{f(x)} = \psi(x) + \frac{\varphi(\alpha)}{x-\alpha} + \frac{\varphi(\beta)}{x-\beta} + \ldots\ldots$$

$$= \psi(x) + \frac{1}{x} \sum \varphi(\alpha) - + \ldots$$

$\psi(x)$ désignant une fonction entière de x, d'où résulte évidemment la proposition énoncée.

Observons en passant que si l'on pose

$$\varphi(\alpha) = \sum b_i\, \alpha^i$$

on aura encore d'après la formule [12]

$$\sum \varphi(\alpha) = -\sum b_i\, \frac{i}{(i)}\, D^i \log (a_0 + a_1 y + \ldots\ldots)_{y=0}$$

ou bien, en posant $i b_i = b'^i$

$$\sum \varphi(\alpha) = -\log (a_0 + a_1 b' + a_2 b'^2 + a_3 b'^3 + \ldots)$$

en supposant toutefois qu'après les opérations, on change les exposants en indices, c'est-à-dire b'^i en $l b_i$.

Ce qui précède suffit pour calculer avec assez de facilité n'importe quelle fonction symétrique des racines. Et Mcycrhirsch (*V. Sammlung von Aufgaben aus den Theorie der algebraischen Gleichungen)*, avec moins encore de ressources avait déjà en 1809 calculé toutes les fonctions symétriques jusqu'au dixième ordre. Mais depuis quelques années, **grâce aux travaux** surtout de Cayley et Brioschi, nous possédons des moyens plus prompts et plus sûrs pour arriver au résultat, moyens fondés sur des propriétés nouvelles des fonctions symétriques que nous nous proposons d'exposer.

§ II.

Dérivées partielles des fonctions symétriques
par rapport aux racines et aux coefficients.

8. Les dérivées partielles d'une fonction symétrique prises par rapport aux racines ou par rapport aux coefficients ou par rapport aux sommes s ont entr'elles des relations remarquables, qui jouent un grand role dans leur étude, et constituent autant de propriétés des fonctions symétriques que nous allons successivement démontrer.

Quatrième propriété. *La fonction φ envisagée successivement comme fonction des coefficients et comme fonction des sommes s satisfait à l'équation aux dérivées partielles.*

$$[32] \quad \frac{d\varphi}{da_r} + a_1 \frac{d\varphi}{da_{r+1}} + a_2 \frac{d\varphi}{da_{r+2}} + \ldots + a_{n-r} \frac{d\varphi}{da_n} + r \frac{d\varphi}{ds_r} = 0.$$

DÉMONSTRATION. On a effectivement

$$[33] \quad \frac{d\varphi}{ds_r} = \frac{d\varphi}{da_1} \frac{da_1}{ds_r} + \frac{d\varphi}{da_2} \frac{da_2}{ds_r} + \frac{d\varphi}{da_3} \frac{da_3}{ds_r} + \ldots + \frac{d\varphi}{da_n} \frac{da_n}{ds_r},$$

$$[34] \quad \frac{da_i}{ds_r} = \frac{da_i}{d\alpha_1} \frac{d\alpha_1}{ds_r} + \frac{da_i}{d\alpha_2} \frac{d\alpha_2}{ds_r} + \ldots + \frac{da_i}{d\alpha_n} \frac{d\alpha_n}{ds_r}.$$

D'ailleurs,

$$[35] \quad \frac{da_i}{d\alpha_l} = - \left(a_{i-1} + a_{i-2}\, \alpha_l + a_{i-3}\, \alpha_l^2 + \ldots + a_1\, \alpha_l^{i-2} + \alpha_l^{i-1} \right);$$

car $\dfrac{da_i}{d\alpha_l}$ se réduit au coefficient de x^{n-i} dans l'équation $\dfrac{X}{x-\alpha_l}$ multiplié par -1, produit marqué par le second membre (*).

Au moyen de cette dernière équation, il viendra

$$-\frac{da_i}{ds_r}=a_{i-1}\sum\frac{d\alpha_h}{ds_r}+a_{i-2}\sum\alpha_h\frac{d\alpha_h}{ds_r}+\ldots+a_{i-r}\sum\alpha_h^{r-1}\frac{d\alpha_h}{ds_r}\ldots+\sum\alpha_l^{i-1}\frac{d\alpha_l}{ds_r}$$

le signe $\sum$ s'étendant à toutes les valeurs entières de h depuis 1 jusqu'à n; ou bien, en faisant les sommes indiquées,

$$-\frac{da_i}{ds_r}=a_{i-1}\frac{ds_1}{ds_r}+\frac{1}{2}a_{i-2}\frac{ds_2}{ds_r}+\ldots+\frac{1}{r}a_{i-r}\frac{ds_r}{ds_r}+\ldots+\frac{1}{i}\frac{ds_i}{ds_r};$$

de là on tire évidemment

$$[35]'\qquad \left|\begin{array}{c}\dfrac{da_i}{ds_r}=-\dfrac{1}{r}a_{i-r}\\[2mm]\text{pour } i>r\end{array}\right.\ \left|\begin{array}{c}\dfrac{da_r}{ds_r}=-\dfrac{1}{r}\\[2mm]\text{pour } i=r\end{array}\right.\ \left|\begin{array}{c}\dfrac{da_i}{ds_r}=0\\[2mm]\text{pour } i<r.\end{array}\right.$$

En ayant égard à ces valeurs, la [33] deviendra précisément la [32], qu'il s'agissait de démontrer.

Remarque. De l'équation [35] on tire cette autre qui nous sera utile dans la suite:

$$[36]\qquad \sum_l \frac{da_i}{d\alpha_l}\alpha_l^h=-(s_{h+i-1}+a_1 s_{h+i-2}+\ldots+a_{i-1}s_h).$$

(*) Les coefficients a étant linéaires par rapport aux racines, $\dfrac{da_i}{d\alpha_l}$ représente le coefficient a_i privé de la racine α_l ou la combinaison $i-1$ à $i-1$ des racines excepté la α_l, c'est-à-dire, le coefficient de $x^{n-1-(i-1)}=x^{n-i}$, multiplié par $\dfrac{(-1)^i}{(-1)^{i-1}}=-1$ dans l'équation $\dfrac{X}{x-\alpha_l}=0$.

En effet on a en vertu de l'équation citée, en la multipliant par α_l^h et en sommant pour toutes les valeurs de l'indice l,

$$\sum \frac{da_i}{da_l}\, \alpha_l^h = -\sum (a_{i-1}\,\alpha_l^h + a_{i-2}\,\alpha_l^{h+1} + a_{i-3}\,\alpha_l^{h+2} + \ldots + a_1\,\alpha_l^{h+i-2} + \alpha_l^{h+i-1}),$$

dont le second membre est identique avec celui de l'équation précédente.

9. Cinquième propriété. *En désignant par p la somme des exposants des racines dans la fonction* φ, *on a:*

$$[37] \quad p\varphi = \begin{vmatrix} \cdot & 0 & a_1 & 2a_2 & 3a_3 \ldots pa_p \\ 1.\dfrac{d\varphi}{ds_1} & 1 & a_1 & a_2 \ldots a_{p-1} \\ 2.\dfrac{d\varphi}{ds_2} & 0 & 1 & a_1 \ldots a_{p-2} \\ 3.\dfrac{d\varphi}{ds_3} & 0 & 0 & 1 \ldots a_{p-3} \\ \cdot & \cdot & \cdot & \cdot \\ \cdot & \cdot & \cdot & \cdot \\ \cdot & \cdot & \cdot & \cdot \\ p\dfrac{d\varphi}{ds_p} & 0 & 0 & 0 \ldots 1 \end{vmatrix}$$

DÉMONSTRATION. Par suite de l'équipollence de là fonction φ, on a

$$[38] \quad a_1 \frac{d\varphi}{da_1} + 2a_2 \frac{d\varphi}{da_2} + \ldots + a_n \frac{d\varphi}{da_n} - \varphi = 0,$$

et l'équation [32], en y faisant successivement $r = 1, 2, 3, \ldots p$, nous donne les équations suivantes

$$[39] \quad \begin{cases} \dfrac{d\varphi}{da_1} + a_1 \dfrac{d\varphi}{da_2} + \ldots + a_{p-1} \dfrac{d\varphi}{da} + \dfrac{d\varphi}{ds_1} = 0 , \\[2mm] \dfrac{d\varphi}{da_2} + \ldots + a_{p-2} \dfrac{d\varphi}{da} + 2 \dfrac{d\varphi}{ds_2} = 0, \\[2mm] \qquad \cdot \qquad \cdot \qquad \cdot \qquad \cdot \qquad \cdot \qquad \cdot \\[2mm] \dfrac{d\varphi}{da} + p \dfrac{d\varphi}{ds} = 0 . \end{cases}$$

En éliminant $\dfrac{d\varphi}{da_1}$, $\dfrac{d\varphi}{da_2} \ldots, \dfrac{d\varphi}{da_p}$ de ces équations et de la [38], on obtiendra la formule [37].

Cette formule n'est que l'équation [21] sous une autre forme. Ainsi, elle n'est pas plus propre à faciliter les calculs des fonctions symétriques. Au contraire, la relation [32] et ses semblables, qu'on en déduira en faisant varier l'indice, peuvent utilement servir à déterminer les coefficients numériques de la fonction φ, une fois que sa forme littérale aura été écrite d'après la quatrième propriété. Nous empruntons à ce sujet un exemple au mémoire de M. Brioschi[*], à qui l'on doit les deux théorèmes ci-dessus.

APPLICATION. Soit à calculer la fonction $\varphi = \sum \alpha^4_1 \, \alpha^3_2 \, \alpha_3$, en fonction des coefficients. La forme littérale sera:

$$\varphi = A a_1{}^3 a_5 + B a_1{}^2 a_6 + C a_1{}^2 a_2 a_4 + D a_1{}^2 a_5{}^2 + E a_1 a_7 + F a_1 a_2 a_5 +$$
$$G a_1 a_3 a_4 + I a_1 a^2{}_2 a_4 + H a_2 a_6 + K a^2{}_2 a_4 + L a_3 a_5 + M a_2 a^2{}_3 + N a^2{}_4 + P a_8.$$

L'expression en termes des sommes s est d'abord

$$\varphi = s_1 s_3 s_4 - s^2{}_4 - s_3 s_5 - s_1 s_7 + 2 s_8 ;$$

d'où

$$\frac{d\varphi}{ds_3} = \sum \alpha^4 \alpha_2 , \quad \frac{d\varphi}{ds_1} = \sum \alpha^3{}_1 \, \alpha_2 - \sum \alpha^4{}_1, \quad \frac{d\varphi}{ds_5} = - \sum \alpha^3{}_1, \quad \frac{d\varphi}{ds_7} = - \sum \alpha_1 , \quad \frac{d\varphi}{ds_8} = 2$$

[*] *Annales de Tortolini* Rome 1854.

fonctions que nous supposons connues d'avance. Alors les équations que l'on déduira de la [32], à savoir :

$$\frac{d\varphi}{da_3} + a_1\frac{d\varphi}{da_4} + a_2\frac{d\varphi}{da_5} + \ldots + a_5\frac{d\varphi}{da_1} + 3\frac{d\varphi}{ds_3} = 0,$$

$$\frac{d\varphi}{da_4} + a_1\frac{d\varphi}{da_5} + \ldots + a_4\frac{d\varphi}{da_8} + 4\frac{d\varphi}{ds_4} = 0,$$

$$\frac{d\varphi}{da_5} + a_1\frac{d\varphi}{da_6} + \ldots + a_3\frac{d\varphi}{da_8} + 5\frac{d\varphi}{ds_5} = 0,$$

$$\frac{d\varphi}{da_7} + a_1\frac{d\varphi}{da_8} + 7\frac{d\varphi}{ds_7} = 0,$$

$$\frac{d\varphi}{da_8} + 8\frac{d\varphi}{ds_8} = 0,$$

fourniront les équations de condition entre les coefficients indéterminés A, B, C, ... propres à les déterminer. En profitant ainsi de ces relations et des tables, page 27 e 28, on aura les équations

$$A+C-3=0, \quad 2D+G+B+3=0, \quad I+K+F+9=0,$$

$$2M+L+H-15=0, \quad G+2N+E-3=0, \quad L+P+15=0,$$

$$\ldots \quad \ldots \quad E+P+7=0, \quad P+16=0;$$

d'où $A=4$, $B=-9$, $C=-1$, $D=-2$, $E=9$, $F=-10$,

$G=10$, $I=1$, $H=16$, $K=0$, $L=1$, $M=-1$, $N=-8$, $P=-16$.

10. C'est à l'aide des diverses méthodes, que nous avons exposées jusqu'ici que nous avons calculé, déjà en partie en 1856, les valeurs de quelques fonctions symétriques, que nous réunissons ici dans deux tables pour l'avantage des lecteurs.

Table des fonctions s pour les dix premiers degrés

(on suppose $a_0 = 1$):

$$s_1 = -a_1,$$

$$s_2 = a_1^2 - 2a_2$$

$$s_3 = -a_1^3 + 3a_1 a_2 - 3a_3$$

$$s_4 = a_1^4 - 4a_1^2 a_2 + 4a_1 a_3 - 4a_4 + 2a_2^2,$$

$$s_5 = a_1^5 + 5a_1^3 a_2^1 + 5a_1 a_4 - 5a_3 a_1^2 - 5a_1 a_2^2 + 5a_2 a_3 - 5a_5 ;$$

$$s_6 = a_1^6 - 6a_1^4 a_2 + 6a_1^3 a_3 - 6a_1^2 a_4 - 12a_1 a_2 a_3 + 6a_2 a_4$$
$$+ 6a_1 a_5 - 6a_6 + 9a_1^2 a_2^2 - 2a_2^3 + 3a_3^2,$$

$$s_7 = -a_1^7 + 7a_1^5 a_2 - 14a_1^3 a_2^2 + 7a_1 a_2^3 - 7a_1^4 a_3$$
$$+ 21a_1^2 a_2 a_3 - 7a_2^2 a_3 - 7a_1 a_3^2 + 7a_1^3 a_4 - 14a_1 a_2 a_4$$
$$+ 7a_3 a_4 - 7a_1^2 a_5 + 7a_2 a_5 + 7a_1 a_6 - 7a_7.$$

$$s_8 = a_1^8 - 8a_1^6 a_2 + 20a_1^4 a_2^2 - 16a_1^2 a_2^3 + 2a_2^4 + 8a_1^5 a_3$$
$$- 32a_1^3 a_2 a_3 + 24a_1 a_2^2 a_3 + 12a_1^2 a_3^2 - 8a_2 a_3^2 - 8a_1^4 a_4$$
$$+ 24a_1^2 a_2 a_4 - 8a_2^2 a_4 - 16a_1 a_3 a_4 + 4a_4^2 + 8a_1^3 a_5$$
$$- 16a_1 a_2 a_5 + 8a_3 a_5 - 8a_1^2 a_6 + 8a_2 a_6 + 8a_1 a_7 - 8a_8,$$

$$s_9 = -a_1^9 + 9a_1^7 a_2 - 27a_1^5 a_2^2 + 30a_1^3 a_2^3 - 9a_1 a_2^4$$
$$- 9a_1^6 a_3 + 45a_1^4 a_2 a_3 - 54a_1^2 a_2^2 a_3 + 9a_2^3 a_3$$
$$- 18a_1^3 a_3^2 - 27a_1 a_2 a_3^2 - 3a_3^3 + 9a_1^5 a_4 - 36a_1^3 a_2 a_4$$
$$+ 27a_1 a_2^2 a_4 + 27a_1^2 a_3 a_4 - 18a_2 a_3 a_4 - 9a_1 a_4^2 - 9a_1^4 a_5$$
$$+ 27a_1^2 a_2 a_5 - 9a_2^2 a_5 - 18a_1 a_3 a_5 + 9a_4 a_5 + 9a_1^3 a_6$$
$$- 18a_1 a_2 a_6 + 9a_3 a_6 - 9a_1^2 a_7 + 9a_2 a_7 + 9a_1 a_8 - 9a_9,$$

$$s_{10} = a_1^{10} - 10a_1^8 a_2 + 35a_1^6 a_2^2 - 50a_1^4 a_2^3 + 25a_1^2 a_2^4 - 2a_2^5$$
$$+ 10a_1^7 a_3 - 60a_1^5 a_2 a_3 + 100a_1^3 a_2^2 a_3 - 40a_1 a_2^3 a_3$$
$$+ 25a_1^4 a_3^2 - 60a_1^2 a_2 a_3^2 + 15a_2^2 a_3^2 + 10a_1 a_3^3 - 10a_1^6 a_4$$
$$+ 50a_1^4 a_2 a_4 - 60a_1^2 a_2^2 a_4 + 10a_2^3 a_4 - 40a_1^3 a_3 a_4 + 60a_1 a_2 a_3 a_4$$
$$- 10a_3^2 a_4 + 15a_1^2 a_4^2 - 10a_2 a_4^2 + 10a_1^5 a_5 - 40a_1^3 a_2 a_5$$
$$+ 30a_1 a_2^2 a_5 + 30a_1^2 a_3 a_5 - 20a_2 a_3 a_5 - 20a_1 a_4 a_5 + 5a_5^2$$
$$- 10a_1^4 a_6 + 30a_1^2 a_2 a_6 - 10a_2^2 a_6 - 20a_1 a_3 a_6 + 10a_4 a_6$$
$$+ 10a_1^3 a_7 - 20a_1 a_2 a_7 + 10a_3 a_7 - 10a_1^2 a_8 + 10a_2 a_8$$
$$+ 10a_1 a_9 - 10a_{10}$$

Table de quelques fonctions symétriques les plus simples

(on suppose $a_0 = 1$).

$$\sum \alpha^2\beta = -a_1 a_2 + 3a_3$$

$$\sum \alpha^2\beta\gamma = a_1 a_3 - 4a_4$$

$$\sum \alpha^2\beta^2 = a^2_2 - 2a_1 a_3 + 2a_4,$$

$$\sum \alpha^3\beta = a^2_1 a_2 - a_1 a_3 - 2a^2_2 + 4a_4.$$

$$\sum \alpha^3\beta^2 = -a_1 a^2_2 + 2a^2_1 a_3 + a_2 a_3 - 5a_1 a_4 + 5a_5,$$

$$\sum \alpha^4\beta = -a^3_1 a_2 + a^2_1 a_3 + 3a_1 a^2_2 - 5a_2 a_3 - a_1 a_4 + 5a_5,$$

$$\sum \alpha^2\beta^2\gamma = -a_2 a_3 + 3a_1 a_4 - 5a_5,$$

$$\sum \alpha^3\beta\gamma = -a^2_1 a_3 + 2a_2 a_3 + a_1 a_4 - 5a_5,$$

$$\sum \alpha^2\beta\gamma\delta = -a_1 a_4 + 5a_5.$$

$$\sum \alpha^4\beta\gamma = a^3_1 a_3 - 3a_1 a_2 a_3 + 3a^2_3 + 2a_2 a_4 - a_4 a^2_1 - 6a_6 + a_1 a_5,$$

$$\sum \alpha^4\beta^2 = a^2_1 a^2_2 - 2a^3_2 + 4a_1 a_2 a_3 - 2a^3_1 a_3 - 3a^2_3 + 2a_2 a_4 + 2a^2_1 a_4 - 6a_1 a_5 + 6a_6,$$

$$\sum \alpha^3\beta^2\gamma = a_1 a_2 a_3 - 3a^2_3 + 4a_2 a_4 - 3a^2_1 a_4 + 7a_1 a_5 - 12a_6,$$

$$\sum \alpha^3\beta^3 = a^3_2 - 3a_1 a_2 a_3 + 3a^2_1 a_4 - 3a_1 a_5 + 3a^2_3 - 3a_2 a_4 + 3a_6.$$

$$\sum \alpha^4\beta^3 = -a^3_2 a_1 + 3a_3 a_2 a^2_1 + a_3 a^2_2 - 3a_4 a^3_1 - 5a^2_3 a_1 + 2a_4 a_2 a_1 + 7a_5 a^2_1 + 5a_4 a_3 - 7a_5 a_2 - 7a_6 a_1 + 7a_7,$$

$$\sum \alpha^3\beta^2\gamma^2 = -a^2_3 a_1 + 2a_4 a_2 a_1 - 2a_5 a^2_1 + a_4 a_3 - 3a_5 a_2 + 7a_6 a_1 - 7a_7,$$

$$\sum \alpha^4\beta^2\gamma = -a_3 a_2 a^2_1 + 2a_3 a^2_2 + a^2_3 a_1 + 3a_4 a^3_1 - 8a_4 a_2 a_1 - 3a_5 a^2_1 + 2a_4 a_3 + 4a_5 a_2 + 8a_6 a_1 - 14a_7.$$

$$\sum \alpha^5\beta^3 = a^2_1 a^3_2 - 2a^4_2 - 3a_3 a_2 a^3_1 + 6a_3 a^2_2 a_1 + 3a^2_3 a^2_1 + 3a_4 a^4_1 - 9a_4 a_2 a^2_1 - 7a^2_3 a_2 - 3a^3_1 a_5 + 8a_4 a^2_2 + a_4 a_3 a_1 + a_5 a_2 a_1 + 8a^2_1 a_6 - 4a^2_4 + 7a_3 a_5 - 8a_2 a_6 - 8a_7 a_1 + 8a_8.$$

$$\sum \alpha^2\beta^2\gamma^2\delta^2 = a^2_4 - 2a_3 a_5 + 2a_6 a_2 - 2a_7 a_1 - 2a_8.$$

11. Sixième propriété. *La fonction* φ *considérée comme fonction des sommes s satisfait à l'équation aux dérivées partielles.*

$$[40] \qquad p\varphi = s_1 \frac{d\varphi}{ds_1} + 2s_2 \frac{d\varphi}{ds_2} + 3s_3 \frac{d\varphi}{ds_3} + ps_p \frac{d\varphi}{ds_p}.$$

Multiplions en effet les équations [39] respectivement par s_1, s_2, ... s_p et ajoutons-les à l'équation [38], il viendra

$$(a_1 + s_1) \frac{d\varphi}{da_1} + (a_2 + a_1 s_1 + s_2) \frac{d\varphi}{da_2} + ... + s_1 \frac{d\varphi_1}{ds_1} + 2s_2 \frac{d\varphi}{ds_2} + ... - p\varphi = 0$$

et en ayant égard aux équations [7] et [38] on trouvera l'équation [40], qui prouverait l'équipollence de la fonction par rapport aux fonctions s, en partant de celle par rapport aux coefficients a, si on ne l'avait pas déjà démontrée directement N. 3.

12. Septième propriété. *La fonction* φ *considérée comme fonction des racines et des coefficients satisfait à l'équation aux dérivées partielles.*

$$[41] \qquad \sum \frac{d\varphi}{d\alpha_i} = \left[n \frac{d\varphi}{da_1} + (n-1) a_1 \frac{d\varphi}{da_2} + ... + a_{n-1} \frac{d\varphi}{da_n} \right].$$

DÉMONSTRATION. En effet puisque

$$\frac{d\varphi}{d\alpha_i} = \frac{d\varphi}{da_1} \frac{da_1}{d\alpha_i} + \frac{d\varphi}{da_2} \frac{da_2}{d\alpha_i} + \frac{d\varphi}{da_3} \frac{da_3}{d\alpha_i} + ... + \frac{d\varphi}{da_n} \frac{da_n}{d\alpha_i},$$

en vertu de l'équation [35] on aura en général:

$$\frac{d\varphi}{d\alpha_i} = -\left[\frac{d\varphi}{da_1} + (a_1 + a_0 \alpha_i) \frac{d\varphi}{da_2} + (a_2 + a_1 \alpha_i + \alpha_i^2) \frac{d\varphi}{da_3} + ... \right.$$
$$\left. + \left(a_{n-1} + a_{n-2} \alpha_i + ... + \alpha_i^{n-1} \right) \frac{d\varphi}{da_n} \right].$$

Par suite et par les relations [7] en faisant varier i de o à n:

$$-\sum \frac{d\varphi}{d\alpha_i} = n \frac{d\varphi}{da_1} + (n-1) a_1 \frac{d\varphi}{da_2} + ... + a_{n-1} \frac{d\varphi}{da_n}.$$

Corollaire. En posant comme avant

$$\varphi = \sum \alpha^p \beta^q \gamma^r \ldots \ldots$$

on aurait

$$n \frac{d\varphi}{d a_1} + (n-1) a_1 \frac{d\varphi}{d a_2} + \ldots + a_{n-1} \frac{d\varphi}{d a_n} =$$

$$= -p \sum \alpha^{p-1} \beta^q \gamma^r \ldots - q \sum \alpha^p \beta^{q-1} \gamma^r \ldots - r \sum \alpha^p \beta^q \gamma^{r-1} \ldots \text{etc.}$$

Exemple. Comme vérification soit

$$\varphi = \sum \alpha^3 \beta = a^2_1 a_2 - a_1 a_3 - 2a^2_2 + 4a_4 ;$$

on aura dans ce cas $n = 4, \quad p = 3, \quad q = 1$

$$\frac{d\varphi}{d a_1} = 2a_1 a_2 - a_3 , \qquad \frac{d\varphi}{d a_3} = -a_1 ,$$

$$\frac{d\varphi_2}{d a} = a^2_1 - 4a_2 , \qquad \frac{d\varphi}{d a_4} = 4 ,$$

$$\sum \alpha^2 \beta = -a_1 a_2 + 3a_3 , \quad \sum \alpha^3 = -a^3_1 + 3a_1 a_2 - 3a_3 ,$$

et on trouvera :

$$4 \frac{d\varphi}{d a_1} + 3a_1 \frac{d\varphi}{d a_2} + 2a_2 \frac{d\varphi}{d a_3} + a_3 \frac{d\varphi}{d a_4} = 3a^3_1 - 6a_1 a_2 ;$$

mais en même temps le second membre deviendra

$$-\sum \frac{d\varphi}{d a_i} = -3 \sum \alpha^2 \beta - 3 \sum \alpha^3 = -3[(3a_3 - a_1 a_2) - a^3_1 + 3a_1 a_2 - 3a_3]$$

$$= -3(-a^3_1 + 2a_1 a_2) = 3a^3_1 - 6a_1 a_2 .$$

Comme on voit ce théorème permettra de calculer une fonction symétrique donnée, lorsqu'on suppose connues les fonctions symétriques d'ordre moindre.

13. On peut arriver à la même équation [41] autrement. On trouve aisément en vertu de l'équation $f(x) = 0$

[42]
$$\frac{d\alpha_i}{da_r} = -\frac{1}{f'(\alpha_i)}\alpha_i^{n-r},$$

où r peut avoir toutes les valeurs, 1, 2, 3 . . . n.

Si on multiplie successivement toutes les équations qui proviennent de ces diverses valeurs de r par

$$n\,(n-1)\,a_1, \quad (n-2)\,a_2, \quad \ldots a_{n-1},$$

il viendra l'équation

[43]
$$n\frac{d\alpha_i}{da_1} + (n-1)\,a_1\,\frac{d\alpha_i}{da_2} + (n-2)\,a_2\,\frac{d\alpha_i}{da_3} + \ldots a_{n-1}\,\frac{d\alpha_i}{da_n} + 1 = 0.$$

Multiplions-la par $\dfrac{d\varphi}{d\alpha_i}$ successivement en donnant à i les diverses valeurs ci-dessus, il viendra comme avant : [*]

$$n\frac{d\varphi}{da_1} + (n-1)\,a_1\frac{d\varphi}{da_2} + \ldots + a_{n-1}\frac{d\varphi}{da_n} + \Sigma\frac{d\varphi}{da_i} = 0.$$

____

(*) On peut raisonner encore plus simplement ainsi.

Si l'on change x en $x + h$, et si on développe la fonction φ selon les puissances de h, φ se change en

$$\varphi - \Sigma\,\frac{d\varphi}{d\alpha_i}\,h + \ldots$$

D'autre part les coefficients de l'équation proposée a_1, a_2, a_3 . . . . . seront devenus respectivement

$$A_1 = a_1 + nh$$
$$A_2 = a_2 + (n-1)\,a_1\,h + \frac{n\,(n-1)}{1\,.\,2}\,h^2 + \ldots$$
$$A_3 = a_3 + (n-2)\,a_2\,h + \ldots$$
$$\cdot \qquad \cdot \qquad \cdot \qquad \cdot \qquad \cdot$$
$$A_n = a_n + a_{n-1}\,h + \ldots$$

De sorte que si l'on développe la nouvelle fonction $\varphi\,(A_1\,A_2\ldots A_n)$ exprimée en fonction des coefficients de l'équation proposée, on aura

$$\varphi(A_1, A_2, A_n) = \varphi + \left(n\frac{d\varphi}{d a_1} + (n-1)\,a_1\frac{d\varphi}{d a_2} + (n-1)\,a_2\frac{d\varphi}{d a_3} + \ldots + \frac{d\varphi}{d a_n} \right)h + \ldots$$

En comparant les deux expressions de la transformée de φ et en égalant les coefficients de h, ou retrouvera l'équation [4].

Si les coefficients avaient la forme binomiale, alors l'équation [41] deviendrait :

$$\Sigma\frac{d\varphi}{d\alpha_i} = -\left(\frac{d\varphi}{d a_1} + 2a_1\frac{d\varphi}{d a_2} + 3a_2\frac{d\varphi}{d a_3} + \ldots + na_{n-1}\frac{d}{d a_n} \right).$$

14. Cette même équation [43] nous amène à une autre propriété intéressante des sommes des puissances semblables des racines.

Multiplions-la en effet par α_i^{r-1} et faisons l'addition de toutes les équations qui en résultent, il viendra :

$$[44] \qquad n_0 \frac{ds_r}{da_1} + (n-1) a_1 \frac{ds_r}{da_2} + \ldots + a_{n-1} \frac{ds_r}{da_n} + rs_{r-1} = 0$$

relation élégante qui fera connaître immédiatement s_r d'après s_{r-1}. (*)

15. De la relation [32]

$$\frac{d\varphi}{da_r} + a_1 \frac{d\varphi}{da_{r+1}} + a_2 \frac{d\varphi}{da_{r+2}} + \ldots + a_{n-r} \frac{d\varphi}{da_n} + r \frac{d\varphi}{ds_r} = 0$$

on peut encore déduire d'autres propriétés intéressantes de la fonction φ. Ainsi on obtient, en la multipliant par s_i et puis en échangeant r et i en $r+1$, $i+1$ . . . . . et en ajoutant les équations jusqu'à $i + n - r$

$$[45]$$

$$s_i \frac{d\varphi}{da_r} + (s_{i+1} + a_1 s_i)\frac{d\varphi}{da_{r+1}} + (s_{i+2} + a_1 s_{i+1} + a_2 s_i)\frac{d\varphi}{da_{r+2}} + \ldots$$

$$+ (s_{i+n-r} + a_1 s_{i+n-r-1} + \ldots + a_{n-r} s_i)\frac{d\varphi}{da_n} =$$

$$= - \left[rs_i \frac{d\varphi}{ds_r} + (r+1) s_{i+1} \frac{d\varphi}{ds_{r+1}} + \ldots + ns_{i+n-r} \frac{d\varphi}{ds_n} \right] .$$

Si on y suppose $i = 0$ au moyen des équations [7] il viendra :

$$[46] \qquad n \frac{d\varphi}{da_r} + (n-1) a_1 \frac{d\varphi}{da_{r+1}} + \ldots + ra_{n-r} \frac{d\varphi}{da_n}$$

$$= - \left[nr \frac{d\varphi}{ds_r} + (r+1) s_1 \frac{d\varphi}{ds_{r+1}} + \ldots + ns_{n-r} \frac{d\varphi}{ds_n} \right]$$

(*) Il suffirait du reste de faire $\varphi = s_r$ dans l'équation [41].

De l'équation [45] en posant $i = r = 1$ on déduit encore

[47]
$$a_1 \frac{d\varphi}{da_1} + 2a_2 \frac{d\varphi}{da_2} + \ldots + na_n \frac{d\varphi}{da_n} = s_1 \frac{d\varphi}{ds_1} + 2s_2 \frac{d\varphi}{ds_2} + \ldots + ns_n \frac{d\varphi}{ds_n}$$

ce qui exprime l'équipollence de la fonction par rapport aux coefficients et par rapport aux fonctions s, comme nous avons déjà appris (N. 11).

Posons $r = 1$ dans l'équation [46]; il viendra

[48]
$$n \frac{d\varphi}{da_1} + \ldots + a_{n-1} \frac{d\varphi}{da_n} = -\left[n \frac{d\varphi}{ds_1} + 2s_1 \frac{d\varphi}{ds_2} + \ldots + ns_{n-1} \frac{d\varphi}{ds_n} \right].$$

Lorsque $\varphi = s_r$, tous le termes du second membre disparaissent, excepté $rs_{r-1} \frac{ds_r}{ds_r}$, et on retombe sur l'équation [44].

15. Huitième propriété. *La fonction φ satisfait à l'équation aux dérivées partielles*

[49]
$$\sum \alpha^i \frac{d\varphi}{d\alpha} = \lambda_{i,1} \frac{d\varphi}{da_1} + \lambda_{i,2} \frac{d\varphi}{da_2} + \lambda_{i,3} \frac{d\varphi}{da_3} + \ldots + \lambda_{i,n} \frac{d\varphi}{da_n} = 0$$

où $\lambda_{i,r}$ désigne généralement la fonction

$$\lambda_{i,r} = \sum \frac{da_r}{d\alpha_k} \alpha_k^i = -\left(s_{i+r-1} + a_1 s_{i+r-2} + \ldots + a_{r-1} s_i \right).$$

DÉMONSTRATION. On a, en effet,

$$\frac{d\alpha_k}{da_1} \frac{da_1}{d\alpha_k} + \frac{d\alpha_k}{da_2} \frac{da_2}{d\alpha_k} + \ldots + \frac{d\alpha_k}{da_n} \frac{da_n}{d\alpha_k} = 1,$$

$$\frac{d\alpha_k}{da_1} \frac{da_1}{d\alpha_l} + \frac{d\alpha_k}{da_2} \frac{da_2}{d\alpha_l} + \ldots + \frac{d\alpha_k}{da_n} \frac{da_n}{d\alpha_l} = 0.$$

Donnons à l'indice l toutes les valeurs 1, 2, 3, ..., n dans cette dernière équation, en la multipliant successivement par

α_1^i , α_2^i , α_3^i , ..., α_n^i , et sommons. Alors, en ayant égard à la première de ces équations, il viendra

$$\frac{da_k}{da_1}\Sigma\frac{da_1}{da_l}\alpha_l^i + \frac{da_k}{da_2}\Sigma\frac{da_2}{da_l}\alpha_l^i + \ldots + \frac{da_k}{da_n}\Sigma\frac{da_n}{da_l}\alpha_l^i = \alpha_k^i.$$

Mais généralement

[50]
$$\Sigma_l\frac{da_r}{da_l}\alpha_l^i = \Sigma_k\frac{da_r}{da_k}\alpha_k^i = -(s_{i+r-1} + a_1 s_{i+r-2} + \ldots + a_{r-1}s_i) = \lambda_{i,r},$$

comme on peut le voir par l'équation [36]

En substituant, on aura

$$[51] \qquad \lambda_{i,1}\frac{da_k}{da_1} + \lambda_{i,2}\frac{da_k}{da_2} + \ldots + \lambda_{i,n}\frac{da_k}{da_n} - \alpha_k^i = 0,$$

équation importante trouvée par Raabe (*).

Multiplions maintenant cette équation par $\frac{d\varphi}{da_k}$, et sommons toutes les équations que l'on obtient en faisant varier l'indice de $k=1$ à $k=n$; il viendra l'équation susdite [49], en observant seulement que

$$\Sigma\frac{d\varphi}{da_k}\frac{da_k}{da_i} = \frac{d\varphi}{da_i}.$$

Lorsque $i=1$, on aura, en supposant que p soit le poids de la fonction φ,

$$p\varphi = \lambda_{1,1}\frac{d\varphi}{da_1} + \lambda_{1,2}\frac{d\varphi}{da_2} + \ldots + \lambda_{1,n}\frac{d\varphi}{da_n} = 0,$$

et comme

$$\lambda_{1,r} = -(s_r + a_1 s_{r-1} + \ldots + a_{r-1}s_1) = ra_r,$$

il viendra

$$p\varphi = a_1\frac{d\varphi}{da_1} + 2a_2\frac{d\varphi}{da_2} + \ldots + na_n\frac{d\varphi}{da_n},$$

ce que l'on savait dejà.

(*) *Journal de Crelle*, Tome 48.

Pour $i=0$, on a

$$\lambda_{0,r}=-(s_{r-1}+a_1 s_{r-2}+\ldots+a_{r-2}s_1+na_{r-1})=-(n-r+1)a_{r-1},$$

et l'on retrouve l'équation

$$\Sigma\frac{d\varphi}{d\alpha}=n\frac{d\varphi}{da_1}+(n-1)a_1\frac{d\varphi}{da_2}+(n-2)a_2\frac{d\varphi}{da_3}+\ldots+a_{n-1}\frac{d\varphi}{da_n}+1=0.$$

Pour $i=2$, il vient

[52] $$\Sigma\alpha^2\frac{d\varphi}{d\alpha}=\Sigma[-a_r a_1+(r+1)a_{r+1}]\frac{d\varphi}{da_r};$$

car

$$\lambda_{2,r}=-(s_{r+1}+a_1 s_r+a_2 s_{r-1}+\ldots+a_{r-1}s_2)=a_r s_1+(r+1)a_{r+1}.$$

Exemple. En posant $\varphi=\Sigma\,\alpha^2\beta=-a_1 a_2+3a_3$, on aura par la [52]

$$2\Sigma\alpha^3\beta+2\Sigma\alpha^2\beta^2=$$

$$(-a^2_1+2a_2)\frac{d\varphi}{da_1}+(-a_1 a_2+3a_3)\frac{d\varphi}{da_2}+(-a_1 a_3+4a_4)\frac{d\varphi}{da_3}$$

$$=2(a^2_1 a_2-a_1 a_3-2a^2_2+4a_4)+2(a^2_1-2a_1 a_3+2a_4),$$

et les valeurs entre parenthèses sont précisement les valeurs de $\Sigma\alpha^3\beta_1$ $\Sigma\alpha^2\beta^2$.

En posant $i=0$ dans l'équation [51], on retrouve l'équation [43]

$$n\frac{da_k}{da_1}+(n-1)a_1\frac{da_k}{da_2}+(n-2)a_2\frac{da_k}{da_3}+\ldots+a_{n-1}\frac{da_k}{da_n}+1=0,$$

et, si l'on pose $\alpha_k=-\frac{a_1}{n}+\psi$, il vient

$$n\frac{d\psi}{da_1}+(n-1)a_1\frac{d\psi}{da_2}+\ldots+a_{n-1}\frac{d\psi}{da_n}=0.$$

Mais cette équation, en vertu de [40], revient à celle-ci:

$$\frac{d\psi}{da_1}+\frac{d\psi}{da_2}+\ldots+\frac{d\psi}{d\alpha}=0;$$

donc ψ sera une fonction des différences des racines. De là résulte cette propriété élégante, que toute racine d'une équation exprimée en fonction des coefficients aura la forme

$$\frac{-a_1}{n} + \textit{une fonction des différences des racines.}$$

16. Après avoir exposé les principales propriétés dont jouissent les fonctions symétriques, nous dirons encore quelques mots sur une méthode donnée en peu de lignes par Gauss dans les *Annales de Göttingue, 1816*, et à laquelle on peut avoir encore recours pour calculer les fonctions symétriques, méthode que nous avons été invités à faire connaître. Si à l'heure qu'il est elle n'est plus aussi utile que les autres que nous avons exposées au point de vue de la rapidité des calculs, elle servira du moins pour l'histoire de la science.

Observons d'après lui que, en supposant, ce qui est toujours possible, $p > q > r > \ldots$, on pourra de la fonction $\sum \alpha^p \beta^q \gamma^r \ldots$ soustraire un produit des coefficients de l'équation proposée tel que dans la différence les racines n'existent plus à la puissance p. Il suffira à cet effet de prendre le produit $a_1^{p-q} a_2^{q-r} a_3^{r-s} \ldots$

En effet on a, au signe près,

$$a_1^{p-q} a_2^{q-r} a_3^{r-s} \ldots = \left(\sum \alpha\right)^{p-q} \left(\sum \alpha\beta\right)^{q-r} \left(\sum \alpha\beta\gamma\right)^{r-s} \ldots ;$$

et par conséquent, comme dans ce produit, une fois développé, se trouvera évidemment comprise la fonction proposée $\sum \alpha^p \beta^q \gamma^r \ldots$, il s'ensuit qu'on aura réduit cette fonction à une autre d'ordre moindre. En opérant sur la différence comme avant, on réduira encore celle-ci à un ordre moindre. On finira ainsi par tomber sur des fonctions symétriques linéaires par rapport à chaque racine, qui seront les coefficients mêmes $a_1, a_2, a_3, \ldots$; et alors il sera facile de trouver la valeur de $\sum \alpha^p \beta^q \gamma^r \ldots$

Exemple. Soit $\sum \alpha^3 \beta \gamma$ la fonction proposée. Le produit cherché sera $a_1^{3-1} a_2^{1-1} a_3^1 = a_1^2 a_3$; et on aura aisément et successivement les équations suivantes

$$\begin{cases} \Sigma\, \alpha^3\beta\gamma - (\Sigma\, \alpha)^2\, \Sigma\, \alpha\beta\gamma = -[3\, \Sigma\, \alpha^2\beta\gamma\delta + 2\, \Sigma\, \alpha^2\beta^2\gamma + 2\, \Sigma\, \alpha\beta\gamma\delta\epsilon]\ (*), \\[2mm] \Sigma\, \alpha^2\beta\gamma\delta - \Sigma\, \alpha\, \Sigma\, \alpha\beta\gamma\delta = -\, 5\alpha\beta\gamma\delta\epsilon , \\[2mm] \Sigma\, \alpha^2\beta^2\gamma - \Sigma\, \alpha\beta\, \Sigma\, \alpha\beta\gamma = -\, (3\, \Sigma\, \alpha^2\beta\gamma\delta + 10\, \alpha\beta\gamma\delta\epsilon). \end{cases}$$

De ces équations on tire tout à la fois

$$\Sigma\, \alpha^2\beta\gamma\delta = -\, a_1 a_4 + 5 a_5 , \qquad \Sigma\, \alpha^2\beta^2\gamma = -\, a_2 a_3 + 3 a_1 a_4 - 5 a_5 ,$$

et enfin

$$\Sigma\, \alpha^3\beta\gamma = -\, a_1^2 a_3 + 2 a_2 a_3 + a_1 a_4 - 5 a_5 .$$

(*) Nous bornons les calculs à $\alpha\beta\gamma\delta\epsilon$, puisque nous savons maintenant, ce qu'on ignorait au temps de Gauss, que le poids est 5.

§ III.

Fonction génératrice de Borchardt.

17. THÉORÈME DE BORCHARDT. *La fonction symétrique*

$$\sum \alpha_1^{p_1} \alpha_2^{p_2} \alpha_3^{p_3} \ldots \alpha_n^{p_n},$$

où $\qquad\qquad \alpha_1, \alpha_2, \alpha_3, \ldots, \alpha_n$

sont les racines de l'équation

$$[1] \qquad f(x) = x^n + a_1 x^{n-1} + a_2 x^{n-2} + \ldots + a_n = 0,$$

est le coefficient du terme

$$t_1^{-(p_1+1)} t_2^{-(p_2+1)} \ldots t_n^{-(p_n+1)}$$

dans le développement, suivant les puissances décroissantes, de l'expression

$$[2]$$
$$\theta(t_1, t_2 \ldots t_n) = (-1)^n \frac{f(t_1) f(t_2) \ldots f(t_n)}{\Pi(t_1, t_2, t_3, \ldots, t_n)} D_{t_1} D_{t_2} D_{t_3} \ldots D_{t_n} \left[\frac{\Pi(t_1, t_2, t_3, \ldots, t_n)}{f(t_1) f(t_2) \ldots f(t_n)} \right],$$

où par $\Pi(t_1, t_2, t_3, \ldots, t_n)$ *on entend le produit de toutes les différences des quantités* t.

Ce théorème est la conséquence d'un autre que nous allons démontrer.

18. Théorème. Si l'on pose

$$[3] \qquad T = \sum \frac{1}{t_1 - \alpha_1} \cdot \frac{1}{t_2 - \alpha_2} \cdots \frac{1}{t_n - \alpha_n},$$

$$[4] \quad D = \begin{vmatrix} \dfrac{1}{(t_1 - \alpha_1)^2} & \dfrac{1}{(t_1 - \alpha_2)^2} & \dfrac{1}{(t_1 - \alpha_3)^2} & \cdots & \dfrac{1}{(t_1 - \alpha_n)^2} \\[2ex] \dfrac{1}{(t_2 - \alpha_1)^2} & \dfrac{1}{(t_2 - \alpha_2)^2} & \dfrac{1}{(t_2 - \alpha_3)^2} & \cdots & \dfrac{1}{(t_2 - \alpha_n)^2} \\[2ex] \dfrac{1}{(t_3 - \alpha_1)^2} & \dfrac{1}{(t_3 - \alpha_2)^2} & \dfrac{1}{(t_3 - \alpha_3)^2} & \cdots & \dfrac{1}{(t_3 - \alpha_n)^2} \\[2ex] \cdot & \cdot & \cdot & \cdot & \cdot \\[1ex] \dfrac{1}{(t_n - \alpha_1)^2} & \dfrac{1}{(t_n - \alpha_2)^2} & \dfrac{1}{(t_n - \alpha_3)^2} & \cdots & \dfrac{1}{(t_n - \alpha_n)^2} \end{vmatrix},$$

$$[5] \quad \Delta = \begin{vmatrix} \dfrac{1}{t_1 - \alpha_1} & \dfrac{1}{t_1 - \alpha_2} & \dfrac{1}{t_1 - \alpha_3} & \cdots & \dfrac{1}{t_1 - \alpha_n} \\[2ex] \dfrac{1}{t_2 - \alpha_1} & \dfrac{1}{t_2 - \alpha_2} & \dfrac{1}{t_2 - \alpha_3} & \cdots & \dfrac{1}{t_2 - \alpha_n} \\[2ex] \dfrac{1}{t_3 - \alpha_1} & \dfrac{1}{t_3 - \alpha_2} & \dfrac{1}{t_3 - \alpha_3} & \cdots & \dfrac{1}{t_3 - \alpha_n} \\[2ex] \cdot & \cdot & \cdot & \cdot & \cdot \\[1ex] \dfrac{1}{t_n - \alpha_1} & \dfrac{1}{t_n - \alpha_2} & \dfrac{1}{t_n - \alpha_3} & \cdots & \dfrac{1}{t_n - \alpha_n} \end{vmatrix},$$

on aura

$$[6] \qquad D = T \Delta.$$

Démonstration. Il est d'abord évident que le dénominateur commun des deux membres de cette équation est

$$N^2 = [f(t_1) \, f(t_2) \, f(t_3) \ldots f(t_n)]^2.$$

Ensuite il est aisé de remarquer que les deux déterminants D et Δ sont tous deux divisibles par les produits

$$\Pi(t_1, t_2, t_3, \ldots, t_n) = (t_1 - t_2)(t_1 - t_3) \ldots (t_{n-1} - t_n),$$

$$\Pi(\alpha_1, \alpha_2, \alpha_3, \ldots, \alpha_n) = (\alpha_1 - \alpha_2)(\alpha_1 - \alpha_3) \ldots (\alpha_{n-1} - \alpha_n).$$

Car par l'une quelconque des hypothèses

$$t_i = t_j, \qquad \alpha_i = \alpha_j,$$

les deux déterminants s'annulent.

C'est-ce qui se voit aussi directement; car on a

$$\frac{1}{(t_1 - \alpha_1)^2} - \frac{1}{(t_1 - \alpha_2)^2} = \frac{(\alpha_1 - \alpha_2)(2t_1 - \alpha_1 - \alpha_2)}{(t_1 - \alpha_1)^2 (t_1 - \alpha_2)^2},$$

$$\frac{1}{t_1 - \alpha_1} - \frac{1}{t_1 - \alpha_2} = (\alpha_1 - \alpha_2) \frac{1}{(t_1 - \alpha_1)(t_1 - \alpha_2)},$$

$$\frac{1}{(t_1 - \alpha_1)^2} - \frac{1}{(t_2 - \alpha_1)^2} = (t_1 - t_2) \frac{2\alpha_1 - t_1 - t_2}{(t_1 - \alpha_1)^2 (t_2 - \alpha_1)^2},$$

$$\frac{1}{t_1 - \alpha_1} - \frac{1}{t_2 - \alpha_1} = (t_2 - t_1) \frac{1}{(t_1 - \alpha_1)(t_2 - \alpha_1)}.$$

Ainsi, comme, d'après un théorème connu, le déterminant ne change pas quand une colonne ou une ligne devient égale à la somme ou à la différence de deux colonnes ou de deux lignes, il s'ensuit que les différences quelconques, $\alpha_i - \alpha_j$, $t_i - t_j$ entreront en facteur dans les deux déterminants. Ainsi D sera généralement de la forme

$$D = \frac{M}{N^2}, \qquad M = \Pi(t_1, t_2, t_3, \ldots, t_m) \, \Pi(\alpha_1, \alpha_2, \ldots, \alpha_m) \, M',$$

M' désignant une fonction des t et des α à déterminer.

Pour se rendre compte de la forme de M', considérons le cas spécial de $n = 3$.[*]

---

[*] La démonstration qui suit est due à M. Cayley.

On aura alors

$$D = \begin{vmatrix} \dfrac{1}{(t_1-\alpha)^2} & \dfrac{1}{(t_1-\beta)^2} & \dfrac{1}{(t_1-\gamma)^2} \\[2ex] \dfrac{1}{(t-\alpha)^2} & \dfrac{1}{(t-\beta)^2} & \dfrac{1}{(t_2-\gamma)^2} \\[2ex] \dfrac{1}{(t_3-\alpha)^2} & \dfrac{1}{(t_3-\beta)^2} & \dfrac{1}{(t_3-\gamma)^2} \end{vmatrix} = \frac{M}{N^2},$$

en posant

$$N = (t_1-\alpha)(t_1-\beta)(t_1-\gamma)(t_2-\alpha)(t_2-\beta)(t_2-\gamma)(t_3-\alpha)(t_3-\beta)(t_3-\gamma).$$

Évidemment M est une fonction rationnelle et entière de degré 12 de $t_1, t_2, t_3, \alpha, \beta, \gamma$ prises ensemble, et de degré 4 par rapport à chacune de ces quantités séparément. Mais M s'évanouit pour $t_1 = t_2$ et $\alpha = \beta, \gamma, \ldots$, et par conséquent elle est, comme nous avons déjà remarqué, de la forme

$$M = (t_1-t_2)(t_2-t_3)(t_1-t_3)(\alpha-\beta)(\alpha-\gamma)(\beta-\gamma)\, M',$$

où M' désigne une fonction du 6e degré par rapport à toutes les quantités prises ensemble, et du 2e degré par rapport à chacune d'elles.

Pourtant la fonction M', considérée successivement comme forme du 2e degré par rapport à t_1, t_2, t_3, peut être considéré successivement comme fonction linéaire des produits

(par rapport à t_1), $(t_1\text{-}\beta)(t_1\text{-}\gamma)=x_1, (t_1\text{-}\alpha)(t_1\text{-}\gamma)=x_2, (t_1\text{-}\alpha)(t_1\text{-}\beta)=x_3,$

(par rapport à t_2), $(t_2\text{-}\beta)(t_2\text{-}\gamma)=y_1, (t_2\text{-}\alpha)(t_2\text{-}\gamma)=y_2, (t_2\text{-}\alpha)(t_2\text{-}\beta)=y_3,$

(par rapport à t_3), $(t_3\text{-}\beta)(t_3\text{-}\gamma)=z_1, (t_3\text{-}\alpha)(t_3\text{-}\gamma)=z_2, (t_3\text{-}\alpha)(t_2\text{-}\beta)=z_3,$

produits que nous appelons, pour abréger, $x_1, x_2, x_3, y_1, y_2,$ etc.; car cette fonction ne doit pas changer par l'échange des racines $(\alpha, \beta), (\alpha, \gamma), (\beta, \gamma)$, entr'elles.

On en conclut que M' sera représenté par le produit

$$(\lambda x + \mu x_2 + \nu x_2)\ (\lambda' y_1 + \mu_1 y_2 + \gamma' y_3)\ (\lambda'' z_1 + \mu'' z_2 + \gamma'' z_3),$$

λ, μ, ν, etc. désignant des coefficients numériques indéterminés.

Mais ces coefficients indéterminés, doivent être égaux en passant d'une fonction à l'autre : car la fonction M ne change pas par l'échange de t_1, t_2, t_3 entr'elles deux à deux, ce qui revient à dire, par l'échange entr'eux des systèmes

$$(x_1, x_2, x_3)\ ,\quad (y_1, y_2, y_3)\ ,\quad (z_1, z_2, z_3).$$

Donc M' sera de la forme

$$(\lambda x_1 + \mu x_2 + \nu x_3)\ (\lambda y_1 + \mu y_2 + \nu y_3)\ (\lambda z_1 + \mu z_2 + \nu z_3);$$

mais M' ne peut pas contenir de termes de la forme

$$x_1 y_1 z_2,\quad x_1 y_1 z_1,\quad x_1 y^2_2,\ \ldots,$$

parce qu'alors elle serait d'un ordre supérieur à 2 par rapport à quelques-unes des quantités α, β, γ; donc les seuls termes admissibles sont les termes en $\lambda\mu\nu$. Donc, en posant $\lambda\mu\nu = K$, et

$$x_1(y_2 z_3 + y_3 z_2) + y_1(z_2 x_3 + z_\varepsilon x_2) + z_1(x_2 y_3 + x_3 y_2) = \Omega,$$

ou

$$\Omega = \begin{vmatrix} (t_1 - \beta)\ (t_1 - \gamma), & (t_1 - \gamma)\ (t_1 - \alpha), & (t_1 - \alpha)\ (t_1 - \beta) \\ (t_2 - \beta)\ (t_2 - \gamma), & (t_2 - \gamma)\ (t_2 - \alpha), & (t_2 - \alpha)\ (t_2 - \beta) \\ (t_3 - \beta)\ (t_3 - \gamma), & (t_3 - \gamma)\ (t_3 - \alpha), & (t_3 - \alpha)\ (t_3 - \beta) \end{vmatrix},$$

en convenant toutefois de changer dans ce déterminant les signes — en +, il viendra $\qquad M' = K\Omega.$

On aura ainsi

$$D = \frac{(t_1 - t_2)\ (t_1 - t_3)\ (t_2 - t_3)\ (\alpha - \beta)\ (\alpha - \gamma)\ (\beta - \gamma)}{N} \cdot \frac{K\Omega}{N} = \Delta\ \frac{K\Omega}{N},$$

en posant, comme toujours,

$$\Delta = \begin{vmatrix} \dfrac{1}{t_1-\alpha}, & \dfrac{1}{t_1-\beta}, & \dfrac{1}{t_1-\gamma} \\[2ex] \dfrac{1}{t_2-\alpha}, & \dfrac{1}{t_2-\beta}, & \dfrac{1}{t_2-\gamma} \\[2ex] \dfrac{1}{t_3-\alpha}, & \dfrac{1}{t_3-\beta}, & \dfrac{1}{t_3-\gamma} \end{vmatrix}.$$

Mais observons que, en vertu de la valeur susdite de Ω, on a

$$\frac{K\Omega}{N} = \left\{ \begin{matrix} \dfrac{1}{t_1-\alpha} & \dfrac{1}{t_1-\beta} & \dfrac{1}{t_1-\gamma} \\[2ex] \dfrac{1}{t_2-\alpha} & \dfrac{1}{t_2-\beta} & \dfrac{1}{t_2-\gamma} \\[2ex] \dfrac{1}{t_3-\alpha} & \dfrac{1}{t_3-\beta} & \dfrac{1}{t_3-\gamma} \end{matrix} \right\}^{(*)},$$

en désignant ainsi, pour un moment, une fonction formée comme un déterminant, à cela près que l'on changera toujours les signes — en $+$.

Or ce déterminant ainsi formé n'est autre chose que

$$T = \sum \frac{1}{(t_1-\alpha)\,(t_2-\beta)\,(t_3-\gamma)}.$$

D'ailleurs, par la comparaison d'un seul terme des deux membres de l'équation, on trouve aisément $K = 1$. Par conséquent, $$D = \Delta T. \qquad \text{C. Q. F. D.}$$

Eu raisonnant de la même manière généralement, on trouve que l'équation susdite a toujours lieu.

19. On peut passer maintenant à la démonstration du théorème de Borchardt. Observons, en effet, qu'on a

$$[7] \qquad \Delta = (-1)^{\frac{n(n-1)}{1.2}} \frac{\Pi\,(t_1, t_2, t_3, \ldots, t_n)\, \Pi\,(\alpha_1, \alpha_2, \alpha_3, \ldots, \alpha_n)}{f(t_1)\,f(t_2)\,f(t_3)\ldots f(t_n)}.$$

(*) Il suffit, pour le voir, de diviser le déterminant ligne par ligne successivement par

$(t_1-\alpha)\,(t_1-\beta)\,(t_1-\gamma)$, $(t_2-\alpha)\,(t_2-\beta)\,(t_2-\gamma)$, $(t_3-\alpha)\,(t_3-\beta)\,(t_3-\gamma)$,

ou bien de le diviser tout à la fois par N.

Il suffit effectivement de se rappeler que la fonction Δ est divisible par toutes les différences $t_i - t_j$, $\alpha_i - \alpha_j$, et qu'en reduisant ensemble tous les termes du déterminant au même dénominateur, on trouve, pour celui-ci,

$$f(t_1)\, f(t_2)\, f(t_3) \ldots f(t_n).$$

Convenons maintenant de soustraire dans Π toujours t_j de t_i, si $j < i$, ce qui équivaut à soustraire dans Δ une ligne inférieure de la supérieure. Alors, pour chaque combinaison le déterminant acquerra le facteur -1, c'est-à-dire que le déterminant acquerra le facteur $(-1)^{\frac{n(n-1)}{2}}$, n étant le degré de l'équation.

Maintenant observons que le déterminant D peut être considéré comme le résultat de la différentiation de Δ par rapport à toutes les variables $t_1, t_2, t_3, \ldots, t_n$, ou que

$$[8] \qquad \mathrm{D} = (-1)^n \mathrm{D}_{t_1}\, \mathrm{D}_{t_2}\, \mathrm{D}_{t_3}\, \ldots \mathrm{D}_{t_n}\, \Delta,$$

car par ces différentiations successives on introduit le facteur -1.

Donc

$$\mathrm{T} = \frac{\mathrm{D}}{\Delta} = \frac{\Pi(\alpha_1, \alpha_2, \ldots, \alpha_n)\, (-1)^n\, \mathrm{D}_{t_1}\, \mathrm{D}_{t_2}\, \ldots\, \mathrm{D}_{t_n}\left[\dfrac{\Pi(t_1, t_2, \ldots, t_n)}{f(t_1)\, f(t_2) \ldots f(t_n)}\right]}{\Pi(\alpha_1, \alpha_2, \ldots, \alpha_n)\dfrac{\Pi(t_1, t_2, t_3, \ldots, t_n)}{f(t_1)\, f(t_2)\, f(t_3)\, f(t_n)}},$$

$$[9]$$

$$\mathrm{T} = (-1)^n \frac{f(t_1)\, f(t_2)\, f(t_3) \ldots f(t_n)}{\Pi(t_1, t_2, t_3, \ldots, t_n)}\, \mathrm{D}_{t_1}\, \mathrm{D}_{t_2}\, \mathrm{D}_{t_3} \ldots \mathrm{D}_{t_n}\left[\frac{\Pi(t_1, t_2, t_3, \ldots, t_n)}{f(t_1)\, f(t_2) \ldots f(t_n)}\right].$$

Maintenant, si on développe la fonction

$$\mathrm{T} = \sum \frac{1}{t_1 - \alpha_1}\, \frac{1}{t_2 - \alpha_2}\, \frac{1}{t_3 - \alpha_3}$$

suivant les puissances descendantes de $t_1, t_2, t_3, \ldots, t_n$, évidemment la fonction

$$\sum \alpha_1^{p_1} \alpha_2^{p_2} \alpha_3^{p_3} \ldots \alpha_n^{p_n}$$

sera associée au signe près avec le terme

$$\left(\frac{1}{t_1}\right)^{p_1+1}\left(\frac{1}{t}\right)^{p_2+1}\left(\frac{1}{t_3}\right)^{p_3+1}\ldots\left(\frac{1}{t_n}\right)^{p_n+1};$$

car il suffira, pour obtenir ce développement, de poser en général

$$\frac{1}{t-a}=\frac{1}{t}\left(\frac{1}{1-\dfrac{\alpha}{t}}\right)=\Sigma\,(-1)^p\,\frac{\alpha^p}{t^{p+1}}.$$

Mais, comme le second membre de l'équation [9] est exprimé en fonction des coefficients (a) de l'équation proposée, il en résulte qu'on pourra obtenir de cette façon n'importe quelle fonction symétrique à l'aide du coefficient du même terme en t du second membre.

Par cette raison cette fonction a pris le nom de *génératrice*.

Son développement direct donnerait

$$T=\frac{\Sigma\dfrac{f(t_1)}{t_1-\alpha_1}\,\dfrac{f(t_2)}{t_2-\alpha_2}\,\cdots\,\dfrac{f(t_n)}{t_n-\alpha_n}}{f(t_1)\,f(t_2)\,\ldots\,f(t_n)},$$

où l'on a généralement

$$\frac{f(t)}{t-\alpha_i}=t^{n-1}-(\alpha_1+\alpha_2+\ldots+\alpha_{i-1}+\alpha_{i+1}+\ldots+\alpha_n)t^{n-2}+\ldots+(-1)^{n-1}\alpha_1\alpha_3\ldots\alpha_{i-1}\alpha_{i+1}\ldots\alpha_n,$$

et l'on trouverait une fonction de cette forme

$$=\frac{(n)\,t_1^{n-1}\,t_2^{n-1}\ldots t_n^{n-1}+\overline{n-1}\,(n-2)\,a_1\,\Sigma\,t_1^{n-2}\,t_2^{n-1}\,t_n^{n-1}+\ldots+2(n-1)a_n^{n-2}a_2\,\Sigma\,t+(n)\,a_n^{n-1}}{f(t_1).f(t_2)\,\ldots\,f(t)},$$

où $(l)=1.2.3\ldots l$.

Nous ne donnons que les premiers et les derniers termes; car l'expression générale d'un terme quelconque offrirait des complications de calcul insurmontables.

20. Mais nous pouvons maintenant, d'après le désir exprimé par M. Cayley [*], donner à cette fonction génératrice une autre forme plus propre aux calculs, lesquels, même par la formule [9], seraient tout à fait inabordables en opérant par des différentiations successives.

A cet effet, observons que puisque, en vertu d'un théorème connu et en adoptant la convention ci-dessus pour Π, on a

$$[10] \quad (-1)^{\frac{n(n-1)}{1.2}} \Pi(t_1, t_2, \ldots, t_n) = \begin{vmatrix} 1 & t_1 & t^2_1 & \ldots & t_1^{n-1} \\ 1 & t_2 & t^2_2 & \ldots & t_2^{n-1} \\ \cdot & \cdot & \cdot & & \cdot \\ 1 & t_n & t_n^2 & \ldots & t_n^{n-1} \end{vmatrix},$$

la fonction entre parenthèses pourra s'écrire ainsi qu'il suit

$$(-1)^{\frac{n(n-1)}{1.2}} \frac{\Pi(t_1, t_2, \ldots, t_n)}{f(t_1)f(t_2)\ldots f(t_n)} = \begin{vmatrix} \dfrac{1}{f(t_1)} & \dfrac{t_1}{f(t_1)} & \dfrac{t_1^2}{f(t_1)} & \ldots & \dfrac{t_1^{n-1}}{f(t_1)} \\ \dfrac{1}{f(t_2)} & \dfrac{t_2}{f(t_2)} & \dfrac{t^2_2}{f(t_2)} & \ldots & \dfrac{t_2^{n-1}}{f(t_2)} \\ \cdot & \cdot & \cdot & & \cdot \\ \dfrac{1}{f(t_n)} & \dfrac{t_n}{f(t_n)} & \dfrac{t_n^2}{f(t_n)} & \ldots & \dfrac{t_n^{n-1}}{f(t_n)} \end{vmatrix},$$

et par conséquent, en différentiant successivement par rapport à $t_1, t_2, \ldots, t_n$, il viendra

$$[11] \quad D_{t_1} D_{t_2} \ldots D_{t_n} \left[\frac{\Pi(t_1, t_2, \ldots t_n)}{f(t_1) f(t_2) \ldots f(t_n)} \right]$$

$$= \frac{-(-1)^{\frac{n(n-1)}{1.2}}}{f(t_1)^2 f(t_2)^2 \ldots f(t_n)^2} \begin{vmatrix} f'(t_1) & f(t_1)-t_1 f'(t_1) & 2t_1 f(t_1)-t^2_1 f'(t_1) & \ldots & (n-1)t_1^{n-2} f(t_1)-t_1^{n-1} f'(t_1) \\ f'(t_2) & f(t_2)-t_2 f'(t_2) & 2t_2 f(t_2)-t^2_2 f'(t_2) & \ldots & (n-1)t_2^{n-2} f(t_2)-t_2^{n-1} f'(t_2) \\ \cdot & \cdot & \cdot & \cdot & \cdot \\ f'(t_n) & f(t_n)-t_n f'(t_n) & 2t_n f(t_n)-t^2_n f'(t_n) & \ldots & (n-1)t_n^{n-2} f(t_n)-t_n^{n-1} f'(t_n) \end{vmatrix}$$

____

[*] Cayley, *A memoir on the symmetric functions.* — London, 1857.

et partant la formule [9] deviendra

$$[12] \quad \mathrm{T} = \frac{(-1)^{\frac{(n-1)(n+2)}{2}}}{f(t_1)\dots f(t_n)\,\Pi(t_1,\dots,t_n)} \begin{vmatrix} f'(t_1) & ft_1-t_1 f'(t_1) & \dots\dots & (n-1)t_1^{\,n-2}f(t_1)-t_1^{\,n-1}f'(t_1) \\ f'(t_2) & f(t_2)-t_2 f(t_2) & \dots\dots & (n-1)t_2^{\,n-2}f(t_2)-t_2^{\,n-1}f'(t_2) \\ \cdot & \cdot \quad \cdot \quad \cdot & \cdot \quad \cdot & \cdot \quad \cdot \quad \cdot \quad \cdot \\ f'(t_n) & f(t_n)-t_n f'(t_n) & \dots\dots & (n-1)t_n^{\,n-2}f(t_n)-t_n^{\,n-1}f'(t_n) \end{vmatrix},$$

et l'on remarquera aisément que le déterminant du second membre est divisible par

$$(t_1-t_2)\;(t_2-t_3)\;\dots\;(t_{n-1}-t_n)=\Pi(t_1,t_2,\dots,t_n)$$

et qu'ainsi, dans ce qui suit, le diviseur Π n'existe qu'en apparence.

21. En posant $\dfrac{f'(t)}{f(t)}=\sum\dfrac{s_p}{t^{p+1}}$, on pourrait encore écrire la formule de Borchardt ainsi qu'il suit:

$$[13] \quad -1)^{n-1}\,\Pi(t_1\dots t_n)\,\mathrm{T} = \begin{vmatrix} \sum\dfrac{s_{p_1}}{t_1^{\,p_1+1}}, & 1-t_1\sum\dfrac{s_{p_1}}{t_1^{\,p+1}}, & \dots(n-1)t_1^{\,n-2} & t_1^{\,n-1}\sum\dfrac{s_{p_1}}{t_1^{\,p+1}} \\[2ex] \sum\dfrac{s_{p_2}}{t_2^{\,p_2+1}}, & 1-t_2\sum\dfrac{s_{p_2}}{t_2^{\,p_2+1}}, & \dots(n-1)t_n^{\,n-2}-t_2^{\,n-1}\sum\dfrac{s_{p_2}}{t_2^{\,p_1+1}} \\[2ex] \cdot\quad\cdot & \cdot\quad\cdot\quad\cdot & \cdot\quad\cdot\quad\cdot\quad\cdot \\[2ex] \sum\dfrac{s_{p_n}}{t_n^{\,p_n+1}}, & 1-t_n\sum\dfrac{s_{p_n}}{t_n^{\,p_n+1}}, & \dots(n-1)t_n^{\,n-2}-t_n^{\,n-1}\sum\dfrac{s_{p_n}}{t_n^{\,p_n+1}} \end{vmatrix}.$$

Quoique cette forme soit loin d'être aussi convenable pour les calculs que la précédente [12] exprimée directement en fonction des coefficients, elle fournit néanmoins une méthode pour développer cette fonction suivant les puissances descendantes de $t_1,\dots,t_n$, dont les coefficients sont exprimés en fonction des s. De là on peut conclure que la fonction génératrice de

Borchardt, qui en elle-même est une magnifique transformation analytique, ne saurait en pratique conduire à des résultats différents de la formule [20], plus ancienne, et qui donne de suite la fonction symétrique exprimée en fonction des s.

22. APPLICATION. Soient les équations

$$ax^2 + bx + c = 0, \qquad ax^3 + bx^2 + cx + d = 0.$$

Posons $t_1 = x$, $t_2 = y$, $t_3 = z$;

on trouvera directement, dans le premier cas,

$$\frac{1}{(x-\alpha)(y-\beta)} + \frac{1}{(x-\beta)(y-\alpha)} = \frac{2xy - (\alpha+\beta)(x+y) + 2\alpha\beta}{(x-\alpha)(x-\beta)(y-\alpha)(y-\beta)},$$

ou
$$T = \frac{2a^2xy - ab(x+y) + 2ac}{(ax^2 + bx + c)(ay^2 + by + c)} ;$$

et, par la formule de Borchardt,

$$T = a^2 \frac{f(x)\,f(y)}{x-y} D_x D_y \left[\frac{x-y}{f(x)f(y)} \right],$$

ou bien, par notre formule [12],

$$T = \frac{1}{(x-y)f(x)f(y)} \begin{vmatrix} f'(x), & f(x)-xf'(x) \\ f'(y), & f(y)-yf'(y) \end{vmatrix} = \frac{[f'(x)f(y) - f(x)f'(y) + (x-y)f'xf'y]}{(x-y)\,f(x)\,f(y)}$$

$$= \frac{2a^2xy + ab(x+y) + ac}{(ax^2 + bx + c)(ay^2 + by + c)}.$$

Dans le second cas, notre formule donne,

$$T = \frac{-1}{(x-y)(x-z)(y-z)f(x)f(y)f(z)} \begin{vmatrix} f'(x) & f(x)-x'f'(x) & 2xf(x)-x^2f'(x) \\ f'(y) & f(y)-yf'(y) & 2yf(y)-y^2f'(y) \\ f'(z) & f(z)-zf'(z) & 2zf(z)-z^2f'(z) \end{vmatrix},$$

ou
$$-(x-y)(x-z)(y-z)f(x)f(y)f(z)\,T =$$

$$[14] \qquad = \begin{vmatrix} 3ax^2 + 2bx + c & 2ax^3 + bx^2 - d & ax^4 - cx^2 - 2dx \\ 3ay^2 + 2by + c & 2ay^3 + by^2 - d & ay^4 - cy^2 - 2dy \\ 3az^2 + 2bz + c & 2az^3 + bz^2 - d & az^4 - cz^2 - 2dz \end{vmatrix}.$$

Posons $A = (x-y)(x-z)(y-z) = - \begin{vmatrix} 1 & x & x^2 \\ 1 & y & y^2 \\ 1 & z & z^2 \end{vmatrix}$, et généralement, pour abréger,

$$[1\ x^h\ x^i] = \begin{vmatrix} 1 & x^h & x^i \\ 1 & y^h & y^i \\ 1 & z^h & z^i \end{vmatrix};$$

on aura $\qquad f(x)\,f(y)\,f(z)\,\mathrm{AT} =$

$= 6\,a^3 x^2 y^2 z^2\,|\,1\ x\ x^2\,| - 12\,a^2 dxyz\,|\,1\ x\ x^2\,| + 3\,a^2 d\,|\,1\ x^2\ x^4\,|$
$+ 6ad^2\,|\,1xx^2\,| + 4a^2b\,|1x^2x^3| + 4abcxyz\,|1xx^2\,| + 2ab^2xyz\,|1xx^3\,|$
$+ 2abd\,|\,1\ x\ x^4\,| - 2bcd\,|\,1xx^2\,| + 2ac^2\,|\,1x^2x^3\,| + 4acd\,|\,1\ x\ x^3\,|$
$+ abc\,|\,1x^2x^4\,| + 2bcd\,|\,1\ x\ x^2\,|;$

et, en observant que

$|\,1\ x\ x^3\,| = -\,\mathrm{A}\,(x + y + z),$
$|\,1\ x^2\ x^3\,| = -\,\mathrm{A}\,(x^2 + y + xz + yz),$
$|\,1\ x\ x^4\,| = -\,\mathrm{A}\,(x^2 + y^2 + z^2 + xy + xz + yz),$
$|\,1\ x^3\ x^4\,| = -\,\mathrm{A}\,(x^2 y^2 + y^2 z^2 + x^2 z^2 + y^2 xz + x^2 yz + z^2 xy),$
$|\,1\ x^2\ x^4\,| = -\,\mathrm{A}\,(x + y)\,(x + z)\,(y + z),$

on trouvera cette expression égale à une fraction dont le numérateur est

$$\begin{array}{r|l}
6ad^2 & 1 \\
+\,4acd & x + y + z \\
+\,2abd & x^2 + y^2 + z^2 \\
+\,2\,(abd + ac^2) & xy + xz + yz \\
+\,6\,(a^2 d - abc) & xyz \\
+\,(abc + 3a^2 d) & x^2(y + z) + y^2(x + z) + z^2(x + y) \\
+\,2\,(a^2 c + ab^2) & x^2 yz + y^3 xz + z^2 xy \\
+\,2a^2 c & x^2 y^2 + x^2 z^2 + y^2 z^2 \\
+\,4a^2 b & x^2 y^2 z + x^2 z^2 y + y^2 z^2 x \\
+\,6a^3 & x^2 y^2 z^2
\end{array}$$

et le dénominateur est $f(x)\,f(y)\,f(z)$.

On trouverait aussi, en retranchant une ligne de l'autre dans le déterminant du second membre de [14], que ce second membre se réduit à

$$\begin{vmatrix} 3a, & 2a(x+y+z)+b, & a(x^2+y^2+z^2+xy+xz+yz)-c \\ 3a(x+z)+2b, & 2a(x^2+z^2+xz)+b(x+z), & a(x^3+z^3+x^2z+xz^2)-c(x+z)-zd \\ 3az^2+2bz+c, & 2az^3+bz^2-d, & az^4-cz^2-2dz \end{vmatrix},$$

et on retomberait ainsi, après des calculs faciles, sur la valeur ci-dessus de **T**.

§ IV.

Construction des tables des fonctions symétriques.

24. Les premières tables ont été publiées par Meier Hirsch en 1819 (*); l'auteur y donne toutes les fonctions symétriques jusqu'à celles d'ordre 10. Il les a calculées au moyen des fonctions des puissances semblables des racines. Comme il ignorait toutes les autres propriétés découvertes dans ces dernières années, on peut concevoir quels immenses calculs il lui aura fallu exécuter pour arriver à la détermination de ces fonctions. Aujourd'hui, grâce aux propriétés de l'équipollence de ces fonctions et aux équations aux dérivées partielles auxquelles elles satisfont, on peut de suite en écrire directement la forme littérale, et puis calculer successivement et contrôler les coefficients par les diverses méthodes que nous avons exposées.

M. Cayley qui a reproduit ces tables dans le *Philosophical Transactions*, 1857, a remarqué d'autres propriétés qui facilitent beaucoup la construction de ces tables et permettraient même de les étendre très-aisément. C'est ce que nous allons exposer, en y joignant quelques autres remarques qui peuvent aider beaucoup à la recherche des coefficients numériques.

(*) Cette page était déjà prête pour l'impression lorsque j'ai appris et j'ai en effet constaté que Vandermonde dès 1771 était déjà en possession de la formule de Waring, et avait construit des tables des fonctions symétriques, sans pourtant faire connaître la marche des calculs qu'il a suivie. C'est donc à lui que revient la gloire des premières tables. Mais il faut avouer que celles de Meier Hirsch, plus claires et surtout accompagnées des démonstrations nécessaires, ont été plus employées.

Nous appellerons d'abord *combinaison des coefficients* le produit quelconque

$$a_{m_1}^{m'_1} \, a_{m_3}^{m'_2} \, a_{m_3}^{m'_3} \ldots \ldots a_{m_r}^{m'_r},$$

qui figure dans l'expression d'une fonction symétrique.

Si cette fonction est de degré l et de poids p, on aura

[1] $$m'_1 + m'_2 + m'_3 + \ldots m'_r = l,$$

[2] $$m_1 m'_1 + m_2 m'_2 + m_3 m'_3 + \ldots + m_r m'_r = p.$$

Cela posé, nous appellerons *combinaison associée des racines* le produit

$$(\alpha_1 \alpha_2 \ldots \alpha_{m'_1})^{m_1} (\beta_1 \beta_2 \ldots \beta_{m'_2})^{m_2} (\gamma_1 \gamma_2 \ldots \gamma_{m'_3})^{m_3};$$

et, en supposant $m_1 > m_2 > m_3 > \ldots$, par ordre décroissant de grandeur, *combinaison conjuguée* le produit

$$\alpha_{m'_1+m'_2+m'_3+\ldots+m'_r}^{m_r} \; \alpha_{m'_1+m'_2+\ldots+m'_{r-1}}^{m_{r-1}-m_r} \ldots \alpha_{m'_1+m'_2}^{m_2-m_3}, \; \alpha_{m'_1}^{m_1-m_2}.$$

Exemples :

Combinaisons des coefficients	Combinaisons associées	Combinaisons conjuguées
$a_1\,a_2\,a_3$	$\alpha^3_1\,\alpha^2_2\,\alpha^1_3$	$\Sigma\,\alpha^3_1\,\alpha^2_2\,\alpha_3$
$a^2_1\,a^2_2 = a_1\,a_1\,a_2\,a_2$	$\alpha^2_1\,\alpha^2_2\,\alpha^1_3\,\alpha^1_4$	$\Sigma\,\alpha^4_1\,\alpha^2_2$
$a^3_1\,a_3 = a_1\,a_1\,a_1\,a_3$	$\alpha^3_1\,\alpha_2\,\alpha_3\,\alpha_4$	$\Sigma\,\alpha^4_1\,\alpha_2\,\alpha_3$
$a^2_2\,a_3 = a_2\,a_2\,a_3$	$\alpha^3_1\,\alpha^2_1\,\alpha^2_3$	$\Sigma\,\alpha^3_1\,\alpha_2\,\alpha_3$

Comme on voit, les combinaisons associées résultent des combinaisons des coefficients en changeant les indices en exposants, tandis que, pour les combinaisons conjuguées, la loi est moins simple [*]. Pour la retrouver facilement, remplaçons

---

[*] Voici une méthode pour former facilement les conjuguées. On remplace chaque indice de la combinaison par une ligne d'unités ; puis on somme les colonnes : les sommes seront les exposants des racines.

chaque lettre a_i par sa valeur en fonction des racines, que nous appellerons pour le moment $\alpha, \beta, \gamma, \delta \ldots$, on aura

$$a_1 a_2 a_3 = (-\textstyle\sum \alpha)\,(+\textstyle\sum \alpha\beta)\,(-\textstyle\sum \alpha\beta\gamma) \qquad a^2{}_2 a^2{}_1 = (\textstyle\sum \alpha\beta)^2 (\textstyle\sum \alpha)^2,$$

$$a^3{}_1 a_3 = (-\textstyle\sum \alpha)^3\,(-\textstyle\sum \alpha\beta\gamma), \qquad\qquad a^2{}_2 a_3 = (\textstyle\sum \alpha\beta)^2 (-\textstyle\sum \alpha\beta\gamma),$$

d'où il résulte que parmi les fonctions symétriques dans les seconds membres il y aura certainement celles qui proviennent des produits des lettres même α, β, γ, ... qui figurent sous les signes $\sum$; à savoir

$$\sum \alpha^3\beta^2\gamma \quad \text{pour } a_1 a_2 a_3, \qquad\qquad \sum \alpha^4\beta\gamma \quad \text{pour } a^3{}_1 a_3,$$

$$\sum \alpha^4\beta^2 \quad \text{pour } a^2{}_2 a^2{}_1, \qquad\qquad \sum \alpha^2\beta^2\gamma \quad \text{pour } a^2{}_2 a_3.$$

Il est aisé de voir que les combinaisons associées ou conjuguées seront de même poids que la combinaison des coefficients.

Cela posé, observons d'abord que:

25. Théorème. *Une fonction symétrique* $\sum \alpha^p \beta^q \gamma^r \ldots$ *contient la combinaison des coefficients conjuguée avec le signe* $+$ *ou* $-$ *selon que le poids est pair ou impair.*

Pour fixer les idées, supposons qu'il s'agisse de $\sum \alpha^4\beta\gamma$, dont

---

Exemples:

$$a_1 a_2 a_3,\; \frac{\begin{matrix}1\\1\;1\\1\;1\;1\end{matrix}}{3.2.1}\;; \qquad a^2{}_2 a^2{}_1,\; \frac{\begin{matrix}1\;1\\1\;1\\1\\1\end{matrix}}{4.2}\;; \qquad a^3{}_1 a_3,\; \frac{\begin{matrix}1\\1\\1\\1\;1\;1\end{matrix}}{4.1.1}\;; \qquad a^2{}_1 a_3,\; \frac{\begin{matrix}1\\1\\1\;1\;1\end{matrix}}{3.1.1}$$

ou

$$\begin{matrix}\alpha^3{}_1\alpha^2{}_2\alpha_3\\ \alpha^3\beta^2\gamma\end{matrix}\,, \qquad \begin{matrix}\alpha^4{}_1\alpha^2{}_2\\ \alpha^4\beta^2\end{matrix}\,, \qquad \begin{matrix}\alpha^4{}_1\alpha_2\alpha_3\\ \alpha^4\beta\gamma\end{matrix}\,, \qquad \begin{matrix}\alpha^3{}_1\alpha_2\alpha_3\\ \alpha^3\beta\gamma\end{matrix}\,.$$

Cela revient évidemment à écrire autant de fois chaque racine α, β, γ... qu'il peut y avoir d'unités dans les coefficients de la combinaison. Réciproquement, en déduisant des conjuguées les combinaisons, en écrivant les exposants en colonnes et puis en sommant les lignes, les sommes seront les indices.

la combinaison conjuguée est $a^3{}_1 a_3$. Je dis qu'en posant

[3] $$\sum \alpha^4 \beta \gamma = A + B a^3{}_1 a_3 \, (^*),$$

on aura $$B = 1.$$

En effet, $\quad a^3{}_1 a_3 = (-\sum \alpha)^3 (-\sum \alpha\beta\gamma) = +1 . \sum \alpha^4\beta\gamma + \ldots,$
et

[4] $$\sum \alpha^4 \beta \gamma = A + 1 . B \sum \alpha^4 \beta \gamma + \ldots .$$

Si l'on répète cette opération pour tous les termes de A, l'équation [4] doit être une identité: or il n'est pas possible que la fonction $\sum \alpha^4\beta\gamma$ soit contenue autre part que dans $a^3{}_1 a_3$: car tous les autres termes de poids 6 et de degré 4,

$$a^2{}_1 a^2{}_2 , \qquad a_1 a_2 a_3 ,$$

ne peuvent reproduire $\sum \alpha^4\beta\gamma$, puisqu'ils fourniraient des fonctions ne contenant que trop ou pas assez des lettres $\alpha, \beta, \gamma, \ldots$ Il faudra donc que $B = 1$.

En général, on verra qu'il n'y a qu'une conjuguée unique pour une combinaison donnée, et qu'ainsi tout terme dans A, différant de celui qu'on considère au moins par une lettre, fournira des lignes différentes de traits et par conséquent une autre fonction conjuguée.

D'ailleurs, d'après les valeurs des coefficients $a_1, a_2, a_3, \ldots$ en fonction des racines, le coefficient sera $+$ ou $-$ selon qu'on aura, pour la combinaison $\alpha_1^p \alpha_2^q \alpha_r^3 \ldots$,

$$(-1)^p (+1)^q (-1)^r \ldots = \pm 1,$$

ou selon que

$$(-1)^p (-1)^{2q} (-1)^{3r} \ldots = (-1)^{p+2q+3r+\cdots} = (-1)^{poids} = \pm 1,$$

ce qui achève de démontrer le théorème.

26. En second lieu, M. Cayley observe qu'en disposant les fonctions symétriques appartenant au même poids sous forme

---

(*) On verra aisément que les combinaisons conjuguées sont précisément celles qui, d'après la méthode de Gauss, servent à réduire la fonction donnée des racines à un ordre moindre.

de tableaux synoptiques, le coefficient numérique appartenant à une ligne a et à une colonne b, est égal au coefficient numérique de la colonne a et de la ligne b. On peut voir dans les *Annales de Tortolini*, 1858, une élégante démonstration donnée par M. Betti de cette propriété. Nous ajouterons seulement cette remarque, que, si le premier coefficient affecte une certaine combinaison C appartenant au développement de la fonction symétrique S, le second appartient assurément à une combinaison associée de S dans le développement de la fonction symétrique associée de C. C'est cette observation qui nous a suggéré l'idée d'un autre arrangement des tables, qui a paru pour la première fois dans les *Comptes rendus de l'Académie des Sciences de Paris*, 1873.

Les séries des coefficients numériques qui figurent dans les tables jouissent encore d'une propriété singulière, à savoir : si on les multiplie successivement terme à terme par les coefficients numériques polynomiaux correspondants au poids p, et qu'on additionne les produits, on aura autant de sommes égales à 0.

Cela se déduit immédiatement de l'équation

$$(\alpha + \beta + \gamma + \ldots + \lambda)^p = (-a_1)^p.$$

En prenant par exemple la table d'ordre IV on aura

	1 ×	4 ×	6 ×	12 ×	24 ×	Somme
1 ×	−4	+4	+2	−4	+1	0
4 ×	+4	−1	−2	+1		0
6 ×	+2	−2	+1			0
12 ×	−4	+1				0
24 ×	+1					1
Somme	0	0	0	0	1	

Cette propriété pourra être très-utile pour contrôler les calculs.

27. *Construction d'une table d'ordre* p. — On écrira, par exemple, à gauche toutes les fonctions symétriques de poids p, en commençant par $\sum \alpha^p$ et en descendant jusqu'à $\sum \alpha\beta\gamma \ldots \lambda$, en supposant que les racines $\alpha, \beta, \gamma, \ldots, \lambda$ soient en nombre p.

Ou bien sur le haut du tableau on placera toutes les combinaisons associées des coefficients qui seront d'ordre p. Pour y arriver d'une manière plus prompte et plus sûre, on observera que ces combinaisons peuvent se partager en deux groupes, dont l'un est composé de combinaisons conjuguées de celles qui sont dans l'autre groupe ; quelques-unes sont conjuguées à elles mêmes, et celles-là nous les avons écrites avec des caractères plus gras. Ainsi les combinaisons $\boldsymbol{a^2_3}\, \boldsymbol{a_2}$, $\boldsymbol{a_4}\,\boldsymbol{a_2}\,\boldsymbol{a^2_1}$ sont de ce genre, car elles se transforment toujours en elles-mêmes, soit qu'on lise les traits

$$\begin{matrix} 111 & \quad & 1111 \\ 11 & & 11 \\ & & 1 \\ & & 1 \end{matrix}$$

verticalement ou horizontalement. D'ailleurs, on verra comme, par exemple, la combinaison des groupes de droite (tableau VIII) $a_3 a^5_1$ est la conjuguée de la combinaison $a_6 a^2_1 \begin{pmatrix} 111111 \\ 1 \\ 1 \end{pmatrix}$ placée dans le groupe de gauche. C'est par cette raison que dans nos tableaux les combinaisons conjuguées sont placées symétriquement à droite et à gauche des combinaisons neutres. On conçoit alors qu'il suffit d'écrire la moitié des combinaisons pour en déduire immédiatement les autres, sans crainte d'en oublier aucune.

Reportons-nous, pour fixer les idées, à la table II des fonctions symétriques des racines de poids 10.

Si, à partir de a_{10}, on écrit les combinaisons des coefficients $a_9 a_1$, $a_8 a_2$, etc., et qu'on les change dans leurs conjuguées, on retrouvera les combinaisons à droite des deux combinaisons

$a_4\, a_3\, a_2\, a_1$, $a_5\, a_2\, a^3_1$, lesquelles se changent en elles-mêmes, comme on voit par les traits

$$\begin{matrix} 1 & 1 & 1 & 1 \\ & 1 & 1 & 1 \\ & & 1 & 1 \\ & & & 1 \end{matrix} \quad , \quad \begin{matrix} 1 & 1 & 1 & 1 & 1 \\ & & 1 & 1 \\ & & 1 \\ & & 1 \\ & & 1 \end{matrix}$$

Ces combinaisons conjuguées sont placées à droite et à gauche à la même distance. Ainsi, au 9ᵉ rang, la combinaison $a^2_3 a_2 a_1^2$ est la conjuguée de $a_5 a_3 a_2$. De cette façon, il ne sera pas possible d'en oublier aucune. Cela fait, on écrira à gauche les combinaisons associées des racines, et tout sera prêt pour les calculs.

Puis on remarquera :

1° Que les coefficients sur la diagonale sont $(-1)^p$;

2° Que les degrés des combinaisons ne peuvent pas dépasser le plus grand exposant de la fonction;

3° Qu'il suffit, par la propriété [26], de calculer la moitié des coefficients, puisqu'ils sont symétriques par rapport à la diagonale;

4° Qu'au moyen des formules [4] et [25] du § 1ᵉʳ, on peut calculer de suite les fonctions s et les fonctions de la forme $\sum \alpha^i \beta^i \gamma^i \ldots$;

5° Qu'on peut, à l'aide d'une méthode que nous allons expliquer, déterminer d'un seul coup 4 lignes ou 4 colonnes par des calculs très-simples. Cela seul suffirait pour écrire de suite les 7 premiers tableaux.

A l'aide de ces remarques, de toutes les propriétés démontrées sur les fonctions symétriques et des contrôles que fournissent les sommes N. 4 (remarque 4) et N. 26, le calcul des tables ne sera maintenant ni trop long, ni trop pénible.

28. Voici actuellement les formules qui servent à trouver les 4 séries de coefficients dont nous avons parlé. Dans le tableau renfermant les valeurs des fonctions symétriques de poids p, figurent en premier lieu les combinaisons a_p, $a_{p-1}a_1$, $a_{p-2}a_2$, $a_{p-1}a^2_1$, que fournit la table suivante :

	COLONNES	FORMULES
[5]	a_p	$(-1)\,\Gamma\,(l)\,p$
	$a_{p-1}a_1$	$-(-1)^l[p\,\Gamma\,(l)-r_1\,(p-1)\,\Gamma\,(l-1)$
	$a_{p-2}a_2$	$-(-1)^l[p\,\Gamma\,(l)-r_1\,(r_1-1)\,(p-2)\,\Gamma\,(l-2)-2r_2\,(p-2)\,\Gamma\,(l-1)]$
	$a_{p-2}a^2_1$	$(-1)^l[p\,\Gamma\,(l)-r_1\,(p-1)\,\Gamma\,(l-1)-r_2\,(p-2)\,\Gamma\,(l-1)$

Dans ces formules,

$$[6] \qquad \Gamma\,(l)=1.\,2.\,3.\,\ldots\,(l-1),$$

p est le poids de la fonction,

r_1, r_2 indiquent le nombre des racines contenues dans la fonction au 1er et 2e degré.

On divisera ensuite les nombres obtenus par $1.\,2.\,3.\,4\ldots i$, si i est le nombre des racines affectées du même exposant.

Exemples:

$\sum \alpha^4\beta^2\gamma$; on a $p=7$, $l=3$; coeff. $a_7=(-1)^3 7.1.2=-14$;

$\sum \alpha^3\beta^2\gamma$; on a $p=6$, $l=3$; coeff. $a_5 a_1=-(-1)^3\,(6.\,2-5)=+7$;

$\sum \alpha^2\beta^2\gamma^2\delta\epsilon$; on a $p=8$, $l=5$; coeff. $a_6 a_2=-(-1)^5\dfrac{[8\Gamma(5)-2.6\Gamma(3)-6.6\Gamma(4)]}{1.\,2.\,1.\,2.\,3}$
$$=-4;$$

$\sum \alpha^3\beta^2\gamma^2\delta$; on a $p=8, l=4$; coeff. $a_6 a_1{}^2=\dfrac{(-1)^4}{1.2}[8\Gamma(4)-7.1.2-2.6.2]=+5.$

Pour démontrer ces formules, observons d'abord que les dernières équations [39] (§ 1er) donnent

$$[7] \quad \begin{cases} \dfrac{d\varphi}{da_{p-2}}+a_1\dfrac{d\varphi}{da_{p-1}}+a_2\dfrac{d\varphi}{da_p}+(p-2)\dfrac{d\varphi}{ds_{p-2}}=0, \\[2ex] \dfrac{d\varphi}{da_{p-1}}+a_1\dfrac{d\varphi}{da_p}+(p-1)\dfrac{d\varphi}{ds_{p-1}}=0, \\[2ex] \dfrac{d\varphi}{da_p}+p\,\dfrac{d\varphi}{ds_p}=0. \end{cases}$$

Mais, par les formules [21] (§ 1er), on sait que

$$\frac{d\varphi}{ds_p} = (-1)^{l-1} 1.2.3\ldots(l-1),$$

ce qui, en vertu de la dernière formule [7], fournit l'équation

$$\frac{d\varphi}{da_p} = (-1)^{l} 1.2.3\ldots(l-1)p;$$

or a_p désignant toute la partie litérale comprise dans le premier membre, puisque le poids est p, il s'ensuit que le terme contenant a_p sera

[8] $$(-1)^{l} 1.2.3\ldots(l-1)\, pa_p = (-1)^{l}\,\Gamma\,(l)\,pa_p.$$

Passons à la seconde des formules [5].
Supposons en premier lieu $\dfrac{d\varphi}{ds_{p-1}} = 0$; alors la seconde équation se réduira à

$$\frac{d\varphi}{da_{p-1}} = -(-1)^{l}\,\Gamma\,(l)\,pa_1,$$

et par conséquent le terme en $a_{p-1}\,a_1$ sera

[9] $$-(-1)^{l}\,\Gamma\,(l)\,p\,a_{p-1}a_1.$$

En second lieu, si la fonction φ contient s_{p-1}, cela ne peut être qu'à cause de quelques racines α, β, γ qui figureront dans cette fonction au premier degré, par exemple, au nombre de r_1. Par conséquent le terme en $s_1\, s_{p-1}$ sera répété r_1 fois ; d'ailleurs son coefficient numérique, d'après les formules [21], sera

$$(-1)^{l-1}\,\Gamma\,(l-1),$$

et ainsi

$$(p-1)\frac{d\varphi}{ds_{p-1}} = r_1(p-1)(-1)^{l-1}\Gamma(l-1)s_1 = -(-1)^{l-1}r_1(p-1)\Gamma(l-1)a_1,$$

et, d'après la seconde équation [7],

$$\frac{d\varphi}{da_{p-1}} = - (-1)^{l}\, \Gamma\,(l)\, pa_{1} + (-1)^{l-1}\, r_{1}\,(p-1)\, \Gamma\,(l-1)\, a_{1}\,;$$

donc le terme en $a_{p-1}\, a_{1}$ sera

$$-(-1)^{l}\, a_{p-1}\, a_{1}\, [p\, \Gamma\,(l) - r_{1}\,(p-1)\, \Gamma\,(l-1)].$$

Pour les termes en $a_{p-2}a_{2}$, $a_{p-1}a_{1}^{2}$, on observera que la fonction φ ne peut contenir de termes en s_{p-2} que conjointement à s_{2} ou a $s^{2}{}_{1}$, et que ceux-ci ne peuvent provenir que des racines existantes dans φ au premier ou au second degré. Cette seule observation, en s'aidant de l'exemple ci-dessus, suffira pour retrouver la 3me et 4me des formules [5].

On pourrait poursuivre la même voie pour déterminer les coefficients des colonnes suivantes

$$a_{p-3}a_{3},\; a_{p-3}a_{2}a_{1},\; a_{p-3}a_{1}^{3},\; \text{etc.};$$

mais les opérations devenant de plus en plus pénibles et par suite inutiles, nous ne pousserons pas plus loin cette recherche.

29. Nous indiquerons encore un moyen pour faciliter les calculs des tables, qui pourra être souvent utile. Supposons qu'on ait à calculer $\sum \alpha^{p}\beta^{q}\gamma$ au moyen de $\sum \alpha^{p}\beta^{q}$, qui est déjà connu. Comme on a

$$\sum \alpha^{p}\beta^{q}\,(\alpha + \beta + \gamma + \ldots) = \sum \alpha^{p+1}\beta^{q} + \sum \alpha^{p}\beta^{q+1} + \sum \alpha^{p}\beta^{q}\gamma,$$

de sorte que

$$\sum \alpha^{p}\beta^{q}\gamma = - a_{1}\sum \alpha^{p}\beta^{q} - \sum \alpha^{p+1}\beta^{q} - \sum \alpha^{p}\beta^{q+1}\,;$$

il s'ensuit que chaque terme de la ligne correspondante à la fonction $\sum \alpha^{p}\beta^{q}\gamma$ *sera égal et de signe contraire* à la somme des coefficients correspondants dans les colonnes aux fonctions $\sum \alpha^{p+1}\beta^{q}$, $\sum \alpha^{p}\beta^{q+1}$, et $\sum \alpha^{p}\beta^{q}$, dans la table précédente. Dans le cas de $q=1$, il faudrait diviser la somme par 2. De cette façon si on avait à calculer la table de poids XI, on déduirait immédiatement pour les termes contenant a_1,

$$\sum \alpha^8 \beta^2 \gamma \qquad \text{de} \qquad \sum \alpha^8 \beta^2 \text{ (t. x)}, \ \sum \alpha^9 \beta^2, \ \sum \alpha^8 \beta^3$$

$$\sum \alpha^7 \beta^3 \gamma \qquad \text{»} \qquad \sum \alpha^7 \beta^3 \text{ (t. x)}, \ \sum \alpha^8 \beta^3, \ \sum \alpha^7 \beta^4$$

$$\sum \alpha^6 \beta^4 \gamma \qquad \text{»} \qquad \sum \alpha^6 \beta^4 \text{ (t. x)}, \ \sum \alpha^7 \beta^4, \ \sum \alpha^6 \beta^5$$

$$\sum \alpha^5 \beta^5 \gamma \qquad \text{»} \qquad \sum \alpha^5 \beta^5 \text{ (t. x)}, \ \sum \alpha^6 \beta^5$$

On pourra généralement par cette méthode obtenir une fonction d'une table par quelques fonctions déjà calculées des tables précédentes. Ainsi (voir table VIII et VII), on aura

$$2\sum \alpha^4 \beta^2 \gamma \delta = -a_1 \sum \alpha^4 \beta^2 \gamma + 2\sum \alpha^4 \beta^2 \gamma^2 - \sum \alpha^4 \beta^3 \gamma - \sum \alpha^5 \beta^2 \gamma,$$

et en particulier, pour le coefficient de $a_6 a_1^2$, par exemple

$$+4 = \frac{-8 + 2\cdot(-2) - (-9) - (-3)}{2}.$$

§ V.

Sur les fonctions symétriques
des différences des racines.

30. On peut exprimer directement en fonction des coefficients les sommes des puissances paires semblables des différences des racines.

Ainsi on aura généralement, pour l pair,

$$[1] \qquad \sum (\alpha - \beta)^l = s_0 s_l - l s_1 s_{l-1} + \frac{l(l-1)}{1 \cdot 2} s_2 s_{l-2} \mp \cdots,$$

où le second membre ne serait que la moitié du développement symbolique de $(s - s)^l$. On aurait, par exemple,

$$\sum (\alpha - \beta)^4 = s_0 s_4 - 4 s_1 s_3 + 3 s_2^2,$$
$$\sum (\alpha - \beta)^6 = s_0 s_6 - 6 s_1 s_5 + 15 s_2 s_4 - 10 s_3^2.$$

Démonstration. On a évidemment, par le binome de Newton,

$$\sum (x - \alpha)^l = s_0 x^l - l s_1 x^{l-1} + \frac{l(l-1)}{2} s_2 x^{l-2} + \cdots.$$

Si maintenant nous y remplaçons successivement x par α, β, $\gamma \ldots$, et si nous faisons la somme des résultats de toutes ces substitutions, en observant que pour l impair $\sum (\alpha - \beta)^l$ s'annule, il viendra

$$2 \sum (\alpha - \beta)^l = s_0 \sum \alpha^l - l s_1 \sum \alpha^{l-1} + \frac{l(l-1)}{2} s_2 \sum \alpha^{l-2} \mp \cdots,$$

ou

$$2 \sum (\alpha - \beta)^l = s_0 s_l - l s_1 s_{l-1} + \frac{l(l-1)}{2} s_2 s_{l-2} \mp \cdots.$$

Mais dans ce même cas les termes du second membre se doublent aussi; excepté celui du milieu, qui par conséquent dans la division par 2, se trouvera réduit à moitié.

L'équation [1] peut servir à calculer n'importe quelle fonction ψ des différences des racines à l'aide des sommes indiquées dans le second membre, sommes que nous appellerons S, comme on a appris à calculer toute fonction φ à l'aide des fonctions s. On n'a, à cet effet, qu'à décomposer la fonction ψ en sommes S par la formule [21 (parag. 1er)], puis à calculer les S par la formule [1].

EXEMPLE. Soit $\psi = \sum (\alpha - \beta)^2 (\gamma - \delta)^2$ la fonction donnée. On a, par la formule [21], $2\psi = S_2^2 - S_4$ et

$$S_2 = 4s_2 - s_1^2 = 3a_1^2 - 8a_2\,,$$

$$S_4 = 4s_4 - 4s_1 s_3 + 3s_2^2,\ \begin{cases} s_2 = a_1^2 - 2a_2\,, \\ s_3 = -a_1^3 + 3a_1 a_2 - 3a_3\,, \\ s_4 = a_1^4 - 4a_1^2 a_2 + 4a_1 a_3 - 4a_4 + 2a_2^2\,; \end{cases}$$

d'où l'on tirera

$$\psi = \sum (\alpha - \beta)^2 (\gamma - \delta)^2 = 3a_1^4 + 22a_2^2 - 16a_1^2 a_2 - 2a_1 a_3 + 8a_4\,.$$

EXEMPLE II. Soit $\psi = \sum (\alpha - \beta)^2 (\gamma - \delta)^2 (\delta - \epsilon)^2$ et $n = 5$. On aura

$$6\psi = S_2^3 - 3S_2 S_4 + 2S_6\,,$$

où

$$S_2 = 5s_2 - s_1^2\,,$$
$$S_4 = 5s_4 - 4s_1 s_3 + 3s_2^2\,,$$
$$S_6 = 5s_6 - 6s_1 s_5 + 15s_2 s_4 - 10s_3^2\,,$$

et

$$\psi = 4a_1^6 - 30a_1^4 a_2 + 81a_1^2 a_2^2 - 16a_1^3 a_3 - 80a_2^3$$
$$+ 50a_1 a_2 a_3 + 20a_1^2 a_4 - 25a_3^2 - 50a_2 a_4\,.$$

On pourrait, en poursuivant la même voie, calculer les produits 3 à 3, 4 à 4, etc. des carrés des différences, et l'on formerait ainsi aisément l'équation aux carrés des différences des racines de n'importe quelle équation.

31. Au lieu de passer par les fonctions S on peut passer de suite par les fonctions s ainsi qu'il suit.

Nous avons déjà observé (§ II) que, si l'on pose

$$P = \begin{vmatrix} 1 & 1 & 1 & 1 & \cdots\cdots & 1 \\ \alpha_1 & \alpha_2 & \alpha_3 & \alpha_4 & \cdots\cdots & \alpha_n \\ \alpha_1^2 & \alpha_2^2 & \alpha_3^2 & \alpha_4^2 & \cdots\cdots & \alpha_n^2 \\ \cdot & \cdot & \cdot & \cdot & \cdot & \cdot \\ \alpha_1^{n-1} & \alpha_2^{n-1} & \alpha_3^{n-1} & \alpha_4^{n-1} & \cdots\cdots & \alpha_n^{n-1} \end{vmatrix},$$

on a $\qquad\qquad P = \Pi\,(\alpha_1, \alpha_2, \ldots, \alpha_n)$

Or, si on élève au carré le déterminant P à l'aide des règles connues, en multipliant les lignes entre elles, on aura

$$[2] \quad P^2 = \begin{vmatrix} s_0 & s_1 & s_2 & \cdots\cdots & s_{n-1} \\ s_1 & s_2 & s_3 & \cdots\cdots & s_n \\ s_2 & s_3 & s_4 & \cdots\cdots & s_{n+1} \\ \cdot & \cdot & \cdot & \cdot & \cdot \\ s_{n-1} & s_n & s_{n+1} & \cdots\cdots & s_{2n-2} \end{vmatrix};$$

cela ayant lieu pour toute valeur de n, il s'ensuit que l'on aura

$$[3] \quad \Pi^2\,(\alpha_1, \alpha_2) = \begin{vmatrix} s_0 & s_1 \\ s_1 & s_2 \end{vmatrix}, \qquad \Pi^2\,(\alpha_1, \alpha_2, \alpha_3) = \begin{vmatrix} s_0 & s_1 & s_2 \\ s_1 & s_2 & s_3 \\ s_2 & s_3 & s_4 \end{vmatrix}, \text{ etc.}$$

Mais si maintenant les fonctions s, au lieu de se limiter aux formes de degré $2,3$, etc., s'étendent jusqu'à la forme de degré n, il est évident qu'en décomposant les nouveaux déterminants en déterminants d'éléments simples de la forme [3], on aura, pour une forme de degré n,

$$[4] \quad \begin{vmatrix} s_0 & s_1 \\ s_1 & s_2 \end{vmatrix} = \sum \Pi^2\,(\alpha_1, \alpha_2)\,, \qquad \begin{vmatrix} s_0 & s_1 & s_2 \\ s_1 & s_2 & s_3 \\ s_2 & s_3 & s_4 \end{vmatrix} = \sum \Pi^2\,(\alpha_1, \alpha_2, \alpha_3)\,, \ldots,$$

$$\begin{vmatrix} s_0 & s_1 & s_2 & \cdots & s_{r-1} \\ s_1 & s_2 & s_3 & \cdots & s_r \\ s_2 & s_3 & s_4 & \cdots & s_{r+1} \\ \cdot & \cdot & \cdot & \cdot & \cdot \\ s_{r-1} & s_r & s_{r+1} & \cdots & s_{2r-2} \end{vmatrix} = \sum \Pi^2\,(\alpha_1, \alpha_2, \alpha_3, \ldots, \alpha_r).$$

On voit ainsi avec quelle facilité on peut obtenir l'expression des fonctions symétriques des carrés des différences des racines.

Ces fonctions peuvent se calculer facilement à l'aide de l'artifice suivant.

On a, en ayant égard aux équations [7] N° 2 (*),

$$\begin{vmatrix} s_0 & s_1 \\ s_1 & s_2 \end{vmatrix} = \begin{vmatrix} s_0, & s_1 + a_1 s_0 \\ s_1, & s_2 + a_1 s_1 \end{vmatrix} = - \begin{vmatrix} n, & (n-1)\,a_1 \\ a_1, & 2a_2 \end{vmatrix},$$

$$\begin{vmatrix} s_0 & s_1 & s_2 \\ s_1 & s_2 & s_3 \\ s_2 & s_3 & s_4 \end{vmatrix} = \begin{vmatrix} 1 & 0 & 0 & 0 \\ 0 & s_0 & s_1 & s_2 \\ s_0 & s_1 & s_2 & s_3 \\ s_1 & s_2 & s_3 & s_4 \end{vmatrix} = \begin{vmatrix} 1, & a_1, & a_2, & a_2 \\ 0, & s_0, & s_1 + a_1 s_0, & s_2 + a_1 s_1 + a_2 s_0 \\ s_0, & s_1 + a_1 s_0, & s_2 + a_1 s_1 + a_2 s_0, & s_3 + a_1 s_2 + a_2 s_1 + a_3 s_0 \\ s_1, & s_2 + a_1 s_1, & s_3 + a_1 s_2 + a_2 s_1, & s_4 + a_1 s_3 + a_2 s_2 + a_3 s_1 \end{vmatrix}$$

$$= - \begin{vmatrix} 1 & a_1 & a_2 & a_3 \\ 0 & n & (n-1)\,a_1 & (n-2)\,a_2 \\ n & (n-1)\,a_1 & (n-2)\,a_2 & (n-3)\,a_3 \\ a_1 & 2a_2 & 3a_3 & 4a_4 \end{vmatrix},$$

et en général on pourra mettre d'abord le dernier déterminant [4] sous la forme

$$\begin{vmatrix} 1 & 0 & 0 & 0 & 0 & 0 & 0 & 0 & \cdots & 0 \\ 0 & 1 & 0 & 0 & 0 & 0 & 0 & 0 & \cdots & 0 \\ 0 & 0 & 1 & 0 & 0 & 0 & 0 & 0 & \cdots & 0 \\ \cdot & \cdot & \cdot & \cdot & \cdot & \cdot & \cdot & \cdot & & \cdot \\ 0 & 0 & 0 & 0 & 1 & 0 & 0 & 0 & \cdots & 0 \\ 0 & 0 & 0 & 0 & 0 & s_0 & s_1 & s_2 & \cdots & s_{r-1} \\ 0 & 0 & 0 & 0 & s_0 & s_1 & s_2 & s_3 & \cdots & s_r \\ 0 & 0 & 0 & 0 & s_1 & s_2 & s_3 & s_4 & \cdots & s_{r+1} \\ 0 & 0 & 0 & 0 & s_2 & s_3 & s_4 & s_5 & \cdots & s_{r+2} \\ \cdot & \cdot & \cdot & \cdot & \cdot & \cdot & \cdot & \cdot & & \cdot \\ 0 & s_0 & s_1 & s_{r-4} & s_{r-3} & s_{r-2} & s_{r-1} & & \cdots & s_{2r-2} \\ s_0 & s_1 & s_2 & s_{r-3} & s_{r-2} & s_{r-1} & s_r & & \cdots & s_{2r-1} \\ s_1 & s_2 & s_3 & s_{r-2} & s_{r-1} & s_r & s_{r+1} & & \cdots & s_{2r-2} \end{vmatrix}$$

(*) On suppose $a_0 = 1$.

puis on ajoutera la 2me colonne à la première $\times a_1$, ce sera la 2e nouvelle colonne; on ajoutera la 3e colonne à la $2^{\text{e}} \times a_1$ et à la première $\times a_2 \ldots$; et généralement la $k^{\text{ième}}$ colonne à la $(k-1)^{\text{ième}} \times a_1$, à la $(k-2)^{\text{ième}} \times a_2, \ldots$, à la $1^{\text{ère}} \times a_k$ pour former la nouvelle $k^{\text{ième}}$ colonne. On formera aussi des éléments tous calculables par les formules [7] N. 2, et l'on aura enfin exprimé une fonction entière quelconque symétrique des carrés des différences des racines au moyen des coefficients de l'équation donnée.

32. Les fonctions symétriques des différences des racines jouissent encore d'une propriété remarquable.

En se rappelant ici l'équation [41]

$$-\sum \frac{d\varphi}{d\alpha} = n_0 \frac{d\varphi}{da_1} + (n-1) a_1 \frac{d\varphi}{da_2} + \ldots + a_{n-1} \frac{d\varphi}{da_n},$$

on voit aisément que, si φ est une fonction symétrique des différences des racines, le premier membre sera nul. Car, si l'on a $\varphi = (\alpha_h - \alpha_i)\, P$, on aura $\frac{d\varphi}{da_h} = P$, $\frac{d\varphi}{da_i} = -P$, d'où il suit que les résultats des différentiations se détruiront deux à deux.

Par conséquent on a ce théorème: *Toute fonction symétrique des différences des racines satisfait à l'équation*

$$[5] \qquad na_0 \frac{d\varphi}{da_1} + (n-1) a_1 \frac{d\varphi}{da_2} + \ldots + a_{n-1} \frac{d\varphi}{da_n} = 0.$$

Lorsque la fonction f est de la forme

$$f = a_0 x^n + na_1 x^{n-1} + \frac{n\,(n-1)}{1 \cdot 2} a_2 x^{n-1} + \ldots,$$

l'opération [5] devient

$$[6] \qquad a_0 \frac{d\varphi}{da_1} + 2a_1 \frac{d\varphi}{da_2} + 3a_2 \frac{d\varphi}{da_3} + \ldots + na_{n-1} \frac{d\varphi}{da_n},$$

et, si on l'appelle δ, l'équation [5] se transformera simplement en celle-ci :

$$\delta\varphi = 0.$$

Avant de donner un exemple de ce théorème, remarquons d'abord qu'on a, ce qui nous sera utile dans la suite,

$$\delta a_l = l a_{l-1};$$

et comme généralement

$$\delta (uv) = u\delta v + v\delta u,$$

on trouvera

$$\delta a_l^p = p l a_l^{p-1} a_{l-1}, \quad \delta^h a_l = l(l-1)(l-2)\ldots(l-h+1) a_{l-h};$$

d'où il suit que cette opération revient à la différentiation ordinaire, sauf à traiter a_l comme une puissance symbolique a^l, où l'on changera le nouveau exposant en indice. D'après la signification même de δ, il s'ensuit que $\delta a_0 = 0$. Au moyen de cette règle on trouvera immédiatement que

$$\delta (a_0 a_4 - 4a_1 a_3 + 3a_2^2) = a_0\delta a_4 + a_4\delta a_0 - 4(a_1\delta a_3 + a_3\delta a_1) + 6a_2\delta a_2$$
$$= 4a_0 a_3 - 4(3a_1 a_2 + a_0 a_3) + 12a_1 a_2 = 0.$$

Observons encore que de l'équation [4] rappelée ci-dessus on tire

$$\delta s_r = r s_{r-1}.$$

EXEMPLE. En appliquant l'opérateur δ aux fonctions [4] on obtient, comme il fallait s'y attendre,

$$\delta \begin{vmatrix} s_0 & s_1 \\ s_1 & s_2 \end{vmatrix} = \begin{vmatrix} 0 & s_1 \\ s_0 & s_2 \end{vmatrix} + \begin{vmatrix} s_0 & s_0 \\ s_1 & 2s_1 \end{vmatrix} = 0,$$

$$\delta \begin{vmatrix} s_0 & s_1 & s_2 \\ s_1 & s_2 & s_3 \\ s_2 & s_3 & s_4 \end{vmatrix} = \begin{vmatrix} 0 & s_1 & s_2 \\ s_0 & s_2 & s_3 \\ 2s_1 & s_3 & s_4 \end{vmatrix} + \begin{vmatrix} s_0 & s_0 & s_2 \\ s_1 & 2s_1 & s_3 \\ s_2 & 3s_2 & s_4 \end{vmatrix} + \begin{vmatrix} s_0 & s_1 & 2s_1 \\ s_1 & s_2 & 3s_2 \\ s_2 & s_3 & 4s_3 \end{vmatrix} = 0, \text{ etc.}$$

33. Lorsque par une des méthodes exposées on aura déterminé une fonction symétrique des différences des racines d'une forme de degré n, les dérivées de cette fonction, par rapport au dernier terme de la forme, continuent à être des fonctions des différences des racines. Pour s'en convaincre, il suffit d'observer que l'équation [6] est encore satisfaite si l'on change φ en $\dfrac{d\varphi}{d a_n}$, c'est-à-dire si l'on différentie cette équation par rapport à a_n.

EXEMPLE. On a, pour la forme cubique

$$a_0 x^3 + a_1 x^2 + a_2 x + a_3,$$

$$\varphi = (\alpha-\beta)^2 (\alpha-\gamma)^2 (\beta-\gamma)^2 = 18 a_0 a_1 a_2 a_3 - 4 a_0 a_2^3 - 4 a_1^3 a_3 + a_1^2 a_2^2 - 27 a_0 a_3^2,$$

et

$$\frac{d\varphi}{d a_3} = 9 a_0 a_1 a_2 - 2 a_1^3 - 27 a_0^2 a_3.$$

Or il est aisé de trouver que cette expression est la fonction suivante des différences des racines

$$(\alpha-\beta)\left[(\alpha-\gamma)^2 - (\beta-\gamma)^2\right] + (\alpha-\gamma)\left[(\alpha-\beta)^2 - (\gamma-\beta)^2\right] + (\beta-\gamma)\left[(\beta-\alpha)^2 - (\gamma-\alpha)^2\right].$$

CHAPITRE DEUXIÈME

DES RÉSULTANTS.

---

§ I.

Des résultants — leur formation.

34. Les nouvelles théories algébriques ont démontré l'extrême
utilité pour la symétrie, et par suite pour la fécondité des
calculs, d'introduire l'homogénéité par rapport aux variables
dans l'étude des fonctions. C'est pour cela qu'avant d'exposer
la théorie des fonctions, qui, sous les noms de *résultants*,
d'*invariants*, de *covariants*, etc., en constituent une partie
si essentielle, nous dirons d'abord quelques mots sur ce sujet
pour ce qui regarde les fonctions qui nous ont occupé jusqu'ici
et auxquelles se restreint le champ des recherches du présent ouvrage.

Soit donc

$$[1] \qquad f(x,y) = a_0 x^n + a_1 x^{n-1} y + a_2 x^{n-2} y^2 + \ldots + a_n y^n$$

une fonction homogène de degré n à deux variables x, y,
fonction que nous appellerons dorénavant *forme binaire*.
Il est évident qu'il suffit d'y poser $y = 1$ pour y faire rentrer
l'équation [1] du premier chapitre, dont nous sommes partis
pour établir la théorie des fonctions symétriques, qui est fon-

damentale dans cette étude. On aurait ainsi, au lieu de l'équation énoncée, cette autre

[2] $$f(x,y) = 0.$$

Maintenant en appelant toujours $\alpha_1, \alpha_2, ..., \alpha_n$ les racines de cette équation [2], la forme binaire donnée pourrait encore s'écrire

[3] $$f(x,y) = a_0 (x - \alpha_1 y) (x - \alpha_2 y) \ldots (x - \alpha_n y),$$

équation à laquelle on pourrait parvenir directement en partant de l'équation [1] (chap. 1er), en posant, dans l'équation

$$f(z) = a_0 (z - \alpha_1) (z - \alpha_2) \ldots (z - \alpha_n),$$

$z = \dfrac{x}{y}$, et en faisant ensuite disparaître le dénominateur commun y^n. Ceci nous prouvera d'ailleurs, une fois pour toutes, que la nature des racines n'est pas altérée par l'introduction de l'homogénéité, et qu'ainsi tout ce qu'on a appris sur les fonctions symétriques des racines s'applique encore aux formes binaires.

Lorsque la forme binaire est écrite comme ci-dessus [1] sans coefficients binomiaux, on la désigne, pour abréger, suivant une notation heureuse de M. Cayley, par le symbole

[4] $$(a_0, a_1, a_2 \ldots a_n \Zx, y).$$

Si au contraire elle est écrite avec coefficients binomiaux comme il suit,

[5] $$f(x,y) = a_0 x^n + n a_1 x^{n-1} y + \frac{n(n-1)}{1.2} a_2 x^{n-1} y^2 + \ldots + a_n y^n,$$

alors on la désigne, suivant le même illustre auteur, par le symbole

[6] $$(a_0 \ a_1 \ a_2 \ \ldots \ a_n \Zx, y).$$

Sous cette dernière forme binomiale [5] on aperçoit que la forme binaire pourrait encore s'écrire symboliquement

[7] $$f(x,y) = (x + ay)^n$$

en convenant de changer, après le développement, a^i en a_i, c'est-à-dire, de changer les exposants en indices.

On pourrait encore désigner le coefficient de $x^{m-i} y^i$ par un groupe des deux lettres, a, b, qu'on substituerait aux variables, et dont les exposants seraient portés en indices, comme dans $a_{m-i} b_i$; alors sous forme binomiale la forme binaire pourrait être représentée par le symbole

$$[8] \qquad (ax + by)^n,$$

sauf à faire après les changements indiqués des exposants en indices.

On verra dans la suite quel parti on a su tirer de ces représentations symboliques des formes binaires.

Pour le moment nous nous contenterons de rappeler que, d'après un théorème connu sur les fonctions homogènes, on aurait

$$nf = x \frac{df}{dx} + y \frac{df}{dy} ;$$

la différentiation du reste le prouverait immédiatement.

35. Soient les équations

$$[9] \qquad \varphi = a_0 x^m + a_1 x^{m-1} + a_2 x^{m-2} + \ldots + a_m = 0,$$

$$[10] \qquad \psi = b_0 x^n + b_1 x^{n-1} + b_2 x^{n-2} + \ldots + b_n = 0.$$

Si ces équations doivent coexister par hypothèse simultanément, il faudra qu'elles aient au moins une racine commune. Mais, à cet effet, les coefficients des deux équations devront évidemment satisfaire à une certaine condition, sans quoi, les coefficients pouvant être quelconques, la solution commune pourrait toujours être rendue impossible. Or, si par un moyen quelconque on déduit de ces équations une troisième, d'où la variable est disparue, ce sera là la condition à laquelle satisferont les coefficients. Déduire une telle équation de condition s'appelle *éliminer la variable*, et le résultat de cette élimination se nomme *résultante* ou *résultant*. On pourrait donc définir le résultant ainsi: la fonction qui égalée à zéro exprime la condition qui doit exister entre les coefficients de deux équations données à une inconnue, pour qu'une valeur de celle-ci les vérifie simultanément. Mais remarquons ici qu'il ne s'agit que d'une solution unique; car, s'il y en avait davantage, de nouvelles conditions définies par le théorème de Lagrange surgiraient entre le coefficients.

Par conséquent, dans tout ce qui suit, afin d'obtenir toute la précision et la simplicité désirables, nous supposerons que les équations susdites n'admettent qu'une solution unique.

36. A cet effet, désignons par $\alpha_1, \alpha_2, \ldots, \alpha_m$ et par $\beta_1, \beta_2, \ldots, \beta_n$ respectivement les racines des équations $\varphi = 0$ et $\psi = 0$. On aura

$$[11] \qquad \varphi = a_0 \, (x - \alpha_1) \, (x - \alpha_2) \ldots (x - \alpha_m) = 0,$$

$$[12] \qquad \psi = b_0 \, (x - \beta_1) \, (x - \beta_2) \ldots (x - \beta_n) = 0.$$

Il est clair maintenant que, si φ et ψ admettent une racine commune, une quelconque des racines α et une seule, telle que α_i, pourra et devra être égale à une quelconque et à une seule des racines β, telle que β_j. Ainsi donc il faut et il suffit qu'une seule des différences quelconques des racines $\alpha_i - \beta_j$ s'annule. Par conséquent, si l'on forme le produit de toutes ces différences, le produit devra s'annuler, puisqu'un de ses facteurs devra nécessairement s'évanouir. Réciproquement, si ce produit s'annule, un des facteurs au moins devra se réduire à zéro, et, par conséquent, il y aura au moins une solution commune aux deux équations; et, si aucun de ses facteurs ne s'annule, le produit ne s'annulera pas non plus, ce qui nous suffit. Donc le produit

[13]
$$R = a_0^n b_0^m (\alpha_1 - \beta_1) (\alpha_2 - \beta_1) \ldots (\alpha_m - \beta_1) \,(*)$$
$$(\alpha_1 - \beta_2) (\alpha_2 - \beta_2) \ldots (\alpha_m - \beta_2)$$
$$(\alpha_1 - \beta_3) (\alpha_2 - \beta_3) \ldots (\alpha_m - \beta_3)$$
$$\cdots\cdots\cdots\cdots\cdots$$
$$(\alpha_1 - \beta_n) (\alpha_2 - \beta_n) \ldots (\alpha_m - \beta_n),$$

qui d'ailleurs est une fonction des coefficients a, b, puisqu'il est une fonction symétrique des racines de chaque équation, sera bien la fonction cherchée et définie ci-dessus.

37. Pour trouver aisément l'expression en fonction des coefficients, sans passer par le calcul de toutes les fonctions partielles des racines qui se présentent dans ce produit, on peut observer que, selon que l'on considère la fonction R comme partagée en lignes horizontales ou en lignes verticales, le résultant est indifféremment susceptible des deux expressions suivantes :

[14]
$$R = a_0^n \psi (\alpha_1) \, \psi (\alpha_2) \ldots \psi (\alpha_m),$$

[15]
$$R = (-)^{mn} b_0^m \varphi (\beta_1) \, \varphi (\beta_2) \ldots \varphi (\beta_n).$$

Ces deux expressions rentrent dans le cas général donné par le théorème, page 20, en y posant $i = m$ ou $i = n$, et en choisissant convenablement les fonctions. Par suite donc de ce même théorème, on obtiendra celui-ci :

La fonction R *définie par l'équation* [5] *est une fonction homogène et de degré* n *par rapport aux coefficients* a, *homogène et de degré* m *par rapport aux coefficients* b, *isobarique et de poids* mn *par rapport en même temps aux coefficients* a *et* b.

(*) On verra aisément que le facteur $a_0^n b_0^m$ détruit les dénominateurs en a_0 et b_0 qui seraient introduits par les racines α et β exprimées en fonction des coefficients $\dfrac{a}{a_0}$, $\dfrac{b}{b_0}$, d'après le théorème N° 5.

Mais notons, pour plus de clarté, que, comme le degré des fonctions symétriques qui résulteront du second membre [6] ou [7], par rapport à chaque racine α ou β, varie de 0 à mn pour les α et pour les β, il s'ensuit d'après le théorème (N° 5), que le poids des coefficients soit a, soit b pourra varier de 0 à mn respectivement.

La considération seule de l'équation [5] nous offre encore un théorème relatif à la forme du résultant, qui mérite d'être exposé.

En supposant $n = m$, *les termes de la fonction* R, *qui se déduisent les uns des autres par l'échange des coefficients d'une équation* [1] *avec les coefficients correspondants* (*) *de l'autre* [2], *ou par l'échange des coefficients équidistants des extrêmes appartenant à une même équation, auront les mêmes coefficients numériques, précédés du même signe ou du signe contraire, suivant que* m *sera pair ou impair.*

Il s'ensuit que, quand m sera pair, un même coefficient pourra multiplier quatre termes, tous de même signe, et deux positifs et deux négatifs, lorsque m sera impair. Cela ressortira mieux dans les exemples que nous donnerons plus tard.

Démonstration. Changeons α en β, et réciproquement, ce qui équivaut à permuter ensemble, dans les équations proposées, les coefficients correspondants; la différence $\alpha_i - \beta_j$, qui entre dans l'expression [5] de R, deviendra $\beta_i - \alpha_j = -(\alpha_j - \beta_i)$. Par cet échange, chaque différence qui entre dans R sera multipliée par -1, et R acquerra le facteur $(-1)^{m^2}$. Pareillement, changeons α, β en $\dfrac{1}{\alpha}$, $\dfrac{1}{\beta}$ respectivement, ce qui équivaut à changer entre eux les coefficients équidistants des extrêmes dans les proposées; la différence $\alpha_i - \beta_j$ se changera en $\dfrac{\alpha_i - \beta_j}{\alpha_i\,\beta_j}$: et comme $a_0^m\, b_0^m$ se changera en $a_m^m\, b_m^m$, la résultante R acquerra

---

(*) Nous appellerons, pour abréger, *correspondants* les coefficients équidistants des extrêmes dans une équation.

de même le facteur $(-1)^{m^2}$. Ainsi, dans les deux cas, R deviendra $\pm$ R, suivant que m sera pair ou impair.

38. On peut déjà se servir de ces deux théorèmes pour écrire facilement la forme littérale du résultant. Supposons, en effet, qu'on ait écrit sur une première ligne A tous les facteurs en a de poids p et de degré m ; on trouvera tous les autres du poids complémentaire $q = m^2 - p$, en changeant dans les premiers le coefficient quelconque a_i dans son symétrique a_{m-i} ; et puis en changeant les coefficients ainsi obtenus dans ceux correspondants en b, on formera ainsi un seconde ligne B contenant tous les facteurs en b de poids q et de degré m [*]. Il est évident que les produits de ces deux lignes fourniront autant de termes du résultant. Maintenant si, dans ces deux lignes, on change respectivement les coefficients a dans leurs correspondants b, et réciproquement, on obtiendra deux nouvelles lignes B′ et A′, la première en b de poids p, et l'autre en a de poids q, qui, multipliées ensemble, fourniront tous les termes du résultant de poids p en b. Les deux premières lignes A et B pourraient occuper les deux côtés contigus d'un tableau, et les deux autres A′, B′, les deux autres côtés ; et en supposant le tableau divisé en autant de lignes et de colonnes qu'il y a de termes de poids p, les petits carreaux correspondants au produit de deux facteurs a et b pourraient être remplis par les coefficients numériques respectifs, déterminés ou à déterminer. Alors le résultant se trouverait écrit d'une manière bien

---

(*) Pour fixer les idées supposons $m = 3$, et que le poids des termes que nous considérons soit 4 par rapport aux coefficients de chaque équation ; on aura les lignes

$$\text{A} \quad a_0 a_1 a_3 ,\ a_0 a^2_2 ,\ a^2_1 a_2 \quad ; \quad \text{A}' \quad b_0 b_1 b_3 ,\ b_0 b^2_2 ,\ b^2_1 b_2$$
$$\text{B} \quad b_0 b_2 b_3 ,\ b^2_1 b_3 ,\ b_1 b^2_2 \quad ; \quad \text{B}' \quad a_0 a_2 a_3 ,\ a^2_1 a_3 ,\ a_1 a^2_2 .$$

En les multipliant verticalement ensemble on aura autant de termes de la résultante ; car ils seront de degré 3 pour rapport aux coefficients a et b, et de poids 0 par rapport à l'ensemble des coefficients.

abrégée et sous la forme d'une série de tableaux, dont il ne resterait plus qu'à calculer les coefficients. Supposons, par exemple, $m = 3$, $m = 4$. On trouvera, dans le premier cas, pour les termes du poids 4 en a et b,

	$b_0 b_2$ / $a_0 a_2$	$b^2_1 b_3$ / $a^2_1 a_3$	$b_1 b^2_2$ / $a_1 a^2_2$
$a_0 a_1 a_3$ / $b_0 b_1 b_2$	∓ 1	∓ 2	± 1
$a_0 a^2_2$ / $b_0 b^2_2$	∓ 2	± 1	
$a^2_1 a_2$ / $b^2_1 a_2$	± 1		

	$b_0 b^3_4$ / $a_0 a^3_4$	$b_1 b_3 b^2_4$ / $a_1 a_3 a^2_4$	$b^2_2 b^2_4$ / $a^2_2 a^2_4$	$b_2 b^3_3 b_4$ / $a_2 a^3_3 a_4$	b^4_3 / a^4_3
$a^3_0 a_4$ / $b^3_0 b_4$	-4	$+4$	$+2$	-4	$+1$
$a^2_0 a_1 a_3$ / $b^2_0 b_1 b_3$	$+4$	-1	-2	$+1$	
$a^2_1 a^2_2$ / $b^2_1 b^2_2$	$+2$	-2	$+1$		
$a_0 a^2_1 a_2$ / $b_0 b^2_1 b_2$	-4	$+1$			
a^4_1 / b^4_1	1				

où l'on multipliera ensemble les termes supérieurs et inférieurs des colonnes avec les termes supérieurs et inférieurs des lignes respectivement, et où les coefficients supérieurs dans le cas de n impair se rapportent aux coefficients supérieurs, et les autres aux inférieurs. On remarquera que d'après le théorème ci-dessus les coefficients dans le cas de $m = 3$ sont de même signe ou de signe contraire lorsqu'on passe des coefficients a aux coefficients b et réciproquement, tandis que pour $m = 4$ ils sont tous de même signe.

Mieux éclairés à présent sur la nature du résultant, nous pourrons en toute sûreté passer en revue les différentes méthodes qui ont été proposées pour le trouver.

39. La première méthode qui naturellement se présente pour calculer R, dont l'expression peut se mettre sous les deux formes

$$[16] \qquad R = a_0^n \left(b_0 \alpha_1^n + b_1 \alpha_1^{n-1} + b_2 \alpha_1^{n-2} \ldots + b_n \right)$$
$$\left(b_0 \alpha_2^n + b_1 \alpha_2^{n-1} + b_2 \alpha_2^{n-2} \ldots + b_n \right)$$
$$\cdots \cdots \cdots \cdots \cdots$$
$$\left(b_0 \alpha_m^n + b_1 \alpha_m^{n-1} + b_2 \alpha_m^{n-2} \ldots + b_n \right),$$

ou

$$[17] \qquad R = b_0^m \left(a_0 \beta_1^m + a_1 \beta_1^{m-1} + a_2 b_1^{m-2} + \ldots + a_m \right)$$

$$\left(a_0 \beta_2^m + a_1 \beta_2^{m-1} + a_2 \beta_2^{m-2} + \ldots + a_m \right)$$

$$\cdot \quad \cdot \quad \cdot \quad \cdot \quad \cdot \quad \cdot \quad \cdot \quad \cdot \quad \cdot$$

$$\left(a_0 \beta_n^m + a_1 \beta_n^{m-1} + a_2 \beta_n^{m-2} + \ldots + a_m \right),$$

consiste à faire précisément l'un de ces deux produits, et à calculer ensuite, en fonction des coefficients de φ ou de ψ, les diverses fonctions symétriques des racines dont les formes générales seront

$$\sum \alpha_1^p \alpha_2^q \alpha_3^r \ldots, \qquad \text{ou} \qquad \sum \beta_1^p \beta_2^q \beta_3^r \ldots,$$

et que nous avons appris à calculer dans le chapitre 1er.

Mais cette méthode est extrêmement laborieuse, et il faut voir dans l'*Analyse des lignes courbes, par Cramer*, quels pénibles efforts elle a coûtés à ce géomètre pour arriver à déterminer de cette manière la fonction R, pour les cas même les plus simples. S'il avait connu les formules et les théorèmes du chapitre 1er, ses calculs auraient été déjà de beaucoup simplifiés. Malgré, cependant, les avantages qu'on pourrait tirer maintenant de tout ce que nous avons dit dans ce chapitre, des simplifications plus importantes et propres à la nature de la fonction R ont été proposées par les géomètres, de manière à constituer, pour ainsi dire, des nouvelles méthodes.

Nous nous bornerons à exposer la *méthode dialytique* de Sylvester et la méthode dite *abrégée* de Bézout. Ceux qui voudront de plus amples développements pourront avoir recours à notre *Théorie générale de l'élimination*.

40. *Méthode dialytique de Sylvester*. Soient toujours $\varphi = 0$, $\psi = 0$ (9, 10), les deux équations données. Elles ne cesseront pas de coexister si on les multiplie par une puissance quelconque de ω. Si, par conséquent, on multiplie la première par les premières $n-1$ puissances de x, et la seconde par les premières $m-1$ puissances de x, on aura les équations suivantes:

$$[18] \quad \left\{ \begin{array}{l} x^{n-1}\varphi = 0, \\ x^{n-2}\varphi = 0, \\ x^{n-3}\varphi = 0, \\ \cdots \cdots \cdots \\ x\varphi = 0, \\ \varphi = 0, \\ \\ x^{m-1}\psi = 0, \\ x^{m-2}\psi = 0, \\ x^{m-3}\psi = 0, \\ \cdots \cdots \cdots \\ x\psi = 0, \\ \psi = 0, \end{array} \right.$$

d'où, si l'on élimine les $m+n$ puissances de x,

$$x^{m+n-1},\ x^{m+n-2},\ x^{m+n-3},\ \ldots\ ,\ x^3,\ x^2,\ x,\ x^0,$$

on aura le résultant sous la forme d'un déterminant tel que

$$[19] \quad \begin{vmatrix}
a_0 & a_1 & a_2 & a_3 & \ldots\ldots & a_{m-1} & a_m & 0 & 0 & 0 & \ldots\ldots & 0 \\
0 & a_0 & a_1 & a_2 & \ldots\ldots & a_{m-2} & a_{m-1} & a_m & 0 & 0 & \ldots\ldots & 0 \\
0 & 0 & a_0 & a_1 & \ldots\ldots & & & a_m & 0 & & \ldots\ldots & 0 \\
0 & 0 & 0 & a_0 & \ldots\ldots & & & a_{m-1} & a_m & & \ldots\ldots & 0 \\
\cdot & \cdot & \cdot & \cdot & & \cdot & \cdot & \cdot & \cdot & \cdot & \cdot & \cdot \\
0 & 0 & 0 & 0 & \ldots a_0 & a_1 & a_2 & a_3 & & & \ldots\ldots & a_m \\
0 & 0 & 0 & 0 & \ldots 0 & a_0 & a_1 & a_2 & & & \ldots a_{m-1} & a_m \\
b_0 & b_1 & b_2 & b_3 & \ldots b_n & 0 & 0 & & & & \ldots 0 & 0 \\
0 & b_0 & b_1 & b_2 & \ldots b_{n-1} & b_n & 0 & & & & \ldots 0 & 0 \\
0 & 0 & b_0 & b_1 & \ldots b_{n-2} & b_{n-1} & b_n & 0 & & & \ldots 0 & 0 \\
0 & 0 & 0 & b_0 & \ldots b_{n-3} & b_{n-2} & b_{n-1} & b_n & & & \ldots 0 & 0 \\
\cdot & \cdot & \cdot & \cdot & \cdot & \cdot & \cdot & \cdot & \cdot & \cdot & \cdot & \cdot \\
0 & 0 & 0 & 0 & \ldots b_0 b_1 & b_2 & b_3 & b_4 & & & \ldots b_{n-1} b_n & 0 \\
0 & 0 & 0 & 0 & \ldots 0 b_0 & b_1 & b_2 & b_3 & & & \ldots b_{n-2} b_{n-1} & b_n
\end{vmatrix}$$

On pourrait seulement de cette forme du résultant déduire diverses conséquences importantes relativement à cette fonction. Ainsi, par exemple, on pourrait faire voir que, pour $m = n$, le résultant se décompose en produits de déterminants de la forme $a_h b_i - b_h a_i$. L'exemple suivant pour $m = n = 2$, le démontre :

$$\begin{vmatrix} a_0 & a_1 & a_2 & 0 \\ 0 & a_0 & a_1 & a_2 \\ b_0 & b_1 & b_2 & 0 \\ 0 & b_0 & b_1 & b_2 \end{vmatrix} = - \begin{vmatrix} a_0 & a_1 & a_2 & a_0 \\ b_0 & b_1 & b_2 & 0 \\ 0 & a_0 & a_1 & a_2 \\ 0 & b_0 & b_1 & b_2 \end{vmatrix} = (a_0 b_2 - a_2 b_0)^2 - (a_0 b_1 - a_1 b_0)(a_1 b_2 - a_2 b_1).$$

Mais comme cela ne rentre pas dans le champ des recherches que nous nous proposons de faire, nous le laisserons de côté pour passer à la méthode abrégée de Bézout.

41. *Méthode abrégée de Bézout.* Soient toujours

$$[20] \quad \varphi = a_0 x^m + a_1 x^{m-1} + a_2 x^{m-2} + \ldots + a_{m-1} x + a_m = 0,$$

$$[21] \quad \psi = b_0 x^m + b_1 x^{m-1} + b_2 x^{m-2} + \ldots + b_{m-1} x + b_m = 0,$$

et observons que, si φ et ψ sont satisfaites, on aura encore $\lambda \varphi + \mu \psi = 0$, λ, μ désignant deux polynômes quelconques en x. Multiplions donc successivement

la 1ère par	la 2ème par
b_0.	a_0
$b_0 x + b_1$	$a_0 x + a_1$
$b_0 x^2 + b_1 x + b_2$	$a_0 x^2 + a_1 x + a_2$
. . . .	. . . .
$b_0 x^i + b_1 x^{i-1} + b_2 x^{i-2} + \ldots + b_i$	$a_0 x^i + a_1 x^{i-1} + a_2 x^{m-2} + \ldots + a_i$
. . . .	. . . .
$b_0 x^{m-1} + b_1 x^{m-2} + b_2 x^{m-3} + \ldots + b_{m-1}$	$a_0 x^{m-1} + a_1 x^{m-2} + a_2 x^{m-3} + \ldots + a_{m-1}$

et ôtons les seconds produits des premiers ; il viendra le système suivant d'équations

$$[22] \quad \begin{array}{|cccccc}
x^{m-1} & x^{m-2} & x^{m-3} & \ldots x^2 & x & 1 \\
\hline
a_0b_1 - a_1 b_0, & a_0b_2 - a_2 b_0, & a_0b_3 - a_3 b_0, & \ldots, & a_0b_{m-1} - a_{m-1}b_0, & a_0 b_m - a_m b_0 \\
a_0b_2 - a_2 b_0, & \dfrac{a_0b_3 - a_3 b_0,}{a_1b_2 - a_2 b_1,} & \dfrac{a_0b_4 - a_4 b_0}{a_1b_3 - a_3 b_1}, & \ldots, & \dfrac{a_0b_m - a_m b_0}{a_1b_{m-1} - a_{m-1}b_1}, & a_1 b_m - a_m b_1 \\
a_0b_3 - a_3 b_0, & \ldots\ldots, & \ldots\ldots, & \ldots, & \ldots\ldots, & a_2 b_m - a_m b_2 \\
\ldots\ldots, & \ldots\ldots, & \ldots\ldots, & , & \ldots\ldots, & \ldots \\
a_0b_i - a_i b_0, & \dfrac{a_0b_{i+1} - a_{i+1}b_0}{a_1b_i - a_i b_1}, & \ldots\ldots, & \ldots, & \ldots\ldots, & a_i b_m - a_m b_i \\
\ldots\ldots, & \ldots\ldots, & \ldots\ldots, & , & \ldots\ldots, & \ldots \\
a_0b_m - a_m b_0, & a_1b_m - a_m b_1, & a_2b_m - a_m b_2, & \ldots, & \ldots\ldots, & a_{m-1}b_m - a_m b_{m-1}
\end{array}$$

En général, on aura

$$(b_0 x^i + b_1 x^{i-1} + b_2 x^{i-2} + \ldots + b_i)(a_0 x^m + a_1 x^{m-1} + a_2 x^{m-2} + \ldots + a_m)$$
$$- (a_0 x^i + a_1 x^{i-1} + a_2 x^{i-2} + \ldots + a_i)(b_0 x^m + b_1 x^{m-1} + b_2 x^{m-2} + \ldots + b_m),$$

et l'on reconnaîtra aisément que, si dans le premier produit il existe un terme de la forme $a_h b_k x^{m-h} . x^{i-k}$, il existe certainement dans l'autre un terme de la forme $-a_h b_k x^{m-k} . x^{i-h}$; de sorte que tous ces termes s'entredétruiront jusqu'au terme x^m. Les termes qui restent seront donnés par la différence

$$[23] \quad - (b_0 x^i + b_1 x^{i-1} + b_2 x^{i-2} + \ldots + b_i)(a_{i+1} x^{m-i-1} + a_{i+2} x^{m-i-2} + \ldots + a_m)$$
$$+ (a_0 x^i + a_1 x^{i-1} + a_2 x^{i-2} + \ldots + a_i)(b_{i+1} x^{m-i-1} + b_{i+2} x^{m-i-2} + \ldots + b_m)$$
$$= (a_0 b_{i+1} - a_{i+1} b_0) x^{m-1} + \left| \begin{array}{c} a_0 b_{i+2} - a_{i+2} b_0 \\ + a_1 b_{i+1} - a_{i+1} b_1 \end{array} \right| x^{m-2} + \left| \begin{array}{c} a_0 b_{i+3} - a_{i+3} b_0 \\ + a_1 b_{i+2} - a_{i+2} b_1 \\ + a_2 b_{i+1} - a_{i+1} b_2 \end{array} \right| x^{m-3} + \ldots a_i b_m - a_m b_i$$

En éliminant les puissances x^{m-1}, x^{m-2}, x^{m-3}, ..., x^0 des équations [14], la résultante sera le déterminant

$$[24] \begin{vmatrix} a_0b_1-a_1b_0 & , & a_0b_2-a_2b_0 & , & a_0b_3-a_3b_0 & , & \cdots & , & a_0b_{m-1}-a_{m-1}b_0 & , & a_0b_m-a_mb_0 \\ a_0b_2-a_2b_0 & , & \begin{pmatrix} a_0b_3-a_3b_0 \\ a_1b_2-a_2b_1 \end{pmatrix} & , & \begin{pmatrix} a_0b_4-a_4b_0 \\ a_1b_3-a_3b_1 \end{pmatrix} & \cdots & , & \begin{pmatrix} a_0b_m-a_mb_0 \\ a_1b_{m-1}-a_{m-1}b_1 \end{pmatrix} & , & a_1b_m-a_mb_1 \\ a_0b_3-a_3b_0 & , & \begin{pmatrix} a_0b_4-a_4b_0 \\ a_1b_3-a_3b_1 \end{pmatrix} & , & \begin{pmatrix} a_0b_5-a_5b_0 \\ a_1b_4-a_4b_1 \\ a_2b_3-a_3b_2 \end{pmatrix} & \cdots & , & \cdots\cdots\cdots\cdots\cdots & , & a_2b_m-a_mb_2 \\ \cdots\cdots & , & \cdots\cdots & , & \cdots\cdots & , & \cdots & , & \cdots\cdots\cdots & , & \cdots\cdots\cdots \\ a_0b_m-a_mb_0 & , & a_1b_m-a_mb_1 & , & a_2b_m-a_mb_2 & , & \cdots & , & a_{m-2}b_m-a_mb_{m-2} & , & a_{m-1}b_m-a_mb_{m-1} \end{vmatrix}$$

On aura en particulier, pour $m = 3$, le résultant

$$[25] \quad \begin{vmatrix} a_0b_1-a_1b_0 & , & a_0b_2-a_2b_0 & , & a_0b_3-a_3b_0 \\ a_0b_2-a_2b_0 & , & \begin{pmatrix} a_0b_3-a_3b_0 \\ a_1b_2-a_2b_1 \end{pmatrix} & , & a_1b_3-a_3b_1 \\ a_0b_3-a_3b_0 & , & a_1b_3-a_3b_1 & , & a_2b_3-a_3b_2 \end{vmatrix} .$$

42. On peut arriver à la même expression du résultant en posant avec M. Cayley

$$\lambda = \psi(x') \quad , \quad \mu = -\varphi(x'),$$

x' désignant une nouvelle variable ; et alors on aura à considérer l'equation

$$[26] \qquad \varphi(x)\,\psi(x') - \psi(x)\,\varphi(x') = 0 ,$$

qui devra être également satisfaite.

Or, le premier membre est divisible par $x - x'$; si l'on fait la division par $x - x'$, il viendra un polynôme entier en x'

$$[27] \qquad \frac{\varphi(x)\,\psi(x') - \psi(x)\,\varphi(x')}{x - x'},$$

qui devra se réduire à zéro pour toute valeur de x'. Par conséquent chaque coefficient de x' donnera lieu à une équation de degré $m - 1$ en x, et l'ensemble de ces équations reproduira le système [22], d'où nous avons tiré le résultant.

On aura, par exemple, pour $m = 3$,

$$\frac{(a_0 x^3 + a_1 x^2 + a_2 x + a_3)(b_0 x'^3 + b_1 x'^2 + b_2 x' + b_3) - (b_0 x^3 + b_1 x^2 + b_2 x + b_3)(a_0 x'^3 + a_1 x'^2 + a_2 x'}{x - x'}$$

$$= \frac{1}{x-x'}\left[\begin{aligned} &(a_0 b_1 - a_1 b_0)\, x^2 x'^2\, (x - x') + (a_0 b_2 - a_2 b_0)\, x x'\, (x^2 - x'^2) + (a_0 b_3 - a_3 b_0)\, (x^3 - x'^3) \\ &+ (a_1 b_2 - a_2 b_1)\, x x'\, (x - x') + (a_1 b_3 - a_3 b_1)\, (x^2 - x'^2) + (a_2 b_3 - a_3 b_2)\, (x - x') \end{aligned} \right]$$

$$= x'^2\left[(a_0 b_1 - a_1 b_0)\, x^2 + (a_0 b_2 - a_2 b_0)\, x + a_0 b_3 - a_3 b_0 \right]$$

$$+ x'\left[\begin{aligned} (a_0 b_2 - a_2 b_0)\, x^2 + (a_0 b_3 - a_3 b_0)\, x + a_1 b_3 - a_3 b_1 \\ + (a_1 b_2 - a_2 b_1)\, x \end{aligned} \right]$$

$$+ 1\left[(a_0 b_3 - a_3 b_0)\, x^2 + (a_1 b_3 - a_3 b_1) + a_2 b_3 - a_3 b_2 \right].$$

En égalant à zéro les coefficients de x'^2, x', 1, et éliminant x^2, x, 1, on aura, comme avant, le déterminant [25].

43. En général, en mettant les équations [22] sous la forme

$$[28] \quad \left\{ \begin{aligned} l_0 \;&=\; \lambda_{0,0}\, x^{m-1} + \lambda_{0,1}\, x^{m-2} + \lambda_{0,2}\, x^{m-3} + \ldots + \lambda_{0,m-1}\, x^0 = 0, \\ l_1 \;&=\; \lambda_{1,0}\, x^{m-1} + \lambda_{1,1}\, x^{m-2} + \lambda_{1,2}\, x^{m-3} + \ldots + \lambda_{1,m-1}\, x^0 = 0, \\ l_2 \;&=\; \lambda_{2,0}\, x^{m-1} + \lambda_{2,1}\, x^{m-2} + \lambda_{2,2}\, x^{m-3} + \ldots + \lambda_{2,m-1}\, x^0 = 0, \\ &\;\cdot \\ l_{m-1} \;&=\; \lambda_{m-1,0}\, x^{m-1} + \lambda_{m-1,1}\, x^{m-2} + \lambda_{m-1,1}\, x^{m-3} + \ldots + \lambda_{m-1,m-1}\, x^0 = 0 \end{aligned} \right.$$

et en éliminant les m puissances x^{m-1}, x^{m-2}, ... x, x^0 considérées comme les inconnues, on obtiendra le déterminant

$$[29] \quad R = \begin{vmatrix} \lambda_{0,0} & \lambda_{0,1} & \lambda_{0,2} & \cdots & \lambda_{0,m-1} \\ \lambda_{1,0} & \lambda_{1,1} & \lambda_{1,2} & \cdots & \lambda_{1,m-1} \\ \lambda_{2,0} & \lambda_{1,2} & \lambda_{2,2} & \cdots & \lambda_{2,m-1} \\ \cdots & \cdots & \cdots & \cdots & \cdots \\ \lambda_{m-1,0} & \lambda_{m-1,1} & \lambda_{m-1,2} & \cdots & \lambda_{m-1,m-1} \end{vmatrix}.$$

Ce déterminant jouit de la propriété d'être symétrique par rapport à la diagonale.

En effet, on a, pour la valeur d'un élément quelconque,

$$\lambda_{r,s} = a_0 b_{r+s+1} + a_1 b_{r+s} + \ldots + a_{r-1} b_{s+2} + a_r b_{s+1}$$
$$- (b_0 a_{r+s+1} + b_1 a_{r+s} + \ldots + b_{r-1} a_{s+2} + b_r a_{s+1}).$$

Celle de l'élément $\lambda_{s,r}$, symétrique de celui-ci, s'obtiendrait en échangeant entre eux les indices r et s dans le second membre de cette équation, et l'on aurait

$$\lambda_{s,r} = a_0 b_{r+s+1} + a_1 b_{r+s} + \ldots + a_{s-1} b_{r+2} + a_s b_{r+1}$$
$$- (b_0 a_{r+s+1} + b_1 a_{r+s} + \ldots + b_{s-1} a_{r+2} + b_s a_{r+1}).$$

Supposons, ce qui est toujours permis, $s > r$; ce second membre contiendra en plus que celui de l'équation susdite les termes

$$a_{r+1} b_s + a_{r+2} b_{s-1} + \ldots + a_{s-1} b_{r+2} + a_s b_{r+1}$$
$$- (b_{r+1} a_s + b_{r+2} a_{s-1} + \ldots + b_{s-1} a_{r+2} + b_s a_{r+1}),$$

qui se détruisent deux à deux. Ainsi on a $\lambda_{r,s} = \lambda_{s,r}$, ce qui prouve l'égalité des deux éléments et par conséquent la symétrie du déterminant.

On déduit aussi de la forme générale de $\lambda_{r,s}$ que le poids des termes est constant et égal à $r + s + 1$.

On peut obtenir encore, d'après M. Cauchy, les mêmes équations [22], en préparant les équations proposées de cette manière :

$$a_0 x^m + a_1 x^{m-1} + \ldots + a_r x^{m-r} = -(a_{r+1} x^{m-r-1} + \ldots + a_{m-1} x + a_m),$$
$$b_0 x^m + b_1 x^{m-1} + \ldots + b_r x^{m-r} = -(b_{r+1} x^{m-r-1} + \ldots + b_{m-1} x + b_m).$$

— 84 —

En les divisant membre à membre, on trouvera

$$\frac{a_0 x^m + a_1 x^{m-1} + \ldots + a_r x^{m-r}}{b_0 x^m + b_1 x^{m-1} + \ldots + b_r x^{m-r}} = \frac{a_{r+1} x^{m-r-1} + \ldots + a_{m-1} x + a_m}{b_{r+1} x^{m-r-1} + \ldots + b_{m-1} x + b_m},$$

et, en faisant disparaître les dénominateurs,

$$(a_0 x^m + a_1 x^{m-1} + \ldots + a_r x^{m-r})(b_{r+1} x^{m-r-1} + \ldots + b_{m-1} x + b_m)$$

$$- (b_0 x^m + b_1 x^{m-1} + b_r x^{m-r})(a_{r+1} x^{m-r} + \ldots + a_{m-1} x + a_m) = 0.$$

En donnant ensuite à l'indice r les m valeurs 0, 1, 2, 3, …, $m-1$, on obtiendra autant d'équations de degré $m-1$, qui coïncideront avec les équations [22]. Il est aisé de voir, en effet, que dans l'équation l_r tous les termes de φ et de ψ contenant des indices inférieurs à $r+1$ s'entredétruisent.

REMARQUE. En appelant $A_{r,s}$ le coefficient de $\lambda_{r,s}$ dans le développement de R, on aurait, en formant le déterminant

$$R = \begin{vmatrix} A_{0,0} & A_{0,1} & A_{0,2} & \ldots\ldots & A_{0,m-1} \\ A_{1,0} & A_{1,1} & A_{1,2} & \ldots\ldots & A_{1,m-1} \\ \cdot & \cdot & \cdot & & \cdot \\ A_{m-1,0} & A_{m-1,1} & A_{m-1,2} & \ldots\ldots & A_{m-1,m-1} \end{vmatrix},$$

$R' = R^{m-1}$, comme l'on sait par la théorie des déterminants.

44. Si à l'aide de ces diverses méthodes on développe les fonctions qui représentent le résultant, et si l'on se rappelle les relations de symétrie exposées au N°[37], on pourra disposer, par exemple, les résultants R_3, R_4 des fonctions ternaire et quaternaire

$$(a, b, c, d \big\chi x, y)^3 \quad , \quad (a, b, c, d, e \big\chi x, y)^4 ,$$
$$(p, q, r, s \big\chi x, y)^3 \quad , \quad (p, q, r, s, t \big\chi x, y)^4 ,$$

ainsi qu'il suit sous la forme d'une chaîne de carrés :

[30] $\quad R_3 = a^3 \begin{smallmatrix} s^3 \\ d^3 \end{smallmatrix}\boxed{\pm 1}\ \ {}_{p^3} + a^2 b \begin{smallmatrix} r s^2 \\ c d^2 \end{smallmatrix}\boxed{\mp 1}\ \ {}_{p^2 q} + \ldots$

$$[31] \quad R_4 = \frac{a^4}{p^4}\begin{array}{|c|} \hline \frac{t^4}{e^4} \\ \hline +1 \\ \hline \end{array} + \frac{a^3b}{p^3q}\begin{array}{|c|} \hline \frac{st^3}{de^3} \\ \hline -1 \\ \hline \end{array} + (\text{table}) + (\text{table})$$

Table (first, after third term):

	$\dfrac{rt^3}{ce^3}$	$\dfrac{s^2t^2}{d\cdot e^2}$
$\dfrac{a^3c}{p^3r}$	-2	$+1$
$\dfrac{a^2b^2}{p^2q}$	$+1$	

Table (second, after fourth term):

	$\dfrac{qt^3}{be^3}$	$\dfrac{rst^2}{cde^2}$	$\dfrac{s^3t}{d^3e}$
$\dfrac{a^3d}{p^3s}$	-3	$+3$	-1
$\dfrac{a^2bc}{p^2qr}$	$+3$	-1	
$\dfrac{ab^3}{pq^3}$	-1		

Table (third):

	$\dfrac{pt^3}{ae^3}$	$\dfrac{qst^2}{bde^2}$	$\dfrac{r^2t^2}{c\cdot e^2}$	$\dfrac{r^2st}{cd^2e}$	$\dfrac{s^4}{d^4}$
$\dfrac{a^3e}{p^3t}$	-4	$+4$	$+2$	-4	$+1$
$\dfrac{a^2bd}{p^2qs}$	$+4$	-1	-2	$+1$	
$\dfrac{a^2c^2}{p^2r^2}$	$+2$	-2	$+1$		
$\dfrac{ab^2c}{pq^2r}$	$+4$	$+1$			
$\dfrac{b^4}{q^4}$	$+1$				

Table (fourth):

	$\dfrac{pst^2}{ade^2}$	$\dfrac{qrt^2}{bce^2}$	$\dfrac{qs^2t}{bd^2e}$	$\dfrac{r^2st}{c^2de}$	$\dfrac{rs^3}{cd^3}$
$\dfrac{a^2be}{p^2qt}$	-1	-5	$+1$	$+3$	-1
$\dfrac{a^2cd}{p^2rs}$	5	$+1$	$+2$	-1	
$\dfrac{ab^2d}{pq^2s}$	$+1$	$+1$	-1		
$\dfrac{abc^2}{pqr^2}$	$+3$	-1			
$\dfrac{b^3c}{q^3r}$	-1				

Table (fifth):

	$\dfrac{prt^2}{ace^2}$	$\dfrac{ps^2t}{ad^2e}$	$\dfrac{q^2t^2}{b^2e^2}$	$\dfrac{qrst}{bcde}$	$\dfrac{r^3t}{a^3e}$	$\dfrac{qs^3}{bd^3}$	$\dfrac{r^2s^2}{c^2d^2}$
$\dfrac{a^2ce}{p^2rt}$	$+2$	$+2$	-3	$+4$	-2	-2	$+1$
$\dfrac{ab^2e}{pq^2t}$	$+2$	-1	$+3$	-3	$+1$	$+1$	
$\dfrac{a^2d^2}{p^2s^2}$	-3	$+3$	$+3$	-3	$+1$		
$\dfrac{abcd}{pqrs}$	$+4$	-3	-3	$+1$			
$\dfrac{ac^3}{pt^3}$	-2	$+1$	$+1$				
$\dfrac{b^3d}{q^3s}$	-2	$+1$					
$\dfrac{b^2c^2}{q^2r^2}$	$+1$						

Table (sixth):

	$\dfrac{pqt^2}{abe^2}$	$\dfrac{prst}{acde}$	$\dfrac{q^2st}{b^2de}$	$\dfrac{ps^3}{ad^3}$	$\dfrac{qr^2t}{bc^2e}$	$\dfrac{qrs^2}{bcd^2}$	$\dfrac{r^3s}{c^3d}$
$\dfrac{a^2de}{p^2st}$	$+5$	$+2$	-5	-3	$+1$	$+3$	-1
$\dfrac{abce}{pqrt}$	$+2$	-8	$+1$	$+3$	$+2$	-1	
$\dfrac{abd^2}{pq^3}$	-5	$+1$	$+2$	0	-1		
$\dfrac{b^3e}{q^3t}$	-3	$+3$	0	-1			
$\dfrac{ac^2d}{pr^2s}$	$+1$	$+2$	-1				
$\dfrac{b^2cd}{q^2rs}$	$+3$	-1					
$\dfrac{bc^3}{qr^3}$	-1						

Table (seventh):

	p^2t^2	$pqst$	pr^2t	q^2rt	prs^2	q^2s^2	qr^2s	r^3
a_2e^2	$+6$	-8	-4	$+4$	$+4$	$+2$	-4	$+1$
$bade$	-8	$+10$	0	-1	-1	-1	$+1$	
ac^2e	-4	0	$+4$	-2	-2	$+1$		
acd^2	$+4$	-1	-2	0	$+1$			
b^2ce	$+4$	-1	-2	$+1$				
b^2d^2	$+2$	-1	$+1$					
bc^2d	-4	$+1$						
c^4	$+1$							

Il faut observer qu'il faut multiplier ensemble les parties littérales supérieures et les inférieures entre elles respectivement. Par exemple, du 7e tableau R_4 on déduit que les produits ab^1eqrst, $bcdepq^2t$ ont -3 pour coefficient numérique. On voit aussi que les coefficients numériques sont symétriques par rapport aux diagonales, comme cela doit être.

§ II.

Propriétés des résultants.

45. Les résultants jouissent de plusieurs propriétés importantes, que nous ne pouvons pas nous dispenser d'exposer.

Première propriété. *Si l'équation* $\varphi(x)$ *est de la forme*

$$[1] \qquad \varphi(x) = \theta_1(x)\,\theta_2(x)\,\theta_3(x)\ldots,$$

on aura

$$[2] \qquad R = \Theta_1\,\Theta_2\,\Theta_3\ldots,$$

$\Theta_1,\ \Theta_2,\ \Theta_3,\ \ldots$ *désignant les résultants des équations*

$$[3] \qquad \left\{ \begin{pmatrix} \theta_1(x)=0 \\ \psi(x)=0 \end{pmatrix},\ \begin{pmatrix} \theta_2(x)=0 \\ \psi(x)=0 \end{pmatrix},\ \begin{pmatrix} \theta_3(x)=0 \\ \psi(x)=0 \end{pmatrix},\ \text{etc.} \right.$$

Il suffit, en effet, de se rappeler qu'on a

$$[4] \qquad R = \varphi(x_1)\,\varphi(x_2)\,\varphi(x_3)\ \ldots\ \varphi(x_n),$$

$x_1,\ x_2,\ \ldots x_n$ étant les racines de l'équation $\psi = 0$.

Or, en remplaçant $\varphi(x)$ par le produit des fonctions θ, dans lesquelles nous la supposons décomposable, on aura

$$[5] \qquad \begin{aligned} R = &\ \theta_1(x_1)\,\theta_1(x_2)\ldots\theta_1(x_n) \\ &\ \theta_2(x_1)\,\theta_2(x_2)\ldots\theta_2(x_n) \\ &\ \theta_3(x_1)\,\theta_3(x_2)\ldots\theta_3(x_n) \\ &\ \cdot\ \cdot\ \cdot\ \cdot\ \cdot\ \cdot\ \cdot\ \cdot\ \cdot \end{aligned}$$

Mais le produit $\theta_i(x_1)\,\theta_i(x_2)\ldots\theta_i(x_n)$ n'est autre chose que le résultant Θ_i des équations θ_i et ψ_i; donc

$$R = \Theta_1\,\Theta_2\,\Theta_3\ldots.$$

On concevra aisément ce qu'il arriverait si φ et ψ étaient décomposables en même temps en facteurs.

46. Deuxième propriété. *Le résultant* R *de deux équations quelconques de degré* m *et* n, *telles que les équations* φ *et* ψ *(pag. 71), satisfait à l'équation aux dérivées partielles:*

$$[6] \quad \left. \begin{array}{l} ma_0 \dfrac{d\mathrm{R}}{da_1} + (m-1)\, a_1 \dfrac{d\mathrm{R}}{da_2} + (m-2)\, a_2 \dfrac{d\mathrm{R}}{da_3} + \ldots + a_{m-1} \dfrac{d\mathrm{R}}{da_m} \\[2ex] + \, nb_0 \dfrac{d\mathrm{R}}{db_1} + (n-1)\, b_1 \dfrac{d\mathrm{R}}{db_2} + (n-2)\, b_2 \dfrac{d\mathrm{R}}{db_3} + \ldots + b_{n-1} \dfrac{d\mathrm{R}}{db_n} \end{array} \right\} = 0.$$

Pour le démontrer, rappelons-nous qu'on a

$$\begin{aligned} \mathrm{R} = a_0^n \, b_0^m \, & (\alpha_1 - \beta_1)(\alpha_2 - \beta_1)(\alpha_3 - \beta_1) \ldots (\alpha_m - \beta_1) \\ & (\alpha_1 - \beta_2)(\alpha_2 - \beta_2)(\alpha_3 - \beta_2) \ldots (\alpha_m - \beta_2) \\ & (\alpha_1 - \beta_3)(\alpha_2 - \beta_3)(\alpha_3 - \beta_3) \ldots (\alpha_m - \beta_3) \\ & \qquad \cdots \cdots \cdots \cdots \\ & (\alpha_1 - \beta_n)(\alpha_2 - \beta_n)(\alpha_3 - \beta_n) \ldots (\alpha_m - \beta_n). \end{aligned}$$

Or, si dans les équations proposées on posait $x = x' + h$, la résultante R ne changerait pas, car la constante h disparaîtrait dans les différences des deux racines. Appelons donc

$$\mathrm{A}_0,\ \mathrm{A}_1,\ \mathrm{A}_2,\ \ldots,\ \mathrm{A}_m ; \qquad \mathrm{B}_0,\ \mathrm{B}_1,\ \mathrm{B}_2,\ \ldots,\ \mathrm{B}_n$$

les coefficients des nouvelles équations en x', dont les valeurs seront

$$[7] \quad \left\{ \begin{array}{l} \mathrm{A}_0 = a_0, \\[1ex] \mathrm{A}_1 = a_1 + ma_0 h, \\[1ex] \mathrm{A}_2 = a_2 + (m-1)\, a_1 h + \dfrac{m(m-1)}{1 \cdot 2}\, a_0 h^2, \\[2ex] \mathrm{A}_3 = a_3 + (m-2)\, a_2 h + \dfrac{(m-1)(m-2)}{1 \cdot 2}\, a_1 h^2 + \dfrac{m(m-1)(m-2)}{1 \cdot 2 \cdot 3}\, a_0 h^3, \\[2ex] \cdots \cdots \cdots \cdots \cdots \\[1ex] \mathrm{A}_m = a_m + a_{m-1} h + a_{m-2} h^2 + a_{m-3} h^3 + \ldots + a_0 h^m, \\[1ex] \mathrm{B}_0 = b_0, \\[1ex] \mathrm{B}_1 = b_1 + nb_0 h, \\[1ex] \mathrm{B}_2 = b_2 + (n-1)\, b_1 h + \dfrac{n(n-1)}{1 \cdot 2}\, b_0 h^2, \\[2ex] \mathrm{B}_3 = b_3 + (n-2)\, b_2 h + \dfrac{(n-1)(n-2)}{1 \cdot 2}\, b_1 h^2 + \dfrac{n(n-1)(n-2)}{1 \cdot 2 \cdot 3}\, b_0 h^3, \\[2ex] \cdots \cdots \cdots \cdots \cdots \\[1ex] \mathrm{B}_n = b_n + b_{n-1} h + b_{n-2} h^2 + b_{n-3} h^3 + \ldots + b_0 h^n, \end{array} \right.$$

et supposons qu'on ait

$$R = F (a_0, a_1, a_2, \ldots, a_m, b_0, b_1, b_2, \ldots, b_n).$$

Le nouveau résultant R' sera

$$R' = F (A_0, A_1, A_2, \ldots, A_m, B_0, B_1, B_2, \ldots, B_n),$$

ou encore

$$R' = F \begin{cases} a_0 + \delta a_0 \,, & a_1 + \delta a_1 \,, & a_2 + \delta a_2 \,, & \ldots \,, & a_m + \delta a_m \\ b_0 + \delta b_0 \,, & b_1 + \delta b_1 \,, & b_2 + \delta b_2 \,, & \ldots \,, & b_n + \delta b_n \end{cases},$$

en désignant par $\delta a_0, \delta a_1, \ldots, \delta b_0, \delta b_1, \ldots$ les accroissements

$$A_0 - a_0, \ A_1 - a_1, \ \ldots, \ A_m - a_m, \ B_0 - b_0, \ B_1 - b_1, \ \ldots, \ B_n - b_n,$$

qui résultent des égalités [7]. En développant alors R' suivant le théorème de Taylor étendu à plusieurs variables, on aura

$$\left.\begin{array}{l} ma_0 \dfrac{d\,R}{da_1} + (m-1)\,a_1 \dfrac{d\,R}{da_2} + (m-2)\,a_2 \dfrac{d\,R}{da_3} + \ldots + a_{m-1} \dfrac{d\,R}{da_m} \\[2ex] nb_0 \dfrac{d\,R}{db_1} + (n-1)\,b_1 \dfrac{d\,R}{db_2} + (n-2)\,b_2 \dfrac{d\,R}{db_3} + \ldots + b_{n-1} \dfrac{d\,R}{db_n} \end{array}\right\} = 0.$$

Mais R' doit coïncider avec R ; h d'ailleurs est quelconque ; donc tous les coefficients des diverses puissances de h, et en particulier celui de la première, devront s'annuler, ce qu'il fallait démontrer.

Supposons donc que la forme littérale du résultant R soit connue, ce qui sera facile à l'aide du théorème donné dans le N. 37, joint à la remarque qui suit; et supposons encore qu'on représente les coefficients numériques par des coefficients indéterminés A,B,C,D,.... En substituant cette expression de R dans l'équation susdite, le résultat devra être identiquement nul ; par conséquent tous les coefficients des nouveaux termes qui se formeront, devant se réduire à zéro, fourniront autant d'équations de condition, par lesquelles on assignera la valeur de coefficients indéterminés A, B, C, D, ...

Soient, par exemple, les équations

$$a_0 x^2 + a_1 x + a_2 = 0,$$
$$b_0 x^2 + b_1 x + b_2 = 0 ;$$

la forme littérale de leur résultant sera

$$A (a_0^2 b_2^2 + a_2^2 b_0^2) + B (a_0 a_1 b_1 b_2 + a_1 a_2 b_0 b_1)$$
$$+ C (a_0 a_2 b_1^2 + a_1^2 b_0 b_2) + D a_0 a_2 b_0 b_2 ,$$

et l'équation aux dérivées partielles [1] deviendra

$$2 \left(a_0 \frac{dR}{da_1} + b_0 \frac{dR}{db_1} \right) + a_1 \frac{dR}{da_2} + b_1 \frac{dR}{db_2} = 0,$$

d'où l'on tirera les équations de condition

$$A + B = 0 , \qquad B + C = 0 , \qquad 2B + nC + D = -0,$$

et comme un des coefficients peut toujours être pris arbitrairement, il s'ensuit, en prenant $A = 1$, que

$$B = 1 , \qquad C = 1 , \qquad D = -2 ,$$

et alors le résultant sera

$$(a_0 b_2 - a_2 b_0)^2 - (a_0 b_1 - a_1 b_0) (a_1 b_2 - a_2 b_1).$$

47. Troisième propriété. *En appelant* x *la valeur commune aux deux équations proposées, on aura*

$$[8] \qquad 1 : x : x^2 : x^3 : \ldots : x^m :: \frac{dR}{da_m} : \frac{dR}{da_{m-1}} : \frac{dR}{da_{m-2}} : \ldots : \frac{dR}{da_0} ,$$

$$[9] \qquad 1 : x : x^2 : x^3 : \ldots : x^n :: \frac{dR}{db_n} : \frac{dR}{db_{n-1}} : \frac{dR}{db_{n-2}} : \ldots : \frac{dR}{db_0} .$$

DÉMONSTRATION. Supposons, en effet, que les coefficients a_l, a_p reçoivent les accroissements $\delta a_l, \delta a_p$; les proposées admettront encore une relation commune, si l'on a

$$[10] \qquad \delta a_l x^{m-l} + \delta a_p x^{m-p} = 0 ;$$

et comme dans ce cas le résultant doit encore s'annuler, il faudra que l'on ait aussi

$$\delta a_l \frac{d\mathrm{R}}{da_l} + \delta a_p \frac{d\mathrm{R}}{da_p} = 0 \; ;$$

ces deux équations nous fournissent immédiatement la proportion

$$[11] \quad \frac{d\mathrm{R}}{da_l} : \frac{d\mathrm{R}}{da_p} :: x^{m-l} : x^{m-p},$$

laquelle continuera à subsister lorsqu'on changera a en b. De là le passage aux proportions [8] est de soi-même évident.

CorollaIRE 1. De la proportion [9] et de son analogue en b on déduit la suivante

$$[12] \quad \frac{d\mathrm{R}}{da_l} : \frac{d\mathrm{R}}{da_p} :: \frac{d\mathrm{R}}{db_l} : \frac{d\mathrm{R}}{db_p}, \quad \text{ou} \quad \frac{d\mathrm{R}}{da_l}\frac{d\mathrm{R}}{db_l} - \frac{d\mathrm{R}}{da_p}\frac{d\mathrm{R}}{db_l} = 0$$

équation qui subsiste en vertu de $\mathrm{R} = 0$, c'est-à-dire que le premier membre sera divisible par R.

CorollaIRE 2. Puisque l'on a $x^l x^p = x^{p+l}$, il s'ensuit que

$$[12] \quad \frac{d\mathrm{R}}{da_m} \cdot \frac{d\mathrm{R}}{da_{m-p-l}} - \frac{d\mathrm{R}}{da_{m-p}}\frac{d\mathrm{R}}{da_{m-l}} = 0,$$

et le premier membre devra encore être divisible par R. Ainsi, pour $m = 2$, il viendra

$$\frac{d\mathrm{R}}{da_2}\frac{d\mathrm{R}}{da_0} - \left(\frac{d\mathrm{R}}{da_1}\right)^2 = b_0 b_2 \mathrm{R}.$$

CorollaIRE 3. Remplaçons dans l'équation ψ les puissances de x par les dérivées de R prises par rapport aux coefficients de φ qui leur sont proportionnelles ; il viendra

$$[13] \quad b_0 \frac{d\mathrm{R}}{da_{m-n}} + b_1 \frac{d\mathrm{R}}{da_{m-n+1}} + b_2 \frac{d\mathrm{R}}{da_{m-n+2}} + \ldots + b_n \frac{d\mathrm{R}}{da_m} = 0.$$

Cette équation a lieu dès que l'on suppose une racine commune aux deux équations proposées ; elle devrait donc s'évanouir avec R. Mais elle n'est pas divisible par R, car elle est de degré $n-1$ seulement par rapport aux coefficients a ; donc elle doit s'annuler identiquement. Supposons, par exemple, $m = n$, on aura les deux équations identiques

$$[14] \qquad a_0 \frac{d\mathrm{R}}{db_0} + a_1 \frac{d\mathrm{R}}{db_1} + a_2 \frac{d\mathrm{R}}{db_2} + \ldots + a_m \frac{d\mathrm{R}}{db_m} = 0 ,$$

$$[15] \qquad b_0 \frac{d\mathrm{R}}{da_0} + b_1 \frac{d\mathrm{R}}{da_1} + b_2 \frac{d\mathrm{R}}{da_2} + \ldots + b_m \frac{d\mathrm{R}}{da_m} = 0.$$

48. Quatrième propriété. *En appelant* x *la valeur commune aux deux équations proposées* [1] (page 71), *on aura*

$$[16] \quad 1 : x : x^2 : \ldots : x^{m-1} :: \frac{d\mathrm{R}}{d\lambda_{r,m-1}} : \frac{d\mathrm{R}}{d\lambda_{r,m-2}} : \frac{d\mathrm{R}}{d\lambda_{r,m-3}} \ldots \frac{d\mathrm{R}}{d\lambda_{r,0}},$$

λ étant les éléments du déterminant [29] (page 21).

Si, en effet, dans les équations [28] de la page 82, on supprime la ligne r, on pourra, des $m - 1$ équations restantes, tirer les valeurs des $m - 1$ quantités x^{m-1}, x^{m-2}, $\ldots$, x' considérées comme des inconnues. Il viendra alors, par des théorèmes connus,

$$[17] \qquad \frac{d\mathrm{R}}{d\lambda_{r,m-1}} x^{m-i} = \frac{d\mathrm{R}}{d\lambda_{r,i-1}} ,$$

et de là la proportion énoncée.

Posons

$$[18] \qquad \frac{d\mathrm{R}}{d\lambda_{r,s-1}} = \mathrm{A}_{r,s} ,$$

la relation [17] deviendra

$$[19] \qquad \mathrm{A}_{r,m} x^{m-r'} = \mathrm{A}_{r,r'}.$$

On aura pareillement

$$[20] \qquad \mathrm{A}_{r,m} x^{m-s'} = \mathrm{A}_{r,s'}.$$

Mais si, au lieu de la ligne r, on avait supprimé la ligne r', on aurait obtenu

$$[21] \qquad \mathrm{A}_{r',m} x^{m-r} = \mathrm{A}_{r',r} ,$$

$$[22] \qquad \mathrm{A}_{r',m} x^{m-s} = \mathrm{A}_{r',s}.$$

De ces relations on tire

[23] $$x^{s'} : x^{r'} = A_{r,r'} : A_{r,s'},$$

[24] $$x^{s} : x^{r} = A_{r',s} : A_{r',s};$$

d'où

[25] $$\frac{x^{r+s'}}{x^{r'+s}} = \frac{A_{r',s}}{A_{r,s'}};$$

par conséquent, toutes les fois que $r'+s = r+s'$, il faudra que

[26] $$A_{r',s} = A_{r,s'}.$$

Ainsi, toutes les quantités A, dont les indices forment une somme égale, sont égales entre elles.

49. Cinquième propriété. *La solution commune aux équations* $\varphi = 0$, $\psi = 0$ *est aussi une solution de l'équation*

[27] $$D_x \varphi . D_y \psi - D_y \varphi . D_x \psi = 0.$$

En effet, on a, par un principe connu de la théorie des fonctions homogènes,

[28] $$\begin{cases} x D_x \varphi + y D_y \varphi = m \varphi = 0, \\ x D_x \psi + y D_y \psi = n \psi = 0. \end{cases}$$

Or, puisque les proposées s'annulent par hypothèse pour des valeurs de x, y différentes de zéro, il faudra que le dénominateur commun de ces valeurs, ou le déterminant

$$\begin{vmatrix} D_x \varphi, & D_y \varphi \\ D_x \psi, & D_y \psi \end{vmatrix} = 0$$

s'annule. Ce qu'il fallait démontrer. Ce déterminant se nomme le *Jacobien* des deux fonctions φ, ψ.

Appelons J ce déterminant; on obtiendra encore la propriété qui suit:

50. Sixième propriété. *Si les proposées s'annulent pour un système des variables* x, y, *les dérivées partielles de* P, *prises par rapport à chacune des variables, s'annuleront aussi.*

On tire, en effet, des équations [28] les suivantes :

$$[29] \quad \begin{cases} x\,\mathrm{J} = m\,\varphi\,\mathrm{D}_y\psi - \psi\,\mathrm{D}_y\varphi, \\ y\,\mathrm{J} = m\,\varphi\,\mathrm{D}_x\psi - \psi\,\mathrm{D}_x\varphi, \end{cases}$$

et, en les différentiant successivement par rapport à x et à y, on obtient

$$[30] \quad \begin{cases} x\,\dfrac{d\mathrm{J}}{dx} = (m-1)\,\mathrm{J} + m\left\{ \varphi\,\mathrm{D}^2_{xy}\psi - \psi\,\mathrm{D}^2_{xy}\varphi \right\}, \\[2mm] x\,\dfrac{d\mathrm{J}}{dy} = m\left\{ \varphi\,\mathrm{D}^2_{y}\psi - \psi\,\mathrm{D}^2_{y}\varphi \right\}, \\[2mm] y\,\dfrac{d\mathrm{J}}{dx} = m\left\{ \varphi\,\mathrm{D}^2_{x}\psi - \psi\,\mathrm{D}^2_{x}\varphi \right\}, \\[2mm] y\,\dfrac{d\mathrm{J}}{dy} = (m-1)\,\mathrm{J} + m\left\{ \varphi\,\mathrm{D}^2_{xy}\psi - \psi\,\mathrm{D}^2_{xy}\varphi \right\}. \end{cases}$$

Or, si par hypothèse $\varphi = \psi = 0$, on a encore, par le théorème précédent $\mathrm{J} = 0$; il faudra donc que

$$\frac{d\mathrm{J}}{dx} = \frac{d\mathrm{J}}{dy} = 0.$$

APPLICATION. Comme les dérivées $\dfrac{d\mathrm{J}}{dx}$, $\dfrac{d\mathrm{J}}{dy}$, dans le cas de $m = 3$, sont aussi de troisième degré, il s'ensuit que la résultante des formes cubiques (page 84) pourra encore se mettre sous la forme

$$\begin{vmatrix} a & b & c & d \\ p & q & r & s \\ 2(aq-bp) & 3(ar-cq) & as-dp+br-cq & bs-dq \\ ar-cp & as-dp+br-cq & 3(bs-dq) & 2(cs-dr) \end{vmatrix}.$$

51. Septième propriété. *Si dans les équations proposées φ et ψ on substitue aux variables (x, y) de nouvelles variables (u, v) liées aux premières par des équations linéaires telles que*

$$[31] \quad \begin{cases} x = pu + qv, \\ y = p'u + q'v, \end{cases}$$

le nouveau résultant déduit des équations transformées sera égal à l'ancien multiplié par une puissance du déterminant pq' — p'q *de la substitution.*

Mettons, en effet, les fonctions φ et ψ sous la forme

$$[32] \quad \varphi = a_0 (x - \alpha_1 y)(x - \alpha_2 y) \ldots (x - \alpha_i y) \ldots (x - \alpha_m y) = 0,$$

$$[33] \quad \psi = b_0 (x - \beta_1 y)(x - \beta_2 y) \ldots (x - \beta_i y) \ldots (x - \beta_n y) = 0.$$

Par suite de la substitution [27] les facteurs quelconques

$$x - \alpha_i y , \qquad x - \beta_i y$$

deviendront respectivement

$$(p - \alpha_i p') \left(u - \frac{q'\alpha_i - q}{p - \alpha_i p'} v \right) , \qquad (p - \beta_j p') \left(u - \frac{q'\beta_j - q}{p - \beta_j p'} v \right),$$

et les transformées Φ et Ψ de φ et ψ seront

$$[34] \quad \Phi = a_0 \varphi(p,p') \left(u - \frac{q'\alpha_1 - q}{p - \alpha_1 p'} v \right) \left(u - \frac{q'\alpha_2 - q}{p - \alpha_2 p'} v \right) \ldots \left(u - \frac{q'\alpha_m - q}{p - \alpha_m p'} v \right) ,$$

$$[35] \quad \Psi = b_0 \psi(p,p') \left(u - \frac{q'\beta_1 - q}{p - \beta_1 p'} v \right) \left(u - \frac{q'\beta_2 - q}{p - \beta_2 p'} v \right) \ldots \left(u - \frac{q'\beta_n - q}{p - \beta_n p'} v \right) .$$

Or, comme nous l'avons vu, le résultant R est le produit de toutes les différences $\alpha_j - \beta_j$ que l'on peut former avec les racines de φ et de ψ. D'ailleurs, cette différence quelconque des racines serait maintenant, pour les équations Φ et Ψ,

$$\frac{q'\alpha_i - q}{p - \alpha_i p'} - \frac{q'\beta_j - q}{p - \beta_i p'} = \frac{(pq' - p'q)(\alpha_i - \beta_j)}{(p - \alpha_i p)(p - \beta_j p')} .$$

En revenant par conséquent à l'expression de R donnée au N. 36, en y remplaçant a_0 et b_0 respectivement par $a_0 \varphi(p, p')$ et $b_0 \psi(p, p')$, la valeur du nouveau résultant R' sera

$$R' = (pq' - p'q)^{mn} R ,$$

ce qu'il fallait démontrer.

Corollaire. Si dans φx et ψx on remplace la variable x par $\dfrac{p+qz}{p'+q'z}$, z étant une nouvelle variable, le résultant des nouvelles équations sera encore égal à celui des équations primitives multiplié par une puissance du déterminant $pq'-p'q$.

52. Huitième propriété. *Soient*

$$\Phi = p\,\varphi + q\,\psi , \qquad \Psi = p'\varphi + q'\psi$$

deux nouvelles fonctions liées linéairement aux fonctions données φ et ψ; leur résultant R' sera égal à celui des fonctions φ et ψ multiplié par une puissance de pq'—p'q.

En effet, chaque élément de déterminant à déterminants binaires, qui exprime le résultant R selon la méthode abrégée de Bezout, acquerra le facteur $pq'-p'q$, et le résultant lui-même le facteur $(pq'-p'q)^m$.

Corollaire. Lorsque φ et ψ sont respectivement les dérivées par rapport à x et y d'une même fonction

$$[36] \qquad f = a_0 x^l + l a_1 x^{l-1} y + \frac{l(l-1)}{1\cdot 2} x^{l-2} y^2 + \ldots + a_l y^l,$$

leur résultant est naturellement une fonction des coefficients de f. Or, si dans f on fait la substitution

$$x = p\mathrm{X} + q\mathrm{Y} ,$$
$$y = p'\mathrm{X} + q'\mathrm{Y} ,$$

et que l'on appelle F la transformée de f, le résultant fourni par les équations

$$\frac{d\mathrm{F}}{d\mathrm{X}} = 0 , \qquad \frac{d\mathrm{F}}{d\mathrm{Y}} = 0$$

sera égal à l'ancien R multiplié par $(pq'-p'q)^{l(l-1)}$. Cela est facile à démontrer en ayant recours au théorème précédent, et en remarquant qu'on a

$$[37] \qquad \frac{d\mathrm{F}}{d\mathrm{X}} = p\left(\frac{df}{dx}\right) + p'\left(\frac{df}{dy}\right) ,$$

$$[38] \qquad \frac{d\mathrm{F}}{d\mathrm{Y}} = q\left(\frac{df}{dx}\right) + q'\left(\frac{df}{dy}\right) .$$

Ainsi, *pour toute fonction entière et homogène en* x, y, *il existe une fonction de ses coefficients qui a la propriété de se reproduire, à un facteur près indépendant de ces coefficients, lorsqu'on y remplace les variables par d'autres, liées linéairement aux premières.*

Il est aisé de s'assurer que, dans le calcul actuel, cette fonction n'est autre chose que le produit des carrés de toutes les différences entre les racines de l'équation donnée. C'est ce qu'on verra dans le chapitre suivant.

Mais elle n'est pas la seule; car, comme M. Cayley l'a démontré, toute fonction entière et homogène en x, y admet une infinité de fonctions jouissant de la même propriété, dont cependant $l-2$ seulement sont indépendantes entre elles.

On trouvera les fonctions pour $l = 2, 3, 4, 5$ dans les tables à la fin de l'ouvrage sous la dénomination de discriminants.

53. Neuvième propriété. *Si dans les équations*

$$[39] \qquad \varphi(x, y) = 0, \qquad \psi(x, y) = 0$$

on substitue pour x, y *des fonctions quelconques entières et homogènes de* u *et de* v

$$[40] \qquad x = G(u, v), \qquad y = H(u, v),$$

le résultant des équations transformées Ψ *et* Φ *sera égal à celui de* φ *et de* ψ *multiplié par une puissance du résultant des équations*

$$G(u, v) = 0, \qquad H(u, v) = 0.$$

DÉMONSTRATION. Faisons dans

$$[41] \qquad \varphi = a_0(x - \alpha_1 y)(x - \alpha_2 y) \dots (x - \alpha_m y),$$

$$[42] \qquad \psi = b_0(x - \beta_1 y)(x - \beta_2 y) \dots (x - \beta_n y),$$

la substitution indiquée. Les équations transformées Φ et Ψ, seront, en désignant par Π la caractéristique d'un produit

$$[43] \qquad \Phi = a_0 \Pi \left[G(u, v) - \alpha H(u, v) \right],$$

$$[44] \qquad \Psi = b_0 \Pi \left[G(u, v) - \beta H(u, v) \right].$$

Or, ces équations admettront une solution commune dès qu'il y en aura une pour deux facteurs quelconques

$$G\,(u,\,v) - \alpha\,H\,(u,\,v) = 0, \qquad G\,(u,\,v) - \beta\,H\,(u,\,v) = 0,$$

c'est-à-dire, d'après le théorème précédent, dès que leur résultant $(\alpha - \beta)^q Q$ s'évanouira. Nous sous-entendons ici que Q désigne le résultant des équations $G = 0$, $H = 0$, et q leur commun degré.

Autant donc il y aura de combinaisons de facteurs, autant il y aura d'expressions, telles que $(\alpha - \beta)^q Q$, qui en s'annulant exprimeront la possibilité pour les équations Φ et Ψ d'avoir une solution commune.

Donc l'ensemble de ces conditions, à savoir $Q^{mn} R^q$, sera le résultant cherché, puisqu'il n'y aura pas de cas de solutions qu'il ne comprenne.

EXEMPLE. Soient les équations

$$[45] \qquad \varphi = ax^2 + bxy + cy^2 \qquad \psi = a'x^2 + bxy + c'y^2,$$

et transformons-les en d'autres Φ et Ψ par les équations

$$[46] \qquad x = pu^2 + quv + rv^2, \qquad y = p'u^2 + q'uv + r'v^2;$$

le résultant de Φ et Ψ sera

$$[47]$$
$$\left[(ac' - ac)^2 - (ab' - a'b)(bc' - b'c)\right]\left[(pr' - rp')^2 - (pq' - p'q)(qr' - rq')\right]^{2}$$

COROLLAIRE. Supposons que φ et ψ soient les dérivées par rapport à x et à y d'une même fonction homogène $f(x, y)$:

Le résultant de $D_x. f$, $D_y. f$ *sera une fonction des coefficients de* f, *dont une certaine puissance aura la propriété de se reproduire à un facteur près, lorsque dans f on remplace les variables* x , y *par des fonctions quelconques entières et homogènes d'autres variables* u *et* v.

Telle sera, par exemple, la fonction

$$(ad - bc)^2 - 4\,(ac - b^2)\,(bd - c^2),$$

correspondante à la fonction de x et de y,

$$a\,x^3 + 3\,b\,x^2 y + 3\,c\,x\,y^2 + d\,y^3.$$

Nous nous arrêterons ici pour ce qui regarde les résultants. Ceux qui voudront approfondir davantage cette étude pourront consulter l'ouvrage de l'auteur : *Théorie générale de l'élimination.*

CHAPITRE TROISIÈME.

DISCRIMINANTS.

---

54. On entend par discriminant *le résultant des dérivées par rapport à chaque variable d'une fonction homogène de plusieurs variables.*

Dans le cas qui nous occupe, le discriminant sera le résultant des fonctions $\dfrac{d\varphi}{dx}$, $\dfrac{d\varphi}{dy}$, d'une fonction homogène de x, y. Nous allons en examiner successivement les diverses propriétés.

55. 1°. En désignant par n le degré de la fonction, *le discriminant est une fonction homogène de degré* $2(n-1)$.

DÉMONSTRATION. En effet les fonctions $\dfrac{d\varphi}{dx}$, $\dfrac{d\varphi}{dy}$ seront de degré $n-1$, et, d'après une propriété connue, le résultant étant homogène et de degré $n-1$ par rapport aux coefficients de chaque fonction, il sera de degré $n-1+n-1=2(n-1)$ par rapport aux coefficients de φ qui figurent dans les deux fonctions.

56. 2°. *Le poids du discriminant sera* $n(n-1)$.

DÉMONSTRATION. Il suffit de remarquer qu'en vertu du théorème (page 73), le poids, égal en général à mn, devient dans ce cas $(n-1)(n-1)$; car les deux fonctions sont toutes les deux de degré $(n-1)$; mais comme les indices de l'équation $\dfrac{d\varphi}{dy}$ sont ceux de la première augmentés d'une unité, il s'ensuit que le poids sera $(n-1)(n-1)+n-1=n(n-1)$.

CorOLLAIRE. Le Discriminant aura certainement, en égard au poids et au degré, par rapport à la série des coefficients

$$a_0 \quad a_1 \quad a_2 \ldots a_{m-1}$$
$$a_1 \quad a_2 \quad a_3 \ldots a_m$$

la forme $A a_0^{n-1} a_m^{n-1} + B$. A étant un coefficient numérique et B une quantité qui s'évanouit avec les autres coefficients $a_1, a_2, \ldots, a_{n-1}$.

57. 3°. *Le discriminant* D *de la fonction* φ, *ou le résultant des équations*

[1] $$\frac{d\varphi}{dx} = 0, \qquad \frac{d\varphi}{dy} = 0$$

est égal aux résultants des équations

$$\varphi = 0, \qquad \frac{d\varphi}{dx} = 0, \qquad et \qquad \varphi = 0, \qquad \frac{d\varphi}{dy} = 0$$

divisés respectivement par a_0, a_n.

En effet, si l'on pose $y = 1$, $a_0 = 1$, l'équation connue $n\varphi = x \dfrac{d\varphi}{dx} + y \dfrac{d\varphi}{dy}$ devient

[2] $$n\varphi = x \frac{d\varphi}{dx} + \left(\frac{d\varphi}{dy} \right)$$

en désignant par $\left(\dfrac{d\varphi}{dy} \right)$ ce que devient $\dfrac{d\varphi}{dy}$ lorsqu'on y fait $y = 1$ (*). Or l'élimination de x entre φ et $\left(\dfrac{d\varphi}{dy} \right)$ se réduit au produit $a_1^{n-1} \varphi_1 \varphi_2 \ldots \varphi_h \ldots$, où par φ_h on sous entend généralement la valeur qu'acquiert φ par la substitution d'une racine x_h de $\left(\dfrac{d\varphi}{dy} \right)$. Mais, si, par hypothèse, $\varphi = 0$, $\left(\dfrac{d\varphi}{dy} \right) = 0$, l'équation [2] nous donne $n\varphi_h = x_h \left(\dfrac{d\varphi}{dx_h} \right)$.

(*) Dans cette démonstration nous supposons la forme φ écrite sous forme binomiale pour plus de simplicité. Mais on voit bien que le théorème a aussi lieu pour les formes non binomiales, puisque les coefficients extrêmes a_0, a_n ne changent pas.

Donc, en multipliant les diverses équations $(h=1, 2, 3, \ldots)$, et en observant que n est un facteur numérique étranger au résultant, on aura

$$\varphi_1\,\varphi_2\ldots\varphi_h\ldots\varphi_{n-1}=x_1 x_2\ldots x_h\ldots x_{n-1}\frac{d\varphi}{dx_1}\frac{d\varphi}{dx_2}\cdots\frac{d\varphi}{dx_h}\cdots\frac{d\varphi}{dx_{n-1}},$$

ou, en multipliant des deux côtés par $(-1)^{n(n-1)}a_1^{n-1}$,

$$(-1)^{n(n-1)}a_1^{n-1}\varphi_1\varphi_2\ldots\varphi_h\ldots\varphi_{n-1}=(-1)^{n(n-1)}a_1^{n-1}x_1 x_2\ldots x_h\ldots x_{n-1}\frac{d\varphi}{dx_1}\cdots\frac{d\varphi}{dx_n}.$$

Mais le premier membre, d'après le N° 37, est le résultant de $\varphi,\left(\dfrac{d\varphi}{dy}\right)$; d'ailleurs $(-1)^{(n-1)(n-1)}a_1^{n-1}\dfrac{d\varphi}{dx_1}\cdots\dfrac{d\varphi}{dx_{n-1}}$ est le résultant des fonctions $\dfrac{d\varphi}{dx}$, $\dfrac{d\varphi}{dy}$; et puisque $(-1)^{n(n-1)}=(-1)^{(n-1)(n-1)}(-1)^{n-1}$, et que $(-1)^{n-1}x_1 x_2\ldots x_{n-1}$ est précisément le dernier terme de l'équation $\left(\dfrac{d\varphi}{dy}\right)=0$, c'est-à-dire a_n, il viendra

[3] $\text{Résult.}\left(\varphi,\dfrac{d\varphi}{dy}\right)=a_n\ \text{Résult.}\left(\dfrac{d\varphi}{dx},\dfrac{d\varphi}{dy}\right)=\text{Discriminant.}$

Par l'échange de x en y, on obtiendra évidemment

[4] $\text{Résult.}\left(\varphi,\dfrac{d\varphi}{dx}\right)=a_0\ \text{Résult.}\left(\dfrac{d\varphi}{dx},\dfrac{d\varphi}{dy}\right)=\text{Discriminant.}$

En combinant ces deux équations on trouve

$$a_0\ \text{Résult.}\left(\varphi,\frac{d\varphi}{dy}\right)=a_n\ \text{Résult.}\left(\varphi,\frac{d\varphi}{dx}\right),$$

ce qui se peut démontrer directement; car le résultant de $\left(\varphi,\dfrac{d\varphi}{dy}\right)$ se réduit au produit $a_0^n\left(\dfrac{d\varphi}{dy}\right)_1\left(\dfrac{d\varphi}{dy}\right)_2\cdots\left(\dfrac{d\varphi}{dy}\right)_n$; où par $\left(\dfrac{d\varphi}{dy}\right)_h$ on sous-entend la valeur qu'acquiert la fonction $\left(\dfrac{d\varphi}{dy}\right)$ pour $x=\alpha_h$. Mais si par hypothèse $\varphi=0$, $\left(\dfrac{d\varphi}{dy}\right)=0$, l'équation [2] nous donne

$$\left(\frac{d\varphi}{dy}\right)_h=-\,\alpha_h\frac{d\varphi}{d\alpha_h}.$$

On aura donc

$$a_0^n\left(\frac{d\varphi}{dy}\right)_1\left(\frac{d\varphi}{dy}\right)_2\cdots\left(\frac{d\varphi}{dy}\right)_n=(-1)^n a_0^n\,\alpha_1\alpha_2\ldots\alpha_h\ldots\alpha_n\,\frac{d\psi}{d\alpha_1}\frac{d\psi}{d\alpha_2}\cdots\frac{d\varphi}{d\alpha_n}.$$

Observons maintenant que $a_0^{n-1}\dfrac{d\varphi}{d\alpha_1}\dfrac{d\varphi}{d\alpha_2}\cdots\dfrac{d\varphi}{d\alpha_n}$ est précisément,

d'après le N° 37, le résultant des fonctions φ et $\dfrac{d\varphi}{dx}$, et que

$(-1)^n a_0\alpha_1\alpha_2\ldots\alpha_h\ldots\alpha_n$ est précisément le dernier terme de l'é-
quation $\varphi=0$, dont les α sont les racines; donc

$$a_0\,\text{Résult.}\left(\varphi,\frac{d\varphi}{dy}\right)=a_n\,\text{Résult.}\left(\varphi,\frac{d\varphi}{dx}\right).$$

Par des considérations d'un autre ordre on arrive aussi à
trouver que le résultant [4] contient a_0 en facteur. Car, si
l'on entreprend de trouver le résultant des équations

$$\varphi=a_0x^n+(n-1)\,a_1x^{n-1}y+\frac{n\,(n-1)}{1\cdot 2}\,a_2x^{n-2}y^2+\ldots+a_n\;,$$

$$\frac{d\varphi}{dx}=a_0x^{n-1}+(n-2)\,a_1x^{n-2}y+\frac{(n-1)\,(n-2)}{1\cdot 2}\,a_2x^{n-3}y^2+\ldots+a_{n-1}$$

par la méthode dialytique, il est facile de s'apercevoir que la
première colonne du déterminant est divisible par a_0.

Un exemple éclaircira davantage ce que nous venons de dire.
Le résultant des équations

$$\varphi=ax^2+2bxy+cy^2=0\qquad,\qquad ax+by=0=\frac{d\varphi}{dx}$$

est égal à

$$\begin{vmatrix} a & 2b & c \\ a & b & 0 \\ 0 & a & b \end{vmatrix}=a\begin{vmatrix} 1 & 2b & c \\ 1 & b & 0 \\ 0 & a & b \end{vmatrix}=-a\begin{vmatrix} 1 & 2b & c \\ 0 & b & c \\ 0 & a & b \end{vmatrix}=a\begin{vmatrix} a & b \\ b & c \end{vmatrix},$$

Or $\begin{vmatrix} a & b \\ b & c \end{vmatrix}$ est en effet le résultant des équations $ax+by=0$,
$bx+cy=0$.

58. *Le discriminant est égal au produit des carrés des différences des racines.*

Ainsi en appelant toujours $\alpha_1, \alpha_2, \ldots, \alpha_n$ les racines, on aura

[5]
$$\text{Discr.} = (-1)^{\frac{n(n-1)}{2}} a_0^{2n-2} (\alpha_1-\alpha_2)^2 (\alpha_1-\alpha_3)^2 \ldots (\alpha_2-\alpha_3)^2 \ldots (\alpha_{n-1}-\alpha_n)^2.$$

DÉMONSTRATION. On a en effet

$$[6]\ \frac{d\varphi}{dx} = a_0 \left[(x-\alpha_2)(x-\alpha_3)\ldots + (x-\alpha_1)(x-\alpha_3)\ldots + \ldots \right].$$

Par conséquent le résultant de $\varphi, \dfrac{d\varphi}{dx}$ sera, d'après le N° 37,

[7]
$$a_0^{n-1} \left(\frac{d\varphi}{d\alpha_1}\right) \left(\frac{d\varphi}{d\alpha_2}\right) \cdots \left(\frac{d\varphi}{d\alpha_n}\right) = a_0^{2n-1} \left[(\alpha_1-\alpha_2)(\alpha_1-\alpha_3)\ldots \right]\left[(\alpha_2-\alpha_1)(\alpha_2-\alpha_3)(\alpha_2-\alpha_4)\ldots \right.$$

$$= (-1)^{\frac{n(n-1)}{2}} a_0^{2n-1} (\alpha_1-\alpha_2)^2 (\alpha_1-\alpha_3)^2 (\alpha_2-\alpha_3)^2 \ldots (\alpha_{n-1}-\alpha_n)^2.$$

Or observons d'abord que cette expression ne contient certainement que deux fois la même différence $\alpha_k - \alpha_l$; car une seule des parenthèses du second membre de [7] contiendra α_k associée à toutes les autres racines, et une seule des mêmes parenthèses contiendra α_l combinée de même avec les autres racines; donc la différence $\alpha_k - \alpha_l$ n'y pourra paraître qu'au second degré comme dans [5]. D'ailleurs les deux expressions [5] et [7] ne diffèrent que par le facteur a_0. Donc le discriminant, étant le résultant [7] divisé par a_0, en vertu du théorème N° 57, aura bien la forme [5], ce qu'il s'agissait de démontrer.

59. *Le discriminant du produit de deux fonctions est égal au produit de leurs discriminants, multiplié par le carré de leur résultant.*

En effet, le produit des carrés des différences de toutes les racines comprises dans les deux fonctions peut se décomposer dans le produit des carrés des différences appartenant à chaque fonction, multiplié par le carré des différences des racines prises dans l'une et l'autre fonction. Mais ce dernier produit n'est autre chose que le carré du résultant des deux fonctions.

APPLICATION. *Le discriminant de* $(x - \alpha) f(x) = Discriminant$ *de* $f(x) \times [f(\alpha)]^2$. Si $\alpha = 0$, $f(\alpha)$ se réduira au dernier terme de $f(x)$, et ainsi dans ce cas le discriminant de $x f(x)$ sera $= a_n^2 \times$ Discrim. $f(x)$.

Le discriminant de

$$a_0 x^n + a_1 x^{n-1} y + a_2 x^{n-2} y^2 + \ldots + a_{n-1} x y^{n-1} + a_n y^n$$

est de la forme $a_n \theta + a_{n-1}^2 \psi$, ψ désignant le discriminant de la fonction susdite privée de son dernier terme et divisée par x.

Car, si nous posons $a_n = 0$ dans le discriminant, on doit obtenir le même résultat que si on faisait $a_n = 0$ dans la fonction proposée. Mais dans ce cas la fonction se réduit à

$$x \left(a_0 x^{n-1} + a_1 x^{n-2} y + \ldots + a_{n-1} \right),$$

et le discriminant sera, d'après le théorème précédent, $a_{n-1}^2 \psi$. Par conséquent $a_{n-1}^2 \psi$ nous représente bien la partie indépendante de a_n dans le discriminant proposé.

60. THÉOREME. *Si les racines d'une fonction* f(x, y) *sont réciproques, le discriminant est divisible par la demi-somme des coefficients.*

On pourrait démontrer cette propriété directement. Mais si l'on met le discriminant sous forme de déterminant, à l'aide de la méthode dialytique d'élimination, on trouve immédiatement, en sommant les lignes ou les colonnes, qu'il est divisible par

$$\frac{1}{2} f(1, 1) = a_0 + n a_1 + \frac{n(n-1)}{1 \cdot 2} a_2 + \ldots$$

61. Jusqu'à présent nous n'avons rien adopté par rapport au discriminant exprimé en fonction des coefficients. Mais d'après la condition qu'il doit remplir par rapport au degré et au poids (N° 55, 56); il sera certainement de la forme

$$A\left(a_o^{n-1}\, a_n^{n-1} + \ldots\right),$$

A désignant une coefficient numérique, qu'on peut déterminer à l'aide de l'équation [5], et la suite des termes après le premier contenant au moins un des coefficients a_1, a_2, $\ldots a_{n-1}$. Supposons à cet effet d'après M. Cayley que les racines $\alpha, \beta, \ldots$ soient celles de l'équation $x^n - 1 = 0$, et représentons par $\Pi(\alpha)$ le produit des carrés des différences $(\alpha-\beta)^2\,(\alpha-\gamma)^2 \ldots$, on aura

$$(-1)^{\frac{n(n-1)}{2}} a_o^{2n-2}\, \Pi(\alpha) = (-1)^{n-1}\, A\,;$$

car la quantité entre parenthèse $a_o^{n-1}\, a_n^{n-1} + \ldots$ se reduira dans ce cas à $(-1)^{n-1}$. Mais notons que si $f(x) = (x-\alpha)(x-\beta)\ldots$, on a $f'(\alpha) = (\alpha-\beta)(\alpha-\gamma)\ldots$, $f'(\beta) = (\beta-\alpha)(\beta-\gamma)\ldots$, etc., et par conséquent

$$\Pi(\alpha) = (-1)^{\frac{n(n-1)}{2}}\, f'(\alpha)\, f'(\beta)\ldots$$

Dans le cas actuel $f'(x) = nx^{n-1}$; donc

$$f'(\alpha)\, f'(\beta)\ldots = n^n(\alpha\beta\gamma\ldots)^{n-1} = n^n(-1)^{n-1},$$

et
$$\Pi(\alpha) = (-1)^{n-1}(-1)^{\frac{n(n-1)}{2}} n^n\,;$$

donc enfin
$$A = n^n.$$

Par conséquent la relation [5] deviendra

$$(\alpha_1-\alpha_2)^2\,(\alpha_1-\alpha_3)^2 \ldots (\alpha_{n-1}-\alpha_n)^2 = (-1)^{\frac{n(n-1)}{2}} n^n\left(a_o^{n-1} a_n^{n-1} + \ldots\right);$$

et si on adopte d'écrire

$$\text{Discriminant} = \Delta = a_0^{n-1}\, a_n^{n-1} + \dots,$$

on aura

$$\Pi\,(\alpha) = (-1)^{\frac{n\,(n-1)}{2}}\, n^n\, \Delta\,.$$

On pourrait ajouter maintenant beaucoup d'autres propriétés des discriminants; mais nous nous reserverons d'en parler à propos des invariants et des covariants.

CHAPITRE QUATRIÈME.

FORMES CANONIQUES.

---

62. THÉORÈME. *Une fonction homogène à deux lettres de degré quelconque impair* 2n+1 *peut être réduite à la forme, qu'on appelle canonique,*

$$[1] \quad \left(\beta_1 x + \gamma_1 y\right)^{2n+1} + \left(\beta_2 x + \gamma_2 y\right)^{2n+1} + \ldots + \left(\beta_n x + \gamma_n y\right)^{2n+1}$$

par la résolution d'une équation de degré n+1.

DÉMONSTRATION. Soit

$$[2] \quad a_0 x^{2n+1} + \frac{2n+1}{1} a_1 x^{2n} y + \frac{(2n+1)2n}{1 \cdot 2} x^{2n-1} y^2 + \ldots + \frac{2n+1}{1} a_{2n} xy^{2n} + a_{2n+1} y^{2n+1}$$

une telle fonction, et soit

$$[3] \quad p_1\left(x + \alpha_1 y\right)^{2n+1} + p_2\left(x + \alpha_2 y\right)^{2n+1} + p_3\left(x + \alpha_3 y\right)^{2n+1} + \ldots + p_{n+1}\left(x + \alpha_{n+1} y\right)^{2n+1}$$

sa forme canonique, forme à laquelle peut être toujours réduite l'expression [1], en posant $\gamma_1 = \beta_1 \alpha_1$, $\gamma_2 = \beta_2 \alpha_2$, ..., $\gamma_n = \beta_n \alpha_n$,

$$\beta_1^{2n+1} = p_1, \qquad \beta_2^{2n+1} = p_2, \ldots, \beta_n^{2n+1} = p_n;$$

on aura les équations de condition suivantes

$$[4] \begin{cases} p_1 + p_2 + p_3 + p_4 \ldots + p_n + p_{n+1} = a_0, \\ p_1\alpha_1 + p_2\alpha_2 + p_3\alpha_3 + p_4\alpha_4 \ldots + p_n\alpha_n + p_{n+1}\alpha_{n+1} = a_1, \\ p_1\alpha_1^2 + p_2\alpha_2^2 + p_3\alpha_3^2 + p_4\alpha_4^2 \ldots + p_n\alpha_n^2 + p_{n+1}\alpha_{n+1}^2 = a_2, \\ \cdot \quad \cdot \quad \cdot \quad \cdot \quad \cdot \quad \cdot \quad \cdot \quad \cdot \quad \cdot \quad \cdot \quad \cdot \\ p_1\alpha_1^n + p_2\alpha_2^n + p_3\alpha_3^n + p_4\alpha_4^n \ldots + p_n\alpha_n^n + p_{n+1}\alpha_{n+1}^n = a_n, \\ p_1\alpha_1^{n+1} + p_2\alpha_2^{n+1} + p_3\alpha_3^{n+1} + p_4\alpha_4^{n+1} \ldots + p_n\alpha_n^{n+1} + p_{n+1}\alpha_{n+1}^{n+1} = a_{n+1}, \\ \cdot \quad \cdot \quad \cdot \quad \cdot \quad \cdot \quad \cdot \quad \cdot \quad \cdot \quad \cdot \quad \cdot \quad \cdot \\ p_1\alpha_1^{2n} + p_2\alpha_2^{2n} + p_3\alpha_3^{2n} + p_4\alpha_4^{2n} \ldots + p_n\alpha_n^{2n} + p_{n+1}\alpha_{n+1}^{2n} = a_{2n}, \\ p_1\alpha_1^{2n+1} + p_2\alpha_2^{2n+1} + p_3\alpha_3^{2n+1} + p_4\alpha_4^{2n+1} \ldots + p_n\alpha_n^{2n+1} + p_{n+1}\alpha_{n+1}^{2n+1} = a_{2n+1}. \end{cases}$$

Les équations, étant au nombre de $2n+2$, sont propres à déterminer les $2n+2$ inconnues p et α.

Éliminons p_1 entre les $n+1$ premières équations; il viendra

$$\Delta p_1 = \begin{vmatrix} a_0 & 1 & 1 & \ldots & 1 \\ a_1 & \alpha_2 & \alpha_3 & \ldots & \alpha_{n+1} \\ a_2 & \alpha_2^2 & \alpha_3^2 & \ldots & \alpha_{n+2}^2 \\ \cdot & \cdot & \cdot & & \cdot \\ a_n & \alpha_2^n & \alpha_3^n & \ldots & \alpha_{n+1}^n \end{vmatrix}, \quad \Delta = \begin{vmatrix} 1 & 1 & 1 & \ldots & 1 \\ \alpha_1 & \alpha_2 & \alpha_3 & \ldots & \alpha_{n+1} \\ \alpha_1^2 & \alpha_2^2 & \alpha_3^2 & \ldots & \alpha_{n+1}^2 \\ \cdot & \cdot & \cdot & & \cdot \\ \alpha_1^n & \alpha_2^n & \alpha_3^n & \ldots & \alpha_{n+1}^n \end{vmatrix},$$

et, en supposant que le déterminant soit de la forme

$$\Delta = A_0 . 1 + A_1\alpha_1 + A_2\alpha_1^2 + A_3\alpha_1^3 + \ldots + A_n\alpha_1^n,$$

on pourra généralement poser

$$[5] \qquad p_1' = A_0 a_0 + A_1 a_1 + A_2 a_2 + \ldots + A_n a_n.$$

Éliminons ensuite $p_1\alpha_1$ entre les $n+1$ équations qui suivent la première; il viendra

$$\Delta p_1\alpha_1 = \begin{vmatrix} a_1 & 1 & 1 & \ldots & 1 \\ a_2 & \alpha_2 & \alpha_3 & \ldots & \alpha_{n+1} \\ a_3 & \alpha_2^2 & \alpha_3^2 & \ldots & \alpha_{n+1}^2 \\ \cdot & \cdot & \cdot & & \cdot \\ a_{n+1} & \alpha_2^n & \alpha_3^n & \ldots & \alpha_{n+1}^n \end{vmatrix},$$

de sorte qu'on aura encore

[6] $\qquad p_1'\alpha_1 = A_0 a_1 + A_1 a_2 + A_2 a_3 + \ldots + A_n a_{n+1}.$

On obtiendra pareillement

[7] $\qquad p_1'\alpha_1^2 = A_0 a_2 + A_1 a_3 + A_2 a_4 + \ldots + A_n a_{n+2},$

et enfin

[8] $\qquad p_1'\alpha_1^{n+1} = A_0 a_{n+1} + A_1 a_{n+2} + A_2 a_{n+3} + \ldots + A_n a_{2n+1}.$

On aura donc un système d'équations au nombre de $n+2$,

$$[9]\quad \begin{cases} -p_1' & + A_0 a_0 & + A_1 a_1 & + A_2 a_2 & + \ldots + A_n a_n = 0, \\ -p_1'\alpha_1 & + A_0 a_1 & + A_1 a_2 & + A_2 a_3 & + \ldots + A_n a_{n+1} = 0, \\ -p_1'\alpha_1^2 & + A_0 a_2 & + A_1 a_3 & + A_2 a_4 & + \ldots + A_n a_{n+2} = 0, \\ \cdots & & & & \\ -p_1'\alpha_1^{n+1} & + A_0 a_{n+1} & + A_1 a_{n+2} & + A_2 a_{n+3} & + \ldots + A_n a_{2n+1} = 0, \end{cases}$$

entre les $n+1$ rapports

$$\frac{A_0}{p_1'}, \quad \frac{A_1}{p_1'}, \quad \frac{A_2}{p_1'}, \quad \ldots, \quad \frac{A_n}{p_1'}.$$

Il viendra donc simplement l'équation

$$[10]\quad \begin{vmatrix} \alpha_1^{n+1} & \alpha_1^n & \alpha_1^{n-1} & \alpha_1^{n-2} & \ldots & \alpha_1^2 & \alpha_1 & 1 \\ a_{n+1} & a_n & a_{n-1} & a_{n-2} & \ldots & a_2 & a_1 & a_0 \\ a_{n+2} & a_{n+1} & a_n & a_{n-1} & \ldots & a_3 & a_2 & a_1 \\ a_{n+3} & a_{n+2} & a_{n+1} & a_n & \ldots & a_4 & a_3 & a_2 \\ \cdots & & & & & & & \\ a_{2n+1} & a_{2n} & a_{2n-1} & a_{2n-2} & \ldots & a_{n+2} & a_{n+1} & a_n \end{vmatrix} = 0,$$

dont les $n+1$ racines détermineront les quantités α, et alors au moyen de nos $n+1$ premières équations [4] on déterminera les quantités inconnues p. Il sera alors facile de passer des quantités p et α aux quantités β, γ, et le problème sera entièrement résolu.

63. APPLICATION 1re. La forme cubique

$$[11] \qquad a_0 x^3 + 3a_1 x^2 y + 3a_2 xy^2 + a_3 y^3$$

pourra se mettre sous la forme canonique

$$[12] \qquad p_1 (x + \alpha_1 y)^3 + p_2 (x + \alpha_2 y)^3$$

où α_1, α_2, p_1, p_2 seront déterminés par les équations

$$[13] \qquad \begin{vmatrix} \alpha^2 & \alpha & 1 \\ a_2 & a_1 & a_0 \\ a_3 & a_2 & a_1 \end{vmatrix} = 0 , \qquad\qquad [14] \quad \begin{cases} p_1 + p_2 = a_0 , \\ p_1\alpha_1 + p_2\alpha_2 = a_1. \end{cases}$$

En posant maintenant

$$[15] \qquad \begin{cases} x + \alpha_1 y = x' \sqrt[3]{p_2}, \\ x + \alpha_2 y = y' \sqrt[3]{p_1}, \end{cases}$$

l'équation proposée devient

$$[16] \qquad \left(\frac{x'}{y'}\right)^3 + 1 = 0.$$

Mais des équations ci-dessus, en posant $\dfrac{x}{y} = z$ et ρ désignant une racine cubique de -1, on déduit

$$[17] \qquad 2z + \alpha_1 + \alpha_2 = (\alpha_1 - \alpha_2) \frac{\sqrt[3]{p_1} + \rho \sqrt[3]{p_2}}{\rho \sqrt[3]{p_2} - \sqrt[3]{p_1}} = (\alpha_2 - \alpha_1) \frac{1 + \rho \sqrt[3]{\dfrac{p_2}{p_1}}}{1 - \rho \sqrt[3]{\dfrac{p_2}{p_1}}}.$$

En posant pour le moment $\sqrt[3]{\dfrac{p_2}{p_1}} = h$, on voit que

$$\frac{1 + \rho h}{1 - \rho h} = \frac{(1 + \rho h)}{(1 - \rho h)} \frac{(1 + h)(1 + \rho^2 h)}{(1 + h)(1 + \rho^2 h)} = \frac{1 + h(\rho + 1 + \rho^2) + h^2 \rho(\rho + 1 + \rho^2) - h^3}{1 + h^3},$$

ou que
$$\frac{1+\rho h}{1-\rho h}=\frac{1+2h\rho+2h^2\rho^2-h^3}{1+h^3}\,;$$

de sorte que

$$\frac{1+\rho\sqrt[3]{\dfrac{p_2}{p_1}}}{1-\rho\sqrt[3]{\dfrac{p_2}{p_1}}}=\frac{p_1-p_2+2\sqrt[3]{p_1 p_2}\,(\rho\sqrt[3]{p_1}+\rho^2\sqrt[3]{p_2})}{p_1+p_2}\,,$$

et alors l'équation [17] devient

$$2z+\alpha_1+\alpha_2=\frac{\alpha_2-\alpha_1}{a_0}\left[p_1-p_2+2\sqrt[3]{p_1 p_2}\,(\rho\sqrt[3]{p_1}+\rho^2\sqrt[3]{p_2})\right]\,,$$

$$2z+\alpha_1+\alpha_2=\frac{-2a_1+a_0(\alpha_1+\alpha_2)}{a_0}+\frac{2(\alpha_2-\alpha_1)}{a}\sqrt[3]{p_1 p_2}\,(\rho\sqrt[3]{p_1}+\rho^2\sqrt[3]{p_2})\,,$$

$$[18]\qquad a_0 z=-a_1-\sqrt[3]{a_0 a_2-a_1^2}\,(\rho\sqrt[3]{a_1-a_0\alpha_2}-\rho^2\sqrt[3]{a_1-a_0\alpha_1})\,.$$

Car, en appelant Δ le discriminant

$$[19]\qquad (a_0 a_3-a_1 a_2)^2-4\,(a_1 a_3-a_2^2)\,(a_0 a_2-a_1^2)$$

de l'équation canonisante [13], celle-ci nous donne

$$[20]\qquad \alpha_1=\frac{a_0 a_3-a_1 a_2+\sqrt{\Delta}}{2\,(a_0 a_2-a_1^2)}\,,\qquad\qquad \alpha_2=\frac{a_0 a_3-a_1 a_2-\sqrt{\Delta}}{2\,(a_0 a_2-a_1^2)}\,,$$

$$\alpha_1+\alpha_2=\frac{a_0 a_3-a_1 a_2}{a_0 a_2-a_1^2}\,,\qquad\qquad \alpha_1-\alpha_2=\frac{\sqrt{\Delta}}{a_0 a_2-a_1^2}\,,$$

$$p_1=\frac{a_1-a_0\alpha_2}{\alpha_1-\alpha_2}\,,\qquad\qquad p_2=-\frac{a_1-a_0\alpha_1}{\alpha_1-\alpha_2}\,,$$

$$p_1+p_2=a_0\,,\qquad p_1-p_2=\frac{2a_1-a_0(\alpha_1+\alpha_2)}{\alpha_1-\alpha_2}\,,\qquad p_1 p_2=\frac{a_0 a_2-a_1^2}{(\alpha_1-\alpha_2)^2}\,.$$

Observons maintenant qu'en posant

$$A=3\,a_0 a_1 a_2-a_0^2 a_3-2a_1^3\,,$$

on a
$$a_1-a_0\alpha_1=\frac{A-a_0\sqrt{\Delta}}{2\,(a_0 a_2-a_1^2)}\,,\qquad a_1-a_0\alpha_2=\frac{A+a_0\sqrt{\Delta}}{2\,(a_0 a_2-a_1^2)}\,;$$

et alors il viendra enfin

$$a_0 z = - a_1 - \rho \sqrt[3]{\frac{A}{2} - \frac{a_0}{2}\sqrt{\Delta}} + \rho^2 \sqrt[3]{\frac{A}{2} + \frac{a_0}{2}\sqrt{\Delta}} \ ;$$

de sorte que les trois racines seront

$$[21] \quad \begin{cases} a_0 z_1 = - a_1 + \sqrt[3]{\frac{A}{2} - \frac{a_0}{2}\sqrt{\Delta}} + \sqrt[3]{\frac{A}{2} + \frac{a_0}{2}\sqrt{\Delta}} \ , \\[2ex] a_0 z_2 = - a_1 - \rho \sqrt[3]{\frac{A}{2} - \frac{a_0}{2}\sqrt{\Delta}} + \rho^2 \sqrt[3]{\frac{A}{2} + \frac{a_0}{2}\sqrt{\Delta}} \ , \\[2ex] a_0 z_3 = - a_1 - \rho \sqrt[3]{\frac{A}{2} + \frac{a_0}{2}\sqrt{\Delta}} + \rho^2 \sqrt[3]{\frac{A}{2} - \frac{a_0}{2}\sqrt{\Delta}} \ . \end{cases}$$

Telles sont les formules données par Eisenstein dans le *Journal de Crelle, Tome 27*, sans démonstration.

Lorsque l'équation cubique prend la forme connue $x^3 + px + q = 0$, il suffit de faire dans ces formules $a_0 = 1$, $a_1 = 0$, $a_2 = \frac{p}{3}$, $a_3 = q$, et alors on a

$$\frac{A}{2} = - \frac{q}{2} \ , \qquad \frac{a_0}{2}\sqrt{\Delta} = \sqrt{\frac{q^2}{4} + \frac{p^3}{27}} \ ;$$

et on trouve, en posant $R = \frac{q^2}{4} + \frac{p^3}{27}$,

$$z_1 = - \sqrt[3]{\frac{q}{2} + \sqrt{R}} + - \sqrt[3]{\frac{q}{2} - \sqrt{R}} \ ,$$

$$z_2 = \rho \sqrt[3]{\frac{q}{2} + \sqrt{R}} - \rho^2 \sqrt[3]{\frac{q}{2} - \sqrt{R}} \ ,$$

$$z_3 = - \rho^2 \sqrt[3]{\frac{q}{2} + \sqrt{R}} + \rho \sqrt[3]{\frac{q}{2} - \sqrt{R}} \ ,$$

formules qui coïncident, par le changement de z en $- z$, ou de q en $- q$, avec les formules connues.

Sous la forme de quotient, on trouverait

$$2(a_0 a_2 - a_1^2) z + a_0 a_3 - a_1 a_2 = - \sqrt{\Delta} \ \frac{\sqrt[3]{A + a_0\sqrt{\Delta}} - \rho \sqrt[3]{A - a_0\sqrt{\Delta}}}{\sqrt[3]{A + a_0\sqrt{\Delta}} + \rho \sqrt[3]{A + a_0\sqrt{\Delta}}} .$$

64. APPLICATION 2me. Soit l'équation

$$[22] \quad ax^5 + 5bx^4y + 10cx^3y^2 + 10dx^2y^3 + 5exy^4 + fy^5 = 0,$$

qui, d'après le théorème démontré, peut toujours se mettre sous la forme canonique

$$[23] \quad p\,(x + \alpha y)^5 + q\,(x + \beta y)^5 + r\,(x + \gamma y)^5 = 0 ,$$

où α, β, γ sont les racines de l'équation cubique

$$[24] \quad \mathrm{A}x^3 + 3\mathrm{B}x^2 + 3\mathrm{C}x + \mathrm{D} = 0 ,$$

$$[25] \quad \left\{ \begin{aligned} \mathrm{A} &= ace + 2bcd - ad^2 - eb^2 - c^3 , \\ 3\mathrm{B} &= acf + bce - ade - b^2f + bd^2 - c^2d , \\ 3\mathrm{C} &= adf + bde - bcf - ae^2 + c^2e - cd^2 , \\ \mathrm{D} &= bdf + 2cde - be^2 - c^2f - d^3 , \end{aligned} \right.$$

équation à laquelle on arrive en partant de celle de la forme

$$[26] \quad \begin{vmatrix} 1 & x & x^2 & x^3 \\ a & b & c & d \\ b & c & d & e \\ c & d & e & f \end{vmatrix} = 0,$$

commune à toutes les équations qui servent à canoniser une fonction homogène de degré impair à deux variables. En déterminant p, q, r par les équations suivantes, qui lient les coefficients de la transformée canonique à ceux de la proposée,

$$[27] \quad \left\{ \begin{aligned} p + q + r &= a , \\ p\alpha + q\beta + r\gamma &= b , \\ p\alpha^2 + q\beta^2 + r\gamma^2 &= c , \end{aligned} \right.$$

on trouve

$$[28] \quad p = \frac{a\beta\gamma - b(\beta+\gamma) + c}{(\alpha-\beta)(\alpha-\gamma)}, \quad q = \frac{a\alpha\gamma - b(\alpha+\gamma) + c}{(\beta-\alpha)(\beta-\gamma)}, \quad r = \frac{a\alpha\beta - b(\alpha+\beta) + c}{(\gamma-\alpha)(\gamma-\beta)}.$$

Posons maintenant

$$[29] \quad x = -\frac{u\beta(\alpha-\gamma) + v(\beta-\gamma)\alpha}{(\alpha-\beta)(\beta-\gamma)(\gamma-\alpha)}, \quad y = \frac{u(\alpha-\gamma) + v(\beta-\gamma)}{(\alpha-\beta)(\beta-\gamma)(\gamma-\alpha)}.$$

On verra aisément qu'alors on peut donner à l'équation [23] cette forme

$$[30] \qquad \frac{p}{(\gamma-\beta)^5}\, u^5 + \frac{q}{(\alpha-\gamma)^5}\, v^5 + \frac{r}{(\alpha-\beta)^5}\, (u + v)^5 = 0 ,$$

ou

$$[31] \qquad lu^5 + mv^5 + n\,(u + v)^5 = 0 ,$$

en faisant

$$[32] \qquad l = \frac{p}{(\gamma-\beta)^5} , \qquad m = \frac{q}{(\alpha-\gamma)^5} , \qquad n = \frac{r}{(\alpha-\beta)^5} . \quad (*)$$

En posant encore $\lambda = \dfrac{l}{n}$, $\mu = \dfrac{m}{n}$, la forme canonique [31] prend encore cette forme

$$[33] \qquad \lambda u^5 + \mu v^5 + (u + v)^5 = 0 ,$$

sur laquelle nous reviendrons dans la suite.

Ainsi, si l'on observe que le déterminant de la substitution [29] est l'unité, on a déjà ce résultat remarquable, qu'*une fonction de 5ᵉ degré à deux variables peut toujours, par une substitution linéaire à déterminant 1, être ramenée à la forme définie par l'équation* [33], *ne contenant plus que deux paramètres.*

65. La réduction générale des formes de degré pair à la forme canonique présente de grandes difficultés. Nous nous bornerons à présenter aux lecteurs celle des formes 4ᵉ et 6ᵉ.

Soit

$$[34] \qquad ax^4 + 4bx^3y + 6cx^2y^2 + 4dxy^3 + ey^4$$

la forme de 4ᵉ degré, et

$$[35] \qquad p\,(x + \alpha y)^4 + q\,(x + \beta y)^4 + 6r\,(x + \alpha y)^2\,(x + \beta y)^2$$

sa forme canonique.

(*) En posant $n = -\dfrac{r}{(\alpha - \beta)^5}$, l'équation [31] devient $lu^5 + mv^5 - n(u+v)^5 = 0$, ou $lu^5 + mv^5 + nw^5 = 0$, si l'on suppose $u + v + w = 0$. C'est sous cette forme que quelquefois on présente la forme canonique de la forme quintique.

On aura, pour déterminer les 5 coefficients p, q, r, α, β, les 5 équations de condition

$$
\begin{aligned}
p + q + 6r &= a , \\
4p\alpha + q\beta + 3rs &= b , \\
[36] \qquad p\alpha^2 + q\beta^2 + r(s^2 + 2t) &= c , \\
p\alpha^3 + q\beta^3 + 3rst &= d , \\
p\alpha^4 + q\beta^4 + 6rt^2 &= e ,
\end{aligned}
$$

en posant $s = \alpha + \beta$, $t = \alpha\beta$.

Éliminons p, q entre les groupes $(1, 2, 3 ; \; 2, 3, 4 ; \; 3, 4, 5)$ de ces équations ; nous obtiendrons

$$
\begin{aligned}
(a - 6r)\, t - (b - 3rs)\, s + \left[c - r(s^2 + 2t) \right] &= 0 , \\
(b - 3rs)\, t - \left[c - r(s^2 + 2t) \right] s + d - 3rst &= 0 , \\
\left[c - r(s^2 + 2t) \right] t - (d - 3rst)\, s + e - 6rt^2 &= 0 ,
\end{aligned}
$$

qui se réduisent aux suivantes

$$
\begin{aligned}
at - bs + c - r(8t - 2s^2) &= 0 , \\
[37] \qquad bt - cs + d - r(4st - s^3) &= 0 , \\
ct - ds + e - r(8t^2 - 2s^2 t) &= 0 ,
\end{aligned}
$$

ou encore, en posant $\lambda = -r(8t - 2s^2)$, à celles-ci

$$
\begin{aligned}
at - bs + c + \lambda &= 0 , \\
[38] \qquad bt - \left(c - \frac{\lambda}{2} \right) s + d &= 0 , \\
(c + \lambda)\, t - ds + e &= 0 .
\end{aligned}
$$

L'élimination de s, t entre ces équations fournira l'équation

$$
[39] \qquad
\begin{vmatrix}
a , & b , & c+\lambda \\
b , & c - \dfrac{\lambda}{2}, & d \\
c+\lambda , & d , & e
\end{vmatrix}
= \lambda^3 - \lambda (ae - 4bd + 3c^2) + 2
\begin{vmatrix}
a & b & c \\
b & c & d \\
c & d & e
\end{vmatrix}
= 0 .
$$

Au moyen des racines λ', λ'', λ''' de cette équation on obtiendra la solution du problème. En substituant en effet l'une quelconque d'entr'elles dans deux des équations [38], on obtiendra les valeurs cherchées de s et t, et alors au moyen de l'équation

$$z^2 - s\,z + t = 0,$$

on obtiendra finalement les valeurs de α et β, d'où par les équations [36] on aura celles de p, q, r. Ainsi le problème sera complètement résolu à l'aide de la résolution d'une équation cubique et d'une équation quadratique.

Il est évident que de la forme canonique [35] on peut passer à cette autre

$$(fx + gy)^4 + (hx + ky)^4 + 6\,l\,(fx + gy)^2\,(hx + ky)^2$$

par une simple transformation des paramètres p, q, α, β, r. Si maintenant on pose

$$u = fx + gy\,, \qquad v = hx + ky,$$

on en déduira que toute forme biquadratique, par une simple transformation linéaire et par la résolution des deux équations de 2e et de 3e degré, peut se mettre sous la forme canonique réduite

$$u^4 + v^4 + 6\,\mu\,u^2 v^2.$$

Or, en égalant à zéro cette forme, ou en ayant égard à son équivalente

$$\left(\frac{u}{v}\right)^4 + 6\mu\left(\frac{u}{v}\right)^2 + 1 = 0,$$

on voit qu'elle est résoluble algébriquement. Ainsi la transformation en forme canonique peut servir à résoudre les équations de 4e degré.

66. M. Sylvester, à qui l'on doit l'élimination ci-dessus, a réussi aussi à trouver la forme canonique pour le 8e degré.

Soit

$$a_0 x^8 + 8 a_1 x^7 y + 28 a_2 x^6 y^2 + 56 a_3 x^5 y^3 + 70 a_4 x^4 y^4 + 56 a_5 x^3 y^5 + 28 a_6 x^2 y^6$$
$$+ 8 a_7 x y^7 + a_0 y^8$$

cette fonction, et

$$(p_1x+q_1y)^8+(p_2x+q_2y)^8+(p_3x+q_3y)^8+(p_4x+q_4y)^8+70\epsilon(p_1x+q_1y)^2(p_1x+q_2$$
$$\times (p_3 x + q_3y)^2 (p_4x + q_4y)^2,$$

ou mieux encore

[41]
$$p_1(x+\lambda_1y)^8+p_2(x+\lambda_2y)^8+p_3(x+\lambda_3y)^8+p_4(x+\lambda_4y)^8+70m(x+\lambda_1y)^2(x+\lambda_2$$
$$\times (x + \lambda_3 y)^2 (x + \lambda_4 y$$

Posons

$$(x+\lambda_1y)(x+\lambda_2y)(x+\lambda_3y)(x+\lambda_4y)=x^4+s_1x^3y+s_2x^2y^2+s_3xy^3+s_4y^4=$$

et $\quad M_i = 70 \dfrac{(1.2.3\dots i)(1.2\dots 8-i)}{1.2.3\dots 8} \times$ par le coefficient de $x^{8-i}y^i$

dans la fonction T^2. En comparant les coefficients de la forme [40] avec ceux de la forme canonique [41] on aura un système de 9 équations, dont le type sera

$$p_1\lambda_1^i + p_2\lambda_2^i + p_3\lambda_3^i + p_4\lambda_4^i + M_i m = a_i \ (i = 0,1,2,\dots,8).$$

Éliminons p_1, p_2, p_3, p_4 entre ces 9 équations prises successivement 5 à 5, en commençant par les 5 premières et en finissant par les 5 dernières; on obtiendra les 5 équations suivantes

[42]
$$\begin{cases}
a_0s_4 - a_1s_3 + a_2s_2 - a_3s_1 + a_4s_0 - m N_1 = 0 , \\
a_1s_4 - a_2s_3 + a_3s_2 - a_4s_1 + a_5s_0 - m N_2 = 0 , \\
a_2s_4 - a_3s_3 + a_4s_2 - a_5s_1 + a_6s_0 - m N_3 = 0 , \\
a_3s_4 - a_4s_3 + a_5s_2 - a_6s_1 + a_7s_0 - m N_4 = 0 , \\
a_4s_4 - a_5s_3 + a_6s_2 - a_7s_1 + a_8s_0 - m N_5 = 0 ,
\end{cases}$$

où pour abréger on a fait

$$N_1 = M_0s_4 - M_1s_3 + M_2s_2 - M_3s_1 + M_4,$$
$$N_2 = M_1s_4 - M_2s_3 + M_3s_2 - M_4s_1 + M_5,$$
$$N_3 = M_2s_4 - M_3s_3 + M_4s_2 - M_5s_1 + M_6,$$
$$N_4 = M_3s_4 - M_4s_3 + M_5s_2 - M_6s_1 + M_7,$$
$$N_5 = M_4s_4 - M_5s_3 + M_6s_2 - M_7s_1 + M_8.$$

Maintenant si on développe T^2, on trouve

$$M_0 = 70 , \quad M_1 = \frac{35}{2} s_1 , \quad M_2 = 5s_2 + \frac{5}{2} s_1^2 , \quad M_3 = \frac{5}{2} s_3 + \frac{5}{2} s_1 s_2 ,$$

$$M_4 = 2s_4 + 2s_1 s_3 + s_2^2 , \quad M_5 = \frac{5}{2} s_1 s_4 + \frac{5}{2} s_2 s_3 , \quad M_6 = 5s_2 s_4 + \frac{5}{2} s_3^2 ,$$

$$M_7 = \frac{35}{2} s_3 s_4 , \quad M_8 = 70 s_4^2 ,$$

d'où l'on déduit

$$N_1 = 72 s_4 - 18 s_1 s_3 + 6 s_2^2 ,$$
$$N_2 = 18 s_1 s_4 - \frac{9}{2} s_1^2 s_3 + \frac{3}{2} s_2^2 ,$$
$$N_3 = 12 s_2 s_4 - 3 s_1 s_2 . s_3 + s_2^3 ,$$
$$N_4 = 18 s_3 s_4 - \frac{9}{2} s_1 s_3^2 + \frac{3}{2} s_2^2 . s_3 ,$$
$$N_5 = 72 s_4^2 - 18 s_1 s_3 . s_4 + 6 s_2^2 s_4 ,$$

et aussi, en appelant I l'invariant quadratique de T (*),

$$N_1 = 72 . I , \quad N_2 = 72 \frac{s_1}{4} I , \quad N_3 = 72 . \frac{s_2}{6} I , \quad N_4 = 72 \frac{s_3}{4} I , \quad N_5 = 72 s_4 I .$$

Posons maintenant $\qquad 72 m I = \lambda$;

les 5 équations [42] deviendront

$$a_0 s_4 - a_1 s_3 + a_2 s_2 - a_3 s_1 + a_4 - \lambda = 0 ,$$
$$a_1 s_4 - a_2 s_3 + a_3 s_2 - \left(a_4 + \frac{\lambda}{4} \right) s_1 + a_5 = 0 ,$$
$$a_2 s_4 - a_3 s_3 + \left(a_4 - \frac{\lambda}{6} \right) s_2 - a_5 s_1 + a_6 = 0 ,$$
$$a_3 s_4 - \left(a_4 + \frac{\lambda}{4} \right) s_3 + a_5 s_2 - a_6 s_1 + a_7 = 0 ,$$
$$(a_4 - \lambda) s_4 + a_5 s_3 - a_6 s_2 - a_7 s_1 + a_8 = 0 ;$$

par conséquent l'équation qui fournira λ sera le déterminant

$$[43] \qquad \begin{vmatrix} a_0 & a_1 & a_2 & a_3 & a_4 - \lambda \\ a_1 & a_2 & a_3 & a_4 + \dfrac{\lambda}{4} & a_5 \\ a_2 & a_3 & a_4 - \dfrac{\lambda}{6} & a_5 & a_6 \\ a_3 & a_4 + \dfrac{\lambda}{4} & a_5 & a_6 & a_7 \\ a_4 - \lambda & a_5 & a_6 & a_7 & a_8 \end{vmatrix} = 0 ,$$

(*) Voir au chapitre suivant, page 123.

équation qui fournira 5 valeurs de λ, et par suite 5 systèmes divers de solution du problème de la canonisation de la forme de 8ᵉ degré.

M. Sylvester a réussi aussi à résoudre le même problème pour la forme sextique. Mais son analyse assez compliquée peut être remplacée maintenant par une méthode plus expéditive donnée par Cayley, que nous donnerons ailleurs, et par laquelle on aurait pu tout aussi bien résoudre les problèmes ci-devant pour les formes de 4ᵉ et de 8ᵉ degré. Ce n'est pourtant que pour une forme spéciale canonique des formes de degré pair qu'on trouve l'équation canonisante, et alors celleci prend la forme des canonisantes [38], [43].

CHAPITRE CINQUIÈME.

DES INVARIANTS.

§ 1.

Propriétés des invariants considérés par rapport aux coefficients de la forme.

67. Nous allons maintenant entrer dans l'exposition de la partie la plus intéressante de la théorie des formes binaires, à savoir la théorie des invariants, qui doit son existence aux recherches faites dans les 30 dernières années par les géomètres Cayley, Sylvester, Aronhold, Hermite, Brioschi, Clebsch, Jordan, etc., et son origine à un mémoire de M. Boole. Dans cette étude nous entendons suivre de près le développement historique de la science et fournir aux lecteurs tous les éléments nécessaires pour se rendre compte des découvertes des savants jusqu'aux derniers travaux des géomètres allemands, que nous ne pourrons que laisser de côté, car cela nous entraînerait hors du champ d'un cours ordinaire d'analyse. Cela seul d'ailleurs suffira, et c'est là tout notre but, pour mettre les élèves à même d'étudier avec succès et sans fatigue les ouvrages mêmes des Auteurs que nous venons de citer.

Soit la forme

$$1] \quad f(x,y) = a_0 x^n + n a_1 x^{n-1} y + \frac{n(n-1)}{1 \cdot 2} a_2 x^{n-2} y^2 + \ldots + n a_{n-1} x y^{n-1} + a_n y^n$$

ou, sous la forme abrégée de Cayley,

$$f(x, y) = (a_0, a_1, \ldots, a_{n-1}, a_n)(x. y)^n .$$

Posons

[2]
$$x = p\mathrm{X} + q\mathrm{Y}$$
$$y = p'\mathrm{X} + q'\mathrm{Y} \; ;$$

$f(x,y)$ se changera en

[3]
$$f(\mathrm{X},\mathrm{Y}) = \mathrm{A}_0 \mathrm{X}^n + n\mathrm{A}_1 \mathrm{X}^{n-1}\mathrm{Y} + \frac{n(n-1)}{1\cdot 2}\mathrm{A}_2 \mathrm{X}^{n-2}\mathrm{Y}^2 + \ldots + n\mathrm{A}_{n-1}\mathrm{X}\mathrm{Y}^{n-1} + \mathrm{A}_n \mathrm{Y}^n$$

$\mathrm{A}_0, \mathrm{A}_1, \mathrm{A}_2, \ldots, \mathrm{A}_n$ étant les nouveaux coefficients de la transformée, qui seront évidemment des fonctions des anciens coefficients $a_0, a_1, a_2, \ldots, a_n$, et des constantes p, q, p', q' de la substitution.

68. Soit maintenant φ une fonction rationnelle et entière des coefficients $a_0, a_1, a_2, \ldots, a_n$, et Φ ce que devient cette fonction lorsqu'on y a changé respectivement

$$a_0, a_1, a_2, \ldots a_n \qquad \text{en} \qquad \mathrm{A}_0, \mathrm{A}_1, \mathrm{A}_2, \ldots, \mathrm{A}_n.$$

On dira que φ est un *invariant* de la fonction proposée $f(x,y)$, si l'on a

[4]
$$\Phi = (pq' - p'q)^\mu \varphi$$

μ étant un nombre entier. Ainsi

Un invariant est une fonction des coefficients d'une fonction donnée telle que, si dans celle-ci on change les variables en d'autres par une substitution linéaire, la nouvelle fonction formée avec les nouveaux coefficients résultant de cette substitution sera égale à la première multipliée par une puissance du déterminant de la substitution.

Cette définition de l'invariant, une fois admise, suffit pour en trouver toutes les propriétés.

Pour bien nous faire comprendre, nous donnerons d'abord quelques exemples pour montrer comment les choses se passent.

Pour $n = 2$, on a l'invariant

$$a_0 a_2 - a_1^2 \; ;$$

c'est-à-dire qu'on aura

$$\mathrm{A}_0 \mathrm{A}_2 - \mathrm{A}_1^2 = (pq' - p'q)^2 (a_0 a_2 - a_1^2).$$

En effet on n'a qu'à substituer pour A_0, A_1, A_2 leurs valeurs

$$A_0 = a_0 p^2 + 2 a_1 pp' + a_2 p'^2,$$
$$A_1 = a_0 pq + a_1 (pq' + p'q) + a_2 p'q',$$
$$A_2 = a_0 q^2 + 2 a_1 qq' + a_2 q'^2,$$

et faire les réductions nécessaires pour retrouver l'identité.

De même, pour $n = 4$, on a l'invariant

$$a_0 a_4 - 4 a_1 a_3 + 3 a_2^2 ;$$

et l'équation en effet

$$A_0 A_4 - 4 A_1 A_3 + 3 A_2^2 = (pq' - p'q)^4 (a_0 a_4 - 4 a_1 a_3 + 3 a_2^2$$

deviendra identique après avoir substitué pour A_0, A_1, A_2, A_3, A_4 leurs valeurs

$$A_0 = a_0 p^4 + 4 a_1 p^3 p' + 6 a_2 p^2 p'^2 + 4 a_3 pp'^3 + a_4 p'^4 \ (*),$$
$$A_1 = a_0 p^3 q + a_1 (p^3 q' + 3 p^2 p'q) + 3 a_2 (p^2 p'q' + p'^2 pq) + a_3 (p'^3 q + 3 p'^2 pq') + a_4 p'^3 q',$$
$$A_2 = a_0 p^2 q^2 + 2 a_1 (p^2 qq' + pp'q^2) + a_2 (p^2 q'^2 + 4 pqp'q' + p'^2 q^2)$$
$$+ 2 a_3 (p'^2 qq' + pp'q'^2) + a_4 p'^2 q'^2,$$
$$A_3 = a_0 q^3 p + a_1 (q^3 p' + 3 q^2 q'p) + 3 a_2 (q^2 q'p' + q'^2 qp) + a_3 (q'^3 p + q'^2 qp') + 3 a_4 q'^3 p',$$
$$A_4 = a_0 q^4 + 4 a_1 q^3 q' + 6 a_2 q^2 q'^2 + 4 a_3 qq'^3 + a_4 q'^4.$$

Ces exemples suffisent pour montrer qu'avant de procéder en avant il est de toute importance de savoir comment en général les nouveaux coefficients sont liés aux anciens. C'est ce que nous fournira le théorème suivant :

69. Théorème. *Les nouveaux coefficients* $A_0, A_1, \ldots, A_n$ *sont des fonctions homogènes de degré* n *par rapport aux constantes* p, q, p', q' *de la substitution, et linéaires par rapport aux anciens coefficients* a_0, a_1, a_2, $\ldots$, a_n.

(*) Suivant une notation heureuse de Mr Cayley on pourrait écrire
$$A_0 = (a_0, a_1, a_2, a_3, a_4)(p, p')^4, \qquad A_1 = (a_0, a_1, \ldots, a_4)(p, p')^3 (q, q')$$
$$A_2 = (a_0, a_1, \ldots, a_4)(p, p')^2 (q, q')^2, \qquad A_3 = (a_0, a_1, \ldots, a_4)(p, p')(q, q')^3$$
$$A_4 = (a_0, a_1, \ldots, a_4)(q, q')^4.$$

Démonstration. Évidemment la fonction proposée étant homogène et de degré n par rapport à x, y, elle le sera aussi par rapport aux nouvelles variables. Mais comme les constantes p, q, p', q' sont associées aux variables X, Y, elles ne peuvent que suivre les divers degrés auxquels montent ces mêmes variables, et puisque le degré de celles-ci considérées conjointement est constant et égal à n, il en sera de même des degrés des quantités p, q, p', q'. D'ailleurs la substitution n'affecte nullement les coefficients a_0, a_1, ..., a_n; ainsi ceux-ci figureront toujours linéairement dans la transformée.

On peut maintenant se proposer de trouver la valeur générale d'un coefficient transformé quelconque A_i. Observons à cet effet qu'on a $F = f[px + qy, p'x + q'y]$; et le coefficient A_i, c'est-à-dire le coefficient de $x^{n-i}y^i$ sera encore celui de $\left(\dfrac{y}{x}\right)^i$ ou de $\left(\dfrac{x}{y}\right)^{n-i}$, selon que l'on divise f par x^n ou par y^n. Par conséquent, en observant seulement de mettre F sous la forme

$$f\left[p + q\left(\frac{y}{x}\right), p' + q'\left(\frac{y}{x}\right)\right] \quad \text{ou} \quad f\left[q + p\left(\frac{x}{y}\right), q' + p'\left(\frac{x}{y}\right)\right],$$

et en s'aidant de la série de Taylor, on aura indifféremment les deux expressions suivantes pour la valeur des coefficients de $\left(\dfrac{y}{x}\right)^i$ ou de $\left(\dfrac{x}{y}\right)^{n-i}$:

$$\frac{n(n-1)\ldots(n-i+1)}{1.2.3\ldots i}\, A_i = \frac{1}{1.2.3\ldots i}\left(q\frac{d}{dp} + q'\frac{d}{dp'}\right)^i f(p, p'),$$

$$\frac{n(n-1)\ldots(i+1)}{1.2.3\ldots(n-i)}\, A_i = \frac{1}{1.2.3\ldots(n-1)}\left(p\frac{d}{dq} + p'\frac{d}{dq'}\right)^{n-i} f(q, q'),$$

d'où enfin

$$[5] \qquad A_i = \frac{1}{n(n-1)(n-2)\ldots(n-i+1)}\left(q\frac{d}{dp} + q'\frac{d}{dp'}\right)^i f(p, p')\ (*),$$

$$[6] \qquad A_i = \frac{1}{n(n-1)\ldots(i+1)}\left(p\frac{df}{dq} + p'\frac{df}{dq'}\right)^{n-i} f(q, q').$$

(*) Comme nous avons déjà remarqué pour $n=4$ on pourrait écrire généralement

$$A_i = (a_0, a_1, a_2, \ldots, a_{n-1}, a_n)(p, p')^{n-i}(q, q')^i.$$

70. Théorème. *L'invariant φ est une fonction homogène par rapport aux coefficients de la proposée.*

Démonstration. Si l'on fait la substitution

$$x = k\mathrm{X}, \qquad y = k\mathrm{Y},$$

chaque coefficient a_i deviendra $a_i k^n$, et chaque terme par conséquent de l'invariant contiendra en facteur une puissance de k exprimée par n fois le degré de chaque terme. D'autre part, le déterminant de la substitution étant dans ce cas k^2, il faudra que par définition l'invariant transformé de $(a_0, a_1, a_2, \ldots, a_n)$ soit divisible par une puissance déterminée de k, ce qui n'est pas possible à moins que k ne figure partout au même degré dans chaque terme, c'est-à-dire, à moins que l'invariant ne soit une fonction homogène par rapport aux coefficients de la forme.

71. Théorème. *En appelant r le degré de l'invariant et Δ le déterminant de la substitution, on aura*

[7]
$$\Phi = \Delta^{\frac{nr}{2}} . \varphi.$$

Démonstration. En effet Φ étant de degré r par rapport aux nouveaux coefficients, et ceux-ci de degré n par rapport aux constantes de la substitution, Φ sera de degré nr par rapport à celles-ci, comme nous avons déjà observé ci dessus. Mais par hypothèse $\Phi = \Delta^\mu . \varphi$, et les constantes dans le second membre sont au degré 2μ. Il faudra donc que $2\mu = nr$, d'où $\mu = \dfrac{nr}{2}$.

Nous appellerons, d'après M. Hermite, *indice de l'invariant* cet exposant μ. On pourra donc dire que l'*indice est égal à la demi-somme du produit du degré de la forme par le degré de l'invariant.*

Corollaire. *Si le degré de la fonction est impair, celui de l'invariant doit être pair.*

72. THÉORÈME. *Le poids de l'invariant est constant et égal à $\dfrac{nr}{2}$.*

Ainsi en appelant

$$c_0, c_1, c_2, c_3, \ldots, c_n$$

les exposants, dont sont respectivement affectés les coefficients $a_0, a_1, a_2, \ldots, a_n$ dans chaque terme de l'invariant, on devra avoir la relation suivante

$$[8] \qquad 0.c_0 + 1.c_1 + 2.c_2 + \ldots + n.c_n = \frac{nr}{2}.$$

DÉMONSTRATION. En effet faisons dans $f(x,y)$ la substitution

$$[9] \qquad \begin{aligned} x &= X + 0.Y, \\ y &= 0.X + \lambda Y \, ; \end{aligned}$$

on aura par ce qui précède

$$\Phi = a^{\frac{nr}{2}} . \varphi.$$

Mais par cette substitution les coefficients de $f(x,y)$ sont devenus

$$A_0 = a_0 \lambda^0 \ , \quad A_1 = a_2 \lambda^1 \ , \quad A_2 = a_2 \lambda^2 \ , \quad \ldots \ , \quad A_n = a_n \lambda^n . $$

Par conséquent, si $A_0^{c_0} A_1^{c_1} A_2^{c_2} \ldots A_n^{c_n}$ est un des termes de Φ, ce terme sera l'ancien $a_0^{c_0} a_1^{c_1} a_2^{c_2} \ldots a_n^{c_n}$ multiplié par $\lambda^{0.c_0 + 1 c_1 + 2.c_2 + \ldots + n.c_n}$ et comme ce facteur doit être commun à tous les termes afin que φ puisse se reproduire, on aura

$$\Phi = \varphi \lambda^{0.c_0 + 1.c_1 + 2.c_2 + \ldots + nc_n} .$$

En comparant avec l'expression précédente, il en résultera la relation indiquée [8]. On en conclut que le *poids* est égal à l'*indice*.

73. THÉORÈME. *L'invariant, au signe près, est symétrique par rapport aux coefficients équidistants des extrêmes (*).*

(*) Nous appellerons une fonction *symétrique* par rapport aux coefficients lorsqu'elle ne change pas lorsqu'on échange entre eux les coefficients équidistants des extrêmes. Les termes qui s'échangent entre eux par cette permutation seront dits *conjugués*.

DÉMONSTRATION. Car si l'on fait la substitution

$$x = \mathrm{Y} \quad , \quad y = \mathrm{X},$$

dont le déterminant est -1, l'invariant se reproduira à une puissance $\frac{nr}{2}$ près de -1, c'est-à-dire au signe près. Or, par cette substitution le coefficient en général a_i devient a_{n-i}. Il faut donc que l'invariant demeure inaltérable, à part le signe, par cet échange, c'est-à-dire par l'échange entre eux des coefficients équidistants des extrêmes. Donc l'invariant, au signe près, sera symétrique par rapport à ces coefficients.

On peut remarquer que, si

$$a_g^{g'} \, a_h^{h'} \, a_k^{k'} \ldots$$

est un terme de l'invariant, en échangeant entre eux les coefficients équidistants ce terme deviendra

$$a_{n-g}^{g'} \, a_{n-h}^{h'} \, a_{n-k}^{k'} \cdots \, ,$$

dont le poids sera

$$(n-g)\,g' + (n-h)\,h' + (n-k)\,k' + \ldots .$$

Mais on sait que

$$n\,(g' + h' + k' + \ldots) = nr ,$$

$$gg' + hh' + kk' + \ldots = \frac{nr}{2} ;$$

donc le poids de chaque terme après cet échange sera encore comme avant

$$nr - \frac{nr}{2} = \frac{nr}{2}.$$

Les invariants qui par cet échange changent de signe s'appellent *invariants gauches*. Ainsi les formes quintique et sextique ont respectivement un invariant gauche de 18e degré et de 15e degré, dont le premier a été découvert par M. Hermite. Par opposition nous appellerons *invariants droits* (*) ceux

---

(*) Les géomètres allemands appellent ces invariants respectivement *gerade* und *ungerade*.

qui après cet échange conservent le même signe. Ainsi un invariant sera droit ou gauche selon que $\frac{nr}{2}$ est pair ou impair.

REMARQUE. En s'appuyant uniquement sur la définition, on peut démontrer autrement qu'*à l'exception des invariants gauches le produit du degré de l'invariant par celui de la forme est un nombre doublement pair*. Faisons en effet dans $f(x, y)$ la substitution

$$[10] \qquad \left. \begin{array}{l} x = 0,X + \sqrt{-1}\,Y \\ y = \sqrt{-1}\,X + 0,Y \end{array} \right\} \text{Mod.} = 1.$$

Par définition on aura $\Phi = 1^\mu \varphi = \varphi$.

Mais par cette substitution

$$A_i = a_{n-i} \left(\sqrt{-1}\right)^{n-i} \left(\sqrt{-1}\right)^i = a_{n-i} \left(\sqrt{-1}\right)^n.$$

Par conséquent chaque terme de l'invariant acquerra le facteur $\left(\sqrt{-1}\right)^{nr}$, et il faudra ainsi que

$$\left(\sqrt{-1}\right)^{nr} \varphi = \varphi,$$

ce qui n'est pas possible si l'on veut que l'invariant conserve le même signe, à moins que nr ne soit doublement pair.

Pour les invariants gauches le produit nr étant simplement pair, cette propriété n'a pas lieu.

Dans le premier cas, selon que n sera de la forme $4p + 2$, ou $4p + 1$, r sera de la forme $2p$ ou $4p$; et ce ne sera que pour les degrés des fonctions doublement paires que le degré de l'invariant droit pourra être impair. De ce qui précède il résulte encore que les fonctions de degré impair ne peuvent avoir aucun invariant impair.

74. THÉORÈME. *La somme algébrique des coefficients numériques de l'invariant est nulle* (*).

(*) On pourrait considérer ce theorème comme corollaire de celui-ci, à savoir, que *tout invariant de* $(x + y)^n$ *est identiquement nul*, ce qu'on prouverait en ayant égard à ce que l'invariant est isobarique.

DÉMONSTRATION. Faisons en effet la substitution

$$x = \mathrm{X} + \sqrt{-1}\,\mathrm{Y} \quad\Big\}\ \mathrm{Mod.} = 2\ ,$$
$$y = \sqrt{-1}\,\mathrm{X} + \mathrm{Y}$$

et supposons qu'on ait $a_i = a^i$; alors l'invariant, en appelant σ cette somme, deviendra $\varphi = (2a)^{\frac{nr}{2}}\sigma$, et la forme se réduira à $(x+ay)^n$; tandis que la transformée deviendra

$$\big[(1 + \sqrt{-1}\,a)\,\mathrm{X} + (\sqrt{-1}+a)\,\mathrm{Y}\big]^n = \big(1 + a\sqrt{-1}\big)^n\Big(\mathrm{X} + \frac{a+\sqrt{-1}}{1+a\sqrt{-1}}\,\mathrm{Y}\Big)^n.$$

par la nouvelle substitution $\quad \mathrm{A}_i = (1 + a\sqrt{-1})^n\Big(\dfrac{a+\sqrt{-1}}{1+a\sqrt{-1}}\Big)^i$;

par conséquent

$$(1+a\sqrt{-1})^{nr}\Big(\frac{a+\sqrt{-1}}{1+a\sqrt{-1}}\Big)^{\frac{nr}{2}}\sigma = (\sqrt{-1})^{\frac{nr}{2}}(1+a^2)^{\frac{nr}{2}}\sigma = (\pm1)(1+a^2)^{\frac{nr}{2}}\sigma,$$

et on devrait trouver

$$(\pm1)\,(1+a^2)^{\frac{nr}{2}}\sigma = (2a)^{\frac{nr}{2}}\sigma\ ,$$

ce qui est impossible quel que soit a, à moins que $\sigma = 0$.

75. THÉORÈME. *L'invariant φ satisfait à l'équation aux dérivées partielles*

$$[11] \qquad a_0\frac{d\varphi}{da_1} + 2a_1\frac{d\varphi}{da_2} + 3a_2\frac{d\varphi}{da_3} + \ldots + na_{n-1}\frac{d\varphi}{da_n} = 0.$$

DÉMONSTRATION. Faisons dans la proposée la substitution

$$x = \mathrm{X} + \epsilon\,\mathrm{Y}\ ,$$
$$y = 0.\mathrm{X} + \mathrm{Y}\ ;$$

on aura $\qquad\qquad \Phi = \varphi.$

Mais par cette substitution les coefficients de $f(x,y)$ deviennent

$$\mathrm{A}_0 = a_0\ ,$$
$$\mathrm{A}_1 = a_1 + a_0\epsilon\ ,$$
$$\mathrm{A}_2 = a_2 + 2a_1\epsilon + a_0\epsilon^2\ ,$$
$$\mathrm{A}_3 = a_3 + 3a_2\epsilon + 3a_1\epsilon^2 + a_0\epsilon^3\ ,$$
$$\mathrm{A}_4 = a_4 + 4a_3\epsilon + 6a_2\epsilon^2 + 4a_1\epsilon^3 + a_0\epsilon^4\ ,$$

et généralement

$$A_i = a_i + i a_{i-1} \epsilon + \frac{i(i-1)}{1 \cdot 2} a_{i-2} \epsilon^2 + \ldots + i a_1 \epsilon^{i-1} + a_0 \epsilon^i \, ,$$

dont on peut trouver très-facilement l'expression générale en observant qu'on a symboliquement, en remplaçant ensuite les exposants par des indices :

$$f = (x + ay)^n \, ,$$

et

$$F = (x + \epsilon y + ay)^n = (x + (a+\epsilon)y)^n = \Sigma(a+\epsilon)^i x^{n-i} y^i = \Sigma A_i x^{n-i} y^i ,$$

donc

$$A_i = (a + \epsilon)^i = a_i + i a_{i-1} \epsilon + \frac{i(i-1)}{2} a_{i-2} \epsilon^2 + \ldots + i a_1 \epsilon^{i-1} + a_0 \epsilon^i .$$

Remarquons ici qu'en ayant égard à ce qu'on a dit au N. 32, on pourrait encore donner à A_i cette forme nouvelle et très-importante

$$[12] \quad A_i = a_i + \left(\epsilon \delta + \frac{1}{1 \cdot 2} \epsilon^2 \delta^2 + \frac{1}{1 \cdot 2 \cdot 3} \epsilon^3 \delta^3 + \ldots \right) a_i = e^{\epsilon \delta} . a_i$$

δ désignant, comme à l'ordinaire, l'opération $\displaystyle\sum_i a_{i-1} \frac{d}{da_i}$.
Il est maintenant évident que pour les valeurs susdites de $A_0, A_1, A_2, \ldots$, Φ prendra la forme

$$[13] \qquad \Phi = \varphi + M_1 \epsilon + M_2 \epsilon^2 + M_3 \epsilon^3 + \ldots$$

$M_1, M_2, \ldots$ étant des fonctions de $a_0, a_1, a_2, \ldots, a_n$.

Or cette équation devient, en vertu de l'égalité $\Phi = \varphi$,

$$0 = M_1 + M_2 \epsilon + M_3 \epsilon^2 + \ldots ;$$

et comme elle doit avoir lieu quel que soit ϵ, il faudra que

$$M_1 = 0.$$

Mais par le théorème de Maclaurin généralisé, on a

$$M_1 = \left\lfloor \frac{d\varphi}{da_1} D_\epsilon \Delta a_1 + \frac{d\varphi}{da_2} D_\epsilon \Delta a_2 + \ldots + \frac{d\varphi}{da_n} D_\epsilon \Delta a_n \right\rfloor_{\epsilon = 0}$$

en appelant $\Delta a_1, \Delta a_2, \ldots, \Delta a_n$ les accroissements en question de $a_0, a_1, \ldots, a_n$. Or cela donne précisément

$$a_0 \frac{d\varphi}{da_1} + 2a_1 \frac{d\varphi}{da_2} + 3a_2 \frac{d\varphi}{da_3} + \ldots + na_{n-1} \frac{d\varphi}{da_n} = 0.$$

— 131 —

CorOLLAIRE. En vertu du théorème N. 73 on pourra échanger dans cette dernière équation les termes équidistants des extrêmes, et par conséquent l'invariant satisfera encore à l'équation aux dérivées partielles

$$[14] \quad na_1 \frac{d\varphi}{da_0} + (n-1) a_2 \frac{d\varphi}{da_1} + (n-2) a_3 \frac{d\varphi}{da_2} + \ldots + a_n \frac{d\varphi}{da_{n-1}} = 0.$$

RemARQUE. Si la proposée était écrite sous la forme non binomiale

$$a_0 x^n + a_1 x^{n-1} y + a_2 x^{n-2} y^2 + \ldots + a_{n-1} xy^{n-1} + a_n y^n \, ,$$

alors les deux équations caractéristiques

$$[15] \quad \begin{cases} a_0 \dfrac{d\varphi}{da_1} + 2a_1 \dfrac{d\varphi}{da_2} + 3a_2 \dfrac{d\varphi}{da_3} + \ldots + na_{n-1} \dfrac{d\varphi}{da_n} = 0 \ , \\[3mm] n a_1 \dfrac{d\varphi}{da_0} + (n-1) a_2 \dfrac{d\varphi}{da_1} + (n-2) a_3 \dfrac{d\varphi}{da_2} + \ldots + a_n \dfrac{d\varphi}{da_{n-1}} = 0 \end{cases}$$

deviendraient

$$[16] \quad \begin{cases} a_1 \dfrac{d\varphi}{da_0} + 2a_2 \dfrac{d\varphi}{da_1} + 3a_3 \dfrac{d\varphi}{da_3} + \ldots + na_n \dfrac{d\varphi}{da_{n-1}} = 0, \\[3mm] n a_0 \dfrac{d\varphi}{da_1} + (n-1) a_1 \dfrac{d\varphi}{da_2} + (n-2) a_2 \dfrac{d\varphi}{da_3} + \ldots + a_{n-1} \dfrac{d\varphi}{da_n} = 0. \end{cases}$$

Pour s'en rendre compte, il suffit d'observer qu'en appelant, pour un moment, b, les nouveaux coefficients, on a par exemple

$$ka_{k-1} \frac{d\varphi}{da_k} = \frac{k \, \dfrac{n(n-1)(n-2)\ldots(n-k+1)}{1.2.3\ldots k} a_k \, d\varphi}{d\left[\dfrac{n(n-1)(n-2)\ldots(n-k+1)}{1.2.3\ldots k} a_k \right]}.$$

Mais

$$b_k = \frac{n(n-1)(n-2)\ldots(n-k+1)}{1.2.3\ldots k} a_k \, ,$$

$$b_{k-1} = \frac{a(n-1)(n-2)\ldots(n-k+2)}{1.2.3\ldots(k-1)} a_{k-1}.$$

Donc

$$ka_{k-1} \frac{d\varphi}{da_k} = (n-k+1) b_{k-1} \frac{d\varphi}{db_k} \, ;$$

ce qui montre comment la première du 1er groupe se change dans la seconde du deuxième groupe.

76. Non seulement la condition énoncée [11] est nécessaire, mais elle est encore suffisante.

Pour cela, il suffit de faire voir que, si l'on a

$$M_1 = 0 ,$$

on aura nécessairement $\quad M_l = 0 ,$

et qu'ainsi l'équation $\Phi = \varphi$ sera toujours satisfaite pourvu que la première condition [11] soit remplie.

A cet effet observons qu'en posant

$$h_1 = a_0 \epsilon ,$$
$$h_2 = 2 a_1 \epsilon + a_0 \epsilon^2 ,$$
$$h_3 = 3 a_2 \epsilon + 3 a_1 \epsilon^2 + a_0 \epsilon^3 ,$$
$$h_4 = 4 a_3 \epsilon + 6 a_2 \epsilon^2 + 4 a_1 \epsilon^3 + a_0 \epsilon^4 ,$$
$$. \quad . \quad . \quad . \quad . \quad . \quad . \quad . \quad .$$
$$h_i = i a_{i-1} \epsilon + \frac{i(i-1)}{1.2} a_{i-2} \epsilon^2 + \ldots = (a + \epsilon)^i - a_i ,$$
$$. \quad . \quad . \quad . \quad . \quad . \quad . \quad . \quad . \quad . \quad .$$

on aura

$$\Phi = \varphi(a_0, a_1, a_2 \ldots a_n) + \sum \frac{1}{1.2.3 \ldots p} \left(\frac{d}{da_1} h_1 + \frac{d}{da_2} h_2 + \ldots + \frac{d}{da_i} h_i + \ldots \right)^p \varphi.$$

Posons pour plus de commodité

$$\frac{d}{da_i} = \delta a_i , \qquad h_1 \frac{d}{da_1} + h_2 \frac{d}{da_2} + h_3 \frac{d}{da_3} + \ldots = \Sigma h_i \delta a_i;$$

on verra aisément que les termes qui peuvent fournir ϵ^l sont compris dans la somme

$$\Sigma h_i \delta a_i + \frac{1}{1.2} (\Sigma h_i \delta a_i)^2 + \frac{1}{1.2.3} (\Sigma h_i \delta a_i)^3 + \ldots + \frac{1}{1.2.3.l} (\Sigma h_i \delta a_i)^l.$$

Considérons, dans le cas particulier de $l = 2$, $l = 3$, les sommes

$$\Sigma h_i \delta a_i + \frac{1}{1.2} (\Sigma h_i \delta a_i)^2 ,$$

$$\Sigma h_i \delta a_i + \frac{1}{1.2} (\Sigma h_i \delta a_i)^2 + \frac{1}{1.2.3} (\Sigma h_i \delta a_i)^3 ;$$

et posons $h_i = \epsilon h'_i$. Il viendra, pour le coefficient M_2 de ϵ^2,

$$M_2 = \frac{1}{2}\left(\Sigma h'_i \delta a_i\right)^2 + D_\epsilon \left(\Sigma h'_i \delta a_i\right)$$

et d'après la valeur susdite de h_i,

$$M_2 = \frac{1}{2}\Sigma i(i-1) a_{i-2} \delta a_i + \frac{1}{2}\left(\Sigma i a_{i-1} \delta a_i\right)^2.$$

Or on peut embrasser les deux termes dans un seul signe symbolique

$$[17] \qquad M_2 = \frac{1}{1.2}\left(\Sigma i a_{i-1} \delta a_i\right)\left(\Sigma i a_{i-1} \delta a_i\right),$$

en convenant de faire porter les dérivations indiquées par δa_i non seulement sur la fonction φ, mais sur les coefficients mêmes (a_i) contenus dans le second Σ. Ainsi, en écrivant celui-ci de cette façon

$$\Sigma (i+1) a_i \delta a_{i+1},$$

l'opération du premier Σ donnera

$$\Sigma i(i+1) a_{i-1} \delta a_{i+1} = \Sigma i(i-1) a_{i-2} \delta a_i,$$

et par conséquent on aura

$$\frac{1}{1.2}\left(\Sigma i a_{i-1} \delta a_i\right)\left(\Sigma i a_{i-1} \delta a_i\right) = \frac{1}{2}\left(\Sigma i a_{i-1} \delta a_i\right)^2 + \frac{1}{2}\Sigma i(i-1) a_{i-2} \delta a_i,$$

où le premier terme est produit par la dérivation sur φ, et le second par la dérivation sur les a.

Pareillement on aura

$$M_3 = \frac{1}{1.2.3}\left(\Sigma i a_{i-1} \delta a_i\right)^3 + \frac{1}{1.2} D_\epsilon \left(\Sigma h'_i \delta a_i\right)^2 + D_\epsilon^2 \Sigma h'_i \delta a_i,$$

et cela donne

$$M_3 = \frac{1}{1.2.3}\left(\Sigma i a_{i-1} \delta a_i\right)^3 + \frac{1}{2}\Sigma i a_{i-1} \delta a_i \Sigma \frac{i(i-1)}{1.2} a_{i-2} \delta a_i + \Sigma \frac{i(i-1)(i-2)}{1.2.3} a_{i-3} \delta a_i,$$

ou

$$[18] \qquad M_3 = \frac{1}{1.2.3}\left[\left(\Sigma i a_{i-1} \delta a_i\right)^3 + 3\Sigma i a_{i-1} \Sigma i(i-1) a_{i-2} \delta a_i + \Sigma i(i-1)(i-2) a_{i-3} \delta a i\right],$$

somme qui symboliquement peut se représenter par

$$M_3 = \frac{1}{1.2.3} \left(\Sigma i a_{i-1} \delta a_i \right)^2 \Sigma i a_{i-1} \delta a_i.$$

Car, sous les mêmes conventions qu'avant, on a, par une première opération,

$$M_3 = \frac{1}{1.2.3} \Sigma i a_{i-1} \delta a_i \left[\left(\Sigma i a_{i-1} \delta a_i \right)^2 + \Sigma i (i-1) a_{i-2} \delta a_i \right];$$

et par une seconde opération, en observant que le numérateur de M_3 se transforme comme il suit :

$$\Sigma i a_{i-1} \delta a_i \, \Sigma i (i-1) a_{i-2} \delta a_i = \Sigma i a_{i-1} \delta a_i \, \Sigma (i+2)(i+1) a_i \delta a_{i+2}$$
$$= \Sigma i (i+1)(i+2) a_{i-1} \delta a_{i+2} = \Sigma i (i-1)(i-2) a_{i-3} \delta a_i \,,$$

on voit qu'on reproduit précisément l'expression [18] de M_3.

On verrait ainsi généralement que

$$M_l = \frac{1}{(l)} \left(\Sigma i a_{i-1} \delta a_i \right)^l + \frac{1}{(l-1)} D_\epsilon \left(\Sigma h'_i \delta a_i \right)^{l-1} + \dots + \frac{1}{2} D_\epsilon^{l-2} \left(\Sigma h'_i \delta a_i \right)^{l-2} + D_\epsilon^{l-1} \Sigma h'$$

peut se mettre sous la forme

$$M_l = \frac{1}{1.2.3 \dots l} \left(\Sigma i a_{i-1} \delta a_i \right)^{l-1} \Sigma i a_{i-1} \delta a_i.$$

Mais, d'après le théorème N. 74, on a

$$\left(\Sigma i a_{i-1} \delta a_i \right) \varphi = \left(a_0 \delta a_1 + 2 a_1 \frac{d}{da_2} + 3 a_2 \frac{d}{da_3} + \dots + n a_{n-1} \frac{d}{da_n} \right) \varphi = 0.$$

Donc $$M_l = 0.$$

REMARQUE. On pourrait observer, eu égard à ce résultat, que d'après la remarque faite au N. 74, le nouvel invariant Φ peut prendre la forme

$$\Phi = \varphi (A_0 \, A_1 \dots A_n) = \varphi \left(\overset{\iota\delta}{e.a_0} \,, \ \overset{\iota\delta}{e.a_1} \,, \ \dots \,, \ \overset{\iota\delta}{e.a_i} \,, \ \dots \,, \ \overset{\iota\delta}{e.a_n} \right),$$

d'où l'on voit évidemment que ϵ étant toujours associé à δ on doit avoir

$$\Phi = \varphi + \epsilon\delta.\varphi + \frac{\epsilon^2}{1.2}\,\delta^2\varphi \ldots + \frac{\epsilon^i}{1.2\ldots i}\,\delta^i\varphi + \ldots$$

On a donc cette propriété nouvelle, que

$$[19] \qquad \varphi\left(\overset{\epsilon\delta}{e.a_0}\,{}^{\bullet}\,,\quad \overset{\epsilon\delta}{e.a_1}\,,\quad \ldots\,,\quad \overset{\epsilon\delta}{e.a_n}\right) = \overset{\epsilon\delta}{e.\varphi}\,.$$

77. Les équations caractéristiques [15] dont nous nous sommes occupés jusqu'à présent peuvent être remplacées par les opérateurs

$$\delta = p\,\frac{d}{dq} + p'\,\frac{d}{dq'} \qquad , \qquad \delta_1 = q\,\frac{d}{dp} + q'\,\frac{d}{dp'}\,,$$

appliqués aux invariants transformés Φ, et l'on aura alors $\delta\Phi = 0$, $\delta_1\Phi = 0$. Nous nous réservons de démontrer ce théorème en traitant des covariants ; pour le moment nous nous contenterons de faire quelques vérifications. A cet effet pour plus de commodité dans les calculs, observons que la forme binaire pourrait être exprimée symboliquement par $f(x,y)=(\alpha x + \beta y)^n$, et alors les coefficients symboliques α^n, $\alpha^{n-1}\beta$, etc. désigneront les coefficients réels a_0, a_1, etc. Cela posé, il est aisé de voir d'après la formule [6], N. 69, que le coefficient transformé A_i peut être représenté symboliquement par

$$A_i = \frac{1}{n(n-1)\ldots(i+1)}\,\delta^{n-i}(\alpha q + \beta q')^n = (\alpha q + \beta q')^i(\alpha p + \beta p')^{n-i}.$$

A l'aide de cette formule, l'invariant $\varphi = ac - b^2$ de la forme $ax^2 + 2bxy + cy^2$ fournira l'opération

$$\delta\Phi = \delta(AC - B^2) = \delta\left[(\alpha p + \beta p')^2(\alpha q + \beta q')^2 - \overline{(\alpha q + \beta q')(\alpha p + \beta p')}^{\,2}\right]$$

$$= 2(\alpha p + \beta p')^2\overline{(\alpha q + \beta q')(\alpha p + \beta p')} - 2\overline{(\alpha q + \beta q')(\alpha p + \beta p')}(\alpha p + \beta p')^2 = 0.$$

Pareillement l'invariant $\varphi = ae - 4bd + 3c^2$ de la forme quartique $ax^4 + 4bx^3y + 4cx^2y^2 + 4dxy^3 + ey^4$ fournira l'opération

$$\delta \Phi = \delta (AE - 4BD + 3C^2) =$$

$$= \delta \left[(\alpha p + \beta p')^4 (\alpha q + \beta q')^4 - 4 \overline{(\alpha q + \beta q')(\alpha p + \beta q')^3 (\alpha q + \beta q')^3 (\alpha p + \alpha q')} \right.$$

$$+ 3 \overline{(\alpha q + \beta q')^2 (\alpha p + \beta p')^2}^{\,2} = 4 (\alpha p + \beta p')^4 \overline{(\alpha q + \beta q')^3 \alpha p + \beta p'}$$

$$- 4 (\alpha p + \beta q')^4 (\alpha q + \beta q')^3 \overline{\alpha p + \beta q'} - 12 \overline{(\alpha q + \beta q')(\alpha p + \beta q')^3 (\alpha q + \beta q')^2 (\alpha p + \beta q')^2}$$

$$+ 12 \overline{(\alpha p + \beta p')^2 (\alpha q + \beta q')^2 (\alpha p + \beta p')^3 (\alpha q + \beta q')} = 0 \, .$$

D'ailleurs, comme ces fonctions sont symétriques par rapport aux systèmes (p, p'), (q, q'), il s'ensuit que l'opérateur δ_1, fournira un résultat identique.

Au lieu de considérer les invariants par rapport à une forme ; on peut se proposer de considérer des invariants par rapport à plusieurs formes simultanément, et alors on serait conduit à étudier des fonctions telles des coefficients de diverses formes à la fois qu'elles puissent se reproduire lorsqu'on remplace dans ces formes les variables par d'autres liées linéairement aux premières. Nous appellerons ces fonctions *invariants simultanés*. Tels seront les déterminants des systèmes d'équations à plusieurs inconnues de 1er degré, sur lesquels nous reviendrons une autre fois. Considérons maintenant en particulier deux formes f, F ; on aura ce théorème.

78. Théorème. *Soient* f, F *deux formes de même degré* n ; $(a_0, a_1, a_2, \ldots)$, $(\alpha_0, \alpha_1, \alpha_2 \ldots)$, *leurs coefficients respectifs, et* φ *un invariant de la forme* f ; *la fonction*

$$\alpha_0 \frac{d\varphi}{da_0} + \alpha_1 \frac{d\varphi}{da_1} + \ldots + \alpha_n \frac{d\varphi}{da_n}$$

sera encore un invariant (*).

Démonstration. En vertu de l'équation fondamentale [4], N. 68, l'invariant φ ne doit pas cesser d'être un invariant, quels que soient les coefficients de la forme f. Or, si celle-ci devenait $f + kF$, les coefficients de f se changeraient en $a_0 + k\alpha_0$, $a_1 + k\alpha_1, \ldots, a_n + k\alpha_n$. Par conséquent $\Phi = \varphi (a_0 + k\alpha_0, a_1 + k\alpha_1 \ldots)$

____

(*) On doit ce théorème à M. Cayley.

sera encore un invariant, et cela quel que soit k. Donc, si on développe cet invariant Φ selon les puissances de k, k étant quelconque, tous les coefficients de k seront des invariants, et l'on aura en particulier, pour le coefficient de k, l'expression susdite $\alpha_0 \dfrac{d\varphi}{da_0} + \alpha_1 \dfrac{d\varphi}{da_1} + \ldots$, ce qui prouve le théorème énoncé.

EXEMPLE. Soit $\varphi = a_0 a_2 - a_1^2$ l'invariant de la forme $f = ax^2 + 2a_1 xy + a_2 y^2$ et $F = \alpha_0 x^2 + 2\alpha_1 xy + \alpha_2 y^2$; on aura un invariant dans l'expression $\alpha_0 a_2 + \alpha_2 a_0 - 2a_1 \alpha_1$. En effet, on aura

$$(\alpha_0 p^2 + 2\alpha_1 pp' + \alpha_2 p'^2)(a_0 q^2 + 2a_1 qq' + a_2 q'^2)$$
$$+ (\alpha_0 q^2 + 2\alpha_1 qq' + \alpha_2 q'^2)(a_0 p^2 + 2a_1 pp' + a_2 p'^2)$$
$$- 2\big[a_0 pq + a_1(pq' + p'q) + a_2 p'q'\big]\big[\alpha_0 pq + \alpha_1(pq' + p'q) + \alpha_2 p'q'\big]$$
$$= (\alpha_0 a_2 + \alpha_2 a_0 - 2a_1 \alpha_1)(pq' - p'q)^2.$$

79. THÉORÈME. *Une fonction donnée φ des coefficients d'une équation sera un invariant si elle est isobarique et symétrique et si elle satisfait à l'équation aux dérivées partielles.*

$$[20] \qquad a_0 \frac{d\varphi}{da_1} + 2a_1 \frac{d\varphi}{da_2} + 3a_2 \frac{d\varphi}{da_3} + \ldots + na_{n-1} \frac{d\varphi}{da_n} = 0 .$$

DÉMONSTRATION. En effet, puisque le poids est constant, la fonction φ ne changera pas par une substitution de la forme

$$[21] \qquad \begin{aligned} x &= Y , \\ y &= -X \cdot, \end{aligned}$$

et d'après la seconde condition elle ne changera pas non plus par une substitution de la forme

$$[22] \qquad \begin{aligned} x &= X + \epsilon Y , \\ y &= Y . \end{aligned}$$

Si donc nous faisons voir qu'à l'aide de ces substitutions la fonction φ se changera pour une substitution quelconque

$$[23] \qquad \begin{aligned} x &= pX + qY , \\ y &= p'X + q'Y , \end{aligned}$$

en $\qquad (pq' - p'q)^\mu \varphi ,$

le théorème sera démontré en vertu de la définition que nous avons donnée de l'invariant.

Or faisons dans

$$f(x, y)$$

successivement les substitutions

$$
\begin{cases}
x = x' + \dfrac{p}{p'} y' \,, & x' = y''\,, & x'' = x''' + \dfrac{p'q'}{\Delta} y'''\,, & x''' = -p'\,\mathrm{X} \\[2ex]
y = y'\,, & y' = -x''\,, & y'' = y'''\,, & y''' = -\dfrac{\Delta}{p'}\,\mathrm{Y}\,,
\end{cases}
$$

en appelant Δ le déterminant $(pq' - p'q)$ de la substitution.

D'après ce que nous avons fait remarquer, les trois premières substitutions, étant de la forme [2] et [22], n'altéreront pas la fonction φ. Mais par suite de la quatrième, comme d'après les conditions admises, φ sera nécessairement une fonction homogène (*), φ acquerra le facteur Δ^i, qui est un nombre entier

---

(*) D'après ces prémisses la fonction φ sera homogène. Car son poids sera une constante μ. D'ailleurs, au signe près par la substitution [21], on devra avoir, si par hypothèse on appelle un de ces termes $\mathrm{T} = \tau\, a_g^{g'} a_h^{h'}\cdots$, puisque $\mathrm{A}_i = (-1)\, a^i{}_{n-i}$, et puisque la fonction est isobarique et symétrique,

$$(n - g)\,g' + (n - h)\,h' + \ldots = gg' + hh' + \ldots = \mu,$$

d'où

$$n\,(g' + h' + \ldots) = 2\mu.$$

Or $g' + h' + \ldots$ est précisément le degré r de la fonction, et μ est constant; donc r est constant et par conséquent la fonction est homogène.

Cela résulte encore d'une autre considération. Soit toujours T un des termes de φ, $e_1, e_2, e_3, \ldots, e_n$ désignant pour le moment les exposants : l'équation [20] donnera pour ce terme transformé :

$$\mathrm{T}\left[\frac{a_0}{a_1} e_1 + 2\frac{a_1}{a_2} e_2 + 3\frac{a_2}{a_3} e_3 + \ldots + n\frac{a_{n-1}}{a_n} e_n \right].$$

Or faisons

$$a_0 = a_1 = a_2 = \ldots = a.$$

L'équation caractéristique deviendra

$$\text{poids} \times \Sigma\,\mathrm{T} = 0,$$

et comme le poids est constant

$$\Sigma\,\mathrm{T} = 0.$$

Or $\Sigma\,\mathrm{T}$ représente maintenant une fonction de α, qui doit être nulle quel que soit α. Mais on ne peut pas admettre que chaque coefficient soit nul, ce qui serait contraire à l'existence admise de la fonction. Donc il faut que α se trouve, comme puissance, facteur commun à tous les termes, ce qui prouve l'homogénéité de la fonction : et ce sera la somme algébrique des coefficients numériques qui sera nulle.

quelconque ; mais les quatre substitutions successives donnent

$$x = p\mathrm{X} + q\mathrm{Y},$$
$$y = p'\mathrm{X} + q'\mathrm{Y}.$$

Donc par cette substitution la fonction φ devient $\Delta^i \varphi$; donc elle est un invariant.

Au lieu de mettre la condition que la fonction soit isobarique et symétrique, on peut poser la condition qu'elle soit homogène et de poids $\frac{rn}{2}$; car alors, comme on a par hypothèse

$$gg' + hh' + \ldots = \frac{nr}{2},$$

et
$$g' + h' + \ldots = r ;$$

il s'ensuit que

$$(n - g)\, g' + (n - h)\, h' + \ldots = nr - (gg' + hh' + \ldots) = \frac{nr}{2},$$

ou que

$$(n - g)\, g' + (n - h)\, h' + \ldots = gg' + hh' + \ldots,$$

ce qui démontre que la fonction est symétrique.

80. CorOllaire. De ce qui précède résulte une méthode très-facile pour calculer un invariant relatif à une fonction $f(x, y)$. Après avoir choisi convenablement le degré r de l'invariant, d'après le théorème 5, on déterminera préalablement la forme

$$\sum \mathrm{C}\, a_0^{e_0} a_1^{e_1} a_2^{e_2} \ldots a_n^{e_n}$$

d'après les équations

$$0.e_0 + 1.e_1 + 2.e_2 + \ldots + ne_n = \frac{nr}{2},$$
$$e_0 + e_1 + e_2 + \ldots + e_n = r ;$$

et on aura déjà l'attention de désigner par de lettres semblables les coefficients numériques des termes conjugués. Ensuite on assignera les valeurs des coefficients à l'aide de l'équation [11]. Remarquons cependant ici qu'un des coefficients sera toujours arbitraire ; car il est évident que cette équation ne sera pas altérée si on multiplie l'invariant par un nombre quelconque.

Soit, par exemple,
$$n = 4, \qquad r = 2;$$
on aura pour la forme de l'invariant
$$\varphi = A\, a_0 a_4 + B\, a_1 a_3 + C\, a_2^2 ;$$
et l'équation [11] donnera
$$a_0 a_3 (B + 4A) + a_1 a_2 (3B + 4C) = 0.$$
Comme un des coefficients est arbitraire, posons
$$A = 1;$$
il en résultera
$$B = -4 \qquad C = +3;$$
donc l'invariant sera
$$a_0 a_4 - 4 a_1 a_3 + 3 a_2^2.$$

Nous donnerons à la fin un tableau des invariants des fonctions du 2e, 3e, 4e et 5e degré, que nous avons calculés par cette méthode. A la vérité les discriminants du 4e et du 5e degré avaient été déjà calculés avant nous : mais ce n'est qu'après en avoir fait les calculs que nous eûmes connaissance des travaux antérieurs des autres.

81. A l'aide de la forme canonique de la forme biquadratique on peut trouver facilement une belle relation entre les invariants et le discriminant de la forme biquadratique.

En effet, en partant de la forme canonique
$$x^4 + 6\mu\, x^2 y^2 + y^4 = 0,$$
les invariants quadratique et cubique, que nous appellerons I_2, I_3, se réduiront à
$$I_2 = 1 + 3\mu^2, \qquad I_3 = \mu (1 - \mu^2).$$
Le discriminant (Δ) sera évidemment, ou par réduction ou par l'inspection des dérivées,
$$\Delta = (1 - 9\mu^2)^2.$$
Or il est facile de constater que
$$(1 - 9\mu^2)^2 = (1 + 3\mu^2)^3 - 27\mu^2 (1 - \mu^2)^2 ;$$
d'où
$$[24] \qquad \Delta^2 = I_2^3 - 27\, I_3^2 .$$

§ 2.

Des invariants considérés par rapport aux racines.

82. THÉORÈME. *Une fonction symétrique des différences des racines, telle que chaque racine y entre au même degré, est un invariant de la forme proposée.*

DÉMONSTRATION. En effet, soit

$$[1] \qquad f(x,y) = a_0 (x - \alpha_1 y)(x - \alpha_2 y)(x - \alpha_3 y)\ldots(x - \alpha_n y)$$

la fonction proposée, et $I = a_0^\mu \sum (\alpha - \alpha_2)^k (\alpha_2 - \alpha_3)^i (\alpha_3 - \alpha_4)^l \ldots$

l'invariant.

Si on y fait la substitution

$$x = p x' + q y',$$
$$y = p' x' + q' y',$$

on aura

$$x - \alpha_h y = (p - p' \alpha_h) x' + (q - \alpha_h q') y' = (p - p' \alpha_h)\left[x' - \frac{\alpha_h q' - q}{p - p' \alpha_h} y' \right];$$

et par conséquent la transformée des différences des **racines** deviendra

$$A_h - A_i = \frac{\alpha_h q' - q}{p - p' \alpha_h} - \frac{\alpha_i q' - q}{p - p' \alpha_i} = \frac{(\alpha_h - \alpha_i)(p q' - p' q)}{(p - p' \alpha_h)(p - p' \alpha_i)},$$

tandis que le coefficient a_0 de f deviendra

$$A_0 = f(p, p') = a_0 (p - \alpha_1 p')(p - \alpha_2 p')\ldots(p - \alpha_n p').$$

Ainsi, si N est le nombre des différences des racines, il viendra, en appelant φ cette fonction,

$$[2] \qquad \Phi = (pq' - p'q)^N \varphi.$$

Car, puisque chaque racine y entre un même nombre de fois, chaque facteur de la forme $(p - p'\alpha_h)$ sera répété un même nombre de fois, que nous appellerons μ, et l'ensemble par conséquent des produits de tous les dénominateurs deviendra

$$\left[(p - p'\alpha_1)(p - p'\alpha_2)\ldots(p - p'\alpha_n) \right]^\mu,$$

qui réduira le nouveau coefficient A_0^μ à a_0^μ. Il ne restera donc que $(pq' - p'q)^N$ en facteur.

Par exemple les fonctions

$$\sum (\alpha_1 - \alpha_2)^2 (\alpha_3 - \alpha_4)^2,$$
$$\sum (\alpha_1 - \alpha_2)^2 (\alpha_3 - \alpha_4)^2 (\alpha_1 - \alpha_3)(\alpha_2 - \alpha_4),$$
$$\sum (\alpha_1 - \alpha_2)^2 (\alpha_2 - \alpha_3)^2 (\alpha_3 - \alpha_4)^2 (\alpha_4 - \alpha_5)^2 (\alpha_5 - \alpha_1)^2,$$

seront des invariants, tandis que

$$\sum \alpha_5^2 \alpha_6^2 (\alpha_1 - \alpha_2)(\alpha_3 - \alpha_4)^2, \quad \sum (\alpha_5 - \alpha_6)^3 (\alpha_1 - \alpha_3)(\alpha_3 - \alpha_4)^2$$

ne le seront pas, car la première n'est pas une fonction des différences des racines, la seconde ne contient pas toutes les racines un même nombre de fois.

83. Théorème. *L'invariant φ exprimé en fonction des racines satisfait aux équations*

$$[3] \qquad \frac{d\varphi}{d\alpha_1} + \frac{d\varphi}{d\alpha_2} + \frac{d\varphi}{d\alpha_3} + \ldots + \frac{d\varphi}{d\alpha_n} = 0,$$

$$[4] \qquad \alpha_1^2 \frac{d\varphi}{d\alpha_1} + \alpha_2^2 \frac{d\varphi}{d\alpha_2} + \alpha_3^2 \frac{d\varphi}{d\alpha_3} + \ldots + \alpha_n^2 \frac{d\varphi}{d\alpha_n} - r s_1 \varphi = 0,$$

en posant $\qquad s_1 = \sum \alpha.$

DÉMONSTRATION (*). En effet, on a

$$[5] \qquad \frac{d\varphi}{d\alpha_l} = \frac{d\varphi}{da_1}\frac{da_1}{d\alpha_l} + \frac{d\varphi}{da_2}\frac{da_2}{d\alpha_l} + \ldots + \frac{d\varphi}{da_n}\frac{da_n}{d\alpha_l},$$

et au moyen de la relation (voir N. 8)

$$\frac{da_i}{d\alpha_l} = -(a_{i-1} + a_{i-2}\alpha_l + a_{i-3}\alpha_l^2 + \ldots + a_1\alpha_l^{i-2} + \alpha_l^{i-1}),$$

on obtient

$$\frac{d\varphi}{d\alpha_l} = -\left[a_0\frac{d\varphi}{da_1} + (a_1 + a_0\alpha_l)\frac{d\varphi}{da_2} + \ldots + (a_{n-1} + a_{n-2}\alpha_l + \ldots + a_0\alpha_l^{n-1})\frac{d\varphi}{da_n} \right];$$

équation qui moyennant les relations connues entre les sommes des puissances et lés coefficients se transforme en celle-ci

$$[6] \qquad \sum \frac{d\varphi}{d\alpha_l} = -\left[n a_0\frac{d\varphi}{da_1} + (n-1)a_1\frac{d\varphi}{da_2} + \ldots + a_{n-1}\frac{d\varphi}{da_n} \right].$$

On trouvera de même

$$-\sum \alpha_l^2 \frac{d\varphi}{d\alpha_l} = \frac{d\varphi}{da_1}a_0 s_2 + \frac{d\varphi}{da_2}(a_1 s_2 + a_0 s_3) + \frac{d\varphi}{da_3}(a_2 s_2 + a_1 s_3 + a_0 s_4)$$
$$+ \ldots + \frac{d\varphi}{da_n}(a_0 s_{n+1} + a_1 s_n + a_2 s_{n-1} + \ldots + a_{n-1} s_2);$$

ou bien, par les mêmes relations ·déjà mentionnées,

$$-\sum \alpha_l^2 \frac{d\varphi}{d\alpha_l} = -\frac{d\varphi}{da_1}(a_1 s_1 + 2a_2) - \frac{d\varphi}{da_2}(a_2 s_1 + 3a_3) - \frac{d\varphi}{da_3}(a_3 s_1 + 4a_4)$$
$$- \ldots - \frac{d\varphi}{da_n}(a_n s_1 + (n+1)a_{n+1});$$

et, en ajoutant et en retranchant $s_1 a_0 \dfrac{d\varphi}{da_0}$,

$$\sum_1^n \alpha_l^2 \frac{d\varphi}{d\alpha_l} = s_1 \sum_0^n a_l \frac{d\varphi}{da_l} - s_1 a_0 \frac{d\varphi}{da_0} + 2a_2\frac{d\varphi}{da_1} + 3a_3\frac{d\varphi}{da_2} + \ldots + na_n\frac{d\varphi}{da_{n-1}}.$$

(*) Cette démonstration est due à M. BRIOSCHI

Maintenant, puisque φ est une fonction homogène de degré r par rapport aux coefficients, on aura

$$a_0 \frac{d\varphi}{da_0} + a_1 \frac{d\varphi}{da_1} + a_2 \frac{d\varphi}{da_2} + \ldots + a_n \frac{d\varphi}{da_n} = r\varphi.$$

D'ailleurs on sait que $-s_1 a_0 \dfrac{d\varphi}{da_0} = a_1 \dfrac{d\varphi}{da_0}$.

Partant

$$\sum_1^n \alpha_l^2 \frac{d\varphi}{d\alpha_l} - rs_1\varphi = a_1 \frac{d\varphi}{da_0} + 2a_2 \frac{d\varphi}{da_1} + \ldots + na_{n-1} \frac{d\varphi}{da_{n-1}}.$$

Mais nous avons démontré que le second membre est nul par une propriété des invariants, donc

$$\sum \alpha_l^2 \frac{d\varphi}{d\alpha_l} - r s_1 \varphi = 0,$$

ce qui est l'équation [4].

On peut obtenir de la même façon cette autre relation

$$[7] \qquad \sum \alpha_l \frac{d\varphi}{d\alpha_l} = a_1 \frac{d\varphi}{da_1} + 2a_2 \frac{d\varphi}{da_2} + \ldots + n a_n \frac{d\varphi}{da_n}.$$

Mais le second membre, d'après une propriété connue, n'est autre chose que l'invariant multiplié par son poids, donc

$$\alpha_1 \frac{d\varphi}{da_1} + \alpha_2 \frac{d\varphi}{da_2} + \alpha_3 \frac{d\varphi}{da_3} + \ldots + \alpha_n \frac{d\varphi}{da_n} = \frac{nr}{2}\varphi.$$

Notons en passant que sous la forme binomiale les équations [4] et [7] deviennent

$$[8] \quad \begin{cases} \sum \alpha \dfrac{d\varphi}{d\alpha} = a_0 \dfrac{d\varphi}{da_1} + 2a_1 \dfrac{d\varphi}{da_2} + \ldots, \\[2ex] \sum \alpha^2 \dfrac{d\varphi}{d\alpha} - rs_1\varphi = na_1 \dfrac{d\varphi}{da_0} + (n-1) a_2 \dfrac{d\varphi}{da_1} + \ldots. \end{cases}$$

84. Les propriétés exposées sur les invariants considérés par rapport aux racines peuvent servir à mettre généralement la forme canonique sous une autre forme telle que les coefficients soient des invariants.

Rappelons nous qu'en posant

$$f(x,y) = a_0 x^{2n+1} + \frac{2n+1}{1} a_1 x^{2n} y + \frac{(2n+1)2n}{1 \cdot 2} a_2 x^{2n-1} y^2 + \ldots + a_{2n+1} y^{2n+1},$$

on peut mettre $f(x, y)$ sous la forme

$$[10] \quad p_1(x + \alpha_1 y)^{2n+1} + p_2(x + \alpha_2 y)^{2n+1} + \ldots + p_{n+1}(x + \alpha_{n+1} y)^{2n+1}.$$

Posons maintenant

$$[11] \qquad x = \frac{\sqrt[2n+1]{p_1}}{\alpha_2 - \alpha_3} \left[\alpha_1 (\alpha_2 - \alpha_3) x' + \alpha_3 (\alpha_1 - \alpha_2) y' \right],$$

$$[12] \qquad y = \frac{\sqrt[2n+1]{p_1}}{\alpha_2 - \alpha_3} \left[(\alpha_3 - \alpha_2) x' + (\alpha_2 - \alpha_1) y' \right];$$

on aura

$$[13] \qquad x + \alpha_1 y = \frac{\sqrt[2n+1]{p_1}}{\alpha_2 - \alpha_3} y' (\alpha_1 - \alpha_2)(\alpha_3 - \alpha_1),$$

$$[14] \quad x + \alpha_l y = \frac{\sqrt[2n+1]{p_1}}{\alpha_2 - \alpha_3} \left[x'(\alpha_2 - \alpha_3)(\alpha_1 - \alpha_l) + y'(\alpha_1 - \alpha_2)(\alpha_3 - \alpha_l) \right].$$

Faisons

$$[15] \qquad q_1 = p_1^2 \left[\frac{(\alpha_1 - \alpha_2)(\alpha_3 - \alpha_1)}{\alpha_2 - \alpha_3} \right]^{2n+1},$$

$$[16] \qquad q_l = p_1 p_l \left(\alpha_1 - \alpha_l \right)^{2n+1},$$

$$[17] \qquad \mathrm{A}_l = \frac{(\alpha_1 - \alpha_2)(\alpha_3 - \alpha_l)}{(\alpha_2 - \alpha_3)(\alpha_1 - \alpha_l)};$$

il viendra

$$,y) = q_1 y'^{2n+1} + q_2(x' + \mathrm{A}_2^{(*)} y')^{2n+1} + q_3(x' + \mathrm{A}_3 y')^{2n+1} + \ldots + q_{n+1}(x' + \mathrm{A}_{n+1} y')^{2n+1}$$

(*) Il est aisé de voir que $\mathrm{A}_1 = -1$.

THÉORÈME. *Les fonctions* q *et* A *sont des invariants* (*).

DÉMONSTRATION. Posons en effet

$$[19] \quad \beta = a_0 \frac{d}{da_1} + 2a_1 \frac{d}{da_2} + 3a_2 \frac{d}{da_3} + \ldots + (2n+1) a_{2n} \frac{d}{da_{2n+1}} \, ,$$

$$[20] \quad \gamma = (2n+1)a_1 \frac{d}{da_0} + 2n a_2 \frac{d}{da_1} + (2n-1) a_3 \frac{d}{da_2} + \ldots + a_{2n+1} \frac{d}{da_{2n}} \, .$$

Si nous appliquons ces symboles d'opérations aux équations de condition [9] N. 62, il viendra les deux systèmes d'équations

$$[21] \quad \begin{cases} \beta p_1 + \beta p_2 + \beta p_3 + \ldots + \beta p_n + \beta p_{n+1} = 0 \, , \\[2mm] \left. \begin{array}{l} \alpha_1 \beta p_1 + \alpha_2 \beta p_2 + \alpha_3 \beta p_3 + \ldots + \alpha_n \beta p_n + \alpha_{n+1} \beta p_{n+1} \\ + p_1 \beta \alpha_1 + p_2 \beta \alpha_2 + p_3 \beta \alpha_3 + \ldots + p_n \beta \alpha_n + p_{n+1} \beta \alpha_{n+1} \end{array} \right\} = a_0 \, , \\[4mm] \left. \begin{array}{l} \alpha_1^2 \beta p_1 + \alpha_2^2 \beta p_2 + \alpha_3^2 \beta p_3 + \ldots + \alpha_n^2 \beta p_n + \alpha_{n+1}^2 \beta p_{n+1} \\ + p_1 \beta \alpha_1^2 + p_2 \beta \alpha_2^2 + p_3 \beta \alpha_3^2 + \ldots + p_n \beta \alpha_n^2 + p_{n+1} \beta \alpha_{n+1}^2 \end{array} \right\} = 2 a_1 \\[4mm] \qquad\qquad \cdot \quad \cdot \quad \cdot \quad \cdot \quad \cdot \quad \cdot \quad \cdot \\[2mm] \left. \begin{array}{l} \alpha_1^{2n+1} \beta p_1 + \alpha_2^{2n+1} \beta p_2 + \alpha_3^{2n+1} \beta p_3 + \ldots + \alpha_n^{2n+1} \beta p_n + \alpha_{n+1}^{2n+1} \beta p_{n+1} \\ + p_1 \beta \alpha_1^{2n+1} + p_2 \beta \alpha_2^{2n+1} + p_3 \beta \alpha_3^{2n+1} + \ldots + p_n \beta \alpha_n^{2n+1} + p_{n+1} \beta \alpha_{n+1}^{2n+1} \end{array} \right\} = (2n+1) \end{cases}$$

$$[22] \quad \begin{cases} \gamma p_1 + \gamma p_2 + \gamma p_3 + \ldots + \gamma p_{n+1} = (2n+1) a_1 \, , \\[2mm] \left. \begin{array}{l} \alpha_1 \gamma p_1 + \alpha_2 \gamma p_2 + \alpha_3 \gamma p_3 + \ldots + \alpha_{n+1} \gamma p_{n+1} \\ + p_1 \gamma \alpha_1 + p_2 \gamma \alpha_2 + p_3 \gamma \alpha_3 + \ldots + p_{n+1} \gamma \alpha_{n+1} \end{array} \right\} = 2 n a_2 \, , \\[4mm] \left. \begin{array}{l} \alpha_1^2 \gamma p_1 + \alpha_2^2 \gamma p_2 + \alpha_3^2 \gamma p_3 + \ldots + \alpha_{n+1}^2 \gamma p_{n+1} \\ + p_1 \gamma \alpha_1^2 + p_2 \gamma \alpha_2^2 + p_3 \gamma \alpha_3^2 + \ldots + p_{n+1} \gamma \alpha_{n+1}^2 \end{array} \right\} = (2n-1) a_3 \, , \\[4mm] \qquad\qquad \cdot \quad \cdot \quad \cdot \quad \cdot \quad \cdot \quad \cdot \quad \cdot \\[2mm] \left. \begin{array}{l} \alpha_1^{2n+1} \gamma p_1 + \alpha_2^{2n+1} \gamma p_2 + \alpha_3^{2n+1} \gamma p_3 + \ldots + \alpha_{n+1}^{2n+1} \gamma p_{n+1} \\ + p_1 \gamma \alpha_1^{2n+1} + p_2 \gamma \alpha_2^{2n+1} + p_3 \gamma \alpha_3^{2n+1} + \ldots + p_{n+1} \gamma \alpha_{n+1}^{2n+1} \end{array} \right\} = 0 \, . \end{cases}$$

____

(*) Ce théorème est dû à M. Betti.

Or, en ayant égard aux équations de condition susdites on satisfaira au premier système en posant

$$[23] \qquad \beta p_i = 0 , \qquad \beta \alpha_i = 1 ,$$

et au deuxième en posant

$$[24] \qquad \gamma p_i = (2n + 1) p_i \alpha_i , \qquad \gamma \alpha_i = - \alpha_i^2 .$$

Au moyen de ces relations on trouvera

$$[25] \qquad \begin{cases} \beta q_1 = 0 , \\ \beta q_l = 0 , \\ \beta A_l = 0 , \end{cases} \qquad \begin{cases} \gamma q_1 = 0 , \\ \gamma q_l = 0 , \\ \gamma A_l = 0 . \end{cases}$$

Mais on sait que toute fonction I qui satisfait aux équations symboliques

$$\beta I = 0 , \qquad \gamma I = 0$$

est un invariant, donc les fonctions q_1, q_l, A_l qui y satisfont sont des invariants.

85. Voici une autre démonstration. Si l'on pose

$$\begin{aligned} x &= r x' + s y' , \\ y &= r' x' + s' y' , \end{aligned} \qquad \Delta = r s' - r' s ,$$

les racines de la canonisante deviendront $\dfrac{s + s'\alpha}{r + r'\alpha}$. En effet, si au lieu de faire cette substitution dans la forme proposée, on la fait dans la forme canonique, on voit que les nouvelles quantités α' se transformeront en $\alpha' = \dfrac{s + s'\alpha}{r + r'\alpha}$.

Par conséquent l'expression A_l demeurera inaltérable, car elle ne résulte que des différences des racines α_1, α_2, α_3, α_l, qui y figurent au même degré.

Maintenant nous aurons pour les nouvelles valeurs de p, q

$$p_1' = p_1 \, (r + r'\alpha)^{2n+1} \, ,$$

$$q_1' = p^2_1 \, (r + r'\alpha)^{2(2n+1)} \left[\frac{(\alpha_1 - \alpha_2)(\alpha_3 - \alpha_1)}{\alpha_2 - \alpha_3} \right]^{2n+1} \frac{\Delta^{2n+1}}{(r + r'\alpha)^{2(2n+1)}} \, ,$$

ou

$$[26] \qquad q_1' = \Delta^{2n+1} \, q_1 \, .$$

On aura de même

$$q'_l = p_1 \, (r + r'\alpha_1)^{2n+1} p_l \, (r + r'\alpha_l)^{2n+1} (\alpha_1 - \alpha_l)^{2n+1} \frac{\Delta^{2n+1}}{(r + r'\alpha)^{2n+1}(r + r'\alpha_l)^{2n+1}}$$

ou

$$[27] \qquad q'_l = \Delta^{2n+1} \cdot q_l.$$

Or les équations [26], [27] démontrent évidemment avec ce qui précède que les quantités A_l, q_1', q_l sont des invariants.

Avant de terminer ce paragraphe , nous prévenons le lecteur que nous nous sommes réservé de donner dans les Tables même à la fin de l'ouvrage les valeurs des invariants des formes de degré 2, 3, 4, 5 exprimés en fonction des racines, ce qui complétera l'étude que nous venons d'en faire.

§ 3.

Nombre des invariants de même degré appartenants à la même forme.

86. D'après ce que nous avons étudié précédemment, il résulte que toute fonction de degré r d'une forme de degré n qui satisfait à l'opération

$$\delta = a_0 \frac{d}{da_1} + 2a_1 \frac{d}{da_2} + \ldots + na_{n-1} \frac{d}{da_n} = 0 \, ,$$

pourvu qu'elle soit homogène et de poids $p = \dfrac{rn}{2}$, est certainement un invariant. Dans le cas contraire, c'est-à-dire, lorsque elle se réduira à zéro par l'opération δ, elle sera ce que nous appellerons un *seminvariant* ou *péninvariant*. Toute fonction symétrique des différences des racines est dans ce cas, d'après ce que nous avons vu au N. 32; ainsi les résidus de Sturm, les coefficients de l'équation aux carrés des différences, les coefficients des covariants rentrent dans la classe des péninvariants. Par exemple, pour les formes quintiques on a

$$200 \, (a_0 a_4 - 4a_1 a_3 + 3a_2^2) = a_0^2 \sum (\alpha - \beta)^2 \, (\gamma - \delta)^2,$$

$$000(a_0 a_2 a_4 + 2a_1 a_2 a_3 - a_0 a_3^2 - a_1^2 a_4 - a_2^3) = a_0^3 \sum (\alpha - \beta)^2 (\gamma - \delta)^2 (\alpha - \gamma)(\beta - \delta),$$

où le signe $\sum$ s'étend à toutes les racines $\alpha, \beta, \gamma, \delta, \epsilon$ de la forme ; mais les fonctions des coefficients dans les premiers membres ne sont pas des invariants, soit parce qu'elles ne sont pas symétriques, soit parce qu'elles ne sont pas du poids $\dfrac{5 \cdot 2}{2} = 5$, $\dfrac{5 \cdot 6}{2} = 15$ respectivement. Par exemple, la fonction

$$a_0^2 a_3^2 - 6 a_0 a_1 a_2 a_3 + 1 a_0 a_2^3 + 4 a_3 a_1^3 - 3 a_2^2 a_1^2$$

est un péninvariant seulement, car elle satisfait à l'équation

$$a_0 \frac{d}{da_1} + 2a_1 \frac{d}{da_2} + \ldots + 5a_4 \frac{d}{da_3} = 0 \, ,$$

mais non aux autres conditions, soit de la symétrie, ou de l'é-quipollence selon le poids $\frac{5.4}{2} = 10$.

Soit que l'on s'occupe de déterminer des invariants ou des péninvariants, à l'aide de coefficients indéterminés en vertu de l'opération $\delta = 0$, comme nous avons expliqué au N. 79, il se présentera toujours cette question qu'on va résoudre.

Soit φ une fonction isobarique homogène de degré r et de poids p, formée avec les coefficients de la forme $f(x, y)^n$, qu'il s'agit de déterminer à l'aide de l'équation $\delta = 0$. Le nombre des coefficients indéterminés, que nous représenterons par C_p, sera égal évidemment au nombre des termes de φ, c'est-à-dire au nombre des manières dont on peut avec les nombres $0, 1, 2, 3, \ldots, n-1, n$, pris r à r, même avec répétitions, former le nombre p; car ces nombres sont précisément les in-dices des lettres a qui figurent par hypothèse dans la forme $f(x, y)^n$. Mais lorsqu'on aura fait subir à φ l'opération δ, le poids sera devenu $p-1$, tandis que le degré de la fonction résultante sera toujours r. Soit C_{p-1} le nombre des termes de cette fonction, nombre qui sera évidemment $< C_p$, le nombre des équations de condition sera la différence entre C_p e C_{p-1}, donc $C_p - C_{p-1}$ exprimera le nombre des coefficients qui de-meureront arbitraires dans cette évaluation des coefficients (*). Ce nombre $V_p = C_p - C_{p-1}$ exprimera donc le nombre des fonctions φ de degré r et de poids p qui satisferont à l'é-quation $\delta = 0$. Parfois ces nombres seront indéfinis, car indéfini

---

(*) Cela suppose essentiellement que les équations de condition soient toutes indépendantes entr'elles, ce qui n'est pas toujours le cas, ainsi qu'il résulte des recherches du Prof. Gordan sur le nombres des cova-riants des formes quintique et sextique.

est le nombre V_p des systèmes des coefficients arbitraires qu'on peut choisir ; mais si on se limite aux fonctions indépendantes, ce nombre est fini et égal précisément à V_p ; car on peut faire dépendre linéairement toutes les autres fonctions φ de V_p d'entr'elles.

87. En effet dès qu'on aura déterminé un nombre R des invariants de degré r, correspondants à la forme de $n^{ième}$ degré, on pourra s'assurer que tous les autres invariants, que l'on pourra former à l'aide des équations caractéristiques, seront fonctions de R d'entre eux.

Pour fixer les idées supposons $V_p = R = 2$, et appelons M et N deux invariants formés en partant des systèmes de coefficients arbitraires

$$A, B ; \qquad A', B' .$$

Soit maintenant I un autre invariant dérivé d'un autre système de coefficients arbitraires A'', B''. Je dis qu'on pourra toujours poser

$$[1] \qquad I = a M + b N,$$

a, b étant deux coefficients numériques.

Démonstration. Observons d'abord que la partie littérale de tous les invariants sera la même, et que la seule différence consistera dans les coefficients. Par conséquent on pourra poser

$$[2] \qquad M = A\,(A) + B\,(B) + \ldots + L\,(L) + \ldots ,$$
$$[3] \qquad N = A'\,(A) + B'\,(B) + \ldots + L'\,(L) + \ldots ,$$
$$[4] \qquad I = A''\,(A) + B''\,(B) + \ldots + L''\,(L) + \ldots ,$$

en désignant par $(A), (B), (L), \ldots$ la partie littérale des termes, et par A, B, A', B', A'', B'', etc. les coefficients.

Observons encore que, si les équations de condition dérivées des équations caractéristiques ont fourni une équation de la forme

$$[5] \qquad L = \lambda A + \mu B$$

pour le coefficient de partie littérale quelconque (L), la même relation subsistera pour n'importe quel autre système, et qu'ainsi on aura encore

[6] $$L' = \lambda A' + \mu B',$$
[7] $$L'' = \lambda A'' + \mu B''.$$

Multiplions maintenant les équations [2], [3] par a, b, respectivement, on aura

[8] $aM + bN = (A)(Aa + bA') + (B)(aB + bB') + \ldots + (L)(aL + bL') + \ldots$

Maintenant posons
[9] $$a A + b A' = A''$$
[10] $$a B + b B' = B'' \qquad ,$$

équations qui détermineront a, b; et observons que le coefficient quelconque $aL + bL'$ est égal à

$$a(\lambda A + \mu B) + b(\lambda A' + \mu B') = \lambda(aA + bA') + \mu(aB + bB');$$

et que, par conséquent, en vertu des équations [9], [10], il viendra

$$a L + b L' = \lambda A'' + \mu B'' = L''.$$

Alors il en résultera que l'équation [8] se transforme en celle-ci

$$a M + b N = A''(A) + B''(B) + \ldots + L''(L) ,$$

ou $\qquad\qquad a M + b N = I .$ $\qquad\qquad$ C. Q. F. D.

Ce que nous avons ainsi vérifié pour $R = 2$ est généralement vrai. Car soit I un invariant quelconque fourni par un système particulier (ρ) de R coefficients arbitraires. Mais supposons qu'il en existe déjà R formés par R systèmes de R coefficients. Il est évident que au moyen d'un système de R coefficients numériques $a, b, c, \ldots$ on pourra faire dépendre le premier système (ρ) des R autres systèmes donnés. Et comme en dernier ressort tous les coefficients de I sont des fonctions linéaires du premier système, et qu'on fait dépendre celui-ci linéairement des R autres systèmes, il s'ensuit que l'invariant I sera une fonction linéaire des R autres invariants. Donc

Le nombre des invariants indépendants de degré r (*) est égal au nombre V (p, r, n) des coefficients arbitraires qui figurent dans les équalions de condition fournies par les équations caractéristiques.

Ce nombre dépend comme nous avons vu de la détermination de C_p, détermination à laquelle nous sera utile le lemme suivant.

88. LEMME. *Le nombre des manières dont un nombre p peut être formé par la somme de r nombres entiers 0, 1, 2, 3, ..., n, est égal au coefficient du terme en* $x^p z^r$ *dans le développement de la fonction:*

$$[11] \qquad Z = \frac{1}{(1-z)(1-xz)(1-x^2z)\dots(1-x^n z)}.$$

Développons, en effet, cette fonction suivant les puissances ascendantes de z; il viendra

$$[12] \qquad Z = 1 + A_1 z + A_2 z^2 + A_3 z^3 + A_4 z^4 + \dots,$$

où les coefficients A seront des fonctions entières de x. Comme chacun des facteurs $\dfrac{1}{1-x^i z}$ peut être développé en série de la forme

$$[13] \qquad \frac{1}{1-x^i z} = 1 + x^i z + x^{2i} z^2 + x^{3i} z^3 + \dots$$

on pourra obtenir la série [12] en multipliant ensemble toutes les séries [13] qui s'obtiendront en posant successivement

$$i = 0, 1, 2, 3, \dots, n.$$

(*) Nous entendons par *indépendants* qu'ils n'ont pas des relations linéaires entr'eux, c'est à dire, qu'ils sont *asysygétiques;* mais ils pourraient être, comme observe M. Cayley, des fonctions d'invariants d'ordre inférieur.

Or, évidemment dans chaque terme du coefficient A_r de z^r les puissances $x^{\lambda i}$ entrent en nombre r, et la puissance, x^p, par exemple sera répétée autant de fois qu'il est possible d'obtenir le nombre p avec r nombres choisis parmi les 0, 1, 2, 3, ..., n, même avec répétition, comme on le voit par la série [13].

Ainsi si on appelle $C(p, r, n)$ ce nombre, le terme contenant $x^p z^r$ dans le développement sera

$$C(p, r, n)\, x^p z^r.$$

89. Il s'agit maintenant de l'évaluer (*). Changeons, à cet effet, x en xz, on aura

$$(1 - z)\, Z = (1 - x^{n+1} z)\, (1 + A_1 xz + A_2 x^2 z^2 + \dots A_r x^r z^r + \dots);$$

d'où, en comparant les coefficients de z^r, il viendra

$$A_r\left(1 - x^r\right) = A_{r-1}\left(1 - x^{r+n}\right).$$

Par conséquent en appelant $\psi(x)$ la valeur de A_r, il viendra cette formule fondamentale

$$[14] \qquad \psi(x) = \frac{\left(1 - x^{n+1}\right)\left(1 - x^{n+2}\right)\left(1 - x^{n+3}\right)\dots\left(1 - x^{n+r}\right)}{(1 - x)\,(1 - x^2)\,(1 - x^3)\dots(1 - x^r)}.$$

Posons maintenant

$$[15] \qquad \psi(x) = 1 + C_1 x + C_2 x^2 + C_3 x^3 + \dots,$$

où C_p sera précisément $C(p, r, n)$. On aura

$$[16] \qquad \frac{\psi'(x)}{\psi(x)} = \frac{C_1 + 2 C_2 x + 3 C_3 x^2 + 4 C_4 x^3 + \dots}{1 + C_1 x + C_2 x^2 + C_3 x^3 + \dots}.$$

Mais en appelant $f(x)$ et $\varphi(x)$ le numérateur et le dénominateur de la fonction $A_r = \psi(x)$, on aura aussi

$$[17] \qquad \frac{\psi'(x)}{\psi(x)} = \frac{f'(x)}{f(x)} - \frac{\varphi'(x)}{\varphi(x)}.$$

(*) Cette méthode est dûe à M. Brioschi. Mais pratiquement celle que nous exposons au N. 90 est de beaucoup plus préférable.

Soient maintenant

$$\alpha_1 , \quad \alpha_2 , \quad \alpha_3 , \quad \ldots , \quad \alpha_n ,$$
$$\beta_1 , \quad \beta_2 , \quad \beta_3 , \quad \ldots , \quad \beta_n ,$$

les racines respectives des équations $f(x) = 0$ et $\varphi(x) = 0$, et posons

$$[18] \qquad \left.\begin{aligned} s_m &= \frac{1}{\beta_1^m} + \frac{1}{\beta_2^m} + \frac{1}{\beta_3^m} + \ldots + \frac{1}{\beta_n^m} \\ &\quad - \frac{1}{\alpha_1^m} - \frac{1}{\alpha_2^m} - \frac{1}{\alpha_3^m} - \ldots - \frac{1}{\alpha_n^m} \end{aligned}\right\} ;$$

il viendra

$$\frac{\psi'(x)}{\psi(x)} = s_1 + s_2 x + s_3 x^2 + s_4 x^3 + \ldots ,$$

car on a généralement

$$\frac{f'(x)}{f(x)} = - \sum \frac{1}{\alpha} - \sum \frac{1}{\alpha^2} x - \sum \frac{1}{\alpha^3} x^2 - \ldots .$$

Or en comparant avec [16], on trouve

$$[19] \qquad \begin{aligned} C_1 &= s_1 , \\ 2C_2 &= C_1 s_1 + s_2 , \\ 3C_3 &= C_2 s_1 + C_1 s_2 + s_3 , \\ 4C_4 &= C_3 s_1 + C_2 s_2 + C_1 s_3 + s_4 , \\[4pt] &\cdot \quad \cdot \quad \cdot \quad \cdot \quad \cdot \quad \cdot \\[4pt] pC_p &= C_{p-1} s_1 + C_{p-2} s_2 + C_{p-3} s_3 + \ldots + C_1 s_{p-1} + s_p . \end{aligned}$$

Ces équations donnent aisément

$$[20] \quad 1.2.3\ldots p\,C_p = \begin{vmatrix} s_1 & -1 & 0 & 0 & 0 & \ldots & 0 \\ s_2 & s_1 & -2 & 0 & 0 & \ldots & 0 \\ s_3 & s_2 & s_1 & -3 & 0 & \ldots & 0 \\ s_4 & s_3 & s_2 & s_1 & -4 & \ldots & 0 \\ \cdot & \cdot & \cdot & \cdot & \cdot & \cdot & \cdot \\ s_{p-1} & s_{p-2} & s_{p-3} & s_{p-4} & s_{p-5} & \ldots & -(p-1) \\ s_p & s_{p-1} & s_{p-2} & s_{p-3} & s_{p-4} & \ldots & s_1 \end{vmatrix} .$$

90. Il ne s'agit plus que de trouver les expressions de s en fonction des racines de $f(x)$, et $\varphi(x)$ qui seront de la forme

$$x^l - 1 = 0.$$

Or on sait qu'en général la fonction symétrique s_λ des racines sera $= l$ ou $= 0$, selon que λ est ou non multiple de l.

Dans notre cas, l peut prendre successivement les valeurs $n+1$, $n+2$, $n+3$, ..., $n+r$ pour $f(x)$, et les valeurs 1, 2, 3, ..., r pour $\varphi(x)$; donc, en désignant par le symbole $\mathrm{E}\left(\dfrac{\lambda}{l}\right)$ une quantité $\mathrm{E}\left(\dfrac{\lambda}{l}\right) = l$ si λ est multiple de l, et $= 0$, si λ n'est pas multiple de l, il viendra :

$$[21] \qquad s_\lambda = 1\,(^*) + \mathrm{E}\left(\frac{\lambda}{2}\right) + \mathrm{E}\left(\frac{\lambda}{3}\right) + \mathrm{E}\left(\frac{\lambda}{4}\right) + \ldots + \mathrm{E}\left(\frac{\lambda}{r}\right)$$

$$- \mathrm{E}\left(\frac{\lambda}{n+1}\right) - \mathrm{E}\left(\frac{\lambda}{n+2}\right) - \mathrm{E}\left(\frac{\lambda}{n+3}\right) - \ldots - \mathrm{E}\left(\frac{\lambda}{n+r}\right).$$

Ainsi, pour calculer le nombre $C(p, r, n)$, c'est-à-dire le nombre des manières dont un nombre p peut être formé par r nombres choisis dans la suite $0, 1, 2, 3, \ldots, n$, même avec répétitions, on calculera les s qui figurent dans la formule [20] au moyen de la formule [21]; le déterminant ainsi formé, divisé par $1.2.3\ldots p$, donnera le nombre cherché.

Example. Soit à chercher $C(6, 3, 5)$ où $p = 6$, $r = 3$, $n = 5$; on aura

$$s_\lambda = 1 + \mathrm{E}\left(\frac{\lambda}{2}\right) + \mathrm{E}\left(\frac{\lambda}{3}\right) - \mathrm{E}\left(\frac{\lambda}{6}\right) - \mathrm{E}\left(\frac{\lambda}{7}\right) - \mathrm{E}\left(\frac{\lambda}{8}\right),$$

et partant

$$s_1 = 1, \qquad s_3 = 4, \qquad s_5 = 1,$$
$$s_2 = 3, \qquad s_4 = 3, \qquad s_6 = 0,$$

(*) Le premier terme provient de l'équation $1 - x = 0$.

et le déterminant [20] sera

$$1.2.3.4.5.6\,C_6 = \begin{vmatrix} 1 & -1 & 0 & 0 & 0 & 0 \\ 3 & 1 & -2 & 0 & 0 & 0 \\ 4 & 3 & 1 & -3 & 0 & 0 \\ 3 & 4 & 3 & 1 & -4 & 0 \\ 1 & 3 & 4 & 3 & 1 & -5 \\ 0 & 1 & 3 & 4 & 3 & 1 \end{vmatrix} = 1.2.3.4 \begin{vmatrix} 4 & -1 & 0 \\ 21 & 1 & -5 \\ 19 & 3 & 1 \end{vmatrix}$$

$$= 1.2.3.4.5.6.6,$$

et enfin
$$C_6 = 6.$$

On pourrait aussi exprimer la valeur de C_p par cette formule nouvelle

$$C_p = \sum \frac{1}{(\lambda_1)(\lambda_2)\ldots(\lambda_l)} \left(\frac{s_1}{1}\right)^{\lambda_1} \left(\frac{s_2}{2}\right)^{\lambda_2} \cdots \left(\frac{s_p}{p}\right)^{\lambda_p}$$

où $(\lambda_i) = 1.2.3\ldots i$.

Il suffit d'observer que les équations de condition [19] prennent la forme de celles [7] N° 2 si on change s en $-s$, cas auquel la formule [26] du N° 4 devient celle qu'on a écrit.

91. Souvent il sera plus simple de calculer C_p par la formule suivante

$$[22] \quad C_p = C(p, r, n) = ((x^p)) \frac{(1-x^{n+1})(1-x^{n+2})(1-x^{n+3})\ldots(1-x^{n+r})}{(1-x)(1-x^2)(1-x^3)(1-x^4)\ldots(1-x^r)}$$

où par le symbole $((x^p))$ nous entendons le coefficient numérique de l'expression une fois développée selon les puissances ascendantes de x.

EXEMPLE. Soit, comme précédemment, $p = 6$, $r = 3$, $n = 5$, on aura

$$((x^6)) \frac{(1-x^6)(1-x^7)(1-x^8)}{(1-x)(1-x^2)(1-x^3)} = ((x^6))(1+x^3)(1+x^2+x^4+x^6)(1+x+x^2+x^3+x^4+x^5+x^6)$$

$$= ((x^6))(1 + x + x^2 + 2x^3 + 2x^4 + 2x^5 + 2x^6)(1 + x^2 + x^4 + x^6 + \ldots)$$

$$= ((x^6))(1 + x^2 + 2x^4 + 2x^6 + \ldots)(1 + x^2 + x^4 + x^6 + \ldots) = 6.$$

92. Remarquons que la valeur de $\psi(x)$, en la multipliant et en la divisant par $(1-x^{r+1})(1-x^{r+2})\ldots(1-x^n)$, peut aussi se mettre sous la forme

$$[23] \qquad \psi(x) = \frac{(1-x^{r+1})(1-x^{r+2})\ldots(1-x^{n+r})}{(1-x)(1-x^2)(1-x^3)\ldots(1-x^n)},$$

qui, d'après les principes exposés, donnera le coefficient de z^n dans le développement de

$$\frac{1}{(1-x)(1-xz)(1-x^2z)\ldots(1-x^rz)}.$$

En ayant égard à ces deux formes de $\psi(x)$ il s'ensuit que :

Théorème. *Le nombre des manières dont un nombre p peut être formé par la somme de r termes de la série 0, 1, 2, 3, ..., n est égal au nombre des manières dont ce même nombre p peut être formé par la somme de n termes de la série 0, 1, 2, 3, ..., r.*

Ainsi soient les éléments $\qquad 0\ ,\ 1\ ,\ 2\ ,\ 3\ ,\ 4\ ,\ 5,$

et soit $\qquad r=3, \qquad p=8;\qquad$ on aura les 6 combinaisons

$$4,3,1\ \mid\ 2,2,4\ \mid\ 5,3,0\ \mid\ 1,5,2\ \mid\ 3,3,2\ \mid\ 4,4,0\ ;$$

et si avec les éléments $\qquad 0\ ,\ 1\ ,\ 2\ ,\ 3$

on cherchait à former le même nombre 8 avec 5 éléments choisis parmi eux, on trouverait pareillement 6 combinaisons.

$$3,2,2,1,0\ ;\ 2,2,2,2,0\ ;\ 1,1,3,3,0\ ;\ 3,3,2,0,0\ ;\ 2,2,3,1,0\ ;\ 2,2,2,1,1.$$

Ce théorème équivaut à celui-ci :

93. Théorème. *Si avec les éléments $a_0 a_1 a_2 \ldots a_n$ on compose une fonction de degré r et de poids p, le nombre des termes qu'on obtiendra sera le même si on forme une fonction de degré n et de poids p avec les éléments $a_0 a_1 a_2 \ldots a_r$.*

Ainsi la fonction

$$A a_0 a_4 + B a_1 a_3 + C a_2{}^2 \qquad (p=4 \ , \quad n=4 \ , \quad r=2)$$

a le même nombre de termes que la fonction

$$A' a_1{}^4 + B' a_2{}^2 a_0{}^2 + C' a_1{}^2 a_2 a_0 \quad (p=4 \quad n=2 \quad r=4) \, .$$

Mais on aurait tort de croire que le théorème puisse donner le nombre des termes dont se compose une fonction symétrique exprimée en fonction des coefficients. Ce théorème ne peut regarder que la forme littérale d'une fonction, mais il ne peut rien fixer sur la valeur des coefficients.

Par exemple la fonction complète

$$\Sigma \alpha^3 \beta^2 \gamma = a_1 a_2 a_3 - a^2{}_3 + 4 a_2 a_4 - 3 a^2{}_1 a_4 + 7 a_1 a_5 - 12 a_6 \, ,$$

se compose de 6 termes. Mais si on suppose qu'il ne s'agisse que de $n=5$, alors le terme $-12 a_6$ disparait, et la fonction se réduit à 5 termes. Pourtant on a dans ce cas comme nous avons vu C $(6, 5, 3) = 6$. Ce nombre est effectivement exact quant à la forme litérale, car il faudrait encore y joindre le terme en $a^3{}_2$, qui satisfait aux conditions voulues de degré et de poids ; mais son coefficient est 0, lorsqu'on passe à la forme numérique.

94. On peut démontrer le même théorème d'une façon plus directe. A cet effet, nous mettrons ce théorème sous la forme que voici :

THÉORÈME. *Le nombre* C (p, r, n) *des solutions des deux équations*

$$[24] \quad n \alpha_n + (n-1) \alpha_{n-1} + (n-2) \alpha_{n-2} + \ldots + 2 \alpha_2 + \alpha_1 = p \, ,$$

$$[25] \qquad\qquad \alpha_0 + \alpha_1 + \alpha_2 + \ldots + \alpha_n = r$$

est égal au nombre C (p, n, r) *des solutions du système des équations*

$$r\beta_r + (r-1)\beta_{r-1} + (r-2)\beta_{r-2} + \ldots + 2\beta_2 + \beta_1 = p ,$$

$$\beta_0 + \beta_1 + \beta_2 + \ldots + \beta_r = n .$$

On suppose que les nombres α, β peuvent prendre toutes les valeurs possibles, sans en excepter zéro.

DÉMONSTRATION (*). On voit, en effet, qu'à chaque solution du premier système on peut en faire correspondre une autre déterminée par l'équation

$$(\alpha_n + \alpha_{n-1} + \ldots + \alpha_1) + (\alpha_n + \alpha_{n-1} + \ldots + \alpha_2) + \ldots + (\alpha_n + \alpha_{n-1}) + \alpha_n = \mu ,$$

qui n'est autre que l'équation [13] écrite d'une autre façon et par laquelle le nombre μ est partagé en n parties, dont chacune ne peut pas dépasser le nombre r. Ainsi cela revient à demander de combien de manières le nombre μ peut être formé par n éléments choisis parmi les 0, 1, 2, 3, ..., r.

Ainsi, par exemple, aux solutions

$$p = 30 , \qquad r = 6 , \qquad n = 8 \; (0,1,2,3,4,5,6,7,8)$$

$$8.1+7.0+6.1+5.2+4.0+3.2+2.0+1.0=30 \;\big|\; 1+0+1+2+0+2+0+0=$$
$$8.0+7.1+6.1+5.1+4.3+3.0+2.0+1.0=30 \;\big|\; 0+1+1+1+3+0+0+0=$$
$$8.1+7.0+6.2+5.1+4.1+3.0+2.0+1.1=30 \;\big|\; 1+0+2+1+1+0+0+1=$$

correspondent les solutions conjuguées

$$6+6+6+4+4+2+1+1=30 \;\big|\; 6.3+5.0+4.2+3.0+2.1+1.2=30$$
$$6+6+6+6+3+2+1+0=30 \;\big|\; 6.4+5.0+4.0+3.1+2.1+1.1+0.1=30$$
$$6+5+5+5+4+3+1+1=30 \;\big|\; 6.1+5.3+4.1+3.1+2.0+1.2=30$$

$$3+0+2+0+1+2=8$$
$$4+0+0+1+1+1=8$$
$$1+3+1+1+0+2=8 .$$

(*) Cette démonstration est due à M. Bellavitis.

95. Nous avons vu que le nombre des coefficients indéterminés dans l'équation aux dérivées partielles, N° 86, est

$$[26] \qquad\qquad V_p = C_p - C_{p-1}.$$

Or C_{p-1} (N. 87) est le coefficient de $x^{p-1} z^r$ dans le développement [1] ou le coefficient de $x^p z^r$ dans le développement de

$$\frac{x}{(1-z)(1-xz)\ldots(1-x^n z)}.$$

Par conséquent V_p sera le coefficient de $x^p z^r$ dans le développement de

$$\frac{1-x}{(1-z)(1-xz)(1-x^2 z)\ldots(1-x^n z)} = (1-x)\sum A_r z^r = (1-x)\, Z = Z'.$$

Mais on a

$$A_r = \frac{(1-x^{n+1})(1-x^{n+2})\ldots(1-x^{n+r})}{(1-x)(1-x^2)\ldots(1-x^r)}\,;$$

donc

$$Z' = \sum \frac{(1-x^{n+1})(1-x^{n+2})\ldots(1-x^{n+r})}{(1-x^2)(1-x^3)(1-x^4)\ldots(1-x^r)}\, x^r\,,$$

et

$$[27] \qquad V_p = ((x^p))\, \frac{(1-x^{n+1})(1-x^{n+2})\ldots(1-x^{n+r})}{(1-x^2)(1-x^3)(1-x^4)\ldots(1-x^r)}\,,$$

en désignant par $((x^p))F$ le coefficient de x^p dans le développement de F.

Par suite de la formule [26] et en s'aidant de l'analyse précédente, on verra qu'en posant

$$[28] \qquad q_\lambda = E\left(\frac{\lambda}{2}\right) + E\left(\frac{\lambda}{3}\right) + E\left(\frac{\lambda}{4}\right) + \ldots + E\left(\frac{\lambda}{r}\right)$$

$$- E\left(\frac{\lambda}{n+1}\right) - E\left(\frac{\lambda}{n+2}\right) - E\left(\frac{\lambda}{n+3}\right) - \ldots - E\left(\frac{\lambda}{n+r}\right)(^*)\,,$$

$(^*)$ q ne diffère de s_λ que par l'omission du terme 1, car l'expression du second membre [16] ne diffère de Z que pour l'omission du facteur $1-x$, qui égalé à 0 fournit la racine 1.

on aura encore cette expression de V_p (V. N. 88)

$$[29] \quad 1.2.3\ldots p\,\mathrm{V}_p = \begin{vmatrix} q_1 & -1 & 0 & 0 & \ldots & 0 \\ q_2 & q_1 & -2 & 0 & \ldots & 0 \\ q_3 & q_2 & q_1 & -3 & \ldots & 0 \\ \cdot & \cdot & \cdot & \cdot & \cdot & \cdot \\ \cdot & \cdot & \cdot & \cdot & \cdot & -(p-1) \\ q_p & q_{p-1} & q_{p-2} & q_{p-3} & \ldots & q_1 \end{vmatrix} .$$

96. Application aux invariants. Comme on a $p = \dfrac{r\,n}{2}$
r et n étant les degrés de l'invariant et de la forme, il s'ensuit que

Le nombre des invariants de degré r *correspondants à la forme* n, *est égal à celui des invariants de degré* n *correspondants à la forme* r.

DÉMONSTRATION. En effet, dans les deux cas, le poids est $p = \dfrac{n\,r}{2}$, et nous avons vu que le nombre des invariants est $V_{\frac{nr}{2}}$; donc ce nombre est constant.

Pour $r = 2$, d'où $p = \dfrac{n\,r}{2} = n$, on a à chercher le coefficient de x^n dans le produit

$$\frac{(1-x^{n+1})(1-x^{n+2})}{1-x^2} = (1-x^{n+1}-x^{n+2}+x^{2n+3})(1+x^2+x^4+\ldots).$$

Par conséquent, si $n = 2p$, la seconde parenthèse donnera $V_n = 1$, ce qui prouve que *pour les formes paires il existe un invariant de second degré*, et qu'il n'y en a qu'un seul.

97. Soit par exemple $n = 5$, $r = 4$, $p = 6$, on aura la forme de l'invariant de 4e degré correspondant à la forme quintique

$$\mathrm{A}a_5a_1a_0^2 + \mathrm{B}a_4a_2a_0^2 + \mathrm{C}a_4a_1^2a_0 + \mathrm{D}a_3^2a_0^2 + \mathrm{E}a_3a_2a_1a_0 + \mathrm{F}a_2a_1^3 +$$
$$+ \mathrm{G}a_2^3a_0 + \mathrm{H}a_2^2a_1^2;$$

et l'opération

$$\Delta\mathrm{I} = a_0\frac{d}{da_1} + 2a_1\frac{d}{da_2} + \ldots + 5a_4\frac{d}{da_5} = 0$$

fournira l'équation

$$\Delta I = A a_5 a_0{}^3 + (5A + 2B + 2C) a_4 a_2 a_0{}^2 + (4B + 6D + E) a_3 a_2 a_0{}^2$$
$$+ (4C + 2E + 3F) a_3 a_1{}^2 a_0 + (3E + 6G + 2H) a_2{}^2 a_1 a_0 + (3E + 4G) a_2 a_1{}^3 = 0,$$

et on aura 6 équations pour déterminer 8 coefficients : par conséquent on aura $8 - 6 = 2$ invariants de 4e degré, qui seront donnés par les deux solutions

$$A = 0 \,,\, B = 0 \,,\, C = 0 \,,\, D = 1 \,,\, E = -6 \,,\, F = 4 \,,\, G = 4 \,,\, H = -3,$$

$$A = 0 \,,\, B = 1 \,,\, C = -1 \,,\, D = -1 \,,\, E = 2 \,,\, F = 0 \,,\, G = -1 \,,\, H = 0 ;$$

et ce seront les fonctions

$$a_3{}^2 a_0{}^2 - 6 a_3 a_2 a_1 a_0 + 4 a_3 a_1{}^3 + 4 a_2{}^3 a_0 - 3 a_2{}^2 a_1{}^2,$$

$$a_4 a_2 a_0{}^2 - a_4 a_1{}^2 a_0 - a_3{}^2 a_0{}^2 + 2 a_3 a_2 a_1 a_0 - a_2{}^3 a_0.$$

Les formules [28, 29] donnent dans ce cas

$$q_1 = 0 \,,\quad q_2 = 2 \,,\quad q_3 = 3 \,,\quad q_4 = 6 \,,\quad q_5 = 0 \,,\quad q_6 = -1$$

$$1.2.3.4.5.6\, V_0 =
\begin{vmatrix}
0 & -1 & 0 & 0 & 0 & 0 \\
2 & 0 & -2 & 0 & 0 & 0 \\
3 & 2 & 0 & -3 & 0 & 0 \\
6 & 3 & 2 & 0 & -4 & 0 \\
0 & 6 & 3 & 2 & 0 & -5 \\
-1 & 0 & 6 & 3 & 2 & 0
\end{vmatrix}
= 1
\begin{vmatrix}
2 & -2 & 0 & 0 & 0 \\
3 & 0 & -3 & 0 & 0 \\
6 & 2 & 0 & -4 & 0 \\
0 & 3 & 2 & 0 & -5 \\
-1 & 6 & 3 & 2 & 0
\end{vmatrix}
=$$

$$= 1.2
\begin{vmatrix}
3 & -3 & 0 & 0 \\
8 & 0 & -4 & 0 \\
3 & 2 & 0 & -5 \\
5 & 3 & 2 & 0
\end{vmatrix}
= 1.2.3
\begin{vmatrix}
8 & -4 & 0 \\
5 & 0 & -5 \\
8 & 2 & 0
\end{vmatrix}
= 1.2.3.4
\begin{vmatrix}
2 & -1 & 0 \\
5 & 0 & -5 \\
8 & 2 & 0
\end{vmatrix}$$

$$= 1.2.3.4.5.6.2 ;$$

d'où enfin
$$V_0 = 2.$$

98. Mais par la formule [27] on trouve plus aisément l'expression

$$V_6 = ((x^6)) \frac{(1-x^6)(1-x^7)(1-x^8)(1-x^9)}{(1-x^2)(1-x^3)(1-x^4)},$$

qui, réduite, est égale à

$$((x^6))(1+x^2+x^4)(1+x^3)(1+x^3+x^6)(1-x^7) \,;$$

ce qui donne immédiatement la valeur susdite

$$V_6 = 2.$$

Appelons ainsi en général $T_r^{(n)}$ le nombre des invariants de degré r correspondants à la forme de degré n, on aura $V_{\frac{nr}{2}} = T_r^{(n)}$. On trouvera par les méthodes ci-dessus exposées

$$T_2^{(4)} = 1, \quad T_3^{(4)} = 1, \quad T_4^{(4)} = 1, \quad T_5^{(4)} = 1, \quad T_6^{(4)} = 2, \quad T_7^{(4)} = 2, \quad T_8^{(4)} = 2$$
$$T_4^{(5)} = 2, \quad T_8^{(5)} = 2, \quad T_{12}^{(5)} = 2.$$

Par exemple, on aura

$$T_6^{(4)} = V_{12} = ((x^{12})) \frac{(1-x^5)(1-x^6)(1-x^7)(1-x^8)(1-x^9)(1-x^{10})}{(1-x^2)(1-x^3)(1-x^4)(1-x^5)(1-x^6)}$$
$$= ((x^{12}))(1-x^7)(1+x^4)(1+x^3+x^6)(1+x^2+x^4+x^6+x^8)$$
$$((x^{12}))(1+x^4+x^6-x^{14})(1+x^2+x^4+x^6+x^8)$$
$$= 1+1+1-1 = 2.$$

Pareillement, il viendra

$$T_8^{(5)} = V_{20} = ((x^{20})) \frac{(1-x^6)(1-x^7)(1-x^8)(1-x^9)(1-x^{10})(1-x^{11})(1-x^{12})(1-x^{13})}{(1-x^2)(1-x^3)(1-x^4)(1-x^5)(1-x^6)(1-x^7)(1-x^8)}$$
$$= ((x^{20}))(1+x^4+x^8)(1-x^{11})(1-x^{13})(1+x^3+x^6)(1+x^5)(1+x^2+x^4\ldots)$$
$$= ((x^{20}))(1+x^5-x^{11}-x^{13}-x^{16}-x^{18})(1+x^4+x^8)(1+x^2+x^4+\ldots)(1+x^3+$$
$$= ((x^{20}))(1+x^3+x^6+x^8-x^{14}-2x^{16}-x^{18})(1+x^4+x^8)(1+x^2+x^4+$$
$$= ((x^{20}))(1+x^4+x^6+2x^8+x^{10}+x^{12}-x^{16}-2x^{18}-2x^{20})(1+x^2+x^4+$$
$$= 1+1+1+2+1+1-1-2-2 = 2.$$

Nous connaissons en effet deux invariants de la forme quintique de degré 8; l'invariant fondamental et le discriminant.

Mais on peut à l'aide de ces calculs se proposer une question plus vaste. Proposons-nous, par exemple de trouver le nombre des invariants de degré θ appartenant à la forme cubique. Appelons ce nombre $T_\theta^{(3)}$. Comme $p = \dfrac{3\theta}{2}$, on aura par les formules [22], [27]

$$T_\theta^{(3)} = ((x^{\frac{3\theta}{2}})) \frac{(1-x^4)\ldots(1-x^{\theta+3})}{(1-x^2)\ldots(1-x^0)} = x^{\frac{3\theta}{2}} \frac{(1-x^{\theta+1})(1-x^{\theta+2})(1-x^{\theta+3})}{(1-x^2)(1-x^3)}.$$

Or ce nombre, en ne gardant que les seuls développements utiles, c'est-à-dire en limitant le numérateur à $1-x^{\theta+1}-x^{\theta+2}-x^{\theta+3}$, sera

$$T_\theta'^{(3)} = ((x^{\frac{3\theta}{2}})) \frac{1}{(1-x^2)(1-x^3)} - ((x^{\frac{\theta}{2}})) \frac{x(1+x^1+x^2)}{(1-x^2)(1-x^3)},$$

ou en changeant x en x^2,

$$T_\theta^{(3)} = ((x^{3\theta})) \frac{1}{(1-x^4)(1-x^6)} - ((x^{\theta})) \frac{x^2}{(1-x^9)(1-x^4)} =$$

$$\frac{1}{1-x^4} + ((x^{3\theta}))\left[\frac{1}{(1-x^4)(1-x^6)} - \frac{1}{(1-x^6)(1-x^{12})} \right] = ((x^\theta)) \frac{1}{1-x^4} - ((x^{3\theta})) \frac{x^4(1+x^4)}{(1-x^6)(1-x^{12})}.$$

Mais la seconde partie, ayant égard au numérateur, ne peut pas fournir des termes en $x^{3\theta}$; donc il viendra simplement

$$[30] \qquad V_\theta^{(3)} = ((x^\theta)) \frac{1}{1-x^4} = ((x^\theta))(1+x^4+\ldots+x^{4h}+\ldots).$$

Les degrés des invariants de la forme cubique doivent donc être de la forme $4h$. Mais pour $\theta = 4$, $V_4^3 = 1$; donc tous les invariants de la forme cubique, en appelant I cet invariant, sont de la forme I^h.

Pareillement, pour la forme biquadratique, on aura

$$T_0^4 = ((x^{2\theta})) \frac{(1-x^{\theta+1})(1-x^{\theta+2})(1-x^{\theta+3})(1-x^{\theta+4})}{(1-x^2)(1-x^3)(1-x^4)}.$$

Mais par des raisonnements analogues aux précédents on trouvera

$$T_\theta^4 = ((x^{2\theta})) \frac{1}{(1-x^2)(1-x^3)(1-x^4)} - ((x^\theta)) \frac{x+x^2+x^3+x^4}{(1-x^2)(1-x^3)(1-x^4)}$$

$$= ((x^{2\theta})) \frac{1}{(1-x^2)(1-x^3)(1-x^4)} - ((x^{2\theta})) \frac{x^3}{(1-x^2)(1-x^4)(1-x^6)}$$

$$= ((x^{2\theta})) \frac{1-x^2+x^3}{(1-x^2)(1-x^4)(1-x^6)} = ((x^{2\theta})) \frac{1-x^2}{(1-x^2)(1-x^4)(1-x^6)} ,$$

et enfin

$$[31] \quad T_\theta^4 = ((x^\theta)) \frac{1}{(1-x^2)(1-x^3)} = ((x^\theta)) \left[1 + x^2 + x^3 + \sum A\, x^{2h+3k} \right].$$

Cela nous prouve que tous les invariants de cette forme, en appelant I_2, I_3 les invariants de 2e et de 3e degré, peuvent être représentés par la formule $I_2^h I_3^k$, et qu'il n'y en a pas d'autres. Car le coefficient A de x^{2h+3k} sera égal au nombre des solutions *en nombres entiers* de l'équation $2h+3k=\theta$. Mais tel sera aussi le nombre des fonctions $I^h_2 I^k_3$, dont chacune sera aussi un invariant de degré θ. Toute autre fonction pourra être représentée par une fonction linéaire de ceux-ci. Ainsi, en appelant généralement *invariants irréductibles* ceux dont tous les autres dépendent, on saura que les invariants

$$(a_0 a_3 - a_1 a_2)^2 - (a_0 a_2 - a_1^2)(a_1 a_3 - a_2^2),$$

$$a_0 a_4 - 4 a_1 a_3 + 3 a_1^2 \quad , \quad \begin{vmatrix} a_0 & a_1 & a_2 \\ a_1 & a_2 & a_3 \\ a_2 & a_3 & a_4 \end{vmatrix}$$

sont les invariants irréductibles ou primitifs des formes cubiques et biquadratiques.

99. On aura pareillement, pour $n = 5$,

$$T = (\!(x^{\frac{5\theta}{2}})\!)\,\frac{(1-x^{\theta+1})(1-x^{\theta+2})(1-x^{\theta+3})(1-x^{\theta+4})(1-x^{\theta+5})}{(1-x^2)(1-x^3)(1-x^4)(1-x^5)},$$

et l'on trouvera par des méthodes analogues aux précédentes

$$T = (\!(x^{5\theta})\!)\,\frac{1}{(1-x^4)(1-x^6)(1-x^8)(1-x^{10})} - (\!(x^{3\theta})\!)\,\frac{x^2}{(1-x^2)(1-x^4)(1-x^6)(1-x^8)}$$

$$+ (\!(x^{\theta})\!)\,\frac{x^6}{(1-x^2)(1-x^4)^2(1-x^6)} \qquad (^*).$$

Or, selon un artifice imaginé par M. Cayley pour simplifier cette expression, on peut observer qu'en multipliant les deux termes de la première fraction par $\dfrac{(1-x^{20})(1-x^{30})(1-x^{40})}{(1-x^4)(1-x^6)(1-x^8)}$, qui est certainement un polynôme entier en x^2 de degré $8 + 12 + 16 = 36$, le numérateur se réduira à

$$1+x^4+x^6+2x^8+x^{10}+3x^{12}+2x^{14}+4x^{16}+3x^{18}+4x^{20}+4x^{22}+6x^{24}+4x^{26}+6x^{28}$$
$$+5x^{30}+7x^{32}+5x^{34}+7x^{36}+5x^{38}+7x^{40}+5x^{42}+6x^{44}+4x^{46}+6x^{48}+4x^{50}+4x^{52}$$
$$+3x^{54}+4x^{56}+2x^{58}+3x^{60}+x^{62}+2x^{64}+x^{66}+x^{68}+x^{72},$$

tandis que le dénominateur deviendra $(1-x^{10})(1-x^{20})(1-x^{30})(1-x^{40})$, dont la forme prouve que l'on peut laisser de côté dans le numérateur tous les termes dont les exposants ne sont pas des multiples de 5. Ainsi la première partie sera $=$

$$(\!(x^{5\theta})\!)\,\frac{1+x^{10}+4x^{20}+5x^{30}+7x^{40}+4x^{50}+3x^{60}}{(1-x^{10})(1-x^{20})(1-x^{30})(1-x^{40})} = (\!(x^{\theta})\!)\,\frac{1+x^2+4x^4+5x^6+7x^8+4x^{10}+3x^{12}}{(1-x^2)(1-x^4)(1-x^6)(1-x^8)}$$

(*) Pour retrouver cette 3e partie, on remarquera que le numérateur dans $(\!(x^{\frac{\theta}{2}})\!)$ est

$$x^3 + x^4 + 2x^5 + 2x^7 + x^8 + x^9 = \frac{x^3(1-x^7)+x^5(1-x^3)}{1-x} = \frac{(1-x^5)(1+x^2)\,x^3}{1-x}.$$

La seconde partie se réduira pareillement, à l'aide du multiplicateur $\dfrac{(1 - x^6)(1 - x^4)(1 - x^{24})}{(1 - x^2)(1 - x)(1 - x^5)}$, à

$$((x^\theta)) \frac{2x^2 + 2x^4 + 3x^6 + x^8 + x^{10}}{(1 - x^2) \cdot (1 - x^4)(1 - x^8)},$$

en négligeant tous les termes dont les exposants ne sont pas multiples de 3. Ainsi on aura, en réduisant le tout au même dénominateur,

$$T = ((x^\theta)) \frac{1}{(1 - x^2)(1 - x^4)(1 - x^6)(1 - x^8)} \times$$

$$\left[1 + x^2 + 4x^4 + 5x^6 + 7x^8 + 4x^{10} + 3x^{12} - (2x^2 + 2x^4 + 3x^6 + x^8 + x^{10})(1 + x^2 + x^4) + x^6(1 + x^4) \right]$$

$$= ((x^\theta)) \frac{(1 - x^2)(1 - x^6 + x^{12})}{(1 - x^2)(1 - x^4)(1 - x^6)(1 - x^8)} = ((x^\theta)) \frac{1 - x^6 + x^{12}}{(1 - x^4)(1 - x^6)(1 - x^8)}.$$

Observant enfin que

$$1 - x^6 + x^{12} = \frac{1 - x^{36}}{(1 + x^6)(1 - x^{18})},$$

et qu'il est irréductible, on aura

$$[32] \qquad T = ((x^\theta)) \frac{1 - x^{36}}{(1 - x^4)(1 - x^6)(1 - x^{12})(1 - x^{18})}.$$

Cela nous prouve que les formes quintiques ont 4 invariants; I_4 de 4ᵉ degré, I_8 de 8ᵉ, I_{12} de 12ᵉ, I_{18} de 18ᵉ degré; et, puisque 36 est divisible par 4, 12, 18, toutes les puissances du développement du second membre auront la forme $4p + 8q + 12r + 18s$. Ainsi tout invariant de degré θ de la forme quintique, pourra se mettre sous la forme $\sum A\, I_4^p\, I_8^q\, I_{12}^r\, I_{18}^s$, A étant un coefficient numérique, sous la condition $4p + 8q + 12r + 18s = \theta$. Seulement ici, à cause du terme x^{36}, le nombre $((x^{36}))$ est inférieur d'une unité à celui des solutions de l'équation $4p + 8q + 12r + 18s = 36$. Par conséquent il faut que ces invariants ne soient pas tous indépendants. Et en effet, comme nous verrons dans la suite, l'invariant I_{18} n'est pas arbitraire; son carré, comme l'a démontré pour la première fois M. Hermite, est une fonction rationnelle et entière des trois autres invariants.

100. Par ce qui précède on aura vu de quelle importance est l'étude de la fonction $\psi(x)$ (N° 89), à savoir

$$[33] \qquad \psi(x) = \frac{(1-x^{n+1})(1-x^{n+2})\ldots(1-x^{n+r})}{(1-x)(1-x^2)\ldots(1-x^r)}.$$

Il ne sera donc pas inutile avant de quitter cet argument de donner encore quelques développements très-intéressants sur cette fonction.

On observera d'abord facilement que

$$[34] \qquad x^{nr}\psi\left(\frac{1}{x}\right) = \psi(x);$$

d'où l'on déduit cette autre propriété, que

$$[35] \qquad C(p, r, n) = C(nr - p, r, n);$$

car l'équation [34] devant se réduire à une identité, les coefficients des mêmes puissances en r doivent être égaux; ainsi

$$x^{nr} C_{nr-p}\left(\frac{1}{x}\right)^{nr-p} = C_p x^p.$$

Observons encore qu'on a

$$\psi(x) = \frac{(1-x^{n+2})(1-x^{n+3})\ldots(1-x^{n+r+1})}{(1-x)(1-x^2)\ldots(1-x^r)} - \frac{(1-x^{n+2})(1-x^{n+3})\ldots(1-x^{n+r})}{(1-x)(1-x^2)\ldots(1-x^{r-1})};$$

d'où l'on déduit par la considération des coefficients, comme précédemment,

$$C(p, r, n) = C(p + r, r, n + 1) - C(p + r, r - 1, n + 1)$$

ou, en changeant p en $p - r$, n en $n - 1$,

$$C(p, r, n) - C(p, r - 1, n) = C(p - r, r, n - 1).$$

De là, par l'échange de r en $r-1$, $r-2$ successivement,

$$C(p, r-1, n) - C(p, r-2, n) = C(p-r+1, r-1, n-1)$$

. . . .

d'où l'on a cette relation remarquable

$$[36] \qquad C(p, r, n) = \sum_0^r {}_k C(p-x, h, n-1).$$

On peut simplifier la recherche de la valeur de ce coefficient $C(p, r, n)$ par les considérations suivantes. Si on pose

$$[37] \quad (1-xz)(1-x^2 z)\ldots(1-x^r z) = 1 + B_1 z + B_2 z^2 + \ldots + B_r z^r,$$

on obtient comme précédemment, par l'échange de x en xz,

$$(1-x^h) B_k z = -B_{k-1} x^h (1-x^{r-k+1});$$

et par conséquent

$$B_k = (-1)^k x^{\frac{1}{2} k(k+1)} \frac{(1-x^{r-k+1})(1-x^{r-k+2})\ldots(1-x^r)}{(1-x)(1-x^2)\ldots(1-x^k)},$$

$$[38] \quad (1-xz)(1-x^2 z)\ldots(1-x^r z) = 1 - x \frac{(1-x^r)}{1-x} z + \frac{x^3(1-x^r)(1-x^{r-1})}{(1-x)(1-x^2)} z^2 + \ldots$$

équation déjà donnée par Cayley (*).

Si l'on change z en x^n, l'équation [37] deviendra

$$(1-x^{n+1})(1-x^{n+2})\ldots(1-x^{n+r}) = \sum_0^r {}_k (-1)^k x^{kn + \frac{1}{2} k(k+1)} \frac{(1-x^{r-k+1})\ldots(1-x)}{(1-x)\ldots(1-x^k)}$$

En vertu de l'équation [21], il viendra alors

$$[39]$$
$$C(p, r, n) = (\!(x^p)\!) \sum_0^r {}_k (-1)^k \frac{x^{kn + \frac{1}{2} k(k+1)}}{(1-x)\ldots(1-x^k)(1-x)(1-x^2)(1-x^{r-k})}.$$

Par cette formule, le seul développement à faire est celui du dénominateur; et il suffit d'étendre les sommations jusqu'à

(*) *Researches on the partition of numbers — Philosophical Transactions*, 1855.

une valeur de k telle que $kn + \frac{1}{2} k (k+1)$ ne dépasse pas p. Par exemple, pour $p = \frac{n\,r}{2}$, qui est le cas des invariants, il n'est pas même nécessaire d'aller jusqu'à $k = \frac{r}{2}$.

On péut encore écrire la formule [38] ainsi qu'il suit,

$$[40] \quad C(p,r,n) = \sum_{0}^{r}{}_{k} (-1)^k ((x^\omega)) \frac{x^{\frac{1}{2} k(k+1)}}{(1-x)\ldots(1-x^k)(1-x)(1-x^2)\ldots(1-x^{r-k})},$$

en posant $\omega = p - kn$.

En revenant maintenant sur la formule [27], on voit que, en posant $V_p = V(p, r, n)$, on a, soit par la formule [26], soit par les formules [27] et [35],

$$[41] \qquad V(p, r, n) = V(p, n, r),$$

$$[42] \qquad V(p, r, n) = V(nr - p, r, n).$$

D'ailleurs, comme (v. N° 95) V_p est $= ((x^p))(1-x) \sum A_r z^r$, il s'ensuivra que

$$[43] \quad V_p = ((x^p)) \sum_{0}^{r}{}_{k} (-1)^k \frac{x^{kn + \frac{1}{2} k(k+1)}}{(1-x)\ldots(1-x^k)(1-x^2)\ldots(1-x^{r-k})};$$

et selon les besoins on y pourra échanger r, n entre eux; par conséquent on aura encore

$$[44] \qquad V_p = \sum_{0}^{n}{}_{k} (-1)^k ((x^\omega)) \frac{x^{\frac{k(k+1)}{2}}}{(1-x)\ldots(1-x^k)(1-x^2)\ldots(1-x^{n-k})}.$$

Ainsi, pour $n = 5$, on trouvera

$$V_p = \sum_{0}^{5}{}_{k} (-1)^k ((x^\omega)) \frac{x^{\frac{k(k+1)}{2}}}{(1-x)\ldots(1-x^k)(1-x^2)\ldots(1-x^{5-k})},$$

où $\omega = r\left(\frac{5}{2} - k\right)$, et on retombera sur la valeur de T, N. 98 sauf le changement de r en θ.

Nous donnerons à la fin de l'ouvrage des tables des diverses valeurs de V_p.

§ 4.

Application à la forme quintique.

101. Nous pouvons faire une application intéressante des principes exposés jusqu'ici à la théorie des formes quintiques. Nous avons vu, N. 64, que la forme quintique peut être réduite à la forme canonique [23]; or, comme on va voir, l'étude de cette forme peut conduire à des conséquences importantes. Examinons d'abord ce que deviennent les invariants de la proposée [22] lorsqu'on les dérive de la forme [31], invariants auxquels ils sont égaux par la nature de notre substitution. Partons, pour plus de simplicité, de la forme

$$[1] \qquad \lambda u^5 + \mu v^5 + (u + v)^5 = 0,$$

qui se déduit de la forme [31] en posant $\lambda = \dfrac{l}{n}, \quad \mu = \dfrac{m}{n}.$

Alors les invariants, multipliés par une puissance convenable de n, seront ceux de [31, N. 64]. L'élimination de u et v entre les dérivées de [1] par rapport à u et à v,

$$[2] \qquad \lambda u^4 + (u + v)^4 = 0 \quad , \quad \mu v^4 + (u + v)^4 = 0$$

nous fournira le discriminant et par conséquent les invariants de 4e et de 5e ordre, par suite d'une relation connue entre les trois invariants. Nous avons d'abord pour ce discriminant l'expression (*) $\lambda\mu + (\sqrt[4]{\lambda} + \sqrt[4]{\mu})^4$, ou, sous forme rationnelle et entière,

$$[3] \quad \text{Norme}\left[\lambda\mu + (\sqrt[4]{\lambda} + \sqrt[4]{\mu})^4\right] = \left[(\lambda\mu+\lambda+\mu)^2 - 4\lambda\mu\right]^2 - 128\lambda^2\mu^2(\lambda\mu-\lambda-\mu). \quad (**)$$

(*) Il suffit de voir que des équations [2] on déduit

$$\frac{\lambda}{\mu}\left(\frac{u}{v}\right)^4 = 1, \qquad \frac{u}{v} = \sqrt[4]{\frac{\mu}{\lambda}},$$

et la première des [33] deviendra

$$\lambda\left(\sqrt[4]{\frac{\mu}{\lambda}}\right)^4 + \left(\sqrt[4]{\frac{\mu}{\lambda}} + c\right)^4 = 0,$$

ou

$$\lambda\mu + (\sqrt[4]{\lambda} + \sqrt[4]{\mu})^4 = 0.$$

(**) On entend par norme le produit de plusieurs facteurs, fonctions successivement de toutes les racines d'une équation donnée. Ainsi actuellement

$$\text{rme} = \left[\lambda\mu+(\sqrt[4]{\lambda}+\sqrt[4]{\mu})^4\right]\left[\lambda\mu+(\sqrt[4]{b}-\sqrt[4]{\mu})^4\right]\left[\lambda\mu+(\sqrt[4]{b}+i\sqrt[4]{a})^4\right]\left[\lambda\mu+(\sqrt[4]{b}-i\sqrt[4]{a})^4\right]$$

$$\left[(\lambda\mu+\lambda+\mu+6\sqrt[4]{\lambda^2\mu^2})^2-16(\sqrt[4]{\lambda^3\mu}+\sqrt[4]{\lambda\mu^3})^2\right]\left[(\lambda\mu+\lambda+\mu-6\sqrt[4]{\lambda^2\mu^2})^2+16(\sqrt[4]{\lambda^3\mu}-\sqrt[4]{\lambda\mu^3})^2\right]$$

$$\left[(\lambda\mu+\lambda+\mu)^2+4\lambda\mu+4(3\lambda\mu-\lambda-\mu)\sqrt[4]{\lambda^2\mu^2}\right].\left[(\lambda\mu+\lambda+\mu)^2+4\lambda\mu-4(3\lambda\mu-\lambda-\mu)\sqrt[4]{\lambda^2\mu^2}\right];$$

et enfin

$$= \left[(\lambda\mu+\lambda+\mu)^2+4\lambda\mu\right]^2 - 16(3\lambda\mu-\lambda-\mu)^2\lambda\mu;$$

ce qui se peut mettre encore sous la forme

$$\left[(\lambda\mu+\lambda+\mu)^2-4\lambda\mu\right]^2 - 128\lambda^3\mu^2(\lambda\mu-\lambda-\mu).$$

On pourrait encore trouver le discriminant au moyen du déterminant

$$\begin{vmatrix} 4\lambda & 6\lambda & 4\lambda & \lambda\mu+\lambda+\mu \\ 6\lambda & 4\lambda & \lambda\mu+\lambda+\mu & 4\mu \\ 4\lambda & \lambda\mu+\lambda+\mu & 4\mu & 6\mu \\ \lambda\mu+\lambda+\mu & 4\mu & 6\mu & 4\mu \end{vmatrix},$$

qu'on formerait à l'aide de la méthode abrégée de Bézout, c'est-à-dire en partant de la forme [24], N. 41, du résultant des deux équations [2].

En désignant donc généralement par I_i l'invariant de degré i, on aura

$$I_4 = \left[(\lambda\mu + \lambda + \mu)^2 - 4\lambda\mu \right] \ (*)\ ,$$
$$I_8 = \lambda^2\mu^2 \left[\lambda\mu - \lambda - \mu \right] \ (**)\ .$$

En comparant ces expressions avec celle du discriminant, on tire cette relation remarquable entre le discriminant et les deux premiers invariants de la fonction quintique, à savoir

$$\text{Discriminant} = I^2_4 - 128\, I_8$$

si on remplace λ, μ par leurs valeurs, on aura sous forme entière

$$[4] \qquad I_4 = (lm + ln + mn)^2 - 4lmn^2$$
$$= (lm - ln - mn)^2 + 4lmn\,(l + m - n)\ ,$$
$$[5] \qquad I_8 = l^2 m^2 n^2\,(lm - ln - mn).$$

(*) Il suffit d'observer ce que devient l'invariant

$$I_4 = (af - 3le + 2cd)^2 - 4\,(ae - 4ld + 3c^2)\,(lf - 4ce + 3d^2),$$

lorsque la forme proposée devient la [32], ou bien que le covariant de 2e ordre et de 2e degré devient $\lambda x^2 + (\lambda\mu + \lambda + \mu)\,xy + \mu y^2$.

(**) Au moyen du covariant de 6e ordre de la fonction de 5e, on peut trouver l'invariant de 8e ordre. En effet, on a pour la forme

$$\lambda x^6 + 3\lambda x^5 y + 3\lambda(\lambda+2)\,x^4 y^2 + (\lambda\mu + \lambda + \mu)\,x^3 y^3 + 3\mu(\mu+2)x^2 y^4 + 3\mu xy^5 + \mu y^6,$$

et alors il viendra pour l'invariant que l'on cherche le déterminant

$$\begin{vmatrix} \lambda & 3\lambda & 3\lambda(\lambda+2) & \lambda\mu+\lambda+\mu \\ 3\lambda & 3\lambda(\lambda+2) & \lambda\mu+\lambda+\mu & 3\mu \\ (\lambda+2)3\lambda & \lambda\mu+\lambda+\mu & 3\mu & 3\mu \\ \lambda\mu+\lambda+\mu & 3\mu & 3\mu & \mu \end{vmatrix}.$$

Mais il est plus simple de prendre la formule

$$I_8 = A\,(bd - c^2) + B\,(bc - ad) + C\,(ac - b^2),$$

et alors on verra qu'il se réduit à

$$\lambda^2\mu^2(\lambda\mu + \lambda + \mu) - 2\lambda^2\mu^2(\lambda + \mu) = \lambda^2\mu^2(\lambda\mu - \lambda - \mu).$$

Pour trouver l'invariant de 12ᵉ degré, il n'y a qu'à voir ce que devient dans ce cas le discriminant de l'équation cubique [26] (*), et on trouvera

$$[6] \qquad\qquad I_{12} = l^4 m^4 n^4.$$

A ces trois invariants fondamentaux il faudrait ajouter celui de 18ᵉ degré trouvé en 1854 par M. Hermite et dont l'expression en fonction de l, m, n donnée par M. Sylvester, serait

$$[7] \qquad I_{18} = 4 l^5 m^5 n^5 \, (l - m) \, (l + n) \, (m + n).$$

Pour plus de commodité, on peut changer n en $-n$, ce qui revient à échanger entre elles β, γ et α, γ dans les expressions de m et n, et on aura ainsi tout à la fois les 4 invariants fondamentaux sous la forme

$$[8] \quad
\begin{aligned}
I_4 &= (lm + ln + mn)^2 - 4lmn \, (l + m + n) \,, \\
I_8 &= l^2 m^2 n^2 \, (lm + ln + mn), \\
I_{12} &= l^4 m^4 n^4, \\
I_{18} &= 4 \, l^5 m^5 n^5 \, (l - m) \, (l - n) \, (m - n),
\end{aligned}$$

102. Par cet échange l'équation canonique de la forme quintique binaire deviendrait

$$lu^5 + mv^5 - n \, (u + v)^5 = 0.$$

Or les valeurs des trois premiers invariants nous permettent de former une équation dont l, m, n seraient les racines. On aura, en effet,

$$[9] \qquad x^3 + \frac{I_{12} I_4 - I_8^2}{4 I_{12}^{\frac{5}{4}}} \, x^2 + \frac{I_8}{I_{12}^{\frac{1}{2}}} \, x - I_{12}^{\frac{1}{4}} = 0.$$

(*) Le discriminant (voir les tables) se réduit alors au seul terme $b^2 c^2 = (\lambda \mu)^2 (\lambda \mu)^2 = \lambda^4 \mu^4$.

Or le discriminant de cette équation serait

$$[10] \qquad (l-m)^2\,(l-n)^2\,(m-n)^2 = \frac{I^2_{18}}{16\,l^{13}m^{13}n^{10}} = \frac{I^2_{18}}{16\,I^{\frac{10}{4}}_{12}},$$

et en l'exprimant à l'aide de ses coefficients on obtiendra, toutes réductions faites, cette relation remarquable (*)

$$[11] \qquad I^2_{18} = I_4\,(I_4\,I_{12} - I^2_8) + 8\,I^3_8\,I_{12} - 72\,I_4\,I_8\,I^2_{12} - 432\,I^3_{12},$$

par laquelle il est démontré très-simplement que l'invariant de I_{18} est fonction des trois premiers invariants fondamen-

____

(*) Supposons que la forme cubique soit

$$\alpha x^3 + \beta x^2 y + \gamma x y^2 + \delta\ ;$$

celle du discriminant est

$$18\alpha\beta\gamma\delta + \beta^2\gamma^2 - 4\alpha\gamma^3 - 4\beta^3\delta - 27\alpha^2\delta^2,$$

et si, pour abréger, on pose

$$I_4 = a\quad,\quad I_8 = b\quad,\quad I_{12} = c,$$

l'équation canonisante [9] devient

$$x^3 + \frac{ac-b^2}{4c^{\frac{3}{4}}}\,x^2 + \frac{b}{c^{\frac{1}{2}}}\,x - c^{\frac{1}{4}} = 0,$$

d'où on déduit que le discriminant est

$$\frac{1}{16c^{\frac{7}{2}}}\left[-18,4\,(ac-b^2)\,bc^2 + (ac-b^2)\,b^2 - 4^3b^3c^2 + (ac-b^2)^3 - 27,16\,c^4\right]$$

$$= \frac{c}{16c^{\frac{7}{2}}}\left[a\,(ac-b^2)^2 - 72\,abc^2 + 8\,b^3c - 432\,c^3\right].$$

Mais par l'équation [10] cette fonction est $= \dfrac{I^2_{18}}{16c^{\frac{5}{2}}}$;

donc, en remplaçant a, b, c par leurs valeurs, il viendra

$$I^2_{18} = I_4\,(I_4 I_{12} - I^2_8)^2 + 8\,I^3_8\,I_{12} - 72\,I_4\,I_8\,I^2_{12} - 432\,I^3_{12},$$

taux (*). Cette même équation va nous servir pour exprimer les coefficients l, m, n et μ de la forme réduite en fonction de ceux de la proposée; car en la résolvant et en posant, pour abréger,

$$[12] \qquad I_{16} = I_{12}I_4 - I^2_{8},$$

$$[13] \qquad I_{48} = 36\,I_8\,I^2_{12}\,I_{10} + 6.12^2\,I^4_{12} - I^3_{16}\,,$$

on aura

$$12\,I^{\frac{5}{4}}_{12}\,l = -\,I_{16} + \rho\,\sqrt[3]{I_{48} + 216\,I_{18}\,I^{\frac{10}{4}}_{12}} + \rho^2\,\sqrt[3]{I_{48} - 216\,I_{18}\,I^{\frac{10}{4}}_{12}}\ (**).$$

En remplaçant ρ par les trois racines cubiques de -1, on aura les valeurs de l, m, n. De ces expressions il résulte une propriété remarquable de la forme canonique; car puisque ces coefficients sont des fonctions d'invariants, il s'ensuit que, si dans la forme quintique proposée on fait une substitution linéaire quelconque $x = px' + qy'$, $y = p'x' + q'y'$, la forme canonique, à cause du facteur $pq' - p'q$ qui sera commun aux coefficients l, m, n, demeurera invariable. Ainsi la forme canonique (31), N. 64, sera une forme caractéristique de toute forme quintique donnée (22).

(*) Nous avons déjà donné cette méthode pour trouver la relation susdite dans une note insérée dans le *Journal de Tortolini*, 1855.

(**) Il suffit de se rappeler que, en posant

$$ax^3 + 3bx^2 + 3cx + d = 0,$$

on a
$$ax = -b + \rho\,\sqrt[3]{\tfrac{1}{2}B + \tfrac{1}{2}a\sqrt{C}} + \rho^2\,\sqrt[3]{\tfrac{1}{2}B - \tfrac{1}{2}a\sqrt{C}}\,,$$

où
$$B = 3abc - a^2d - 2b^3\,, \qquad C = (ad - bc)^2 - 4(ac - b^2)(bd - c^2)\,,$$

et dans le cas actuel,

$$B = \frac{3(I_{12}I_4 - I_8^2)\,I_8}{9.4\,I^{\frac{5}{4}}_{12}\cdot I^{\frac{2}{4}}_{12}} + I^{\frac{1}{4}}_{12} - 2\left[\frac{(I_{12}I_4 - I_8^2)}{12\,I^{\frac{5}{4}}_{12}}\right]^3 = \frac{6.12\,I_8\,I^2_{12}\,I_{10} + 12^3\,I^4_{12} - 2\,I^3_{16}}{12^3\,I^{\frac{1}{4}}_{12}},$$

$$C = \frac{I^2_{18}}{16\,I^{\frac{10}{4}}_{10}}\,, \qquad\qquad \sqrt{C} = \frac{I_{18}}{4\,I^{\frac{5}{4}}_{12}}\,.$$

Les valeurs de λ, μ seraient évidemment

$$[14] \qquad \lambda = \frac{-\,I_{16} + \rho\sqrt[3]{I_{48} + 216\,I_{18}I_{12}^{\frac{5}{2}}} + \rho^2\sqrt[3]{I_{48} - 216\,I_{15}I_{12}^{\frac{5}{2}}}}{-\,I_{16} + \sqrt[3]{I_{48} + 216\,I_{18}I_{12}^{\frac{5}{2}}} + \rho^2\sqrt[3]{I_{48} - 216\,I_{18}I_{12}^{\frac{5}{2}}}}\,,$$

$$[15] \qquad \mu = \frac{-\,I_{16} + \rho^2\sqrt[3]{I_{48} + 216\,I_{18}I_{12}^{\frac{5}{2}}} + \rho\sqrt[3]{I_{48} - 216\,I_{18}I_{12}^{\frac{5}{2}}}}{-\,I_{16} + \sqrt[3]{I_{48} + 216\,I_{1}I_{12}^{\frac{5}{2}}} + \rho^2\sqrt[3]{I_{48} - 216\,I_{18}I_{12}^{\frac{5}{2}}}}\,.$$

Ces valeurs deviennent égales lorsque

$$I_{18} = 0, \qquad \text{ou} \qquad I_{12} = 0,$$

ce qu'on pouvait prévoir par l'équation [7].

Dans cette hypothèse, les coefficients de la forme canonique

$$\lambda u^5 + \mu v^5 + (u + v)^5 = 0$$

équidistants des extrêmes seront égaux ; et par conséquent l'équation proposée pourra se résoudre algébriquement.

103. Nous pouvons encore faire une application à l'équation de 5e degré de ce que nous avons appris à l'égard des invariants exprimés en fonction des racines.

On sait que Lagrange a réussi à faire dépendre la résolution d'une équation donnée, de celle d'une seconde équation que l'on appelle *résolvante*, et dont la racine est composée linéairement avec celles de l'équation proposée et les puissances d'une racine de l'unité du même degré. En particulier Lagrange a démontré que la résolution par radicaux de l'équation du 5e degré, si elle est possible, peut être réduite à la détermination d'une racine commensurable d'une équation du

6e degré dont les coefficients dépendent rationnellement de ceux de la proposée. Cela provient de ce qu'on peut former des fonctions de 5 lettres n'ayant que 6 valeurs ; mais comme elles sont au moins du second degré par rapport à l'une des lettres, le calcul des coefficients de la résolvante en fonction des coefficients de la forme quintique devient extrêmement pénible. Mais M. Hermite (*) avec la pénétration qui lui est propre, a le premier reconnu qu'on peut former une fonction des 5 racines n'ayant que 6 valeurs et bien appropriée au calcul, puisque elle est en même temps un invariant de la quintique.

Soient, en effet, α, β, γ, δ, ϵ les racines de l'équation

$$a_0 x^5 + 5 a_1 x^4 + 10 a_2 x^3 + 10 a_3 x^2 + 5 a_4 x + a_5 = 0.$$

Posons d'après ce géomètre

$$t = a^4_0 \left[(\alpha-\beta)^2(\beta-\gamma)^2(\gamma-\delta)^2(\delta-\epsilon)^2(\epsilon-\alpha)^2 + (\alpha-\gamma)^2(\beta-\delta)^2(\gamma-\epsilon)^2(\delta-\alpha)^2(\epsilon-\beta)^2 \right]$$

Cette expression n'est susceptible que de 6 valeurs ; ce sont en appelant λ la première partie, μ la seconde ; et en posant pour abréger

$$\lambda = (1, 2, 3, 4, 5) \quad , \quad \mu = (1, 3, 5, 2, 4) \ (**)$$

les expressions suivantes :

$$t_1 = a^4_0(\lambda_1 + \mu_1) \quad , \quad t_2 = a^4_0(\lambda_2 + \mu_2) \quad , \quad t_3 = a_0^4(\lambda_3 + \mu_3),$$
$$t_4 = a_0^4(\lambda_4 + \mu_4) \quad , \quad t_5 = a_0^4(\lambda_5 + \mu_5) \quad , \quad t_6 = a_0^4(\lambda_6 + \mu_6);$$

où

$$\lambda_1 = (1, 2, 3, 4, 5), \qquad \mu_1 = (1, 3, 5, 2, 4),$$
$$\lambda_2 = (1, 2, 4, 3, 5), \qquad \mu_2 = (1, 3, 2, 5, 4),$$
$$\lambda_3 = (1, 2, 3, 5, 4), \qquad \mu_3 = (1, 3, 4, 2, 5),$$
$$\lambda_4 = (1, 2, 5, 3, 4), \qquad \mu_4 = (1, 3, 2, 4, 5),$$
$$\lambda_5 = (1, 2, 4, 5, 3), \qquad \mu_5 = (1, 4, 3, 2, 5),$$
$$\lambda_6 = (1, 2, 5, 4, 3), \qquad \mu_6 = (1, 4, 2, 3, 5).$$

(*) Cambridge and Dublin Mathematical Journal 1854.
(**) Les nombres 1, 2, 3, 4, 5 représentent successivement les racines α, β, γ, δ, ϵ.

Soit maintenant

$$t^6 + A_1 t^5 + A_2 t^4 + A_3 t^3 + A_4 t^2 + A_5 t^1 + A_6 = 0$$

la résolvante, dont $t_1, t_2, \ldots, t_6$ seraient les racines. Puisque les coefficients A sont des fonctions symétriques des quantités t et par conséquent des fonctions symétriques des différences des racines $\alpha_1, \alpha_2, \ldots, \alpha_5$, lesquelles y entrent toutes au même degré, ces coefficients seront des invariants de la forme quintique; donc, d'après la remarque du N° 99, $A_1, A_2, \ldots, A_6$ seront des fonctions linéaires successivement

$$
\begin{array}{l|l}
A_1 & \text{de } I_4, \\
A_2 & \text{de } I_4^2,\ I_8, \\
A_3 & \text{de } I_4^3,\ I_4 I_8,\ I_{12},
\end{array}
\qquad
\begin{array}{l|l}
A_4 & \text{de } I_4^4,\ I_4^2 I_8,\ I_{12} I_4,\ I_8^2, \\
A_5 & \text{de } I_4^5,\ I_4^3 I_8,\ I_4^2 I_{12},\ I_4 I_8^2,\ I_8 I_{12}, \\
A_6 & \text{de } I_4^6,\ I_4^4 I_8,\ I_4^3 I_{12},\ I_4^2 I_8^2,\ I_4 I_8 I_{12},\ I_8^3,\ I_{12}^2.
\end{array}
$$

L'invariant fondamental I_{18} n'y figure pas, car puisque les coefficients sont des fonctions rationnelles et entières de degré multiple de 4 par rapport aux coefficients a de la forme quintique, et tout au plus de 24e degré, aucune combinaison de I_{18} avec les autres invariants fondamentaux n'est possible. On voit ainsi avec quelle facilité, une fois les invariants connus, on peut maintenant contrôler ou achever des calculs qui auraient été autrement inabordables.

CHAPITRE SIXIÈME.

DES COVARIANTS.

§ 1.

Propriétés fondamentales.

104. Étant donnée une forme

$$[1] \qquad f(x, y) = a_0 x^n + n a_1 x^{n-1} y + \frac{n(n-1)}{1 \cdot 2} a_2 x^{n-2} y^2 + \ldots,$$

on appelle *covariant* de cette forme une *fonction* φ *de* x, y *et de ses coefficients, dérivée de la première, de telle sorte que, à une puissance près du déterminant de la substitution, la transformée de la dérivée est la dérivée de la transformée de la fonction proposée.*

En d'autres termes le covariant de la transformée est la transformée du covariant.

Ainsi, par exemple, la fonction

$$[2] \qquad (ac - b^2) x^2 + (ad - bc) xy + (bd - c^2) y^2$$

est un covariant de

$$[3] \qquad ax^3 + 3bx^2y + 3cx^2y + dy^3 ;$$

car par la substitution

$$[4] \qquad x = pX + qY, \qquad y = p'X + q'Y,$$

la transformée de ce covariant, à savoir

$$[5] \quad T = \begin{cases} \left[(ac-b^2)\,p^2 + (ad-bc)\,pp' + (bd-c^2)\,p'^2\right] X^2 \\ + \left[2(ac-b^2)pq + (ad-bc)(pq'+p'q) + 2(bd-c^2)p'q'\right] XY \\ + \left[(ac-b^2)\,q^2 + (ad-bc)\,qq' + (bd-c^2)\,q'^2\right] Y^2 \end{cases}$$

est, à un facteur près, équivalente au covariant de la transformée

$$A X^3 + 3\,B X^2 Y + 3\,C X Y^2 + D Y^3$$

ou à

$$(AC - B^2)\,X^2 + (AD - BC)\,XY + (BD - C^2)\,Y^2.$$

En effet, à l'aide des valeurs

$$A = ap^3 + 3bp^2p' + 3cpp'^2 + dp'^3 ,$$
$$B = q\,(ap^2 + cp'^2) + 2pp'\,(qb + q'c) + q'\,(bp^2 + dp'^2) ,$$
$$C = p\,(aq^2 + cq'^2) + 2qq'\,(pb + p'c) + p'\,(bq^2 + dq'^2) ,$$
$$D = aq^3 + 3bq^2q' + 3cqq'^2 + dq'^3 ,$$

on vérifiera sans peine que

$$(AC - B^2)\,X^2 + (AD - BC)\,XY + (BD - C^2)\,Y^2 = (pq' - p'q)^2\,T.$$

On peut constater facilement, par exemple, que les coefficients de X^2 sont égaux dans les deux membres, c'est-à-dire que

$$AC - B^2 = (pq' - p'q)^2 \left[(ac - b^2)\,p^2 + (ad - bc)\,pp' + (bd - c^2)\,p'^2\right].$$

105. Ainsi *tout covariant φ est une fonction qui satisfait à l'équation*

$$[6] \quad \varphi(A_0, A_1, A_2 \ldots X, Y) = (pq' - p'q)^\mu \cdot \varphi(a_0, a_1, a_2 \ldots pX + qY, p'X + q'Y)$$

ou

$$[7] \quad \varphi(A_0, A_1, A_2, \ldots, X, Y) = (pq' - p'q)^\mu \varphi(a_0, a_1, a_2, \ldots, x, y).$$

D'après cette définition, chaque coefficient de $X^i Y^h$ dans le 1er membre de [6] reproduit, à un facteur près $(pq' - p'q)^\mu$, le coefficient du même terme dans le second membre.

106. Nous appellerons, comme pour l'invariant, μ l'*indice du covariant*; et si nous supposons que le degré du covariant par rapport aux variables soit m, et que le degré du covariant par rapport aux coefficients soit r, on aura ce

1er Théorème. *L'indice du covariant est exprimé par la formule* $\mu = \dfrac{nr - m}{2}$.

Démonstration. En effet les coefficients A, étant de degré n par rapport aux quantités p, q, p', q', et figurant au degré r dans le covariant φ, les coefficients des variables X, Y, seront de degré nr par rapport à ces mêmes quantités: d'ailleurs celles-ci entrent déjà au degré m dans la forme φ du second membre [6]: donc puisque le déterminant est de degré 2, on aura

$$2\mu = nr - m \qquad , \qquad \mu = \frac{nr - m}{2}.$$

Par exemple, pour $n = 3$, $r = 2$, $m = 2$, on aura $\mu = 2$, comme on vient de voir dans le covariant susdit de la forme cubique.

Puisque les covariants peuvent être de différent degré par rapport aux variables et aux coefficients, nous appellerons *ordre* le degré m du covariant par rapport aux variables, et *degré* le degré r par rapport aux coefficients de la forme.

Corollaire. Pour les formes de degré pair, les covariants sont d'ordre pair.

107. 2e Théorème. *Les poids des différents coefficients d'un covariant forment une progression arithmétique dont le premier terme est l'indice $\dfrac{nr - m}{2}$ et la raison 1.*

Démonstration. En effet, si l'on fait la substitution

$$x = X$$
$$y = \quad \alpha Y,$$

le coefficient du terme en $X^{m-i}Y^i$ acquerra le facteur α^{π_i}, en appelant π_i son poids, tandis que le facteur en α du même terme dans le second membre de l'équation [7] sera $\alpha^{\frac{nr-m}{2}+i}$: donc $\pi_i = \dfrac{nr - m}{2} + i$, ce qui démontre le théorème.

Posons, par exemple, $n=4$, $r=3$, $m=6$: les poids successifs des termes du covariant d'ordre 6 de la forme biquadratique seront 3, 4, 5, 6, 7, 8, 9.

CorolLAire. Connaissant les poids et le degré des coefficients d'un covariant, la forme littérale des termes successifs peut être écrite d'avance. Il ne restera plus qu'à déterminer les coefficients, ce qu'on apprendra à faire par la suite.

108. 3e Théorème. *Dans un covariant les termes équidistants des extrêmes s'échangent entre eux par l'échange mutuel des coefficients équidistants des extrêmes dans la fonction génératrice.*

Démonstration. En effet si l'on change x en y, ce qui revient à faire la substitution $x=Y$, $y=X$, la transformée du covariant quant aux coefficients ne différera du covariant que par l'échange des coefficients équidistants des extrêmes: et ainsi il faudra que

$$\varphi(a_n, a_{n-1}, ..., a_1, a_0, X, Y) = (-1)^\mu \varphi(a_0, a_1, ..., a_{n-1}, a_n, Y, X),$$

ce qui n'est pas possible, à moins que le coefficient de $X^{m-i}Y^i$ ne devienne égal à celui de $Y^{m-i}X^i$ par l'échange des coefficients a_i en a_{n-i}, qui s'est opéré dans la forme même à cause de la substitution ci-dessus. On ne tient pas compte du signe $\pm$ qui peut affecter le covariant et n'altère nullement la forme littérale. Seulement par cet échange les termes changeront ou non de signe, selon que l'indice du covariant est impair ou pair.

109. 4e Théorème. *Tout covariant φ satisfait à l'équation aux dérivées partielles*

$$[8] \qquad y\frac{d\varphi}{dx} = a_0\frac{d\varphi}{da_1} + 2a_1\frac{d\varphi}{da_2} + 3a_2\frac{d\varphi}{da_3} + ... + na_{n-1}\frac{d\varphi}{da_n}.$$

Démonstration. En effet, si on fait la substitution :

$$x = X + \epsilon Y,$$
$$y = \qquad Y,$$

par définition on aura

$$\Phi(A, B, C, \ldots, X, Y) = \varphi(a, b, c, \ldots, X + \epsilon Y, Y),$$

ou

$$\Phi(A, B, C, \ldots, x - \epsilon y, y) = \varphi(a, b, c, \ldots, x, y).$$

Maintenant, si on développe le premier membre selon les puissances de ϵ à l'aide de la série de Taylor, l'équation deviendra

$$\varphi + \epsilon\left[-y\frac{d\varphi}{dx} + \frac{d\varphi}{da_0}\delta a_0 + \frac{d\varphi}{da_1}\delta a_1 + \ldots\ldots\right] + M\epsilon^2 + \ldots = \varphi,$$

et pour que cela ait lieu quel que soit ϵ, il faudra que le coefficient de ϵ soit nul, ce qui est précisément l'équation [8].

CorollAIRE. D'après le 3e théorème le covariant satisfera aussi à l'équation

$$[9] \qquad x\frac{d\varphi}{dy} = a_n\frac{d\varphi}{da_{n-1}} + 2a_{n-1}\frac{d\varphi}{da_{n-2}} + \ldots\ldots + na_1\frac{d\varphi}{da_0}.$$

APPLICATION. Soit

$$\varphi = C_0 x^m + mC_1 x^{m-1}y + \frac{m(m-1)}{2}C_2 x^{m-2}y^2 + \ldots + C_m y^m$$

le covariant: les équations de condition du 1er système [8] seront

$$[10] \begin{cases} a_0\dfrac{dC_0}{da_1} + 2a_1\dfrac{dC_0}{da_2} + 3a_2\dfrac{dC_0}{da_3} + \ldots + na_{n-1}\dfrac{dC_0}{da_n} = 0 \quad^{(*)}, \\[2mm] a_0\dfrac{dC_1}{da_1} + 2a_1\dfrac{dC_1}{da_2} + 3a_2\dfrac{dC_1}{da_3} + \ldots + na_{n-1}\dfrac{dC_1}{da_n} = C_0 \,, \\[2mm] a_0\dfrac{dC_2}{da_1} + 2a_1\dfrac{dC_2}{da_2} + 3a_2\dfrac{dC_2}{da_3} + \ldots + na_{n-1}\dfrac{dC_2}{da_n} = 2C_1 \,, \\[2mm] \cdots\cdots\cdots\cdots\cdots\cdots\cdots\cdots\cdots\cdots\cdots\cdots\cdots \\[2mm] a_0\dfrac{dC_m}{da_1} + 2a_1\dfrac{dC_m}{da_2} + 3a_2\dfrac{dC_m}{da_3} + \ldots + na_{n-1}\dfrac{dC_m}{da_n} = mC_{m-1} \,, \end{cases}$$

(*) Il suffit d'observer que l'opération $y\frac{d\varphi}{dx}$ donne

$$mC_0 x^{m-1}y + m(m-1)C_1 x^{m-2}y^2 + \frac{m(m-1)(m-2)}{1\cdot 2}C_2 x^{m-3}y^3 + \ldots + mC_{m-1}y^m.$$

et les équations de condition du second système seront

$$[11] \begin{cases} na_1\dfrac{dC_m}{da_0} + (n-1)a_2\dfrac{dC_m}{da_1} + \ldots\ldots + a_n\dfrac{dC_m}{da_{n-1}} = 0, \\[2ex] na_1\dfrac{dC_{m-1}}{da_0} + (n-1)a_2\dfrac{dC_{m-1}}{da_1} + \ldots\ldots + a_n\dfrac{dC_{m-1}}{da_{n-1}} = C_m, \\[2ex] na_1\dfrac{dC_{m-2}}{da_0} + (n-1)a_2\dfrac{dC_{m-2}}{da_1} + \ldots\ldots + a_n\dfrac{dC_{m-2}}{da_{n-1}} = 2C_{m-1}, \\[2ex] \cdots\cdots\cdots\cdots\cdots\cdots\cdots\cdots\cdots\cdots\cdots\cdots\cdots \\[2ex] na_1\dfrac{dC_1}{da_0} + (n-1)a_2\dfrac{dC_1}{da_1} + \ldots\ldots + a_n\dfrac{dC_1}{da_{n-1}} = (m-1)C_2, \\[2ex] na_1\dfrac{dC_0}{da_0} + (n-1)a_2\dfrac{dC_0}{da_1} + \ldots\ldots + a_n\dfrac{dC_0}{da_{n-1}} = mC_1. \end{cases}$$

D'après la forme de la première des équations [10], on voit que C_0 est un péninvariant dont le calcul n'offrira aucune difficulté.

Exemple. Supposons $n=3$, $r=2$, $m=2$; la forme cubique

$$a_0x^3 + 3a_1x^2y + 3a_2xy^2 + a_3y^3,$$

aura pour covariant une expression de la forme

$$C_0x^2 + 2C_1xy + C_2y^2,$$

et les poids de C_0, C_1, C_2 seront, d'après le théorème (N. 107),

$$\frac{3.2-2}{2} = 2, 3, 4.$$

On aura donc

$$C_0 = L_0a_0a_2 + L_1a_1{}^2,$$
$$C_1 = M_0a_0a_3 + M_1a_1a_2,$$
$$C_2 = L_0a_1a_3 + L_1a_2{}^2,$$

et le premier système d'équations donnera

$$a_0\frac{dC_0}{da_1} + 2a_1\frac{dC_0}{da_2} + 3a_2\frac{dC_0}{da_3} = 0,$$
$$a_0\frac{dC_1}{da_1} + 2a_1\frac{dC_1}{da_2} + 3a_2\frac{dC_1}{da_3} = C_0,$$

$$2\,a_0 a_1 \,(\mathrm{L}_0 + \mathrm{L}_1) = 0, \qquad \mathrm{L}_1 = -\,\mathrm{L}_0 = -\,1, \qquad \text{si}\ \ \mathrm{L}_0 = 1,$$

$$a_0 a_2 \,(\mathrm{M}_1 + 3\,\mathrm{M}_0) + 2\,a_1 \mathrm{M}_1{}^2 = a_0 a_2 - a_1{}^2,$$

$$\mathrm{M}_1 = -\frac{1}{2}, \qquad 3\,\mathrm{M}_0 = \frac{3}{2}, \qquad \mathrm{M}_0 = \frac{1}{2}.$$

Par conséquent le covariant quadratique sera

$$(a_0 a_2 - a_1{}^2)\,x^2 + (a_0 a_3 - a_1 a_2)\,xy + (a_1 a_3 - a_2{}^2)\,y^2.$$

110. Observons maintenant qu'une fois le premier coefficient connu, on peut obtenir tous les autres par des simples différentiations.

En effet d'après les équations [11], on voit que,

$$[12] \quad \begin{cases} \mathrm{C}_1 = \dfrac{1}{m} \sum (n - i)\,a_{i+1}\,\dfrac{d\mathrm{C}_0}{da_i}, \\[2ex] \mathrm{C}_2 = \dfrac{1}{m-1} \sum (n - i)\,a_{i+1}\,\dfrac{d\mathrm{C}_1}{da_i}, \\[2ex] \cdots\cdots\cdots\cdots\cdots \\[2ex] \mathrm{C}_m = \sum (n - i)\,a_{i+1}\,\dfrac{d\mathrm{C}_{m-1}}{da_i}. \end{cases}$$

Exemple. Les coefficients du covariant de la forme de degré 5

x^6	$x^5 y$	$x^4 y^2$	$x^3 y^3$	$x^2 y^4$	$x y^5$	y^6
$+\,ac$	$+\,3\,ad$	$+\,3\,ae$	$+\ af$	$+\,3\,bf$	$+\,3\,cf$	$+\,df$
$-\,b^2$	$-\,3\,bc$	$+\,3\,bd$	$+\,7\,bc$	$+\,3\,ce$	$-\,3\,de$	$-\,e^2$
		$-\,6\,e^2$	$-\,8\,cd$	$-\,6\,d^2$		

se déduiront de $\mathrm{C}_0 = ac - b^2$ par les équations

$$\mathrm{C}_1 = \frac{1}{6}\left(5b\,\frac{d\mathrm{C}_0}{da} + 4c\,\frac{d\mathrm{C}_0}{db} + 3d\,\frac{d\mathrm{C}_0}{dc}\right),$$

$$\mathrm{C}_2 = \frac{1}{5}\left(5b\,\frac{d\mathrm{C}_1}{da} + 4c\,\frac{d\mathrm{C}_1}{db} + 3d\,\frac{d\mathrm{C}_1}{dc} + 2e\,\frac{d\mathrm{C}_1}{dd}\right),$$

$$\mathrm{C}_3 = \frac{1}{4}\left(5b\,\frac{d\mathrm{C}_2}{da} + 4c\,\frac{d\mathrm{C}_2}{db} + 3d\,\frac{d\mathrm{C}_2}{dc} + 2e\,\frac{d\mathrm{C}_2}{dd} + f\,\frac{d\mathrm{C}}{de}\right),$$

et nous n'écrivons pas les C_4, C_5, C_5, C_6 : car ils se déduisent des autres par le simple échange des coefficients équidistants des extrêmes.

Remarque. Si on représente par δ l'opération représentée par le second membre [8] le covariant $\varphi = (C_0, C_1, C_2, \ldots, C_m)(x, y)^m$ devra s'annuler si on y applique l'opération $\delta - y \dfrac{d}{dx}$. De là on tirera évidemment l'équation

$$(\delta C_0, \delta C_1, \delta C_2, \ldots, \delta C_m)(x, y)^m - my(C_0, C_1, \ldots, C_{m-2}, C_{m-1})(x, y)^{m-1} = 0$$

d'où les relations

$$\delta C_0 = 0, \ \delta C_1 = C_0, \ \delta C_2 = 2C_1, \ \ldots, \delta C_{m-3} = (m-1)C_{m-2}, \ \delta C_m = mC_{m-1},$$

qui nous permettent de déduire du dernier terme C_m tous les autres coefficients du covariant. Quant au dernier terme, on l'obtiendra en échangeant dans C_0 (qu'on peut calculer d'avance aisément puisque il est un invariant), les coefficients équidistants des extrêmes.

Si on appelle δ' l'opération [9], il viendra semblablement

$$\delta' C_0 = mC_1, \ \delta' C_1 = (m-1)C_2, \ \ldots, \ \delta' C_{m-2} = (m-2)C_{m-1}, \ \delta' C_{m-1} = C_m, \ \delta' C_m =$$

111. 5e Théorème. *En désignant par* U, V *les opérations*

$$[13] \qquad U = p \frac{d}{dq} + p' \frac{d}{dq'} \qquad , \qquad V = q \frac{d}{dp} + q' \frac{d}{dp'},$$

les équations [8], [9], *c'est-à-dire*

$$[14] \sum_r r A_{r-1} \frac{d\Phi}{dA_r} - Y \frac{d\Phi}{dX} = 0 , \ \sum_r (n-r) A_{r+1} \frac{d\Phi}{dA_r} - X \frac{d\Phi}{dY} = 0,$$

relatives à la transformée Φ *de* φ, *sont égales à*

$$[15] \qquad U(\Phi) = 0 \qquad , \qquad V(\Phi) = 0.$$

DÉMONSTRATION. Observons, en effet, que les coefficients de la transformée ont (voir n° 69) les valeurs suivantes

$$[16] \qquad A_r = \frac{1}{n(n-1)(n-2)\ldots(n-r+1)} \left(q\frac{d\varphi}{dp} + q'\frac{d\varphi}{dp'} \right)^r,$$

ou encore

$$[17] \qquad A_r = \frac{1}{n(n-1)(n-2)\ldots(r+1)} \left(p\frac{d\varphi}{dq} + p'\frac{d\varphi}{dq'} \right)^{n-r}.$$

De sorte qu'il viendra, en ayant égard aux valeurs susdites de U, V,

$$[18] \qquad r\,A_{r-1} = U\,(A_r) \quad , \quad (n-r)\,A_{r+1} = V\,(A_r).$$

Quant aux opérations sur les variables, observons que des équations

$$[18]' \quad kX = q'x - qy \quad , \quad kY = py - p'x \quad , \quad k = pq' - p'q$$

on tire facilement les valeurs

$$(*) \quad U(X) = -Y \quad , \quad V(X) = 0, \quad U(Y) = 0 \quad , \quad V(Y) = -X.$$

Ainsi, si $\qquad \left(\dfrac{d\Phi}{dp}\right) \quad , \quad \left(\dfrac{d\Phi}{dq}\right) \quad , \quad U[\Phi]$

désignent les dérivées de Φ et l'opération U par rapport seulement aux quantités $p, q,\ldots$, contenues dans les variables X, Y, il viendra

[19]
$$U[\Phi] = p\left(\frac{d\Phi}{dq}\right) + p'\left(\frac{d\Phi}{dq'}\right) = \frac{d\Phi}{dX} U(X) + \frac{d\Phi}{dX}'U(X) = -Y\frac{d\Phi}{dX},$$

$$V[\Phi] = q\left(\frac{d\Phi}{dp}\right) + q'\left(\frac{d\Phi}{dp'}\right) = \frac{d\Phi}{dX} V(X) + \frac{d\Phi}{dY} V(Y) = -X\frac{d\Phi}{dY}.$$

(*) En effet,
$$U(X) = p\frac{dX}{dy} + p'\frac{dX}{dy} = p\left(-\frac{y}{k}\right) + p'\frac{x}{k} + \frac{q'x - qy}{k^2}(pp' + pp') = -Y.$$

— 190 —

Par suite, en se rappelant que Φ est fonction des coefficients et des variables de la forme, et ayant égard aux équations [18] et à ces dernières, les équations [14] deviendront

$$[20] \qquad \begin{aligned} \sum_r \frac{d\Phi}{d\mathrm{A}_r} \mathrm{U}\,(\mathrm{A}_r) + p\left(\frac{d\Phi}{dq}\right) + p'\left(\frac{d\Phi}{dq'}\right) &= 0, \\ \sum_r \frac{d\Phi}{d\mathrm{A}_r} \mathrm{V}\,(\mathrm{A}_r) + q\left(\frac{d\Phi}{dp}\right) + q'\left(\frac{d\Phi}{dp'}\right) &= 0; \end{aligned}$$

et en étendant le symbole U aux coefficients ainsi qu'aux variables de Φ, on aura

$$[21] \qquad \mathrm{U}\,(\Phi) = 0 \qquad , \qquad \mathrm{V}\,(\Phi) = 0.$$

Ces équations, si on se rapporte au second membre de l'équation [7] qui sert de définition au covariant, sont évidentes, car $\mathrm{U}\,(k) = \mathrm{V}\,(k) = 0$. Mais il faut noter ici que nous avons voulu établir cette proposition indépendamment de toute idée préconçue sur la nature de la fonction φ, et seulement en partant des équations aux dérivées partielles [14].

En vertu de ce théorème, on peut démontrer aisément que toute fonction qui satisfait aux équations [8, 9] est un covariant, ce qui nous montrera que ces équations aux dérivées partielles sont vraiment *caractéristiques* des covariants, car elles fournissent les conditions nécessaires et suffisantes pour les caractériser.

112. 6e Théorème. *Si la fonction* $\varphi(a_0, a_1, a_2, \ldots, a_n\, x, y)$, *homogène des degrés* m, ρ *respectivement par rapport aux variables et aux coefficients, satisfait aux équations*

$$[22] \quad \sum r a_{r-1} \frac{d\varphi}{da_r} = y\,\frac{d\varphi}{dx} \quad , \quad \sum (n-r)\, a_{r+1} \frac{d\varphi}{da_r} = x\,\frac{d\varphi}{dy}\,,$$

elle satisfera à l'équation

$$[23] \qquad \Phi = \varphi\,(\mathrm{X}, \mathrm{Y}) = (pq' - p'q)^{\mu}\varphi\,(x, y).$$

Ce théorème, qui constitue la réciproque de la proposition, a été donné pour la première fois par M. Cayley en 1855 (*).

DÉMONSTRATION. Si les équations [21] sont satisfaites, il en sera de même des équations [14] et par conséquent des équations [21]. Mais, en vertu des équations [21], et en observant que

$$UV(\Phi) = p\left[q\frac{d^2\Phi}{dp\,dq} + q'\frac{d^2\Phi}{dp'dq} + \frac{d\Phi}{dp}\right] + p'\left[q\frac{d^2\Phi}{dpdq'} + q'\frac{d^2\Phi}{dp'dq'} + \frac{d\Phi}{dp'}\right],$$

$$VU(\Phi) = q\left[p\frac{d^2\Phi}{dq\,dp} + p'\frac{d^2\Phi}{dq'dp} + \frac{d\Phi}{dq}\right] + q'\left[p\frac{d^2\Phi}{dqdp'} + p'\frac{d^2\Phi}{dq'dp'} + \frac{d\Phi}{dq'}\right],$$

on conclut que

$$[24]\quad UV(\Phi) - VU(\Phi) = p\frac{d\Phi}{dp} + p'\frac{d\Phi}{dp'} - q\frac{d\Phi}{dq} - q'\frac{d\Phi'}{dq'} = 0.$$

Observons d'abord que partout, A_0, A_1, … étant des fonctions homogènes de p, q, p', q' du n^{me} degré, on a

$$[25]\qquad p\frac{dA_r}{dp} + q\frac{dA_r}{dq} + p'\frac{dA_r}{dp'} + q'\frac{dA_r}{dq'} = nA_r.$$

D'ailleurs, en vertu des équations [18'] on a (**)
[26]

$$p\left(\frac{d\Phi}{dp}\right) + q\left(\frac{d\Phi}{dq}\right) + p'\left(\frac{d\Phi}{dp'}\right) + q'\left(\frac{d\Phi}{dq'}\right) = -\left[X\frac{d\Phi}{dX} + Y\frac{d\Phi}{dY}\right] = -m\Phi;$$

et par conséquent, en multipliant la formule [24] par $\dfrac{d\Phi}{dA_r}$,

---

(*) V. *Second Memoir on Quantics — Philosophical Transactions*.

(**) En se rappelant le théorème connu sur les fonctions homogènes, on pourrait encore établir la [26] en partant des équations

$$p\frac{dX}{dp} + q\frac{dX}{dq} + p'\frac{dX}{dp'} + q'\frac{dX}{dq'} = -X,$$

$$p\frac{dY}{dp} + q\frac{dY}{dq} + p'\frac{dY}{dp'} + q'\frac{dY}{dq'} = -Y,$$

que l'on déduit directement des équations [18'].

et en sommant toutes les équations pour les divers indices de r et y ajoutant l'équation [26], les premiers membres représenteront les dérivées de Φ tant par rapport aux coefficients que par rapport aux variables, et par suite il viendra

$$p\frac{d\Phi}{dp}+q\frac{d\Phi}{dq}+p'\frac{d\Phi}{dp'}+q'\frac{d\Phi}{dq'}=n\sum_{0}^{n}{}_{r}\,\mathrm{A}_{r}\frac{d\Phi}{d\mathrm{A}_{r}}-m\Phi=(n\rho-m)\Phi=2\mu\Phi\ (^*).$$

Cette équation, jointe à l'équation [24], donnera

$$p\frac{d\Phi}{dp}+p'\frac{d\Phi}{dp'}=\mu\Phi,$$

$$q\frac{d\Phi}{dq}+q'\frac{d\Phi}{dq'}=\mu\Phi.$$

L'intégration de ces équations et d'une des équations [21], considérées comme simultanées, fournira l'expression de Φ,

$$\Phi=(pq'-p'q)^{\mu}.\lambda\ ,$$

λ désignant une constante par rapport à p, q, p', q', fonction de a_0, a_1, ..., a_n, x, y. Afin de déterminer la forme de cette fonction λ, posons dans l'équation susdite $p=q'=1$, $q=p'=0$, auquel cas A_0, A_1, ..., X, Y deviennent respectivement a_0, a_1, ..., x, y ; nous trouverons

$$\lambda=\varphi\,(a_0,\,a_1,\,...,\,a_n,\,x,\,y)\ ,$$

et, en substituant,

$$\Phi\,(\mathrm{X},\,\mathrm{Y})=(pq'-p'q)^{\mu}\varphi\,(x,\,y).$$

Partant, comme cette équation sert précisément à définir les covariants (**), le théorème est démontré.

___

(*) Chaque coefficient de Φ est une fonction des A, homogène et de degré ρ. Ainsi l'opération $\Sigma\,\mathrm{A}\dfrac{d\Phi}{d\,\mathrm{A}}$ ne fait que reproduire Φ répétée autant de fois, qu'il y a d'unités dans les exposants.

(**) V. BRIOSCHI, *Annali di matematica*, 1858 ; d'où nous avons emprunté cette démonstration.

113. 7ᵉ Théorème. *Toute fonction qui satisfait aux équations aux dérivées partielles (8) et (9), de degrés* m, r, *par rapport aux variables et aux coefficients, aura pour poids de chaque coefficient* C_i *en* $x^{m-i} y^i$ *la valeur* $\pi_i = \dfrac{\mathrm{nr} - \mathrm{m}}{2} + i$.

Démonstration. Posons avec M. Cayley :

$$X = a_0 \frac{d\varphi}{da_1} + 2 a_1 \frac{d}{da_2} + \ldots + na_{n-1} \frac{d}{da_n} ,$$

$$Y = na_1 \frac{d\varphi}{da_0} + (n-1) a_2 \frac{d}{da_1} + \ldots + 2a_{n-1} \frac{d}{da_{n-2}} + a_n \frac{d}{da_{n-1}} .$$

Si l'on désigne par $X(Y)$, l'opération de X sur Y en tant que Y contient explicitement les coefficients a, et ainsi $Y(X)$ pour X, il viendra $X.Y = XY + X(Y)$, $Y.X = YX + Y(X)$, d'où $\qquad X.Y - Y.X = X(Y) - Y(X)$.

Mais on trouve aisément :

$$= na_0 \frac{d\varphi}{da_0} + 2(n-1) a_1 \frac{d\varphi}{da_1} + \ldots + 2(n-1) a_{n-2} \frac{d\varphi}{da_{n-2}} + na_{n-1} \frac{d}{da_{n-1}} ,$$

$$= na_1 \frac{d\varphi}{da_1} + 2(n-1) a_2 \frac{d\varphi}{da_2} + \ldots + 2(n-1) a_{n-1} \frac{d\varphi}{da_{n-1}} + na_n \frac{d\varphi}{da_n} .$$

Par conséquent :

$$- Y(X) = na_0 \frac{d\varphi}{da_0} + (n-2) a_1 \frac{d}{da_1} + \ldots - (n-2)_{n-1} \frac{d}{da_{n-1}} - na_n \frac{d}{da_n} .$$

Or si le covariant est reduit à 0 par chaque opération $X - y\dfrac{d}{dx}$, $Y - x\dfrac{d}{dy}$, il sera aussi reduit à 0 par les opérations successives :

$$\left(X - y \frac{d}{dx} \right) \left(Y - x \frac{d}{dy} \right) - \left(Y - x \frac{d}{dy} \right) \left(X - y \frac{d}{dx} \right)$$

$$= X.Y - Y.X + y \frac{d}{dy} - x \frac{d}{dx} = X(Y) - Y(X) + y \frac{d}{dy} - x \frac{d}{dx} .$$

En posant donc

$$\Upsilon = na_0 \frac{d}{da_0} + (n-2) a_1 \frac{d}{da_1} + \ldots - (n-2)a_{n-1} \frac{d}{da_{n-1}} - na_n \frac{d}{da_n}$$

le covariant s'annulera par l'opération $\Upsilon + y \dfrac{d}{dy} - x \dfrac{d}{dx}$.

Soit maintenant $a_0^{\epsilon_0} a_1^{\epsilon_1} a_2^{\epsilon_2} \ldots a_n^{\epsilon_n} x^h y^i$ un terme du co-variant ; en y appliquant l'opération susdite, on aura :

$$n\epsilon_0 + (n-2)\epsilon_1 \ldots - (n-2)\epsilon_{n-1} - n\epsilon_n + i - h = 0 ,$$

ou

$$2i - i - h + n(\epsilon_0 + \epsilon_1 + \epsilon_2 \ldots + \epsilon_{n-1} + \epsilon_n) - 2(\epsilon_1 + 2\epsilon_2 + \ldots + (n-1)\epsilon_{n-1} + n\epsilon_n)$$

c'est à dire, puisque le degré $r = \pi_0 + \pi_1 + \pi_2 + \ldots$; et

$$i + h = m ; \quad \epsilon_1 + 2\epsilon_2 + \ldots + (n-1)\epsilon_{n-1} + n\epsilon_n = \pi_i$$

$$2i - m + nr - 2\pi_i = 0 ; \quad \text{d'où} \quad \pi_i = \frac{nr - m}{2} + i .$$

Corollaire 1er. La seule opération $X . Y - YX$ donne $nr - 2\pi_i = m - 2i$.

Corollaire 2e. Pour les invariants, comme $i = h = 0$, on a $nr - 2\pi_i = 0$; donc dans ce cas $\pi_i = \frac{nr}{2}$. Donc toute fonction des coefficients qui satisfait aux deux équations aux dérivées partielles $X = 0$, $Y = 0$, aura pour poids $\frac{nr}{2}$.

Remarque. On pourrait raisonner plus simplement ainsi. En posant $x = y'$, $y = \alpha y$, et appelant X', Y' les nouveaux X et Y, il est aisé de voir qu'on a $X' = \frac{1}{\alpha} X, Y' = \alpha Y$; et $\frac{d}{dx'} = \frac{d}{dx}$, $\frac{d}{dy'} = \alpha \frac{d}{dy}$. Partant la fonction proposée est encore reduite à 0 par les opérations $X' - y'\frac{d}{dx'}$, $Y' - x'\frac{d}{dy'}$; car on a

$$X' - y'\frac{d}{dx'} = \frac{1}{\alpha}\left(X - y\frac{d}{dx}\right) , \quad Y' - x'\frac{d}{dy'} = \alpha\left(Y - y\frac{d}{dy}\right) .$$

Afin donc que le paramètre α disparaisse du résultat il faut que dans chaque coefficient C_i de $x^{m-i} y^i$ le poids soit constant ; car α s'y trouverait élevée à une puissance indiquée précisément par la somme :

$$1\epsilon_1 + 2\epsilon_2 + 3\epsilon_3 + \ldots + 4\epsilon_n + i$$

d'où l'on voit que si π_0 est le poids du C_0, celui de C_1 sera $\pi_0 + i$.

Nous avons vu qu'au moyen des équations (12), en partant du premier coefficient C_0, on peut former tous les autres coefficients du covariant. Mais en opérant ainsi est-on bien sûr d'avoir un covariant? C'est à cette question que répond le théorème suivant dû à M. CAYLEY.

114. 8e THÉORÈME. *Étant donnée la forme* $(a_0, a_1, a_2, ..., a_n)$ $(x, y)^n$, *si* C_0 *est une fonction de degré* r *et de poids* $\frac{1}{2}(mr-n)$, *assujettie à la condition* $X C_0 = 0$, *et si on détermine* $C_1, C_2 ... C_m$ *par les conditions*

$$[27] \quad C_1 = Y C_0, \quad C_2 = \frac{1}{2} Y C_1, \quad .... C_m = \frac{1}{m} Y C_{m-1},$$

la fonction $(C_0, C_1, C_2, ..., C_m \chi x, y)^m$ *sera un covariant.*

DÉMONSTRATION. Observons, en effet, que l'opération $Y^{(i)} C_0$ fournira, à un coefficient numérique près, la valeur de C_i d'après les équations ci dessus, et qui sera de poids $\pi_i = \frac{nr - m}{2} + i$. En poursuivant les opérations Y sur C_0 on doit tomber sur un terme 0. Car puisque le plus grand indice est n le poids de $Y^{(i)}$ peut être tout au plus nr; et par conséquent, quand on aura $\frac{nr - m}{2} + i > nr$ (d'où $i > \frac{1}{2}(nr + m)$), il faudra trouver $Y^i C_0 = 0$.

Cela posé, d'après le corollaire premier, on a généralement

$$X Y - Y X = m - 2i :$$

et en particulier, pour C_0,

$$(X Y - Y X) C_0 = m C_0 ; \quad \text{d'où} \quad X Y C_0 = Y X C_0 + m C_0 = m C_0$$

puisque $X C_0 = 0$ d'après l'hypothèse.

Pareillement $\quad (X Y - Y X) Y C_0 = (m - 2) Y C_0 ;$

partant

$$X Y^2 C_0 = Y X Y C_0 + (m-2) Y C_0 = m Y C_0 + (m-2) Y C_0 = 2(m-1) Y C_0$$

De même $\qquad (XY - YX) Y^2 C_0 = (m - 4) Y^2 C_0$;

d'où

$$XY^3 C_0 = YXY^2 C_0 + (m-4)Y^3 C_0 = 2(m-1)Y^2 C_0 + (m-4)Y^2 C_0 = 3(m-2)Y^2 C_0,$$

et généralement

$$X Y^i C_0 = i (m - i + 1) Y^i C_0 \ .$$

Alors en posant $i = m + 1$, $m + 2$, etc., nous aurons :

$$XY^{m+1}C_0 = 0, \quad XY^{m+2}C_0 = -(m+2)Y^{m+1}C_0, \quad XY^{m+3}C_0 = -(m+3)2.Y^{m+2}C_0, \text{ etc.}$$

équations qui prouvent qu'on doit avoir $Y^{m+1} C_0 = 0$; car si $Y^{m+1} C_0$ est différent de 0, la seconde équation donnerait aussi $Y^{m+2} C_0$ différent de 0 et ainsi de suite, ce qui est impossible d'après la remarque faite au commencement.

De ce qui précède on déduit les relations :

$$XC_0 = 0, \quad XYC_0 = mC_0, \quad XY^2C_0 = 2(m-1)YC_0, \ldots XY^m C_0 = mY^{m-1}C_0, \quad Y^{m+1}C_0 = 0,$$

lesquelles, en vertu des équations [27], deviendront

$$XC_0 = 0, \quad XC = mC_0, \quad XC_2 = (m-1)C_2, \ldots XC_{m-1} = C_{m-1}, \quad YC_m = 0,$$

et l'on obtiendra ainsi le système complet d'équations auxquelles doit satisfaire un covariant, comme nous avons vu au N° 110.

§ 2.

Émanants, intermutants et évectants.

115. D'après ce qui précède nous avons appris à former les covariants et démontré quelques unes de leurs propriétés. Mais nous possédons des méthodes plus expéditives pour les former, fondées sur la considération de fonctions particulières, que nous appellerons *émanants*, *intermutants* et *évectants*.

Supposons qu'on ait les deux systèmes de substitutions

$$[1] \quad \begin{aligned} x &= p\mathrm{X} + q\mathrm{Y}, \\ y &= p'\mathrm{X} + q'\mathrm{Y}, \end{aligned} \qquad [2] \quad \begin{aligned} x' &= p\mathrm{X}' + q\mathrm{Y}', \\ y' &= p'\mathrm{X}' + q'\mathrm{Y}'. \end{aligned}$$

Ces deux systèmes, où figurent les mêmes coefficients de substitution, s'appelleront *congrédients*, et les valeurs mêmes de x, y ; x', y' *congrédientes*.

Cela posé, si par la première substitution on avait trouvé par hypothèse

$$[3] \qquad f(x, y) = \mathrm{F}(\mathrm{X}, \mathrm{Y}),$$

on aura encore, en appelant λ une constante auxiliaire quelconque,

$$[4] \qquad f(x + \lambda x', y + \lambda y') = \mathrm{F}(\mathrm{X} + \lambda \mathrm{X}', \mathrm{Y} + \lambda \mathrm{Y}'),$$

puisque des équations [1, 2] il viendra

$$\begin{aligned} x + \lambda x' &= p(\mathrm{X} + \lambda \mathrm{X}') + q(\mathrm{Y} + \lambda \mathrm{Y}'), \\ y + \lambda y' &= p'(\mathrm{X} + \lambda \mathrm{X}') + q'(\mathrm{Y} + \lambda \mathrm{Y}'); \end{aligned}$$

équations qui lient les quantités $x + \lambda x'$, $y + \lambda y'$ aux autres $\mathrm{X} + \lambda \mathrm{X}'$, $\mathrm{Y} + \lambda \mathrm{Y}'$ par les mêmes relations qui lient les x, y aux X, Y,

Or, si on développe l'équation [4] par la série de Taylor, il viendra

$$\left(x'\frac{d}{dx}+y'\frac{d}{dy}\right)^{l}f=\left(X'\frac{d}{dX}+Y'\frac{d}{dY}\right)^{l}F,$$

ou $\quad x'^{l}\dfrac{d^{l}f}{dx^{l}}+l\,x'^{l-1}\dfrac{d^{l}f}{dx^{l-1}dy}+\ldots+y'^{l}\dfrac{d^{l}f}{dy^{l}}=X'^{l}\dfrac{d^{l}F}{dX^{l}}+\ldots:$

on a donc ce

116. Théorème. *Si les variables* x', y', x, y *sont congrédientes, on a*

[5]
$$\left(x'\frac{d}{dx}+y'\frac{d}{dy}\right)^{l}f=\left(X'\frac{d}{dX}+Y'\frac{d}{dY}\right)^{l}F.$$

Dans le premier membre les coefficients sont des fonctions des a et des variables x, y, tandis que dans le second membre les coefficients de X', Y' sont des fonctions des A et de X, Y.

D'après M. Sylvester nous appellerons *émanant* la fonction $\left(x'\dfrac{d}{dx}+y'\dfrac{d}{dy}\right)^{l}$. Dans un sens plus large on pourrait dire que cette fonction est un covariant. Mais alors il faudrait entendre que les variables aient été changées simultanément en X, Y, X', Y'; et alors l'émanant serait une fonction telle que sa transformée serait un émanant de la forme transformée.

Exemple. Soit

$$f=ax^{2}+2bxy+cy^{2};$$

on aura $\dfrac{1}{2}\left(x'\dfrac{d}{dx}+y'\dfrac{d}{dy}\right)f=(ax+by)\,x'+(bx+cy)\,y',$

dont la transformée est un émanant de la forme

$$=(AX+BY)\,X'+(BX+CY)\,Y'=\frac{1}{2}\left(X'\frac{d}{dX}+Y'\frac{d}{dY}\right)F,$$

En effet, $\quad\left[a\,(pX+qY)+b\,(p'X+q'Y)\right](pX'+qY')$

$$+\left[b\,(pX+qY)+c\,(p'X+q'Y)\right](p'X'+q'Y')$$

$$=(ap^{2}+2bpp'+cp'^{2})\,XX'$$

$$+(apq+b\,(pq'+p'q)+cp'q')\,(YX'+XY')$$

$$+(aq^{2}+2bqq'+cq'^{2})\,YY'$$

$$=(AX+BY)\,X'+(BX+CY)\,Y'.$$

117. On peut établir le théorème autrement (*).

Soit $F(X, Y)$ ce que devient $f(x, y)$ après la substitution

$$[6] \qquad \begin{aligned} x &= pX + qY, \\ y &= p'X + q'Y. \end{aligned}$$

Dans les équations différentielles dérivées de l'équation

$$f(x, y) = F(X, Y),$$

savoir,

$$\frac{df}{dx}\,dx + \frac{df}{dy}\,dy = \frac{dF}{dX}\,dX + \frac{dF}{dY}\,dY ,$$

$$\frac{d^2f}{dx^2}\,dx^2 + 2\frac{d^2f}{dx\,dy}\,dx\,dy + \frac{d^2f}{dy^2}\,dy^2 = \frac{d^2F}{dX^2}\,dX^2 + 2\frac{d^2F}{dX\,dY}\,dX\,dY + \frac{d^2F}{dY^2}\,dY^2,$$

on pourra considérer dx, dy comme des nouvelles variables et leurs coefficients comme des constantes.

En effet, on a par [6]

$$[7] \qquad \begin{aligned} dx &= pdX + qdY, \\ dy &= p'dX + q'dY, \end{aligned}$$

d'où l'on voit que les accroissements dx, dy sont entièrement arbitraires et indépendants, et que d'ailleurs ils sont liés entre eux par la même substitution linéaire que les variables elles-mêmes. Ils continueront donc de l'être dans les équations différentielles. On pourra ainsi de deux d'entre celles-ci déduire les valeurs de dx, dy, lesquelles devront coïncider avec celles qui sont tirées des équations de substitution. Cela étant, rien n'empêchera de considérer dx, dy comme des nouvelles variables et leurs coefficients comme des constantes relativement aux variables. Par conséquent, tout ce qu'on pourra tirer de

---

(*) Ce qui suit aurait pu être mis de côté ; mais nous l'avons laissé pour faire entrer un peu dans notre cadre l'histoire de la science ; car je crois que c'est par cette voie que Sylvester a entrevu les émanants.

ces équations différentielles, regardées comme des équations entre deux systèmes de variables (dx, dy), (dX, dY), sera légitime.

Un exemple bien simple éclaircira ce qu'on vient de dire.

Soit $m = 2$ et

$$[8] \qquad ax^2 + 2bxy + cy^2 = AX^2 + 2BXY + CY^2,$$

où
$$A = ap^2 + 2bpp' + cp'^2,$$
$$B = apq + b(pq' + p'q) + cp'q',$$
$$C = aq^2 + 2bqq' + cq'^2;$$

on aura

$$[9] \quad (ax + by)\,dx + (bx + cy)\,dy = (AX + BY)\,dX + (BX + CY)\,dY,$$

$$[10] \qquad a\,dx^2 + 2b\,dx\,dy + c\,dy^2 = A\,dX^2 + 2B\,dX\,dY + C\,dY^2.$$

On pourrait tirer de ces deux équations les valeurs de dx et de dy en fonction de dX, dY: valeurs qui coïncideront avec les formules [7]. Mais il est plus simple de substituer celles-ci dans les formules [9, 10] et de vérifier qu'on a une identité parfaite. Ce calcul ne présentant aucune difficulté, nous le laisserons de côté.

Puis donc que dans toute équation différentielle, qui d'ailleurs peut se mettre sous la forme symbolique

$$[11] \quad \left(dx\,\frac{d}{dx} + dy\,\frac{d}{dy} \right)^i f(x, y) = \left(dX\,\frac{d}{dX} + dY\,\frac{d}{dY} \right)^i F(X, Y),$$

dx, dy peuvent être considérées comme des variables quelconques, liées aux accroissements dX, dY par les mêmes substitutions que x, y et X, Y, on pourra les appeler respectivement x', y' et X', Y', et alors l'équation

$$[12] \quad \left(x'\,\frac{d}{dx} + y'\,\frac{d}{dy} \right)^i f(x, y) = \left(X'\,\frac{d}{dX} + Y'\,\frac{d}{dY} \right)^i F(X, Y)$$

aura encore lieu entre ces variables. C'est ce qui du reste

se voit immédiatement ; car puisqu'on a simultanément par hypothèse

$$x = pX + qY , \qquad x' = pX' + qY' ,$$
$$y = pX + q'Y , \qquad y' = p'X' + q'Y' ,$$

on aura

$$\frac{d}{dX} + Y'\frac{d}{dY} = X'\left[\frac{d}{dx}\frac{dx}{dX} + \frac{d}{dy}\frac{dy}{dX}\right] + Y'\left[\frac{d}{dx}\frac{dx}{dY} + \frac{d}{dy}\frac{dy}{dY}\right]$$

$$= X'\left(p\frac{d}{dx} + p'\frac{d}{dy}\right) + Y'\left(\frac{d}{dx}q + \frac{d}{dy}q'\right) ,$$

et enfin

$$X'\frac{d}{dX} + Y'\frac{d}{dY} = x'\frac{d}{dx} + y'\frac{d}{dy} \quad ,$$

d'où l'équation [12] est évidente.

118. THÉORÈME. *Tout invariant d'un émanant de la fonction φ est un covariant.*

DÉMONSTRATION. Supposons, en effet, que x', y' soient seules variables et que x, y soient constants. Alors, si nous faisons dans l'émanant la substitution ordinaire, eu égard seulement à x', y', il viendra par transformation

$$\left(x'\frac{d}{dx} + y'\frac{d}{dy}\right)^l f = \alpha X'^l + l\beta X'^{l-1}Y + \dots ,$$

où α, β sont des fonctions des coefficients de x', y' (c'est à dire de $\frac{d}{dx}$, $\frac{d}{dy}$, et par suite des coefficients et des variables de la fonction donnée), et des coefficients p, q, p', q' de la substitution. D'autre part, α, β, sont des fonctions de x, y, qui se changent en

$$\frac{d^l F}{dX^l} , \quad \frac{d^l F}{dX^{l-1}dY} , \dots, \quad (*)$$

lorsque x, y sont à leur tour transformées par la substitution [2].

(*) Observons, en effet, qu'on a $\quad x'\frac{d}{dx} + y'\frac{d}{dy} =$

$$\left(pX'+q'Y'\right)\frac{d}{dx} + \left(p'X'+q'Y'\right)\frac{d}{dy} = \left(p\frac{d}{dx}+p'\frac{d}{dy}\right)X' + \left(q\frac{d}{dx}+q'\frac{d}{dy}\right)Y' = X'\frac{d}{dX} + Y'\frac{d}{dY}.$$

Si donc I est un invariant de la forme $\left(x'\dfrac{d}{dx}+y'\dfrac{d}{dy}\right)^l f$, on aura, en appelant Δ le déterminant de la substitution,

$$x' = p\mathrm{X}' + q\mathrm{Y}' , \quad y' = p'\mathrm{X}' + q'\mathrm{Y}' ,$$

$$\mathrm{I}\,(\alpha, \beta, \gamma, \ldots\ldots) = \Delta^\mu \mathrm{I}\left(\frac{d^l f}{dy^l}\ ,\ \frac{d^l f}{dx^{l-1}dy}\ ,\ \frac{d^l f}{dx^{l-2}dx^2}\ ,\ \ldots\ldots\right).$$

Changeons maintenant les variables x, y par la substitution [1]; l'invariant I deviendra

$$\mathrm{I}\,(\alpha, \beta, \gamma, \ldots) = \mathrm{I}\left(\frac{d^l \mathrm{F}}{d\mathrm{X}^l}\ ,\ \frac{d^l \mathrm{F}}{d\mathrm{X}^{l-1}d\mathrm{Y}}\ ,\ \ldots\right).$$

Donc

$$\mathrm{I}\left(\frac{d^l \mathrm{F}}{d\mathrm{X}^l}\ ,\ \frac{d^l \mathrm{F}}{d\mathrm{X}^{l-1}d\mathrm{Y}}\ ,\ \ldots\right) = \Delta^\mu \mathrm{I}\left(\frac{d^l f}{dx^l}\ ,\ \frac{d^l f}{dx^{l-1}dy}\ ,\ \ldots\right);$$

ce qui prouve que $\mathrm{I}\left(\dfrac{d^l f}{dx^l}\ ,\ \dfrac{d^l f}{dx^{l-1}dy}\ ,\ \ldots\right)$ est un covariant.

Exemple 1er. Soit

$$f(x,y) = ax^3 + 3bx^2 y + 3cxy^2 + dy^3 ;$$

on aura l'émanant (*)

$$\left(x'\frac{d}{dx} + y'\frac{d}{dy}\right)^2 f = x'^2(ax+by) + 2(bx+cy)x'y' + (cx+dy)y'^2.$$

L'invariant de cette fonction, savoir,

$$(ax+by)(cx+dy) - (bx+cy)^2 = (ac-b^2)x^2 + (ad-bc)xy + (bd-c^2)y^2,$$

sera un covariant, ce que nous avons déjà appris ailleurs.

Exemple 2e. En prenant l'émanant $\left(x'\dfrac{d}{dx} + y'\dfrac{d}{dy}\right)^2$ de

$$ax^4 + 4bx^3 y + 6cx^2 y^2 + 4dxy^3 + ey^4,$$

(*) Nous faisons toujours abstraction dans ce qui suit des facteurs numériques introduits par la différentiation.

et en cherchant son invariant, on a le covariant de la forme biquadratique

$$(ac - b^2)x^4 + 4(2ad - 2bc)x^3y + 6(ae + 2bd - 3c^2)x^2y^2 + 4(2bc - 2cd)xy^3$$
$$+ (ce - d^2)y^4.$$

EXEMPLE 3°. Soit

$$f = ax^5 + 5bx^4y + 10cx^3y^2 + 10dx^2y^3 + 5exy^4 + fy^5.$$

En prenant l'émanant du 4e ordre, on trouve

$$x'^4(ax + by) + 4x'^3y'(bx + cy) + 6x'^2y'^2(cx + dy)$$
$$+ 4x'y'^3(dx + ey) + y'^4(ex + fy),$$

et par suite l'invariant du 3e degré

$$\begin{vmatrix} ax + by & bx + cy & cx + dy \\ bx + cy & cx + dy & dx + ey \\ cx + dy & dx + ey & ex + fy \end{vmatrix},$$

d'où l'on tirera le covariant du 3e ordre

x^3	$3x^2y$	$3xy^2$	y^3
ace	$+ acf$	$+ adf$	$+ bdf$
$- ad^2$	$- ade$	$- ae^2$	$- be^2$
$- b^2e$	$- b^2f$	$- bcf$	$- c^2f$
$+ 2bcd$	$+ bce$	$+ bde$	$+ 2cde$
$- c^3$	$+ bd^2$	$+ c^2e$	$- d^3$
	$- c^2d$	$- cd^2$	

119. THÉORÈME. *A toute fonction de degré impair correspond un covariant du 2e degré par rapport aux coefficients et du degré 2n—4, 2n—8, ... par rapport aux variables.*

DÉMONSTRATION. En effet, si on prend l'émanant

$$\left(x'\frac{d}{dx} + y'\frac{d}{dy} \right)^p, \quad p = 1, 2, 3, \ldots n - 1$$

de la fonction, on aura successivement des fonctions de degré linéaire par rapport aux coefficients et de degré $n-1$, $n-2$, ... par rapport aux variables de la fonction donnée. Les invariants du 2e degré, qui existent toujours pour des fonctions de degré pair, ou pour des émanants d'ordre pair p, seront précisément les covariants cherchés, d'ordre $2n-2p$. Évidemment la série des covariants terminera par un covariant quadratique ou par un invariant de 2e degré, selon que le degré n est impair ou pair.

Corollaire. *A toute fonction de degré impair correspond une série d'invariants de 4e ordre.*

Démonstration. On peut en effet prendre les invariants quadratiques des covariants susdits qui seront de degré pair, et alors on obtiendra des invariants du 4e ordre.

Ainsi du covariant de degré $2=2.3-4$ de la forme cubique

$$(ac - b^2)\, x^2 + (ad - bc)\, xy + (bd - c^2)\, y^2 ,$$

on tirera l'invariant

$$(ac - b^2)\,(bd - c^2) - (ad - cb)^2$$

de la forme binaire susdite.

120. Remarque. D'après ce théorème les invariants du second ordre des émanants d'ordre pair, d'une forme φ, c'est-à-dire les fonctions

$$\frac{d^2\varphi}{dx^2}\frac{d^2\varphi}{dy^2} - \left(\frac{d^2\varphi}{dxdy}\right)^2$$

$$\frac{d^4\varphi}{dx^4}\frac{d^4\varphi}{dy^4} - 4\frac{d^4\varphi}{dx^3dy}\frac{d^4\varphi}{dxdy^3} + 3\left(\frac{d^4\varphi}{dx^2dy^2}\right)^2$$

$$\frac{d^6\varphi}{dx^6}\frac{d^6\varphi}{dy^6} - 6\frac{d^6\varphi}{dxdy^5}\frac{d^6\varphi}{dx^5dy} + 15\frac{d^6\varphi}{dx^4dy^2}\frac{d^6\varphi}{dx^2dy^4} - 10\left(\frac{d^6\varphi}{dx^3dy^3}\right)^2 \text{ etc.,}$$

seront autant de covariants de la fonction φ. La première de ces fonctions prend le nom de Hessien du nom du Géomètre (M. Hesse) qui le premier l'a trouvée.

Exemple. La 2ᵉ fonction donnera pour la forme binaire du 5ᵉ degré le covariant

$$(ae - 4bd + 3c^2)\, x^2 + 2\,(af - 3be + 2cd)\, xy + (bf - 4ce + 3\,d^2)\, y^2.$$

121. Une source féconde de covariants se trouve dans les fonctions que nous appellerons *intermutants*, et dont nous allons maintenant nous occuper.

Théorème. Soit $F(X,Y)$ ce que devient $f(x,y)$ par la substitution :

$$[13] \qquad \begin{aligned} x &= p\,X + q\,Y, \\ y &= p'\,X + q'\,Y, \end{aligned} \qquad\qquad k = pq' - p'q\,,$$

on aura

$$F\left(\frac{d}{dY}\,, -\frac{d}{dX}\right)\Phi = k^m f\left(\frac{d}{dy}\,, -\frac{d}{dx}\right)\varphi\,,$$

Φ étant la transformée de la fonction homogène quelconque φ, obtenue à l'aide de la même substitution.

Démonstration. On déduit des équations de substitution

$$X = \frac{1}{k}\left(q'x - qy\right) \quad , \quad Y = \frac{1}{k}\left(-p'x + py\right).$$

Maintenant on a généralement, pour l'expression des dérivées en fonction des nouvelles variables,

$$\frac{d}{dx} = \frac{d}{dX}\frac{dX}{dx} + \frac{d}{dY}\frac{dY}{dx} \quad , \quad \frac{d}{dY} = \frac{d}{dX}\frac{dX}{dy} + \frac{d}{dY}\frac{dY}{dy}\,;$$

d'où, en vertu des équations [1]

$$-\frac{d}{dx} = \frac{1}{k}\left(p'\frac{d}{dY} - q'\frac{d}{dX}\right) \quad , \quad \frac{d}{dy} = \frac{1}{k}\left(p\frac{d}{dY} - q\frac{d}{dX}\right).$$

Or on reconnaît aisément que ce système aurait pu se déduire du système [1] en changeant respectivement

$$x \text{ en } \frac{d}{dy} \quad , \quad y \text{ en } -\frac{d}{dx} \quad ; \quad X \text{ en } \frac{1}{k}\frac{d}{dY} \quad , \quad Y \text{ en } -\frac{1}{k}\frac{d}{dX}\,.$$

Si donc ce changement est légitime sur le système des équations [1] il le sera aussi sur tout autre déduit de celui-ci. Mais par ce système on trouve précisément

$$f(x,y) = F(X,Y) ;$$

donc on aura encore :

$$f\left(\frac{d}{dy}, -\frac{d}{dx}\right) = F\left(\frac{1}{k}\frac{d}{dY}, -\frac{1}{k}\frac{d}{dX}\right) ;$$

mais, comme f est de degré m, on aura enfin :

$$[14] \qquad F\left(\frac{d}{dY}, -\frac{d}{dX}\right) = k^m f\left(\frac{d}{dy}, -\frac{d}{dx}\right).$$

Par conséquent l'opération indiquée dans le premier membre, appliquée à une fonction de X et de Y, donnera le même résultat que celle du second membre, appliquée à une fonction de x, y avec laquelle est liée comme X, Y à x, y.

Nous désignerons cette fonction, $f\left(\frac{d}{dy}, -\frac{d}{dx}\right)$, par le nom d'*intermutant* (*).

Si on applique l'intermutant $f\left(\frac{d}{dy}, -\frac{d}{dx}\right)$ à la fonction même

$$[15] \quad f = a_0 x^n + n a_1 x^{n-1} y + \frac{n(n-1)}{1.2} a_2 x^{n-2} y^2 + \ldots + a_n y^n,$$

pourvu que n soit pair, on obtient l'invariant de second ordre

$$a_0 a_n - n a_1 a_{n-1} + \frac{n(n-1)}{1.2} a_2 a_{n-2} - \ldots (\pm)^{\frac{n}{2}} \frac{n(n-1)\ldots\left(\frac{n}{2}+1\right)}{1.2.3\ldots\frac{n}{2}} a^2_{\frac{n}{2}}.$$

Ainsi, pour $n = 4$, $n = 6$, on aura les invariants

$$a_0 a_4 - 4 a_1 a_3 + 3 a^2_2 , \quad a_0 a_6 - 6 a_1 a_5 + 15 a_2 a_4 - 10 a^2_3$$

______

(*) Nous employons ce mot dans ce sens, bien que peut-être il ait été employé par d'autres auteurs dans un autre.

ce qui prouve d'une autre façon que *toute forme binaire de degré pair a un invariant du second ordre*. Il est aisé de voir que, si a est impair, les termes s'entredétruisent deux à deux. Si pour la fonction f on prend un covariant, l'intermutant donnera évidemment un autre covariant. En continuant de la sorte, on voit qu'on peut engendrer à l'infini des covariants.

Exemple. Si on change le covariant quadratique de la forme quintique en intermutant

$$(ae-4\,bd+3\,c^2)\frac{d^2}{dy^2} - (af-3\,be+2\,cd)\frac{dx^2}{dx\,dy} + (bf-4\,ce+3\,d^2)\frac{d^2}{dx^2},$$

et qu'on l'applique à la forme quintique elle-même

$$ax^5 + 5\,bx^4y + 10\,cx^3y^2 + 10\,dx^2y^3 + 5\,exy^4 + fy^5,$$

on obtient le covariant

$$\begin{aligned}
&(ae - 4\,bd + 3\,c^2)\,(cx^3 + 3\,dx^2y + 3\,exy^2 + fy^3) \\
&- (af + 3\,be + acd)\,(bx^3 + 3\,cx^2y + 3\,dxy^2 + ey^3) \\
&+ (bf - 4\,ce + 3\,d^2)\,(ax^3 + 3\,bx^2y + 3\,cxy^2 + dy^3)
\end{aligned}$$

qui est précisément, sauf un facteur numérique (-3), le covariant qui, égalé à zéro, fournit l'équation canonisante de la forme quintique.

Remarque. Si φ est un covariant de la forme f, et qu'on le change en un intermutant, en l'appliquant à un autre covariant ψ de la même forme, on aura un autre covariant. Il faut pourtant, afin que les différentiations soient possibles, que l'ordre du second soit supérieur à celui du premier. La différence exprimera l'ordre du covariant auquel on aboutira. Il s'ensuit que *toutes les formes qui possèdent des covariants ne différant que d'une unité dans leur ordre*, ont un covariant linéaire. Ce principe appliqué aux deux covariants, quadratique et cubique, de la forme cubique, donne un covariant o; mais si on l'applique à ceux de la forme quintique, on obtient de suite de la façon la plus aisée le covariant linéaire N° 8 des tables.

122. On peut, à l'aide des fonctions appellées *évectants*, trouver encore des covariants.

Si I désigne un invariant de la forme :

$$a_0 x^n + n a_1 x^{n-1} y + \frac{n\,(n-1)}{1\,.\,2}\, a_2\, x^{n-2}\, y^2 + \cdots,$$

la fonction

$$[16] \qquad \left(y^n \frac{d}{da_0} - y^{n-1} x \frac{d}{da_1} + y^{n-2} x^2 \frac{d}{da_2} - \cdots \right)^p \mathrm{I}$$

est appellée un *évectant*.

En effet nous allons démontrer ce

Théorème. *Tout évectant est un covariant de la forme proposée.*

Démonstration. En nous bornant au cas de $p=1$, observons d'abord que, si les variables x, y; x', y' sont congrédientes, c'est à dire, si

$$\begin{aligned} x &= p\,\mathrm{X} + q\,\mathrm{Y} & x' &= p\,\mathrm{X}' + q\,\mathrm{Y}' \\ y &= p'\mathrm{X} + q'\mathrm{Y} & y' &= p'\mathrm{X}' + q'\mathrm{Y}' \end{aligned} \quad ;$$

d'où

$$xy' - x'y = (pq' - p'q)\,(\mathrm{X}\mathrm{Y}' - \mathrm{X}'\mathrm{Y})\ ;$$

on pourra établir l'équation :

$$f(x,y) + \lambda\,(xy' - yx')^n = \mathrm{F}(\mathrm{X},\mathrm{Y}) + \lambda'\,(\mathrm{X}\mathrm{Y}' - \mathrm{Y}\mathrm{X}')^n\ ;$$

et, en développant les deux membres, il viendra :

$$\left(a_0 + \lambda y'^n \right) x^n + n x^{n-1} y \left(a_1 - \lambda y'^{n-1} x' \right) + \frac{n\,(n-1)}{1\,.\,2}\, x^{n-2}\, y^2 \left(a_2 + \lambda y'^{n-2} x'^2 \right) + \cdots$$
$$= (\mathrm{A}_0 + \lambda'\mathrm{Y}'^m)\,\mathrm{X}^n + n\mathrm{X}^{n-1}\mathrm{Y}\,(\mathrm{A}_1 - \lambda\mathrm{Y}'^{n-1}\mathrm{X}') + \cdots$$

Pour former maintenant l'invariant quelconque de cette fonction, il suffira de changer les coefficients $a_0, a_1, a_2, \ldots$ de la fonction $f(x,y)$ respectivement en $a_0 + \lambda y'^n, a_1 - \lambda y'^{n-1} x', a_2 + \lambda y'^{n-2} x'^2, \ldots$, et si on le développe suivant les puissances ascendantes de λ, on aura :

$$\mathrm{I} + \lambda \left(y'^n \frac{d}{da_0} - y'^{n-1} x' \frac{d}{da_1} + y'^{n-2} x'^2 \frac{d}{da_2} - \ldots \right) \mathrm{I} + \ldots$$

Cette expression en vertu de la propriété connue des invariants doit être égale à celle que l'on obtiendrait du second membre de l'équation, à une puissance près de $pq' - p'q$, c'est à dire qu'on aura :

$$\mathrm{I}\left(\mathrm{A}_0, \mathrm{A}_1, \ldots, \mathrm{A}_n \right) + \lambda' \left(\mathrm{Y}'^n \frac{d}{d\mathrm{A}_0} - \mathrm{Y}'^{n-1} \mathrm{X}' \frac{d}{d\mathrm{A}_1} + \ldots \right)$$
$$= k^\mu \left[\mathrm{I}\left(a_0, a_1, \ldots, a_{1_n} \right) + \lambda \left(y'^n \frac{d}{da_0} - y'^{n-1} x' \frac{d}{da_1} + \ldots \right) \right].$$

Mais $\mathrm{I}\left(\mathrm{A}_0, \mathrm{A}_1, \ldots, \mathrm{A}_n \right) = k^\mu \mathrm{I}\left(a_0, a_1, \ldots, a_n \right)$; donc, en observant qu'on a $\lambda' = \lambda k$, il viendra

$$\mathrm{Y}'^n \frac{d}{d\mathrm{A}_0} - \mathrm{Y}'^{n-1} \mathrm{X}' \frac{d}{d\mathrm{A}_1} + \ldots = k^{\mu-1} \left(y'^n \frac{d}{da_0} - y'^{n-1} x^{n-1} \frac{d}{da_1} + \ldots \right) :$$

donc la fonction proposée est bien un covariant. Il en sera de même évidemment pour n'importe quelle valeur de p.

EXEMPLE. Supposons que

[17]. $$f = ax^3 + 3bx^2y + 3cxy^2 + dy^3 \; ;$$

on aura

$$\mathrm{I} = a^2 d^2 + 4ac^3 + 4b^3d - 3b^2c^2 - 6abcd.$$

L'évectant

$$\left(y^3 \frac{d}{da} - y^2 x \frac{d}{db} + yx^2 \frac{d}{dc} - x^3 \frac{d}{dd} \right) \mathrm{I}$$

fournira le covariant

x^3	x^2y	xy^2	y^3
$+\ a^2d$	$+3\,abd$	$-3\,acd$	$-\ ad^2$
$-3\,abc$	$-6\,ac^3$	$+6\,b^2d\ .$	$+3\,bcd$
$+2\,b^3$	$+3\,b^2c$	$-3\,bc^2$	$-2\,c^3$

Pareillement, en ayant recours à l'invariant I_4 de la forme binaire du 5ᵉ degré, on obtiendra le covariant du 5ᵉ ordre et du 3ᵉ degré par rapport aux coefficients qu'on trouvera dans les tables au N° 2.

COROLLAIRE 1ᵉʳ. Il s'ensuit en général qu'à toute *fonction de degré impair* $2\mathrm{n}+1$ *correspond un covariant d'ordre* $2\mathrm{n}+1$ *et du* 3ᵉ *degré dans les coefficients*. Car (N. 119) toute fonction de degré impair a un invariant du 4ᵉ ordre.

De même toute fonction de degré pair $2n$ a un covariant d'ordre $2n$ et du n^e degré dans les coefficients. Il suffit de se rappeler que toute fonction de degré pair $2n$ a un catalecticant ou un invariant de $n+1$ degré.

COROLLAIRE 2ᵐᵉ. *Tout invariant d'un évectant est un invariant de la forme proposée*. Il suffit en effet d'observer (voir N° 129) que tout invariant d'un covariant est aussi un invariant de la forme donnée. Ce corollaire démontre immédiatement un théorème d'Eisenstein.

Supposons que $Ax^3+3Bxy^2+3Cxy^2+Dy^3$ soit le covariant cubique trouvé tout à l'heure. Nous savons que

$$\begin{vmatrix} 2\,(AC-B^2) & AC-BD \\ AC-BD & 2\,(BD-C^2) \end{vmatrix}$$

est l'invariant de cette forme. D'ailleurs le seul invariant fondamental de la forme cubique [17] est I, ou son discriminant.

Donc on doit avoir

$$\begin{vmatrix} 2\,(\mathrm{AC} - \mathrm{B}^2) & \mathrm{AC} - \mathrm{BD} \\ \mathrm{AC} - \mathrm{BD} & 2\,(\mathrm{BD} - \mathrm{C}^2) \end{vmatrix} = \begin{vmatrix} \overline{2\,(ac - b^2)} & ac - bd \\ ac - bd & 2\,(bd - c^2) \end{vmatrix}^3,$$

relation donnée par la première fois par ce géomètre, où

$$\mathrm{A} = \frac{d\,\mathrm{I}}{d\,a} = a^2 d^2 - 3\,abc + 2\,b^3 \quad ; \quad \mathrm{B} = \frac{1}{3}\,\frac{d\,\mathrm{I}}{d\,c} = abd - 2\,ac^3 + b^2 c,$$

$$\mathrm{C} = \frac{d\,\mathrm{I}}{d\,d} = -ad^2 + 3\,bcd - 2\,c^3 \quad ; \quad \mathrm{D} - \frac{1}{3}\,\frac{d\,\mathrm{I}}{d\,c} = -acd + 2\,b^2 d - bc^2.$$

Il est aisé de voir de même qu'en comparant un invariant d'un covariant aux invariants fondamentaux de la forme, on trouvera une foule de relations entre les coefficients. Ainsi en mettant le covariant N. 2 des tables de la forme biquadratique sous la forme

$$\mathrm{A}x^6 + 6\,\mathrm{B}x^5 y + 13\,\mathrm{C}\,x^4 y^2 + 20\,\mathrm{D}\,x^3 y^3 + 15\,\mathrm{E}x^2 y^4 + 6\,\mathrm{F}xy^6 + by^6,$$

il faudra que $\quad \mathrm{AC} - 6\,\mathrm{BF} + 15\,\mathrm{BE} - 10\,\mathrm{D}^2 = \lambda\,\mathrm{I}^3_{\,2} + \mu\,\mathrm{I}^2_{\,3},$

λ et μ étant des coefficients numériques qu'on déterminera aisément, et par là on trouverait qu'il est le discriminant même de la forme biquadratique.

123. Au moyen de l'intermutant on peut, d'après une méthode donnée par Cayley, déterminer en général la forme canonique pour un degré pair, ce qui précisément nous nous étions réservés de faire au N. 66.

Soit

[18] $$f = (a_0,\, a_1,\, \ldots,\, a_{2n} \chi x,\, y)^{2n}$$

la fonction donnée, que nous nous proposons de mettre sous la forme canonique que voici

[19] $\mathrm{A}_1 (x + a_1 y)^{2n} + \mathrm{A}_2 (x + a_2 y)^{2n} + \ldots + \mathrm{A}_n (x + a_n y)^{2n} + \lambda \mathrm{T}(x + a_1 y)\ldots(x + a_n y),$

T étant un covariant de degré n de la forme

[20] $\quad (a_0,\, a_1,\, \ldots,\, a_n \chi x,\, y)^n = (x + a_1 y)(x + a_2 y)\ldots(x + a_n y).$

Comme on voit les indéterminées $A_1,...,A_n$, $\alpha_1,...,\alpha_n$, λ sont bien en nombre $2n+1$ égal à celui des coefficients de la forme. Pour les déterminer et pour plus de clarté, nous poserons d'abord ce lemme.

Si on prend pour intermutant la fonction

[21]
$$\left(a_0, a_1, ..., a_n \middle\langle \frac{d}{dy}, -\frac{d}{dx} \right)^n,$$

et si on l'applique à un des binômes quelconques [2], $A(x+\alpha y)^{2n}$, *le résultat de l'opération sera nul.*

En effet, ce résultat aura pour expression

[22]
$$(a_0, a_1, ..., a_n \langle \alpha, -1)^n.$$

Mais, en vertu de l'équation [20], un des facteurs du second membre s'annulera par la substitution $x=\alpha$, $y=-1$; donc, la fonction [22] se réduit à 0.

Supposons maintenant que le covariant T soit tel que l'opération [21] faite sur $T(x+\alpha_1 y)...(x+\alpha_n y)$ soit proportionnelle au produit même $(x+\alpha_1 y)...(x+\alpha_n y)$. Alors, si on applique l'intermutant [21] aux deux membres de l'équation

$$(a_0, a_1, ..., a_{2n} \langle x, y)^{2n} = \sum A_i (x+\alpha_i y)^{2n} + \lambda I (x+\alpha_1 y)...(x+\alpha_n y),$$

on aura, par la comparaison des coefficients homologues et en observant que l'opération sur la partie $\sum$ se réduit à zéro en vertu du Lemme, les équations de condition suivantes

$$a_0 a_n - n a_1 a_{n+1} + \frac{n(n-1)}{1\cdot 2} a_2 a_{n+2} - + ... = \lambda a_0,$$

$$a_0 a_{n-1} - n a_1 a_n + \frac{n(n-1)}{1\cdot 2} a_2 a_{n+1} - + ... = \lambda a_1,$$

$$a_0 a_{n-2} - n_1 a a_{n-1} + \frac{n(n-1)}{1\cdot 2} a_2 a_n - + ... = \lambda a_2,$$

$$\cdot \quad \cdot \quad \cdot \quad \cdot \quad \cdot \quad \cdot \quad \cdot \quad \cdot \quad \cdot \quad \cdot \quad \cdot \quad \cdot$$

$$a_0 a_0 - n a_1 a_1 + \frac{n(n-1)}{1\cdot 2} a_2 a_2 \quad \cdot \quad \cdot \quad \cdot = \lambda a_n,$$

d'où, en éliminant $a_0, a_1, \ldots, a_n$, on aura l'équation

$$
\begin{vmatrix}
a_0 & a_1 & a_2 & \cdots & & a_n \mp \lambda \\
a_1 & a_2 & a_3 & \cdots & a_n \pm \dfrac{\lambda}{n} & a_{n+1} \\
\cdot\ \cdot\ \cdot & & & & \cdot\ \cdot\ \cdot \\
a_{n-2} & a_{n-1} & a_n - \dfrac{2\lambda}{n\,(n-1)} & \cdots & & a_{2n-2} \\
a_{n-1} & a_n + \dfrac{\lambda}{n} & a_{n+1} & \cdots & & a_{2n-1} \\
a_n - \lambda & a_{n+1} & a_{n+2} & \cdots & & a_{2n}
\end{vmatrix} = 0
$$

EXEMPLE. Soit $n = 3$. Alors on aura

$$f = A_0(x+\alpha_1 y)^8 + A_1(x+\alpha_1 y)^6 + A_2(x+\alpha_3 y)^6 + \lambda T\,(x+\alpha_1 y)\,(x+\alpha_1 y)\,(x+\alpha_3 y).$$

Or, en posant

$$(a_0, a_1, a_2, a_3 \Cross x, y)^3 = (x + \alpha_1 y)\,(x + \alpha_2 y)\,(x + \alpha_3 y),$$

on trouve que le covariant T, propre à la solution, est l'évectant de la forme $(a_0, a_1, a_2, a_3 \Cross x, y)^3$ (*), c'est-à-dire le covariant N. 2 des tables, et la forme canonisante sera

$$
\begin{vmatrix}
a_0 & a_1 & a_2 & a_3 - \lambda \\
a_1 & a_2 & a_3 + \dfrac{\lambda}{3} & a_4 \\
a_2 & a_3 - \dfrac{\lambda}{3} & a_4 & a_5 \\
a_3 + \lambda & a_4 & a_5 & a_6
\end{vmatrix} = 0.
$$

(*) Pour le prouver il suffira, d'après Salmon, de le vérifier sur la forme canonique de la cubique, qui est $x^3 + y^3$, dont l'évectant est $x^3 - y^3$. Or dans ce cas le produit $T\,(x+\alpha_1 y)(x+\alpha_1 y)(x+\alpha_1 y)$, ou $x^6 - y^6$, devient, après avoir subi l'opération $\dfrac{d^3}{dy^3} - \dfrac{d^3}{dx^3}$, la même fonction qu'auparavant, $x^3 + y^3$. Cela parce que le résultat est indépendant des transformations linéaires qui ramènent la forme canonique à la forme primitive.

Exemple 2me. Pour $n=1$, l'intermutant devient

$$\left(\mathrm{a}_0 \, \mathrm{a}_1 \, \mathrm{a}_2 \, \middle\rangle \frac{d}{dy} \, , \, -\frac{d}{dx} \right)^2 .$$

En l'appliquant à l'équation

$$(a_0 a_1 a_2 a_3 a_4 \middle\rangle x, y)^4 = \mathrm{A}_0 (x + \alpha_1 y)^4 + \mathrm{A}_1 (x + \alpha_2 y)^4 + 6\lambda \, (x + \alpha_1 y)^2 (x + \alpha_2 y)^2,$$

on trouve que la 2me partie donne $24(4a_0 a_2 - a^2_1)\lambda(x + \alpha_1 y)(x + \alpha_1 y)$. Si nous posons $\lambda' = 2\,(4\,\mathrm{a}_0\,\mathrm{a}_2 - \mathrm{a}^2_1)$, les équations de condition fournies par l'intermutant en comparant les coefficients de x^2, xy, y^2 seront

$$\mathrm{a}_0 \, a_2 - 2\,\mathrm{a}_1 \, a_1 + \mathrm{a}_2 \, a_0 = \lambda' \mathrm{a}_0 \, ,$$
$$\mathrm{a}_0 \, a_3 - 2\,\mathrm{a}_1 \, a_2 + \mathrm{a}_2 \, a_1 = \lambda' \mathrm{a}_1 \, ,$$
$$\mathrm{a}_0 \, a_4 - 2\,\mathrm{a}_1 \, a_3 + \mathrm{a}_2 \, a_2 = \lambda' \mathrm{a}_2 \, ,$$

d'où l'on tire, en éliminant a_0, a_1, a_2, …,

$$\begin{vmatrix} a_0 & a_1 & a_2 - \lambda' \\[2mm] a_1 & a_2 + \dfrac{\lambda'}{2} & a_3 \\[2mm] a_2 - \lambda' & a_3 & a_4 \end{vmatrix} = 0,$$

c'est-à-dire la même équation canonisante de la forme quartique que nous avions trouvé au N. 65.

§ 3.

Covariants considérés par rapport aux racines.

124. Nous avons vu que les covariants d'une forme binaire satisfont aux deux équations aux dérivées partielles

$$a_0 \frac{d\varphi}{da_1} + 2a_1 \frac{d\varphi}{da_2} + \dots \quad + na_{n-1} \frac{d\varphi}{da_n} - y \frac{d\varphi}{dx} = 0 \ ,$$

$$na_1 \frac{d\varphi}{da_0} = (n-1) a_2 \frac{d\varphi}{da_1} + \dots \quad + a_n \frac{d\varphi}{da_{n-1}} - x \frac{d\varphi}{dy} = 0 \ .$$

Or des équations

$$a_0 \frac{d\varphi}{da_1} + 2a_1 \frac{d\varphi}{da_2} + \dots \quad + na_{n-1} \frac{d\varphi}{da_n} = - \sum \alpha^2 \frac{d\varphi}{d\alpha} \ ,$$

$$na_1 \frac{d\varphi}{da_0} + (n-1) a_2 \frac{d\varphi}{da_1} + \dots \quad + a_n \frac{d\varphi}{da_{n-1}} = \sum \alpha^2 \frac{d\varphi}{d\alpha} - rs_1 \varphi,$$

que nous avons démontrées N. 83, il s'ensuit que les équations susdites prennent la forme

[1] $$\sum \frac{d\varphi}{d\alpha} + y \frac{d\varphi}{dx} = 0 \ ,$$

[2] $$\sum \alpha^2 \frac{d\varphi}{d\alpha} - x \frac{d\varphi}{dy} - rs_1 \varphi = 0 \ .$$

On aura ainsi obtenu les équations aux dérivées partielles relatives aux covariants exprimés en fonction des racines.

Soit, par exemple, le covariant

$$\varphi = a^2_0 \sum (\alpha_1 - \alpha_2)^2 (x - y\alpha_3)^2 \dots (x - y\alpha_n)^2 \ .$$

(*) On sous-entend que r est le degré du covariant par rapport aux coefficients et que $s_1 = \sum \alpha$.

Posons pour un instant

$$\varphi = \textstyle\sum A\,(\alpha_1 - \alpha_2)^2 \quad ; \quad \varphi = \textstyle\sum B\,(x - y\,\alpha_3)^2.$$

On aura évidemment

$$\textstyle\sum \alpha^2_1 \frac{d\varphi}{d\alpha_1} + \alpha^2_2 \frac{d\varphi}{d\alpha_2} = 2\,A\,(\alpha_1 + \alpha_2)\,(\alpha_1 - \alpha_2)^2 \,,$$

$$\alpha^2_3 \frac{d\varphi}{d\alpha_3} - \left[x\,\frac{d\varphi}{dy} \right] = 2\,B\,\alpha_3\,(x - y\,\alpha_3)^2 \,,$$

en reportant les différentiations $\frac{d\varphi}{dy}$ seulement sur le facteur $x - y\alpha_3$; et cela se répétant d'une manière analogue pour $\alpha_4, \alpha_5,$ etc., il s'ensuit que pour chaque forme du covariant l'opération

$$\textstyle\sum a^2 \frac{d\varphi}{d\alpha} - x\,\frac{d\varphi}{dy}$$

reproduira le covariant $\times 2(\alpha_1 + \alpha_2 + \alpha_3 + \alpha_4 + \alpha_5 + \ldots)$; c'est à dire que pour le covariant φ on aura pour le résultat de cette opération $2\varphi s_1$. Or, comme dans notre cas $r = 2$, il viendra $2\varphi s_1 - 2s_1 \varphi = 0$, ce qu'il s'agissait de vérifier.

125. REMARQUE. Il se présente dans la transformation de Tschirnhaus une belle application des principes posés, due à M. Betti. A cet effet posons

$$[3] \quad \textstyle\sum \frac{d\varphi}{d\alpha} + y\,\frac{d\varphi}{dx} = \lambda\,\varphi \,, \qquad [4] \quad \textstyle\sum \alpha^2 \frac{d\varphi}{d\alpha} - x\,\frac{d\varphi}{dy} = \lambda_1\,\varphi$$

les équations [1], [2] deviennent

$$[5] \quad \lambda\varphi = 0 \,, \qquad\qquad\qquad [6] \quad \lambda_1\,\varphi - r s_1 \varphi = 0 \;(^*).$$

Soit maintenant

$$f(x, y) = (a_0, a_1, a_2, \ldots, a_n \!\!\,\rangle\!\!\,x, y)^n = 0$$

une forme binaire de degré n; et $\varphi_0(x, y),\ \varphi_1(x, y),\ \ldots,\ \varphi_t(x, y)$ des covariants de cette forme d'ordre m et de degré r.

(*) Lorsque φ est de degré 0 par rapport aux variables, ces deux équations reproduisent celles du N. 83 relatives aux invariants.

Posons

$$\psi(z) = z^t \, \varphi_0(x,1) + z^{t-1} \, \varphi_1(x,1) + z^{t-2} \, \varphi_2(x,1) + \ldots + \varphi_t(x,1) = 0 \,.$$

Supposons que l'on élimine x entre ces deux équations, de sorte qu'on ait pour résultant

$$\theta(z) = A_0 z^{tn} + A_1 z^{tn-1} + \ldots + A_n = 0 \,;$$

les coefficients $A_0, A_1, \ldots, A_n$, *qui seront des fonctions rationnelles de* x, *seront tous des invariants de la forme donnée.*

En effet, puisque $\varphi_h(x,y)$ est un covariant, on aura

$$\lambda \varphi_h(x,1) = 0 \quad, \quad \lambda_1 \varphi_h(x,1) = r \, s_1 \varphi \,;$$

si l'on applique les opérateurs λ et λ_1 à $\psi(z)$, en considérant z comme fonction de x en vertu de l'équation $\theta(z) = 0$, λ et λ_1 se réduiront à

$$\frac{d\psi}{dz} \lambda z = 0 \quad, \quad \frac{d\psi}{dz} \lambda_1 z - r \, s_1 \psi = 0 \,.$$

Mais si par hypothèse $\psi(z) = 0$ n'a pas de racines égales, $\frac{d\psi}{dz}$ ne pouvant pas s'annuler, il faudra avoir

$$\lambda z = 0 \quad, \quad \lambda_1(z) = 0,$$

ce qui fournit les relations

$$\lambda \, A_0 = 0, \quad \lambda \, A_1 = 0, \quad \lambda \, A_2 = 0, \quad \lambda_1 \, A_n = 0,$$
$$\lambda_1 \, A = 0, \quad \lambda_1 \, A_1 = 0, \quad \lambda_1 \, A_2 = 0, \quad \lambda_1 \, A_n = 0,$$

et par conséquent ces fonctions seront des invariants.

126. Les équations [1, 2] n'ont pas seulement lieu pour les covariants φ, mais pour n'importe quelle fonction homogène de x, y. Ainsi on a encore généralement ce théorème.

Théorème. *Supposons que la fonction proposée soit mise sous la forme*

$$f(x,y) = a(x - \alpha y)(x - \beta y)(x - \gamma y) \quad ;$$

on aura

$$[7] \qquad y\,\frac{df}{dx} = -\left[\frac{df}{d\alpha} + \frac{df}{d\beta} + \frac{df}{d\gamma} + \cdots\right],$$

$$[8] \quad x\,\frac{df}{dy} = -s_1 f + \alpha^2\frac{df}{d\alpha} + \beta^2\frac{df}{d\beta} + \gamma^2\frac{df}{d\gamma} + \cdots\,(s_1 = \alpha + \beta + \gamma + \cdots).$$

DÉMONSTRATION. La première de ces équations est évidente. Pour la seconde, observons qu'on a

$$x\,\frac{f}{dy} = -x\left[\frac{\alpha f}{x - \alpha y} + \frac{\beta f}{x - \beta y} + \frac{\gamma f}{x - \gamma y} + \cdots\right].$$

Mais généralement

$$x\,\frac{\alpha f}{x - \alpha y} = \alpha f + \frac{y\,\alpha^2 f}{x - \alpha y} = \alpha f - \frac{\alpha^2\,df}{d\alpha}\,;$$

donc

$$x\,\frac{df}{dy} = -(\alpha + \beta + \gamma + \cdots)f + \frac{\alpha^2\,df}{d\alpha} + \beta^2\,\frac{df}{d\beta} + \gamma^2\,\frac{df}{d\gamma} + \cdots$$

Des relations remarquables [7, 8], qui ont lieu pour n'importe quelle fonction binaire, on déduit, eu égard aux équations [1, 2] relatives aux covariants, une propriété nouvelle par rapport à ces covariants. En effet, si f est le covariant même φ, en appelant α' ces racines, on devra avoir, en comparant ensemble les équations [1] et [7],

$$[9] \qquad \Sigma\,\frac{d\varphi}{d\alpha} = \Sigma\,\frac{d\varphi}{d\alpha'}\,,$$

$$[10]\ \Sigma\alpha^2\frac{d\varphi}{d\alpha} + \cdots r\,s_1\varphi = \Sigma\alpha'^2\,\frac{d\varphi}{d\alpha'} - s'_1\,\varphi\left[s'_1 = \alpha' + \beta' + \cdots\right].$$

EXEMPLE. Soit $\varphi = a^2{}_0\,\Sigma(\alpha - \beta)^2(x - \gamma y)^2$ le covariant de la forme cubique $a_0(x - \alpha y)(x - \beta y)(x - \gamma y)$, et supposons que α' et β' soient les racines de $\varphi = 0$; on aura

$$\frac{d\varphi}{d\alpha'} + \frac{d\varphi}{d\beta'} = \frac{d\varphi}{d\alpha} + \frac{d\varphi}{d\beta} + \frac{d\varphi}{d\gamma}\,,$$

$$-(\alpha' + \beta')\varphi + \alpha'^2\frac{d\varphi}{d\alpha'} + \beta'^2\frac{d\varphi}{d\beta'} = +\alpha^2\frac{d\varphi}{d\alpha} + \beta^2\frac{d\varphi}{d\beta} + \gamma^2\frac{d\varphi}{d\gamma} - 2(\alpha + \beta + \gamma)\varphi.$$

Généralement α', β' étant les racines d'un covariant φ du 2e ordre, et α_1, α_2, α_3, ..., α_n les racines de la forme donnée, on aura cette relation remarquable :

$$\frac{d\varphi}{d\alpha'} + \frac{d\varphi'}{d\beta'} = \frac{d\varphi}{d\alpha} + \frac{d\varphi}{d\alpha_2} + \frac{d\varphi}{d\alpha_3} + \ldots + \frac{d\varphi}{d\alpha_n}.$$

127. Au moyen des différences des racines on peut écrire immédiatement un covariant.

Posons ainsi

[11]
$$\varphi = a_0^r \sum (\alpha_1 - \alpha_2)^s (\alpha_2 - \alpha_3)^t (\alpha_3 - \alpha_4)^u \ldots (x - \alpha_1 y)^h (x - \alpha_2 y)^k (x - \alpha_3 y)^l,$$

où nous supposerons que les racines entrent toutes dans les facteurs $(\alpha_1 - \alpha_2)^s$, etc. et les facteurs $(x - \alpha_1 y)^h$, etc. un même nombre de fois $= r$, et le degré $= m$ par rapport aux variables; je dis que cette fonction est un covariant.

Démonstration. En faisant la substitution

$$x = p\,X + q\,Y, \quad y = p'\,X + q'\,Y$$

dans la fonction

$$f(x, y) = a_0 (x - \alpha_1 y)\ (x - \alpha_2 y)\ (x - \alpha_3 y)\ldots,$$

on doit avoir par définition, en désignant par A_1, A_2, A_3, ... les nouvelles racines, et par (a_0) ce que devient le coefficient a_0 et par μ l'indice du covariant :

$$\Delta^\mu a_0^r \sum (\alpha_1 - \alpha_2)^s (\alpha_2 - \alpha_3)^t \ldots (x - \alpha_1 y)^h (x - \alpha_2 y)^k \ldots$$
$$= (a_0)^r \sum (A_1 - A_2)^s (A_2 - A_3)^t \ldots (X - A_1 Y)^h (X - A_2 Y)^k \ldots$$

Mais on a

$$A = \frac{q' \alpha - q}{p - \alpha p'}, \quad A^i - A^j = \Delta \frac{\alpha_i - \alpha_j}{(p - \alpha_i p')\,(p - \alpha_j p')}, \quad X - A_i Y = \frac{x - \alpha_i y}{p - \alpha_i p'};$$

donc le second membre deviendra

$$\Delta^{s+t+\cdots}\,(a_0)^r\;\Sigma\;(\alpha_1-\alpha_2)^s\,(\alpha_2-\alpha_3)^t\ldots(x-\alpha_1 y)^h\,(x-\alpha_2 y)^k\ldots$$

divisé par le produit

$$(p-\alpha_1 p')^s(p-\alpha_2 p')^s(p-\alpha_2 p')^t(p-\alpha_3 p')^t\ldots(p-\alpha_1 p')^h(p-\alpha_2 p')^k\ldots$$

Mais si les racines figurent toutes au même degré r, les facteurs $p-\alpha_1 p'$, $p-\alpha_2 p'$ etc. entreront tous au même degré dans le diviseur. D'ailleurs $(a_0)=a_0(p-\alpha_1 p')(p-\alpha_2 p')\ldots=a_0 f(p_1 p')$: donc ce facteur, qui se trouve au dénominateur, sera détruit par le facteur $(a_0)^r$, qui se trouve au numérateur, et il ne restera plus qu'une fonction de la forme [11], ce qui démontre bien que la fonction proposée est un covariant.

Si on appelle $a_1, a_2, a_3, \ldots$ les degrés auxquels monteront les racines $\alpha_1, \alpha_2, \alpha_3 \ldots$ dans le produit des différences, on devra avoir, pour que la condition proposée soit satisfaite :

$$r = a_1 + h = a_2 + k = a_3 + l, \text{ etc.}$$

Par conséquent, si n est le nombre des racines il faudra que $nr = a_1 + a_2 + a_3 + \quad \ldots \quad + h + k + l = \Sigma a + m$; donc $\Sigma a = nr - m$; d'autre part, comme au-dessous des exposants $s, t, u,$ figurent toujours des couples des racines, la somme Σa sera deux fois la somme $s + t + u + \ldots = \mu$, si μ désigne l'indice du covariant ; donc il faudra que $2\mu = \Sigma a$, ou que $2\mu = n\lambda - m$, $\mu = \dfrac{nr-m}{2}$ comme l'on savait déjà.

Remarque. Le premier terme en x^m aura pour coefficient $C_0 = \Sigma\,(\alpha_1-\alpha_2)^s(\alpha_2-\alpha_3)^t(\alpha_3-\alpha_4)^\mu\ldots$. Mais puisqu'il sera une fonction symétrique des différences des racines, il s'ensuit qu'il sera un péninvariant, ou qu'il satisfaira à l'équation $\delta=0$, ou $\Sigma\dfrac{d\,C_0}{d\,\alpha}=0$, comme nous l'avons déjà appris.

128. Si n est doublement pair $=4p$, on aura un covariant, en supposant h un nombre pair :

$$\varphi = a^2_0\,\Sigma(\alpha_1-\alpha_2)^h(\alpha_3-\alpha_4)^h\ldots\left(\alpha_{2p-1}-\alpha_{2p}\right)\left(x-\alpha_{2p+1}y\right)^h\left(x-\alpha_{2p+2}y\right)^h\ldots(x-\alpha_n y)^{h\cdot s}$$

Ce covariant sera d'ordre $\dfrac{hn}{2}$ et de degré h. Ainsi la forme biquadratique aura un covariant du 4e ordre et du 2e degré dans les coefficients. Les formes du 8e degré auront des covariants d'ordre nh et de degré h ; le plus simple sera celui de degré 2 et d'ordre 8.

Supposons $n=4p+2$, ou $=4p$. Les expressions suivantes :

$$\varphi = \Sigma (\alpha_1-\alpha_2)^h (\alpha_2-\alpha_3)^h \ldots \left(\alpha_{2p}-\alpha_{2p+1}\right)^h \left(\alpha_{2p+1}-\alpha_1\right)^h \left(x-\alpha_{2p+2}y\right)^{2h} \ldots (x-\alpha_n y)^{2h},$$

$$\varphi = \Sigma (\alpha_1-\alpha_2)^h (\alpha_2-\alpha_3)^h \ldots \left(\alpha_{2p-1}-\alpha_{2p}\right)^h \left(\alpha_{2p}-\alpha_1\right)^h \left(x-\alpha_{2p+1}y\right)^{2h} \ldots (x-\alpha_n y)^{2h}$$

seront encore des covariants respectivement d'ordre nh et de degré $2h$. Pour $n=6$, le plus simple sera le covariant du 12e ordre et du 4e degré.

Pour n'importe quelle forme de degré n impair, on aura un covariant dans l'expression :

$$\varphi = \Sigma (\alpha_1 - \alpha_2)^h (\alpha_3 - \alpha_4)^h \ldots \left(\alpha_{n-2} - \alpha_{n-1}\right)^h (x - \alpha_n y)^h ,$$

qui sera d'ordre et de degré h.

La considération des covariants sous le rapport des racines présente une application heureuse aux résidus de STURM. On sait, d'après SYLVESTER, que ces résidus peuvent être mis sous la forme :

$$S_2 = a^2_0 \Sigma (\alpha_1 - \alpha_2)^2 (x - \alpha_3)(x - \alpha_4) \ldots (x - \alpha_n)$$
$$S_3 = a^4_0 \Sigma (\alpha_1 - \alpha_2)^2 (\alpha_2 - \alpha_3)^2 (\alpha_3 - \alpha_1)^2 (x - \alpha_4)(x - \alpha_5) \ldots (x - \alpha_n)$$
$$\cdot \ \cdot \ \cdot \ \cdot \ \cdot \ \cdot \ \cdot \ \cdot \ \cdot \ \cdot \ \cdot$$

et généralement :

$$S_r = a_0^{2(r-1)} \Sigma \Pi^2 (\alpha_1 \alpha_2 \ldots \alpha_r)(x - \alpha_{r+1})(x - \alpha_{r+2}) \ldots (x - \alpha_n) .$$

Or, comme il a été démontré par SCHRAMM (*), on peut

____

(*) Annali di Matematica. Tom. I — 1867.

substituer à cette série celle qui est formée par les covariants :

$$C_2 = a^3_0 \sum (\alpha_1 - \alpha_2)^2 (x - \alpha_3 y)^2 (x - \alpha_4 y)^2 \ldots (x - \alpha_n y)^2 \, ,$$

$$C_3 = a^4_0 \sum (\alpha_1 - \alpha_2)^2 (\alpha_2 - \alpha_3)^2 (\alpha_3 - \alpha_1)^2 (x - \alpha_4 y)^4 (x - \alpha_5 y)^4 \ldots (x - \alpha_n y)^4,$$

$$\cdot \quad \cdot \quad \cdot \quad \cdot \quad \cdot \quad \cdot \quad \cdot \quad \cdot \quad \cdot \quad \cdot \quad \cdot \quad \cdot \quad \cdot$$

et généralement :

$$C_r = a_0^{2(r-1)} \sum \Pi^2 (\alpha_1 \alpha_2 \ldots \alpha_r) (x - \alpha_{r+1} y)^{2(r-1)} (x - \alpha_{r+2} y)^{2(r-1)} \ldots (x - \alpha_n y)^{2(r\ldots}$$

Ainsi l'étude des covariants peut servir utilement au dénombrement des racines réelles et imaginaires d'une équation donnée.

§ 4.

Propriétés diverses des covariants.

129. THÉORÈME. *Un invariant d'un covariant est un invariant de la forme.*

En effet $\varphi = (c_0, c_1, c_2, \ldots \!\!\!) (x, y)^m$ étant le covariant, et I désignant un invariant de φ, et $C_0, C_1, \ldots$ les coefficients de la transformée de φ, on aura :

$$I(C_0, C_1, \ldots, C_m) = \Delta^\gamma I(c_0, c_1, \ldots, c_m).$$

Mais par définition (N. 105) les coefficients $C_0, C_1, \ldots$ ne diffèrent de $c_0, c_1, \ldots$ que par des puissances de Δ ; donc en les remplaçant les uns par leurs expressions en A, les autres par leurs expressions en a, on aura :

$$I(A_0, A_1, A_2, \ldots, A_n) = \Delta^p I(a_0, a_1, \ldots, a_n).$$

On démontrera de même ce

THÉORÈME. *Tout covariant d'un covariant est un invariant de la forme.*

130. THÉORÈME. *Soient $\varphi(x, y)$, $\psi(x, y)$ deux covariants de la forme f ; le déterminant*

$$[1] \qquad \begin{vmatrix} \dfrac{d\varphi}{dx} & \dfrac{d\varphi}{dy} \\[2ex] \dfrac{d\psi}{dx} & \dfrac{d\psi}{dy} \end{vmatrix}$$

sera aussi un covariant de la forme f.

Démonstration. En effet désignons par $\Phi(X,Y)$, $\Psi(X,Y)$ les transformées de φ, ψ par la substitution linéaire :

$$[2] \qquad \begin{aligned} x &= p\,X + q\,Y\,, \\ y &= p'\,X + q'\,Y\,. \end{aligned}$$

En vertu des équations :

$$[3] \qquad \begin{aligned} \Phi(X,Y) &= (pq'-p'q)^{\mu}\,\varphi(x,y), \\ \Psi(X,Y) &= (pq'-p'q)^{\nu}\,\psi(x,y), \end{aligned}$$

auxquelles satisfont les covariants proposés, il viendra :

$$[4] \qquad \begin{aligned} \frac{d\Phi}{dX} &= (pq'-p'q)^{\mu}\left(p\,\frac{d\varphi}{dx} + p'\,\frac{d\varphi}{dy} \right), \\[1ex] \frac{d\Phi}{dY} &= (pq'-p'q)^{\mu}\left(q\,\frac{d\varphi}{dx} + q'\,\frac{d\varphi}{dy} \right), \\[1ex] \frac{d\Psi}{dX} &= (pq'-p'q)^{\nu}\left(p\,\frac{d\psi}{dx} + p'\,\frac{d\psi}{dy} \right), \\[1ex] \frac{d\Psi}{dY} &= (pq'-p'q)^{\nu}\left(q\,\frac{d\psi}{dx} + q'\,\frac{d\psi}{dy} \right), \end{aligned}$$

d'où l'on tirera :

$$[5] \qquad \begin{vmatrix} \dfrac{d\Phi}{dX} & \dfrac{d\Phi}{dY} \\[2ex] \dfrac{d\Psi}{dX} & \dfrac{d\Psi}{dY} \end{vmatrix} = (pq'-p'q)^{\mu+\nu+1} \begin{vmatrix} \dfrac{d\varphi}{dx} & \dfrac{d\varphi}{dy} \\[2ex] \dfrac{d\psi}{dx} & \dfrac{d\psi}{dy} \end{vmatrix}.$$

Exemple 1er. Du covariant du 2e et du 3e ordre de la forme du 5e degré on déduit un covariant du 3e ordre et du degré 5 par rapport aux coefficients.

Si on pose le premier $= A\,x^2 + 2\,B\,xy + C\,y^2$,

et le second $= D\,x^3 + 3\,E\,x^2y + 3\,F\,xy^2 + H\,y^3$,

on aura le nouveau covariant

$$\left|\begin{array}{cc} \mathrm{A}\,x + \mathrm{B}\,y & \mathrm{B}\,x + \mathrm{C}\,y \\ \mathrm{D}\,x^2 + 2\,\mathrm{E}\,xy + \mathrm{F}\,y^2 & \mathrm{E}\,x^2 + 2\,\mathrm{F}\,xy + \mathrm{H}\,y^2 \end{array}\right| ;$$

de sorte que le coefficient de x^3, par exemple, sera

$$2\,(ae - 4\,bd + 3\,c^2)\,(acf - ade - b^2 f + bce + bd^2 - c^2 d)$$
$$- 3\,(af - 3\,be + 2\,cd)\,(ace - ad^2 - b^2 e + 2\,bcd - c^3)\,.$$

On vérifiera aisément que cette expression se réduit bien au coefficient indiqué par les tables, au signe près.

EXEMPLE 2. Si on appelle $\mathrm{P}x + \mathrm{Q}y$, le covariant linéaire de 5e degré dans les coefficients (N° 8 des tables), $\mathrm{L}x^2 + \mathrm{M}xy + \mathrm{N}y^2$, le covariant du 2e ordre et du 2e degré, le Jacobien donnera un covariant

$$\left|\begin{array}{cc} 2\,\mathrm{L}x + \mathrm{M}y, & \mathrm{M}x + 2\,\mathrm{N}y \\ \mathrm{P}, & \mathrm{Q} \end{array}\right| = x\,(2\,\mathrm{L}\mathrm{Q} - \mathrm{M}\mathrm{P}) + y\,(\mathrm{M}\mathrm{Q} - 2\,\mathrm{N}\mathrm{P}),$$

qui sera aussi linéaire et du 7e degré dans les coefficients, que nous appellerons $\mathrm{P}'x + \mathrm{Q}'y$.

De même le déterminant ou le Jacobien de $\mathrm{P}x + \mathrm{Q}y$, $\mathrm{P}'x + \mathrm{Q}'y$, ou $\mathrm{P}\mathrm{Q}' - \mathrm{P}'\mathrm{Q}$, donnera un invariant de 12e degré égal à

$$\mathrm{P}\,(\mathrm{M}\mathrm{Q} - 2\,\mathrm{N}\mathrm{P}) - \mathrm{Q}\,(2\,\mathrm{L}\mathrm{Q} - \mathrm{M}\mathrm{P}) = -2\,(\mathrm{L}\mathrm{Q}^2 - \mathrm{M}\mathrm{P}\mathrm{Q} + \mathrm{N}\mathrm{P}^2)\,;$$

de sorte que, si l'on pose

$$\mathrm{L}\mathrm{Q}^2 - \mathrm{M}\mathrm{P}\mathrm{Q} + \mathrm{N}\mathrm{P}^2 = (\mathrm{L}, \mathrm{M}, \mathrm{N} \,\natural\, \mathrm{Q}, -\mathrm{P})^2 = -\mathrm{I}_{12},$$

on aura
$$\mathrm{P}\mathrm{Q}' - \mathrm{P}'\mathrm{Q} = 2\,\mathrm{I}_{12}\,.$$

131. THÉORÈME. *Le déterminant*

$$[6] \qquad \Delta = \sum \left(\pm\, \frac{d^{2m}f}{dx^{2m}}\, \frac{d^{2m}f}{dx^{2m-2}\,dy^2} \cdots\cdots \frac{d^{2m}f}{dy^{2m}} \right)^{(*)}$$

est un covariant.

(*) Le produit entre parenthèses désigne celui des termes de la diagonale du déterminant.

DÉMONSTRATION. Pour le démontrer, nous ferons voir que la transformée de ce déterminant se reproduit. Observons à cet effet qu'en transformant la fonction f par la substitution [2] et en supposant $r + s = m$, on a

$$[7] \quad \frac{d^m f}{dX^r dY^s} = l_{r.s} \frac{d^m f}{dx^m} + l'_{r.s} \frac{d^m f}{dx^{m-1} dy} + \cdots + l^{(m)}_{r.s} \frac{d^m f}{dy^m},$$

en désignant par $l_{r.s}$, $l'_{r.s}$, $\ldots$ des fonctions déterminées des coefficients p, q, p', q' de la substitution.

On trouvera facilement (*) pour leurs valeurs

$$l_{r.s} = p^r q^s,$$
$$l'_{r.s} = r p^{r-1} p' q^s + s p^r q' q^{s-1},$$
$$l''_{r.s} = \frac{r(r-1)}{2} p^{r-2} p'^2 q^s + rs p^{r-1} p' q' q^{s-1} + \frac{s(s-1)}{2} p^r q^{s-2} q'^2,$$
$$[8] \quad \cdots\cdots\cdots\cdots\cdots\cdots\cdots\cdots\cdots$$
$$l^{(m-2)}_{r.s} = \frac{r(r-1)}{2} p'^{r-2} p^2 q'^s + rs p'^{r-1} pq q'^{s-1} + \frac{s(s-1)}{2} p'^r q'^{s-2} q^2,$$
$$l^{(m-1)}_{r.s} = r p'^{r-1} p q'^s + s p'^r q q'^{s-1},$$
$$l^{(m)}_{r.s} = p'^r q'^s.$$

Par conséquent, si l'on appelle L le déterminant

$$[9] \quad L = \begin{vmatrix} l_{m,0} & l'_{m,0} & l''_{m,0} & \cdots\cdots & l^{(m)}_{m,0} \\ l_{m-1,1} & l'_{m-1,1} & l''_{m-1,1} & \cdots & l^{(m)}_{m-1,1} \\ l_{m-2,2} & l'_{m-2,2} & l''_{m-2,2} & \cdots & l^{(m)}_{m-2,2} \\ \cdot\cdot\cdot & \cdot\cdot\cdot & \cdot\cdot\cdot & \cdots & \cdot\cdot\cdot \\ l_{0,m} & l'_{0,m} & l''_{0,m} & \cdots\cdots & l^{(m)}_{0,m} \end{vmatrix},$$

(*) Il suffit de voir que
$$\frac{d^m f}{dX^r dY^s} = \left(p \frac{d}{dx} + p' \frac{d}{dy} \right)^r \left(q \frac{d}{dx} + q' \frac{d}{dy} \right)^s f.$$

et H le déterminant

$$[10] \quad H = \sum \left(\pm \frac{d^{2m}f}{dX^m\,dx^m} \cdot \frac{d^{2m}f}{dX^{m-1}dY\,dx^{m-1}dy} \cdots \frac{d^{2m}f}{dY^m\,dy^m} \right),$$

on aura d'abord, en vertu des équations [7], par lesquelles on remplacera dans H les dérivées en X, Y par celles en x, y, et en vertu d'un théorème connu de la théorie des déterminants,

$$[11] \quad H = L\,\Delta \quad (*).$$

____

(*) Pour mieux faire comprendre cette première partie du théorème nous ajouterons ici un exemple. En se rappellant que

$$\frac{d}{dX} = p\,\frac{d}{dx} + p'\,\frac{d}{dy},$$
$$\frac{d}{dY} = q\,\frac{d}{dx} + q'\,\frac{d}{dy},$$

on a

$$\frac{d^2}{dX^2} = p^2\,\frac{d^2}{dx^2} + 2pp'\,\frac{d^2}{dxdy} + p'^2\,\frac{d^2}{dy^2},$$
$$\frac{d^2}{dXdY} = pq\,\frac{d^2}{dx^2} + (pq' + p'q)\,\frac{d^2}{dxdy} + p'q'\,\frac{d^2}{dy^2},$$
$$\frac{d^2}{dY^2} = q^2\,\frac{d^2}{dx^2} + 2qq'\,\frac{d^2}{dxdy} + q'^2\,\frac{d^2}{dy^2};$$

d'où évidemment

$$\begin{vmatrix} \dfrac{d^4}{dX^2 dx^2} & \dfrac{d^4}{dX^2 dxdy} & \dfrac{d^4}{dX^2 dy^2} \\[2ex] \dfrac{d^4}{dXdY dx^2} & \dfrac{d^4}{dXdY dxdy} & \dfrac{d^4}{dXdY dy^2} \\[2ex] \dfrac{d^4}{dY^2 dy^2} & \dfrac{d^4}{dY^2 dxdy} & \dfrac{d^4}{dY^2 dy^2} \end{vmatrix} =$$

$$= \begin{vmatrix} p^2 & 2pp' & p'^2 \\[1ex] pq & pq'+p'q & p'q' \\[1ex] q^2 & 2qq' & q'^2 \end{vmatrix} \cdot \begin{vmatrix} \dfrac{d^4}{dx^4} & \dfrac{d^4}{dx^3 dy} & \dfrac{d^4}{dx^2 dy^2} \\[2ex] \dfrac{d^4}{dx^3 dy} & \dfrac{d^4}{dx^2 dy^2} & \dfrac{d^4}{dx dy^3} \\[2ex] \dfrac{d^4}{dx^2 dy^2} & \dfrac{d^4}{dx dy^3} & \dfrac{d^4}{dy^4} \end{vmatrix}$$

$$= (pq' - p'q)^3 \begin{vmatrix} \dfrac{d^4}{dx^4} & \dfrac{d^4}{dx^3 dy} & \dfrac{d^4}{dx^2 dy^2} \\[2ex] \dfrac{d^4}{dx^3 dy} & \dfrac{d^4}{dx^2 dy^2} & \dfrac{d^4}{dx dy^3} \\[2ex] \dfrac{d^4}{dx^2 dy^2} & \dfrac{d^4}{dx dy^3} & \dfrac{d^4}{dy^4} \end{vmatrix}$$

En appelant ensuite P le déterminant

$$P = \sum \left(\pm \frac{d^{2m}f}{dX^{2m}} \cdot \frac{d^{2m}f}{dX^{2m-2}dY^2} \cdots\cdots \frac{d^{2m}f}{dY^{2m}} \right) ,$$

ou le transformée de Δ ,

on aura pareillement $\qquad$ P $=$ LH (*) ,

d'où enfin

[12] $\qquad\qquad\qquad$ P $=$ L$^2 \Delta$.

Il ne s'agit plus que de démontrer que L est une puissance de $pq' - p'q$.

Posons à cet effet, pour abréger, dans les équations [8],

$$\frac{p'}{p} = a \ , \qquad \frac{q'}{q} = b \ , \qquad \text{et en général} \quad \frac{l^{(i)}_{r.s}}{p^r q^s} = a^{(i)}_{r.s} ,$$

d'où, par exemple, $\quad a_{r.s} = 1 \ , \quad a'_{r.s} = ra + sb,$

$$a''_{r.s} = \frac{r(r-1)}{2} a^2 + rsab + \frac{s(s-1)}{2} b^2 ;$$

$a^{(i)}_{r.s}$ sera une fonction entière de a et de b. Divisons ensuite dans le déterminant L les éléments de la première ligne par p^m, ceux de la seconde par $p^{m-1}q$, ..., et ceux de la dernière par q^m; on aura

$$L = p^{\frac{m(m+1)}{2}} q^{\frac{m(m+1)}{2}} A_m ,$$

en désignant par A_m le déterminant formé par les $a_{r.s}$ comme L est formé par les $l_{r.s}$.

Si maintenant dans le déterminant A_m on soustrait les éléments d'une ligne de celle qui précède, toutes les lignes excepté la première seront divisibles par $a - b$. En effet, posons $\frac{df}{dx} = A \ , \ \frac{df}{dy} = B$; on aura en vertu des équations [2], [7],

$$a^{(i)}_{r.s} = (\!(B^i)\!) (A + aB)^r (A + bB)^s = \frac{d^i}{dB^i} \left[(A + aB)^r (A + bB)^s \right] .$$

<hr>

(*) On reconnaîtra aisément que l'on passe de la transformée P de Δ en la fonction Δ par deux transformations successives de dérivées d'ordre m en X , Y en celles de même ordre m, x, y .

Par conséquent,

$$a_{r,s}^{(i)} - a_{r-1,\,s+1}^{(i)} = \frac{d^i}{dB^i}\left[(A+aB)^r(A+bB)^s\right] - \frac{d^i}{dB^i}\left[(A+aB)^{r-1}(A+bB)^{s+1}\right]$$

$$\frac{d^i}{dB^i}\left[(A+aB)^{r-1}(A+bB)^s(A+aB-A-bB)\right] = (a-b)\frac{d^i}{dB^i}\left[(A+aB)^{r-1}(A+bB)^s B\right].$$

Mais comme

$$\frac{d^i}{dB^i}\left[(A+aB)^{r-1}(A+bB)^s B\right] = (a-b)\frac{d^{i-1}}{dB^{i-1}}\left[(A+aB)^{r-1}(A+bB)^s\right] = (a-b)a_{r-1,s}^{(i-1)},$$

il viendra $\qquad a_{r,s}^{(i)} - a_{r-1,s+1}^{(i)} = (a-b)\,a_{r-1,s}^{(i-1)} \quad (^*).$

De plus, les éléments de la première colonne seront tous égaux à zéro, sauf le premier élément qui sera l'unité : il s'ensuit que

$$A_m = (b-a)^m \begin{vmatrix} 1 & a'_{m-1,0} & \cdots\cdots\cdots & a_{m-1,0}^{(m-1)} \\ 1 & a'_{m-2,1} & \cdots\cdots\cdots & a_{m-2,1}^{(m-1)} \\ \cdots & \cdots\cdots\cdots & \cdots\cdots\cdots & \cdots \\ 1 & a'_{0,m-1} & \cdots\cdots & a_{0,m-1}^{(m-1)} \end{vmatrix},$$

$$A_m = (b-a)^m A_{m-1}\ ; \quad \text{d'où}\quad A_m = (b-a)^{\frac{m(m+1)}{2}},$$

et, en substituant,

$$L = (pq' - p'q)^{\frac{m(m+1)}{2}}.$$

(*) En observant que

$$a_{r-1,\,s+1} = 1,\ a'_{r-1,\,s+1} = (r-1)a + (s+1)b,$$

$$a''_{r-s,\,s+1} = \frac{(r-1)(r-2)}{1\,.\,2}a^2 + (r-1)(s+1)ab + \frac{s(s+1)}{2}b^2,$$

on aura, par exemple,

$$a_{r,s} - a_{r-1,\,s+1} = 0,\ \ a'_{r,s} - a'_{r-1,\,s+1} = a-b,$$

$$a''_{r,s} - a''_{r-1,\,s+1} = (a-b)a'_{r-1,s},\ a'''_{r,s} - a'''_{r-1,\,s+1} = (a-b)a''_{r-1,s}.$$

Alors l'équation [12] fournira enfin la relation

$$[13] \qquad\qquad P = (pq' - p'q)^{\frac{m(m+1)}{2}} \Delta ,$$

ce qui achève de démontrer que le déterminant Δ est un covariant.

On aura simplement un invariant de la forme f, si $m = \dfrac{n}{2}$.

Dans ce cas, en supposant n pair, les fonctions Δ seront des invariants d'ordre $\dfrac{n}{2} + 1$, que SYLVESTER appelle *cataleclicants*.

Ainsi, par exemple, pour $n = 4$ il viendra

$$\Delta_2 = \begin{vmatrix} \dfrac{d^4}{dx^4} & \dfrac{d^4}{dx^3 dy} & \dfrac{d^4}{dx^2 dy^2} \\[2ex] \dfrac{d^4}{dx^3 dy} & \dfrac{d^4}{dx^2 dy^2} & \dfrac{d^4}{dx dy^3} \\[2ex] \dfrac{d^4}{dx^2 dy^2} & \dfrac{d^4}{dx dy^3} & \dfrac{d^4}{dy^4} \end{vmatrix} f = \begin{vmatrix} a_0 & a_1 & a_2 \\[1ex] a_1 & a_2 & a_3 \\[1ex] a_2 & a_3 & a_4 \end{vmatrix} ,$$

tandis que, pour $n = 5$, il viendra le covariant

$$\begin{vmatrix} a_0 x + a_1 y , & a_1 x + a_2 y , & a_2 x + a_3 y \\[1ex] a_1 x + a_2 y , & a_2 x + a_3 y , & a_3 x + a_4 y \\[1ex] a_2 x + a_3 y , & a_3 x + a_4 y , & a_4 x + a_5 y \end{vmatrix} ,$$

qui, égalé à zéro, n'est autre chose que l'équation canonisante de la forme quintique (*).

(*) On peut s'en rendre compte dans mon Mémoire (Liouville, 1855). Mais le procédé de M. CAYLEY est bien plus rapide.

Selon ce célèbre géomètre il suffit d'observer qu'on a identiquement :

$$\begin{vmatrix} y^3 & 0 , & 0 & 0 \\ 0 & ax+by , & bx+cy , & cx+dy \\ 0 & bx+cy , & cx+dy , & dx+ey \\ 0 & cx+dy , & dx+ey , & ex+fy \end{vmatrix} = \begin{vmatrix} y^3 - y^2 x & yx^2 - x^3 \\ a & b & c & d \\ b & c & d & e \\ c & d & e & f \end{vmatrix} \times \begin{vmatrix} 1 & 0 & 0 & 0 \\ x & y & 0 & 0 \\ 0 & x & y & 0 \\ 0 & 0 & x & y \end{vmatrix} ,$$

où le premier déterminant du second membre n'est autre chose que le premier membre de l'équation canonisante.

REMARQUE. S'il était démontré *a priori* que le catalecticant

$$\begin{vmatrix} a_0 & a_1 & a_2 & \ldots \\ a_1 & a_2 & a_3 & \ldots \\ a_2 & a_3 & a_4 & \ldots \\ \cdot & \cdot & \cdot & \cdot \\ \cdot & \cdot & \cdot & \cdot \end{vmatrix}$$

est un invariant, alors pour démontrer le théorème susdit, il suffirait d'observer que la fonction [6] est précisément le catalecticant d'un émanant, et que par conséquent il est un covariant de la forme.

132. THÉORÈME. *Soit* $\varphi(x, y)$ *un covariant de degré* $n-2$ *de la forme* $f(x, y)$; *les coefficients de la transformée en* z, *qu'on peut obtenir de l'équation* $f(x, 1) = 0$ *en* y *posant*

$$[14] \qquad z = \frac{\varphi(x,1)}{f'_x(x,1)},$$

seront tous des invariants de $f(x, y)$ (*).

DÉMONSTRATION. Considérons les deux équations homogènes

$$[15] \qquad \begin{cases} f(x,y) = 0, \\[2mm] z\,\dfrac{df}{dx} - y\,\varphi(x,y) = 0, \end{cases}$$

ou celles ci, qui leur sont équivalentes,

$$[16] \qquad \begin{cases} z\,\dfrac{df}{dy} + x\,\varphi(x,y) = 0, \quad (**) \\[2mm] z\,\dfrac{df}{dx} - y\,\varphi(x,y) = 0 \ . \end{cases}$$

(*) Ce théorème a été donné pour la première fois par M. HERMITE dans un magnifique *Mémoire sur l'équation du 5e degré* (*C. Rendus*) *1865*.

(**) Il suffit de multiplier la première par y et la seconde par x et d'additionner, pour s'en convaincre.

Si on les transforme par la substitution [2], elles deviendront

$$[17] \quad \begin{cases} z' \dfrac{d\mathrm{F}}{d\mathrm{Y}} + \mathrm{X}\,\Phi\,(\mathrm{X},\mathrm{Y}) = 0\,, \\[2mm] z' \dfrac{d\mathrm{F}}{d\mathrm{X}} - \mathrm{Y}\,\Phi\,(\mathrm{X},\mathrm{Y}) = 0\,. \end{cases}$$

Mais par les équations de substitution on obtient

$$\frac{d\mathrm{F}}{d\mathrm{X}} = p\,\frac{df}{dx} + p'\,\frac{df}{dy} \quad, \quad \frac{d\mathrm{F}}{d\mathrm{Y}} = q\,\frac{df}{dx} + q'\,\frac{df}{dy} \quad;$$

et alors les équations [17], en y remplaçant $\Phi\,(\mathrm{X},\mathrm{Y})$ par $(pq' - p'q)^{\mu}\,\varphi\,(x,y)$, deviendront

$$[18] \quad \begin{cases} z'\left(q\,\dfrac{df}{dx} + q'\,\dfrac{df}{dy} \right) + \mathrm{X}\,(pq' - p'q)^{\mu}\,\varphi\,(x,y) = 0, \\[3mm] z'\left(p\,\dfrac{df}{dx} + p'\,\dfrac{df}{dy} \right) - \mathrm{Y}\,(pq' - p'q)^{\mu}\,\varphi\,(x,y) = 0, \end{cases}$$

d'où, en multipliant la première par q, la seconde par q', et en retranchant, on déduit

$$z'(pq' - p'q)\,\frac{df}{dx} - (q\mathrm{X} + q'\mathrm{Y})\,(pq' - p'q)^{\mu}\,\varphi\,(x,y) = 0\,,$$

ou, en vertu des équations [2] ;

$$z'\,\frac{df}{dx} - y\,(pq - p'q)^{\mu-1}\,\varphi\,(x,y) = 0\,;$$

si au contraire on multiplie la première par p, le seconde par p', il vient

$$z'\,\frac{df}{dy} + x\,(pq' - p'q)^{\mu-1}\,\varphi\,(x,y) = 0\,.$$

Par conséquent, d'après les équations [16], comme on aurait $z' = z\,(pq' - p'q)^{\mu-1}$, on voit bien que la fonction z a la propriété de se reproduire à une puissance près du déterminant de la substitution.

Observons maintenant qu'en se rappelant ce que nous avons dit sur les résultants, l'équation en z, en posant pour le moment $\varphi(\alpha_i, 1) = M_i$, sera

$$\left(z - \frac{M_1}{f'(\alpha_1)}\right)\left(z - \frac{M_2}{f'(\alpha_2)}\right)\left(z - \frac{M_3}{f'(\alpha_3)}\right) \ldots = 0 \, ,$$

c'est-à-dire, en appelant Δ le discriminant $f'(\alpha_1) f'(\alpha_2) \ldots$,

$$z^n + \frac{A'}{\Delta} z^{n-2} + \frac{B'}{\Delta} z^{n\,3} + \cdots + \frac{K'}{\Delta} = 0,$$

où le terme en z^{n-1} manque, par une propriété connue de la somme $\dfrac{M_1}{f'(\alpha_1)} + \dfrac{M_2}{f'(\alpha_2)} + \dfrac{M_3}{f'(\alpha_3)} + \cdots$

Remplaçons maintenant z par $\dfrac{z'}{(pq' - p'q)^{\mu-1}}$; cette équation deviendra

$$z^n + (pq' - p'q)^{2\mu-2} \frac{A'}{\Delta} z'^{n-2} + (pq' - p'q)^{2\mu-3} \frac{B'}{\Delta} z'^{n-3} + \cdots$$
$$\cdots + (pq' - p'q)^{n\mu-2} \frac{K'}{\Delta} = 0 \, .$$

Or les quantités A', B', …, K' sont évidemment des fonctions entières des coefficients a_0, a_1, a_2, … de la forme proposée ; d'ailleurs, en vertu de la dernière équation, ils doivent se reproduire à un facteur près si l'on transformait directement l'équation en z ; par la substitution [2] ; donc ce seront des invariants.

Notons que le théorème ci-dessus ne commence à être applicable qu'à partir du 5e degré ; car pour $n = 4$, $n = 3$, il n'existe pas de covariant d'ordre $4 - 2 = 2$, $3 - 2 = 1$.

§ V.

Nombre de covariants fondamentaux
d'une forme donnée.

133. D'après les théorèmes exposés aux N° 109-114 il est aisé de voir que tout covariant est déterminé dès qu'on en fixe l'ordre et le degré, et que l'on trouve son premier coefficient d'après la première équation [10] N° 109. Par cette raison on appelle son premier coefficient la *source du covariant*. Comme nous avons déjà observé pour les invariants, cette équation, où le poids est devenu $p-1$, laissera autant de coefficients indéterminés qu'il y a d'unités dans la différence entre le nombre des termes d'une fonction de degré r et de poids p et une autre de degré r mais de poids $p-1$, composée avec les coefficients de la forme $a_{01}\, a_1\, a_{2\,1}\ldots\ldots a_n$. Par conséquent en exprimant comme avant N° 88 par $C\,(p,\,r,\,n)$ le nombre de manières de composer un nombre p avec des élements $0, 1, 2,\ldots n$ choisis r à r même avec répétitions, le nombre des covariants indépendants ou asyzygétiques (*) de degré r dans les coefficients est exprimé par la formule

$$C'\,(p,\,r,\,n) = C\,(p,\,r,\,n) - C\,(p-1,\,r,\,n)$$

où $p = \dfrac{nr - m}{2}$. Si l'on veut savoir combien il y en a de degré r pour tous les ordres m depuis $m = 0$ jusqu'à $m = nr$, il faudra faire la somme de toutes les valeurs de $C'\,(p,\,r,\,n)$

(*) Cette dénomination introduite par Sylvester signifie que les fonctions dont il s'agit ne sont liées entr'elles par aucune relation.

pour ces diverses valeurs de m. Cela posé, si l'on suppose d'abord nr pair, on aura pour C' cette suite de valeurs :

$$m=0, \quad \mathrm{C}\left(\frac{nr}{2}, r, n\right) - \mathrm{C}\left(\frac{nr}{2}-1, r, n\right), \left.\begin{array}{l} \\ \\ \end{array}\right\}$$

$$m=2, \quad \mathrm{C}\left(\frac{nr}{2}-1, r, n\right) - \mathrm{C}\left(\frac{nr}{2}-2, r, n\right),$$

dont la somme est
$$= \mathrm{C}\left(\frac{nr}{2}, r, n\right).$$

$$\cdots\cdots\cdots\cdots\cdots\cdots\cdots$$

$$m=nr-4, \quad \mathrm{C}(2, r, n) - \mathrm{C}(1, r, n),$$

$$m=nr-2, \quad \mathrm{C}(1, r, n),$$

Pareillement, si nr est impair, on obtiendra pour cette somme $\mathrm{C}\left(\frac{nr-1}{2}, r, n\right)$. Donc ce nombre, pour toutes les valeurs de nr paires ou impaires, sera (*) :

$$[1] \qquad \mathrm{C}\left(\frac{nr}{2}, r, n\right) + \mathrm{C}\left(\frac{nr-1}{2}, r, n\right),$$

puisque l'une des deux parties s'évanouit selon que nr est impair ou pair.

134. EXEMPLES. Supposons $n=2$. Il faudra alors chercher $\mathrm{C}(r, r, 2)$ et comme $\mathrm{C}'(r, r, 2) = \mathrm{C}'(r, 2, r)$, on aura :

$$\mathrm{C}(r, 2, r) = ((x^r)) \frac{(1-x^{r+1})(1-x^{r+2})}{(1-x)(1-x^2)} = ((x^r)) \frac{1}{(1-x)(1-x^2)}.$$

Passons maintenant à $n=3$. On aura alors à calculer

$$\mathrm{C}\left(\frac{3r}{2}, r, 3\right) + \mathrm{C}\left(\frac{3r-1}{2}, r, 3\right).$$

On aura d'abord

$$\left(\frac{3r-1}{2}, r, 3\right) = \mathrm{C}\left(\frac{3r-1}{2}, 3, r\right) = ((x^{\frac{3r-1}{2}})) \frac{(1-x^{r+1})(1-x^{r+2})(1-x^{r+3})}{(1-x)(1-x^2)(1-x^3)}$$

ou bien, en changeant x en x^2,

$$\left(\frac{3r-1}{2}, r, 3\right) = ((x^{3r})) \frac{x}{(1-x^2)(1-x^4)(1-x^6)} = ((x^r)) \frac{(x^2+x^4+x^6)x}{(1-x^2)(1-x^4)(1-x^6)}.$$

On peut réduire la recherche de $((x^{3r}))$ à celle de $((x^r))$, en observant qu'on a identiquement

$$\frac{(1-x^6)^2(1-x^{12})}{(1-x^2)(1-x^4)(1-x^6)} = (1+x+^2 x^4)(1+x^4+x^8);$$

CAYLEY's *Second memoir on quantics* Philosophical transactions. V. 145 (1855).

d'où

$$\frac{x}{(1-x^2)(1-x^4)(1-x^6)} = \frac{x(1+x^2+x^4)(1+x^4+x^8)}{(1-x^6)^2(1-x^{12})}.$$

En négligeant dans le numérateur tous les termes dont les exposants ne sont pas multiples de 3 on aura évidemment:

$$(\!(x^{3r})\!)\,\frac{x}{(1-x^3)(1-x^4)(1-x^6)} = (\!(x^{3r})\!)\,\frac{x^3+2x^9}{(1-x^6)^2(1-x^{12})} = (\!(x^r)\!)\,\frac{x+2x^3}{(1-x^2)^2(1-x^4)}.$$

Quant à l'autre partie du second membre, elle se reduira à $(\!(x^r)\!)\,\dfrac{x^3}{(1-x^3)^2(1-x^4)}$. Donc les deux ensemble nous donneront

$$C\left(\frac{3r-1}{2},\, r,\, 3\right) = (\!(x^r)\!)\,\frac{x+x^3}{(1-x^3)^2(1-x^4)}.$$

On trouvera pareillement $C\left(\dfrac{3r}{2},\, r,\, 3\right) = (\!(x^r)\!)\,\dfrac{1+x^4}{(1-x^2)^2(1-x^4)}$; d'où l'on déduit pour n'importe quelle valeur de r, le nombre cherché $\dfrac{(1+x)(1+x^3)}{(1-x^2)^2(1-x^4)}$. Mais en observant qu'on a $(1+x)(1+x^3) = \dfrac{1-x^2}{1-x}\,\dfrac{1-x^6}{1-x^3}$, on trouvera que le nombre des covariants asyzygétiques de degré correspondants à la forme cubique est représenté par la formule:

$$[2] \qquad (\!(x^r)\!)\,\frac{1-x^6}{(1-x)(1-x^2)(1-x^3)(1-x^4)},$$

d'où il résulte qu'il y a par rapport aux facteurs $1-x$, $1-x^2$, $1-x^3$, $1-x^4$, quatre covariants irréductibles respectivement: le covariant de degré 1, ou la forme elle même (u) ; le covariant de degré 2 et d'ordre 2 (C_2) ; le covariant de 3e degré et d'ordre 3 (C_3) ; le discriminant qui est de 4e degré Δ. Ces fonctions à cause du terme x^6 sont reliées entr'elles par une relation identique, ou syzygie, du degré 6 entre les covariants irréductibles. On trouve en effet (N° 136) :

$$(C_3)^2 - \Delta\, u^2 + 4\,(C_2)^3 = 0.$$

135. Pour $n=4$ la formule [1] se réduit simplement à

$$C(2r, r, 4) = C(2r, 4, r) = (\!(x^{2r})\!)\,\frac{(1-x^{r+1})(1-x^{r+2})(1-x^{r+3})(1-x^{r+4})(}{(1-x)(1-x^2)(1-x^3)(1-x^4)}$$

$$= (\!(x^{2r})\!)\,\frac{1}{(1-x)(1-x^2)(1-x^3)(1-x^4)} - (\!(x^r)\!)\,\frac{x(1+x+x^2+x^3)}{(1-x)(1-x^2)(1-x^3)(1-x^4)}.$$

En observant que

$$\frac{1}{(1-x)(1-x^2)(1-x^3)(1-x^4)} = \frac{1+x+x^3+x^4}{(1-x^2)^2(1-x^3)(1-x^6)}$$

et en négligeant dans le numérateur les termes en x, x^3, la première partie du second membre se réduit à

$$(\!(x^{2r})\!) \, \frac{1+x^4}{(1-x^2)^2(1-x^4)(1-x^6)} = (\!(x^r)\!) - \frac{1+x^2}{(1-x)^2(1-x^2)(1-x^3)} \, .$$

Par conséquent les deux parties ensemble donneront

$$C(2r, r, 4) = (\!(x^r)\!) \, \frac{1-x+x^2}{(1-x)^2(1-x^2)(1-x^3)} \, .$$

Si l'on réfléchit que $1-x+x^2 = \dfrac{1+x^3}{1+x} = \dfrac{1-x^6}{(1-x^3)(1+x)} = \dfrac{(1-x^6)(1-x)}{(1-x^3)(1-x^2)}$ il viendra encore

$$[3] \qquad C_{(2r,\, r,\, 4)} = (\!(x^r)\!) \, \frac{1-x^6}{(1-x)(1-x^2)^2(1-x^3)^2} \, .$$

Par conséquent les covariants de la forme biquadratique seront cinq : un de 1er degré, qui sera la forme elle même (u) ; le second l'invariant I_2 de second degré, ou en d'autres termes, le covariant de degré 2 et d'ordre 0; le 3me le covariant de second degré et d'ordre 4 (v); le 4me l'invariant I_3 de 3e degré; le 5me le covariant de 3e degré et d'ordre 6 (φ). Tous les autres covariants de degré r, puisque on aura toujours d'après la formule ci dessus

$$r = a + 2b + 2c + 3d + 3e \, ,$$

seront fonctions de ces 5 covariants. Seulement à cause du terme $-x^6$ du numérateur qui diminue d'une unité le nombre des covariants irréductibles de degré 6, ces covariants seront liés entr'eux par une équation de 6e degré, à savoir (V. N° 137)

$$I_3 \, u^3 - I_2 \, u^2 v + 4 \, v^3 = \varphi^2 \, .$$

En poursuivant la même voie de calcul pour les formes d'ordre 5, 6, etc., M. Cayley dans le Mémoire cité avait cru un instant que à partir de la forme quintique le nombre des covariants fondamentaux était illimité, tandis qu'il est limité pour les formes cubique et biquadratique, comme nous venons de voir d'après lui. Mais M. Gordan et Clebsch ont trouvé dernièrement par d'autres méthodes que ce nombre est au contraire fini. Exposer leurs recherches ici ce serait dépasser les limites du cadre restreint de l'ouvrage; c'est pourquoi nous nous contenterons de donner ici la note des covariants pour les formes quintique et sextique, que M. Clebsch fixe à 23 pour la forme quintique, et à 26 pour la forme sextique, à savoir

Pour la forme quintique

D'ORDRE	DE DEGRÉ		
4	0	4, 8, 12, 18	ce sont les invariants fondamentaux;
4	1	5, 7, 11, 13	ce sont les covariants linéaires;
3	2	2, 6, 8	
3	3	3, 5, 9	
2	4	4, 6	
3	5	5, 3, 7	le premier est la forme même.
2	6	2, 4	
1	7	5	
1	9	3	

Pour la forme sextique on a

D'ORDRE	DE DEGRÉ		
5	0	2, 4, 6, 10, 15	ce sont les invariants fondamentaux;
6	2	3, 5, 7, 8, 10, 12	
5	4	2, 4, 5; 7, 9	
5	6	1, 3, 4, 6, 6	le premier est la forme même. — Deux de même degré.
3	8	2, 3, 5	
1	10	4	
1	12	3	

Ceux qui voudront approfondir la question, pourront consulter l'ouvrage de Clebsch, *Theorie der binären formen*, et ses Mémoires insérés dans le Journal de Crelle.

§ IV.

Applications.

136. La notion des covariants conduit à des résultats intéressants par rapport aux formes cubique et biquadratique. C'est ce que nous nous proposons d'exposer maintenant.

Soit la forme cubique réduite à la forme canonique

$$u = lx^3 + my^3 \ ;$$

le covariant quadratique se réduira alors à $C_2 = lmxy$, et le covariant cubique à $C_3 = lm(lx^3 - my^3)$.

Or il est aisé de trouver que

$$(lx^3 - my^3)^2 + 4lmx^3y^3 = (lx^3 + my^3)^2 .$$

Comme dans notre cas le discriminant Δ ou l'invariant fondamental de la cubique se réduit à l^2m^2, il viendra, en multipliant par l^2m^2,

$$[lm(lx^3 - my^3)]^2 + 4(lmxy)^3 = l^2m^2(lx^3 + my^3)^2,$$

ou

$$C^2_3 + 4C^3_2 = \Delta u^2 ,$$

relation trouvée par Cayley. En écrivant cette notation ainsi

$$\frac{1}{4}(C^2_3 - \Delta u^2) = - C^3_2 ,$$

on voit que les fonctions

$$\frac{1}{2}(C_3 + u\sqrt{\Delta}) \qquad , \qquad \frac{1}{2}(C_3 - u\sqrt{\Delta})$$

doivent être des cubes. Par conséquent, la racine cubique de chacune de ces expressions doit être une fonction linéaire de x, y. Il en sera de même de l'expression

$$\sqrt[3]{\tfrac{1}{2}\left(C_3 + u\sqrt{\Delta}\right)} - \sqrt[3]{\tfrac{1}{2}\left(C_3 - u\sqrt{\Delta}\right)}\ ;$$

et comme elle se réduit à 0 pour $u = 0$, il s'ensuit qu'elle contiendra en facteur un des facteurs de la forme cubique, puisqu'elle devra s'évanouir avec cette forme. M. Cayley a trouvé qu'on a, en appelant α, β, γ les 3 racines, et ρ une racine cubique imaginaire de l'unité

$$\sqrt[3]{\tfrac{1}{2}\left(C_3 + u\sqrt{\Delta}\right)} - \sqrt[3]{\tfrac{1}{2}\left(C_3 - u\sqrt{\Delta}\right)} = \tfrac{1}{3}a(\rho - \rho^2)(\beta - \gamma)(x - \alpha y).$$

137. Posons pour la forme biquadratique

$$[1] \qquad u = x^4 + 6\gamma x^2 y^2 + y^4\ ;$$

le second membre représentant sa forme canonique. Rappelons-nous (N° 81) qu'on a $I_2 = 1 + 3\gamma^2$, $I_3 = \gamma(1 - \gamma^2)$, $\Delta = (1 - 9\gamma^2)^2$. Cela posé, on trouvera aisément que, à un coefficient numérique près, les covariants N° 1, 2 des Tables, à savoir les covariants de 4e et de 6e ordre, deviennent respectivement

$$[2] \qquad v = \gamma x^4 + (1 - 3\gamma^2)\, x^2 y^2 + \gamma y^4,$$

$$[3] \qquad \varphi = \sqrt{\Delta}\, xy\, (x^4 - y^4)\,.$$

Cette dernière équation élevée au carré donne

$$\Delta x^2 y^2 (x^4 + y^4 - 2x^2 y^2)(x^4 + y^4 + 2x^2 y^2) = \varphi^2,$$

ou bien, en vertu des équations [1] et [2], et en posant $x^2 y^2 = t$,

$$[4] \qquad \Delta t\, (u - 6\gamma t - 2t)(u - 6\gamma t + 2t) = \varphi^2.$$

Mais par la formule [2] on a

$$[5] \qquad v = \gamma u + \sqrt{\Delta}\, t\,,$$

et alors le premier membre [4] se transforme ainsi

$$\frac{(v - \gamma u)}{\sqrt{\Delta}}\left[u\left(\sqrt{\Delta} + 2\gamma(1 + 3\gamma) - 2(1 + 3\gamma)v\right] \right]\left[u\left(\sqrt{\Delta} - 2\gamma(1 - 3\gamma) + 2(1 - 3\gamma)v\right) \right.$$

et, en remarquant que $(1 - 3\gamma)(1 + 3\gamma) = \sqrt{\Delta}$, il viendra

[6] $\qquad (v - \gamma u)\,[u\,(1 - \gamma) - 2v]\,[u\,(1 + \gamma) + 2v] = \varphi^2$.

En développant et en ayant égard aux valeurs de I_2, I_3, on trouve

[7] $\qquad\qquad I_3 u^3 - I_2 u^2 v + 4 v^3 = \varphi^2$,

relation remarquable donnée par Cayley, qui lie ensemble les invariants et covariants fondamentaux de la forme biquadratique (*).

REMARQUE. En reduissant ces fonctions à leur premiers termes, ou, autrement, en comparant les termes en x'^2, et en posant $A = ac - b^2$, $B = a^2 d - 3abc + 2b^3$, qui sont les sources des covariants v et φ, on aura d'une façon très-aisée cette relation déjà signalée par Roberts

$$B^2 = 4 A^3 - a^2 I_2\, A + a^3 I_3 .$$

Formons de même l'Hessien de v, ou l'Hessien de l'Hessien, que nous appellerons V; on aura

$$\frac{1}{4} V = \begin{vmatrix} 6\gamma x^2 + (1 - 3\gamma^2)\,y^2 & 2\,(1 - 3\gamma^2)\,xy \\ 2\,(1 - 3\gamma^2)\,xy & 6\gamma y^2 + (1 - 3\gamma^2)\,x^2 \end{vmatrix}$$
$$= 6\gamma\,(1 - 3\gamma^2)\,(x^4 + y^4) + [36\gamma^2 - 3\,(1 - 3\gamma^2)^2]\,x^2 y^2 ;$$

et après quelques transformations faciles (**),

(*) Notons en passant que l'invariant quadratique de φ est $\dfrac{1}{6}\,\Delta$. Si l'on pose $u = 2u'$, l'équation [7] devient
$$u'^3 \left[2I_3 - I_2 \frac{v}{u'} + \left(\frac{v}{u'} \right)^3 \right] = \left(\frac{\varphi}{2} \right)^2 .$$
Or en posant $\dfrac{v}{u'} = \lambda$, la quantité entre parenthèses est précisément le premier membre de l'équation canonique [39], N° 65.

(**) Il suffira de partir de cette première transformation
$$\frac{1}{4} V = 6\gamma u - 18\gamma^2 v + \left[18\gamma^2 (1 - 3\gamma^2) - 3\,(1 - 3\gamma^2)^2 \right] x^2 y^2 ,$$
et d'avoir égard à l'équation [5].

Notons en passant que, si l'on prend l'invariant de l'émanant $\left(x' \dfrac{d}{dx} + y' \dfrac{d}{dy} \right)$ le u et v, on trouve successivement

[8]' $\quad \left(x' \dfrac{d}{dx} + y' \dfrac{d}{dy} \right)^3 u = x^2 y^2 (1 - \gamma^2)^2 + 4\gamma^2 \left[\gamma\,(x^4 + y^4) - x^2 y^2 (1 + \gamma^2) \right]$.

$$\frac{1}{4}\,V = 9\,(\gamma - \gamma^3)\,u - 3\,(1 + 3\gamma^2)\,v\,,$$

ou enfin

[9]
$$V = 36\,I_3\,u - 12\,I_2\,v\,.$$

Par conséquent l'Hessien de l'Hessien est une fonction linéaire de la forme, de l'Hessien et des deux invariants fondamentaux.

138. Observons maintenant qu'en posant $\dfrac{2v}{u} = \lambda$, on tire de l'équation [7] $\lambda^3 - \lambda I_2 + 2 I_3 = \dfrac{2\varphi^2}{u^3}$; et par conséquent si nous appellons λ', λ'', λ'' les 3 racines de l'équation canonisante (39, N° 65) on aura

$$\left(\frac{2v}{u} - \lambda'\right)\left(\frac{2v}{u} - \lambda''\right)\left(\frac{2v}{u} - \lambda'''\right) = \frac{2\varphi^2}{u^3}\,, \qquad \text{ou}$$

[8]
$$\frac{\varphi^2}{4} = \left(v - \frac{1}{2}\lambda' u\right)\left(v - \frac{1}{2}\lambda'' u\right)\left(v - \frac{1}{2}\lambda''' u\right)\,.$$

Puisque φ^2 est le carré d'une fonction sextique, il s'ensuit que chacun des trois facteurs du second membre de la forme $v - \lambda u$ doit être un carré d'une fonction quadratique (*). En les appelant φ^2_1, φ^2_2, φ^2_3, il faudra que l'on ait

[10]
$$\begin{cases} v - \dfrac{1}{2}\lambda' u = \varphi^2_1\,, \\[2mm] v - \dfrac{1}{2}\lambda'' u = \varphi^2_2\,, \\[2mm] v - \dfrac{1}{2}\lambda''' u = \varphi^2_3\,, \end{cases} \qquad \text{d'où} \quad \varphi = 2\varphi_1\varphi_2\varphi_3\,.$$

---

[9]′ $\left(x'\dfrac{d}{dx} + y'\dfrac{d}{dy}\right)^3 v = \left[36\gamma^2 - (1 - 3\gamma^2)^2\right]^2 x^2 y^2 + 4(1 - 3\gamma^2)^2\left[6\gamma(1 - 3\gamma^2)(x^4 + y^4) - (1 - 3\gamma^2)^2 +\right.$

Or le second membre [8]′ devient d'abord $(1 - 6\gamma^2 - 27\gamma^4)\,x^2 y^2 + 4\gamma^3 u$, et en observant que $1 - 6\gamma^2 - 17\gamma^4 = (1 + 3\gamma^2)(1 - 9\gamma^4)$, on sera amené facilement au résultat que voici :

$$(1 + 3\gamma^2)\,v - (\gamma - \gamma^3)\,u = I_2 v - I_3 u\,.$$

Pour le second membre [9]′ on trouve

$$27\,I_3 I^2_2\,u - (27.12\,I^2_3 - 3\,I^3_2)\,v,$$

d'où l'on voit comment ces covariants dépendent toujours des covariants fondamentaux.

(*) On verra bientôt qu'il existe une fonction linéaire de φ_1, φ_2, φ_3, laquelle est un carré d'un facteur linéaire de u.

Or, du moment qu'on sait qu'une fonction biquadratique est un carré, sa racine se trouve facilement par des procédés simples d'algèbre ; ainsi les seconds membres deviendront tout sim- plement des fonctions quadratiques. D'autre part, comme on déduit de ces équations

$$u = \frac{2(\varphi^2_1 - \varphi^2_2)}{\lambda' - \lambda''} = \frac{2}{\lambda' - \lambda''}(\varphi_1 - \varphi_2)(\varphi_1 + \varphi_2) \,,$$

[1] $$u = \frac{2(\varphi^2_1 - \varphi^2_3)}{\lambda' - \lambda'''} = \frac{2}{\lambda' - \lambda'''}(\varphi_1 - \varphi_3)(\varphi_1 + \varphi_3) \,,$$

$$u = \frac{2(\varphi^2_2 - \varphi^2_3)}{\lambda'' - \lambda'''} = \frac{2}{\lambda'' - \lambda'''}(\varphi_2 - \varphi_3)(\varphi_2 + \varphi_3) \,,$$

le problème de la décomposition de la fonction biquadratique en deux fonctions quadratiques se trouverait résolu. Mais comme la réduction de $v - \frac{1}{2}\lambda u$ à sa racine serait très-pénible, nous croyons plus utile d'attaquer directement la question.

Supposons donc que la forme biquadratique soit décomposée en deux facteurs linéaires, de la manière suivante,

[2] $$f = (\alpha x^2 + 2\beta xy + \gamma y^2)(\alpha' x^2 + 2\beta' xy + \gamma' y^2) \,.$$

En comparant les coefficients homologues, on aura

$$a_0 = \alpha\alpha' \,,$$

[3] $$2a_1 = \alpha\beta' + \alpha'\beta \,, \qquad\qquad 2a_3 = \beta\gamma' + \gamma\beta' \,,$$

$$6a_2 = \alpha\gamma' + \alpha'\gamma + 4\beta\beta' \,, \qquad\qquad a_4 = \gamma\gamma' \,.$$

Introduisons une quantité auxiliaire λ, de sorte que

[4] $$\alpha\gamma' + \alpha'\gamma = 2a_2 + 2\lambda \quad, \qquad \text{d'où} \quad \beta\beta' = a_2 - \frac{\lambda}{2} \,;$$

combinons les six équations ainsi

[5] $$a_0 a_4 = \alpha\gamma' \cdot \alpha'\gamma \,, \qquad a_0\left(a_2 - \frac{\lambda}{2}\right) = \alpha\beta' \cdot \alpha'\beta \,, \qquad a_4\left(a_2 - \frac{\lambda}{2}\right) = \beta\gamma' \cdot \beta'\gamma \,,$$

$$2a_2 + 2\lambda = \alpha\gamma' \cdot \alpha'\gamma \,, \quad 2a_1 = \alpha\beta' \cdot \alpha'\beta \,, \qquad 2a_3 = \beta\gamma' + \gamma\beta' \,.$$

Les quantités $\alpha\gamma'$, $\alpha'\gamma$; $\alpha\beta'$, $\alpha'\beta$; $\beta\gamma'$, $\gamma\beta'$ seront les racines successivement des équations

$$u^2 - (2a_2 + 2\lambda)u + a_0 a_4 = 0,$$

[16]
$$v^2 - 2a_1 u + a_0\left(a_2 - \frac{\lambda}{2}\right) = 0,$$

$$w^2 - 2a_3 w + a_4\left(a_2 - \frac{\lambda}{2}\right) = 0.$$

D'ailleurs on a identiquement

[17]
$$\begin{vmatrix} \alpha\alpha' + \alpha'\alpha & \beta\alpha' + \alpha'\beta & \gamma\alpha' + \gamma'\alpha \\ \alpha\beta' + \alpha'\beta & \beta\beta' + \beta'\beta & \gamma\beta' + \gamma\beta \\ \alpha\gamma' + \alpha'\gamma & \beta\gamma' + \gamma\beta' & \gamma\gamma' + \gamma'\gamma \end{vmatrix} = \begin{vmatrix} \alpha & \alpha' & 0 \\ \beta & \beta' & 0 \\ \gamma & \gamma' & 0 \end{vmatrix} \times \begin{vmatrix} \alpha' & \alpha & 0 \\ \beta' & \beta & 0 \\ \gamma' & \gamma & 0 \end{vmatrix},$$

et par conséquent, comme le premier déterminant s'annulera, il viendra, en remplaçant les éléments par leurs valeurs et en divisant par 8 ,

[18]
$$\begin{vmatrix} a_0 & a_1 & a_2 + \lambda \\ a_1 & a_2 - \dfrac{\lambda}{2} & a_3 \\ a_2 + \lambda & a_3 & a_4 \end{vmatrix} = 0,$$

ce qui est précisément la canonisante [39] du N. 65.

A l'aide des équations [15] on peut arriver rapidement et élégamment à la décomposition cherchée. En effet, en posant

[19]
$$\alpha\gamma' = u_1 \quad , \quad \alpha\beta' = v_1 \quad , \quad \beta\gamma' = w_1 ,$$
$$\alpha'\gamma = u_2 \quad , \quad \alpha'\beta = v_2 \quad , \quad \beta'\gamma = w_2 ,$$

on a

$$a_0 f = (\alpha\alpha' + 2\beta\alpha' xy + \gamma\alpha' y^2)(\alpha'\alpha x^2 + 2\beta'\alpha xy + \gamma'\alpha y^2),$$

ou

[20]
$$a_0 f = (a_0 x^2 + v_2 xy + u_2 y^2)(a_0 x^2 + 2v_1 xy + u_1 y^2).$$

De même,

[21]
$$\left(a_2 - \frac{\lambda}{2}\right)f = (v_1 x^2 + 2\left(a_2 - \frac{\lambda}{2}\right)xy + w_2 y^2)(v_2 x^2 + 2\left(a_2 - \frac{\lambda}{2}\right)xy + w_1 y^2)$$

[22]
$$a_4 f = (u_1 x^2 + 2w_1 xy + a_4 y^2)(u_2 x^2 + 2w_2 xy + a_4 y^2).$$

A l'aide des relations [15] et [19], les valeurs de u_1, u_2, etc., se détermineront ainsi qu'il suit :

$$u_1 \, , \, u_2 = a_2 + \lambda \pm \sqrt{(a_2 + \lambda)^2 - a_0 a_4} \, ,$$

[23]
$$v_1 \, , \, v_2 = a_1 \pm \sqrt{a^2_1 - a_0 \left(a_2 - \frac{\lambda}{2}\right)^2} \, ,$$

$$w_1 \, , \, w_2 = a_3 \pm \sqrt{a^2_3 - a^2_4 \left(a_2 - \frac{\lambda}{2}\right)^2} \, ,$$

où λ désignera l'une des racines de la canonisante (*)

$$\lambda'_1 = - \sqrt[3]{I_3 + \frac{1}{9}(\rho - \rho^2)\Delta} - \sqrt[3]{I_3 - \frac{1}{9}(\rho - \rho^2)\Delta} \, , \quad (**)$$

[24]
$$\lambda'' = \rho \sqrt{I_3 + \frac{1}{9}(\rho - \rho^2)\Delta} - \rho^2 \sqrt{I_3 - \frac{1}{9}(\rho - \rho^2)\Delta} \, ,$$

$$\lambda''' = - \rho^2 \sqrt{I_3 + \frac{1}{9}(\rho - \rho^2)\Delta} + \rho \sqrt{I_3 - \frac{1}{9}(\rho - \rho^2)\Delta} \, ,$$

dont les expressions se déduiront des formules N° 63, Δ étant le discriminant de la forme f.

La forme f se trouvera ainsi par une méthode nouvelle décomposée de trois manières différentes en deux facteurs quadratiques. En égalant chacun d'eux à zéro, on déterminera les racines de l'équation de quatrième degré.

(*) Il est bien remarquable que toutes les équations cubiques resolvantes, auxquelles on est conduit par les diverses méthodes de résolution de l'équation biquadratique données par Ferrari, Simpson, Euler, Descartes, Lagrange peuvent être ramenées par des transformations faciles à une seule équation cubique, la canonisante, qui ne dépend que des deux invariants fondamentaux.(Voir une note de BALL, *Quarterly Journal*, t. 7.)

(**) En observant que $\rho = \dfrac{-1 + \sqrt{-3}}{2}$, $\quad \rho^2 = \dfrac{-1 - \sqrt{-3}}{2}$, $\quad \rho - \rho^2 = \sqrt{-3}$, on a ici partout $\dfrac{1}{9}(\rho - \rho^2)$ au lieu de $\dfrac{1}{3\sqrt{3}}\sqrt{-1}$ que fournirait la formule (N. 63), avec l'avantage de n'avoir qu'une seule imaginaire.

139. Revenons à l'équation [8].

Puisque $\dfrac{2v}{u} = \lambda'$, λ'', λ''', et que par l'équation [6] les racines du 1er membre égalé à zéro seraient γ, $\dfrac{1-\gamma}{2}$, $-\dfrac{1+\gamma}{2}$, il s'ensuit, en supposant que γ ait été exprimé en fonction de I_2, I_3, que les racines de la canonisante seront

[25] $\qquad \lambda' = 2\gamma \qquad , \qquad \lambda'' = 1-\gamma \qquad , \qquad \lambda''' = -(1+\gamma)$.

On peut confirmer ce résultat d'une autre façon; car en vertu des équations $I_2 = 1 + 3\gamma^2$, $I_3 = \gamma - \gamma^3$, on tire facilement

$$4\gamma^3 - \gamma I_2 + I_3 = 0 .$$

Il suit qu'en remplaçant I_2, I_3 par leurs valeurs, γ sera une racine de l'équation $4t^3 - tI_2 + I_3 = 0$, ou

[26] $\qquad\qquad 4t^3 - t(1+3\gamma^2) + \gamma(1-\gamma^2) = 0 .$

Mais si γ est déjà une racine, les deux autres résulteront par des opérations algébriques faciles, $t_2 = -\dfrac{1+\gamma}{2}$, $t_3 = \dfrac{1-\gamma}{2}$. D'ailleurs l'équation canonisante [9] coincide avec la [26], en posant $\lambda = 2t$; ce qui vérifie les valeurs [25].

Au moyen de ces valeurs et en suivant M. Cayley on peut faire voir que la somme $\dfrac{1}{2}(\lambda'-\lambda')\varphi_1 + \dfrac{1}{2}\lambda'''-\lambda')\varphi_2 + \dfrac{1}{2}(\lambda''-\lambda''')\varphi_3$, ou

[27]

$$\frac{1}{2}(\lambda'-\lambda'')\left(v-\frac{1}{2}\lambda'''u\right)^{\frac{1}{2}} + \frac{1}{2}(\lambda'''-\lambda')\left(v-\frac{1}{2}\lambda''u\right)^{\frac{1}{2}} + \frac{1}{2}(\lambda''-\lambda''')\left(v-\frac{1}{2}\lambda'u\right)^{\frac{1}{2}}$$

est un carré parfait et que sa racine est un des facteurs de la biquadratique. En effet on a par les relations (24), (5), et (2)

$$v - \frac{\lambda'}{2}u = \sqrt{\Delta}\,x^2y^2 \ , \quad v - \frac{\lambda''u}{2} = \frac{3\gamma-1}{2}(x^2-y^2)^2 \ , \quad v - \frac{\lambda'''u}{2} = \frac{1+3\gamma}{2}(x^2+y^2)$$

et en remplaçant $\lambda'-\lambda''$, $\lambda''-\lambda'''$, $\lambda'-\lambda'''$ par leurs valeurs, l'expression ci-dessus deviendra

$$\frac{1}{2}\left(\frac{3\gamma-1}{2}\right)\sqrt{\frac{1+3\gamma}{2}}(x^2+y^2) + \frac{1}{2}(-1-3\gamma)\sqrt{\frac{3\gamma-1}{2}}(x^2-y^2) + \sqrt{1-9\gamma^2}\,xy$$

$$= \frac{1}{2}\sqrt{\frac{1-9\gamma^2}{2}}\left[(\sqrt{1-3\gamma}+\sqrt{-1-3\gamma})^{\frac{1}{2}}x + (\sqrt{1-3\gamma}-\sqrt{-1-3\gamma})^{\frac{1}{2}}y\right.$$

D'ailleurs l'expression [27] s'évanouit avec u ; donc sa racine carrée qui est linéaire sera bien une racine de l'équation biquadratique, ce qui fournira une novelle méthode de résolution des équations de 4e degré.

140. La relation [7] N° 137 conduit, d'après **M. Hermite** (*), à une application intéressante aux fonctions elliptiques. En effet elle peut se mettre sous la forme

$$\sqrt{4\left(\frac{v}{u}\right)^3 - I_2\left(\frac{v}{u}\right) + I_0} = \frac{\varphi}{u^2}\sqrt{u}.$$

Posons $y = 1$, et

$$z = \frac{v}{u} = \frac{(ac - b^2,\ 2\,(ad - bc),\ ae + 2bd - 3c^2,\ 2\,(be - cd),\ ce - d^2 \rangle x, 1)^4}{(a,\ b,\ c,\ d,\ e \rangle x, 1)^4}.$$

Selon le principe établi par Iacobi (**) pour la transformation des intégrales elliptiques, on aura, en désignant par μ une constante et par x la variable independante,

$$\int \frac{dz}{\sqrt{4z^3 - I_2 z + I_3}} = \mu \int \frac{dx}{\sqrt{(a,\ b,\ c,\ d,\ e \rangle x, 1)^4}}.$$

Mais comme on peut encore poser $z = z'\dfrac{I_3}{I_2}$ il s'ensuit qu'en appelant ρ, μ' les constantes $4\dfrac{I^2_3}{I^3_2}$, $\dfrac{1}{\mu}\dfrac{\sqrt{I_3}}{I_2}$, on aura

$$\int \frac{dx}{\sqrt{(a,\ b,\ c,\ d,\ e \rangle x, 1)^4}} = \mu' \int \frac{dz'}{\sqrt{\rho z'^3 - z' + 1}}.$$

Ainsi l'intégrale elliptique la plus générale est réduite à ne dépendre que d'une intégrale à un seul paramètre (ρ), et cela indépendamment de toute transformation linéaire puisque ρ est un *invariant absolu*.

141. APPLICATION à la recherche des covariants de la forme de 6e degré.

D'après la formule $\mu = \dfrac{n\,r - m}{2}$ les covariants seront tous d'ordre pair. Il est facile d'ailleurs de constater que le covariant

---

(*) HERMITE — Sur les fonctions homogènes. Crelle, Tome 52.
(**) IACOBI — *Fundamenta nova*.

de 2e ordre et de 1er degré ne peut pas exister. Ainsi faut-il commencer par celui de 2e ordre et de 3e degré dans les coefficients. On pourra le déterminer aisément au moyen des équations caractéristiques et on trouvera pour le covariant l'expression suivante

$$(a_0 a_4 a_6 - a^2_1 a_6 - 3a_0 a_3 a_5 + 3a_1 a_2 a_5 + 2a_0 a^2_1 a_4 - a_1 a_3 a_4 - 3a^2_2 a_4 + 2a_2 a_3^2) x^2$$
$$+ (a_0 a_3 a_6 - a_0 a_0 a_3 - a_1 a_2 a_6 - a_0 a_1 a_5 - 8a_1 a_3 a_5 + 9a^2_2 a_5 + 9a_1 a_4^2 - 13a_2 a_3 a_4 + 8a^3_3) xy$$
$$+ (a_0 a_4 a_6 - a_0 a^2_5 - 3a_1 a_2 a_6 + 3a_1 a_4 a_5 + 2a^2_1 a_6 - a_2 a_3 a_5 - 3a_1 a^2_4 + 2a^2_3 a_4) y^2 .$$

Mais on pourra le trouver directement comme on verra tout à l'heure. Observons qu'en appliquant les formules

$$\frac{d^4 f}{dx^4} \frac{d^2 f}{dy^2} - \left(\frac{d^3 f}{dx^2\, dy^2}\right)^2 ,$$

$$\frac{d^4 f}{dx^4} \frac{d^4 f}{dy^4} - 4 \frac{d^4 f}{dx^3\, dy} \frac{d^4 f}{dx\, dy^3} + 3 \left(\frac{d^4 f}{dx^2\, dy^2}\right)^2 ,$$

on obtient des covariants de 8e ordre et de degré 2 dans les coefficients (T. N. 5) ; de 4e ordre et de degré 2 dans les coefficients (T. N. 2). — Si on prend l'émanant $\left(x'\dfrac{d}{dx} + y'\dfrac{d}{dy}\right)^2$ de la forme sextique et ensuite l'invariant cubique de l'émanant, on trouvera un covariant qui sera de 6e ordre et de 3e degré dans les coefficients (T. N. 3).

Soit maintenant

$$C_0 x^4 + 4C_1 x^3 y + 6C_2 x^2 y^2 + 4C_2 xy^3 + C_4 y^4 = (C, x, y)^4$$

le covariant sus-indiqué de 4e ordre (T. N. 2).

Prenons l'intermutant

$$\left(C, -\frac{d}{dy}, \frac{d}{dx}\right)^4 \qquad \text{de} \qquad (a, x, y)^6 :$$

on aura un covariant de 2e ordre et de 3e degré dans les coefficients qui sera le N. 1 des Tables.

Le covariant de 6e ordre et de 3e degré peut être formé par le déterminant

$$\begin{vmatrix} D_x^4 & D_x^3 D_y & D_x^2 D_y^2 \\ D_x^3 D_y & D_x^2 D_y^2 & D_x D_y^3 \\ D_x D_y^2 & D_x D_y^3 & D_y^4 \end{vmatrix} (a, b, c, \ldots)(x, y)^6$$

ou par l'évectant

$$\left(y^6 \frac{d}{da_0} - y^5 x \frac{d}{da_1} + y^4 x^2 \frac{d}{da_2} - y^3 x^3 \frac{d}{da_3} + \dots + x^6 \frac{d}{da_6} \right) I_4$$

où I_4 serait le catalecticant ; ce qui donne sous forme abrégée le covariant N. 3 $=$

$$x^6 \begin{vmatrix} a_0 & a_1 & a_2 \\ a_1 & a_2 & a_3 \\ a_2 & a_3 & a_4 \end{vmatrix} + 2x^5 y \begin{vmatrix} a_0 & a_1 & a_3 \\ a_1 & a_2 & a_4 \\ a_2 & a_3 & a_5 \end{vmatrix} + x^4 y^2 \left\{ \begin{vmatrix} a_0 & a_2 & a_4 \\ a_1 & a_2 & a_5 \\ a_2 & a_3 & a_6 \end{vmatrix} + \begin{vmatrix} a_0 & a_3 & a_2 \\ a_1 & a_4 & a_3 \\ a_2 & a_5 & a_4 \end{vmatrix} \right\}$$

$$+ 2x^3 y^3 \left\{ 4 \begin{vmatrix} a_1 & a_2 & a_3 \\ a_2 & a_3 & a_4 \\ a_3 & a_4 & a_5 \end{vmatrix} + \begin{vmatrix} a_0 & a_2 & a_4 \\ a_1 & a_3 & a_5 \\ a_2 & a_4 & a_6 \end{vmatrix} + \begin{vmatrix} a_1 & a_3 & a_2 \\ a_2 & a_4 & a_3 \\ a_3 & a_5 & a_4 \end{vmatrix} + \begin{vmatrix} a_2 & a_1 & a_3 \\ a_3 & a_2 & a_4 \\ a_4 & a_3 & a_5 \end{vmatrix} \right\}$$

$$+ x^2 y^4 \left\{ \begin{vmatrix} a_6 & a_5 & a_2 \\ a_5 & a_4 & a_1 \\ a_4 & a_3 & a_0 \end{vmatrix} + \begin{vmatrix} a_6 & a_3 & a_4 \\ a_5 & a_2 & a_3 \\ a_4 & a_1 & a_2 \end{vmatrix} + 2xy^5 \begin{vmatrix} a_1 & a_3 & a_4 \\ a_2 & a_1 & a_5 \\ a_3 & a_5 & a_6 \end{vmatrix} + y^6 \begin{vmatrix} a_2 & a_3 & a_4 \\ a_3 & a_4 & a_5 \\ a_4 & a_5 & a_6 \end{vmatrix} \right\}$$

Appellons en général $C_{m,r}$ le covariant d'ordre m et de degré r, et posons $C_{m,r} = A_r \, x^m + B_r \, x^{m-1} y + \dots + B'_r \, xy^{m-1} + A'_{ry}{}^m$; désignons par $C'^{(x)}_{m,r}$, $C'^{(y)}_{m,r}$, les dérivées par rapport à x, y du du covariant $C'_{m,r}$. Par ce qui précède nous aurions appris à former les covariants $C_{8,2}$; $C_{4,2}$; $C_{6,3}$; $C_{2,3}$;

En prenant l'Hessien du covariant N° 2, $C_{4,2}$ on obtient un covariant de 4ᵉ ordre et de 4ᵉ degré. Si nous formons l'intermutant par le moyen de $C_{4,2}$ et nous l'appliquons au covariant $C_{6,3}$ nous formerons un covariant de 2ᵉ ordre et de 5ᵉ degré dans les coefficients, à savoir $C_{2,5}$. Une opération semblable de $C_{4,4}$ sur $C_{6,3}$ nous fournira $C_{2,7}$.

Maintenant, à l'aide des Jacobiens suivants, nous aurons successivement

$$\begin{vmatrix} C'^{(x)}_{4,2} & C'^{(y)}_{4,1} \\ C'^{(x)}_{8,2} & C'^{(y)}_{8,2} \end{vmatrix} = C_{0,4}; \quad \begin{vmatrix} C'^{(x)}_{4,2} & C'^{(y)}_{4,2} \\ C'^{(x)}_{6,3} & C'^{(y)}_{6,3} \end{vmatrix} = C_{8,5}; \quad \begin{vmatrix} C'^{(x)}_{6,1} & C'^{(y)}_{6,1} \\ C'^{(x)}_{8,2} & C'^{(y)}_{8,2} \end{vmatrix} = C_{12,3}$$

$$\begin{vmatrix} C'^{(x)}_{6,1} & C'^{(y)}_{6,1} \\ C'^{(x)}_{2,3} & C'^{(y)}_{2,3} \end{vmatrix} = C_{6,4}; \quad \begin{vmatrix} C'^{(x)}_{6,1} & C'^{(y)}_{6,1} \\ C'^{(x)}_{4,2} & C'^{(y)}_{4,2} \end{vmatrix} = C_{8,3}; \quad \begin{vmatrix} C'^{(x)}_{2,3} & C'^{(y)}_{2,3} \\ C'^{(x)}_{4,2} & C'^{(x)}_{4,2} \end{vmatrix} = C_{4,5}$$

$$\begin{vmatrix} C'^{(x)}_{2,3} & C'^{(y)}_{2,3} \\ C'^{(x)}_{4,4} & C'^{(y)}_{4,4} \end{vmatrix} = C_{4,7}; \quad \begin{vmatrix} C'^{(x)}_{2,3} & C'^{(y)}_{2,3} \\ C'^{(x)}_{2,5} & C'^{(y)}_{2,5} \end{vmatrix} = C_{2,8}; \quad \begin{vmatrix} C'^{(x)}_{2,3} & C'^{(y)}_{2,3} \\ C'^{(x)}_{2,7} & C'^{(y)}_{2,7} \end{vmatrix} = C_{2,10}$$

$$\begin{vmatrix} C'^{(x)}_{2,5} & C'^{(y)}_{2,5} \\ C'^{(x)}_{2,7} & C'^{(y)}_{2,7} \end{vmatrix} = C_{2,12}; \quad \begin{vmatrix} C'^{(x)}_{2,5} & C'^{(y)}_{2,5} \\ C'^{(x)}_{4,4} & C'^{(y)}_{4,4} \end{vmatrix} = C_{4,9}; \quad \begin{vmatrix} C'^{(x)}_{4,4} & C'^{(y)}_{4,4} \\ C'^{(x)}_{6,3} & C'^{(y)}_{6,3} \end{vmatrix} = C_{6,6} \quad (*)$$

$$\begin{vmatrix} C'^{(x)}_{2,5} & C'^{(y)}_{2,5} \\ C'^{(x)}_{6,1} & C'^{(y)}_{6,1} \end{vmatrix} = C_{6,6}.$$

On aura ainsi formé a l'aide simplement des théorèmes exposés jusqu'ici dûs a Cayley et Sylvester, les 21 covariants fondamentaux annoncés par Clebsch (N° 135), à savoir

$$C_{2,3}; \; C_{2,5}; \; C_{2,7}; \; C_{2,8}; \; C_{2,10}; \; C_{2,12};$$
$$C_{4,2}; \; C_{4,4}; \; C_{4,5}; \; C_{4,7}; \; C_{4,9};$$
$$C_{6,1}; \; C_{6,3}; \; C_{6,4}; \; C_{6,6}; \; C_{6,6};$$
$$C_{8,2}; \; C_{8,3}; \; C_{8,5}; \; C_{10,4}; \; C_{12,3};$$

auxquels il est arrivé par d'autres méthodes.

(*) On pourrait trouver $C_{6,6}$ en formant des intermutants par les covariants $C_{2,3}$, $C_{4,2}$, $C_{6,3}$, pour les appliquer respectivement à $C_{3,3}$, $C_{10,4}$, $C_{12,3}$. Nous réservons à d'études ultérieures d'éxaminer lesquels parmi eux sont essentiellement distincts. Mais il faut remarquer en attendant qu'il y a deux covariants fondamentaux $C_{6,6}$ entièrement distincts et indépendants de toute relation linéaire. — On verra plus loin la comparaison de ces expressions avec celles symboliques de Gordan.

CHAPITRE SEPTIÈME.

ÉTUDES DIVERSES SUR LES COVARIANTS.

§ 1.

Des Covariants associés (*).

142. On doit à M. Hermite la découverte d'une source féconde de relations parmi les covariants. C'est la théorie des covariants associés, dont nous allons nous occuper.

THÉORÈME. *Soient* $\varphi(x,y)$, $\psi(x,y)$ *deux covariants de la forme binaire*

$$[1] \qquad f = (a_0 \, a_1 \, \ldots \, a_n \zeta x,y)^n,$$

respectivement d'ordre m , s . *Si dans le covariant* $\varphi(x,y)$ *on pose, au lieu de* x , y ,

$$[2] \qquad x_1 = x\,\mathrm{X} - \frac{1}{s}\frac{d\psi}{dy}\,\mathrm{Y} \quad , \quad y_1 = y\,\mathrm{X} + \frac{1}{s}\frac{d\psi}{dx}\,\mathrm{Y} ,$$

et si l'on développe par la série de TAYLOR *l'expression*

$$[3] \qquad \varphi(x_1,y_1) = \varphi\left(x\,\mathrm{X} - \frac{1}{s}\frac{d\psi}{dy}\,\mathrm{Y} \quad , \quad y\,\mathrm{X} + \frac{1}{s}\frac{d\psi}{dx}\,\mathrm{Y} \right) ,$$

on obtiendra une fonction homogène en X,Y *de degré* m, *dont les coefficients seront tous des covariants de la forme* f (**).

(*) Voir HERMITE, *Second Mémoire sur les fonctions homogènes à deux indéterminées ;* Journal de Crelle, t. 52. — BRIOSCHI, *Monografia de' covarianti, Annali di matematica*, tomo 2.

(**) Le premier et le dernier coefficient sont évidemment des covariants ; car le premier est le même covariant φ; le dernier est $\dfrac{1}{s^n}$ fois l'intermutant $\varphi\left(-\dfrac{d}{dy}, \dfrac{d}{dx} \right) \psi$, que nous savons être un covariant.

Démonstration. Supposons qu'on ait transformé la forme f dans F par la substitution

[4] $$x = p\,X' + q\,Y', \qquad y = p'X' + q'Y', \qquad \delta = (pq' - p'q)\,.$$

On aura, puisque φ et ψ sont deux covariants,

[5] $$\Phi(A_0, A_1, A_2, \ldots A_n, X', Y') = \delta^\mu \varphi(a_0, a_1, a_2 \ldots a_n, x, y),$$

[6] $$\Psi(A_0, A_1, A_2, \ldots A_n, X', Y') = \delta^\nu \psi(a_0, a_1, a_2 \ldots a_n, x, y)\,.$$

Or on déduit de la seconde et des équations [4]

[7] $$\frac{d\psi}{dx} = \frac{1}{\delta^{\nu+1}}\left(q'\,\frac{d\Psi}{dX'} - p'\,\frac{d\Psi}{dY'}\right),$$

[8] $$\frac{d\psi}{dy} = \frac{1}{\delta^{\nu+1}}\left(p\,\frac{d\Psi}{dY'} - q\,\frac{d\Psi}{dX'}\right).$$

En vertu de ces équations et de la substitution [4], et en posant

[9] $$X_1 = X'X - \frac{1}{s\delta^{\nu+1}}\frac{d\Psi}{dY'}\,Y,$$

[10] $$Y_1 = Y'X + \frac{1}{s\delta^{\nu+1}}\frac{d\Psi}{dY'}\,Y,$$

les équations [2] deviendront

[11] $$x_1 = pX_1 + qY_1, \qquad y_1 = p'X_1 + q'Y_1\,.$$

Ainsi, en transformant la fonction φ [3] à l'aide de la substitution [4], ce qu'on fait par les équations [7] et [8], on obtient le même résultat que si l'on avait posé dans φ [3] les nouvelles variables x_1, y_1 égales aux valeurs susdites. Par conséquent on aura

$$\varphi(x_1, y_1) = \varphi(pX_1 + qY_1\,,\ p'X_1 + q'Y_1),$$

et comme φ est un covariant, il viendra

[12] $$\delta^\mu \varphi(a_0, a_1, a_2 \ldots a_n, x_1, y_1) = \Phi(A_0, A_1, A_2 \ldots A_n, X_1, Y_1)\,.$$

Si dans cette équation on substitue à x_1, y_1, X_1, Y_1 leurs valeurs en fonction de X, Y, on devra tomber sur une identité. Par conséquent les coefficients des mêmes puissances de X, Y, telles que, par exemple, $X^{m-r} Y^r$ devront être égaux. Or le développement selon la série de TAYLOR nous donne

$$[12]' \quad \delta^{\mu+r(\nu-1)} \left(\frac{d\psi}{dx} \frac{d\varphi}{dy} - \frac{d\psi}{dy} \frac{d\varphi}{dx} \right)^{(r)} = \left(\frac{d\Psi}{dX'} \frac{d\varphi}{dY'} - \frac{d\Psi}{dY'} \frac{d\varphi}{dX'} \right)^{(r)},$$

équation qui par sa forme nous démontre que les coefficients de [12] sont bien des covariants.

Si le covariant φ est la forme même f, et si nous posons

$$[13] \quad f\left(xX - \frac{1}{s} \frac{d\psi}{dx} Y, \; yX + \frac{1}{s} \frac{d\psi}{dy} Y \right) = (\Psi_0, \Psi_1, \Psi_2 \ldots \Psi_n)(X, Y)^n,$$

les coefficients $\psi_0, \psi_1, \psi_2, \ldots, \psi_n$ des diverses puissances de X, Y seront encore des covariants, et on les appellera alors *covariants associés* à la forme f.

143. THÉORÈME. *Le produit d'un covariant φ quelconque de la forme f par une puissance entière de Ψ est une fonction homogène des covariants associés au covariant Ψ.*

DÉMONSTRATION. Soit en effet

$$[14] \qquad \varphi(x, y) = (c_0, c_1, c_2 \ldots c_m)(x, y)^m$$

un covariant de la forme f. Supposons qu'on ait

$$[15] \quad f(pX + qY, p'X + q'Y) = (A_0, A_1, A_2 \ldots A_n \, \rangle X, Y)^n.$$

Par la définition même du covariant on aura

$$[16] \quad \delta^\mu \varphi(pX + qY, p'X + q'Y) = (C_0, C_1, C_2 \ldots C_m \, \rangle X, Y)^m,$$

en désignant par $C_0, C_1, \ldots, C_m$ les coefficients de φ formés avec les $A_0, A_1, \ldots, A_n$, comme les cofficients $c_0, c_1, c_2 \ldots, c_m$ du covariant φ sont formés avec les $a_0, a_1, a_2, \ldots, a_n$ de la forme f, μ étant $= \frac{1}{2}(nr - m)$, comme on sait.

Maintenant, si dans les équations [15], [16] nous supposons

$$p = x, \qquad\qquad p' = y,$$

[17]

$$q = -\frac{1}{s}\frac{d\psi}{dy}, \qquad\qquad q' = +\frac{1}{s}\frac{d\psi}{dx},$$

les coefficients A_0, A_1, ... deviendront évidemment des covariants associés ψ_0, ψ_1, ψ_2, ..., ψ_m determinés par la relation [13] et puisque

$$pq' - p'q = \frac{1}{s}\left(x\frac{d\psi}{dx} + y\frac{d\psi}{dy} \right) = \psi$$

en vertu de l'équation [16], nous aurons

$$[18] \qquad \psi^{\mu}\varphi\left(xX - \frac{1}{s}\frac{d\psi}{dy}Y, yX + \frac{1}{s}\frac{d\psi}{dx}Y \right) = (C_0, C_1, C_2 ... C_m \rangle X, Y)^{m},$$

équation dans laquelle les coefficients C_0, C_1 ..., sont formés avec les covariants ψ_0, ψ_1, ..., ψ_n comme les c_0, c_1, ..., c_m sont formés par les coefficients a_0, a_1, ..., et par conséquent ce sont des fonctions homogènes des covariants associés ψ_0, ψ_1, ψ_2 ... . Mais cette dernière équation nous donne par rapport au coefficient de X^m

$$[19] \qquad\qquad \psi^{\mu}\varphi(x, y) = C_0 .$$

Par conséquent le produit du covariant φ par une puissance entière μ du covariant ψ est une fonction homogène des covariants associés au covariant Ψ, ce qu'il s'agissait de démontrer.

En géneral pour déterminer les coefficients C on opérera comme il suit. On développera la fonction

$$f\left(x - \frac{1}{s}\frac{d\psi}{dy}Y, yX + \frac{1}{s}\frac{d\psi}{dx}Y \right)$$

sous la forme

$$\Psi_0 X^n + \Psi_1 X^{n-1} + \frac{n(n-1)}{1 \cdot 2}\psi_2 X^{n-2}Y^2 + \ldots + \Psi_n Y_n .$$

Puis en supposant qu'on ait $\varphi = (a_s, a_1, a_2 \ldots a_n \, \rangle\!\langle \, x, y)^m$, on aura

$$(C_0, C_1, C_2, \ldots C_m \, \rangle\!\langle \, X_1, X)^m = (\Psi_0, \Psi_1, \Psi_2 \ldots \Psi_n \, \rangle\!\langle \, X_1 Y)^m .$$

144. Lorsqu'on prend pour le covariant ψ la forme donnée elle-même que nous appellerons pour abréger u, on a ura, en posant $\psi_0 = u_0$, $\psi_1 = u_1$, …, $\psi_n = u_n$, au lieu de la [13] l'équation

$$[30] \quad u\left(x X - \frac{1}{n} \frac{du}{dy} Y, \; y X + \frac{1}{n} \frac{du}{dx} Y \right) = (u_0, u_1, \ldots, u_n)(X, Y)^n.$$

Notons que dans ce cas parmi les covariants associés $u_0, u_1, \ldots, u_n$ à la forme u, il y en a un qui se réduit à zéro. C'est le covariant u_1, coefficient du second terme. En effet, alors la formule [12'] donnerait $\left(\dfrac{du}{dx} \dfrac{dy}{dy} - \dfrac{du}{dy} \dfrac{du}{dx} \right) = 0$. Si le covariant φ dans l'équation [19] se réduit à un invariant, alors, puisque μ se réduit à $\dfrac{nr}{2}$, on aura

$$[21] \qquad \delta^{\frac{nr}{2}} I\,(a_0, a_1, a_2, \ldots, a_n) = I\,(A_0, A_1, \ldots, A_n) ,$$

et en supposant que p, q, p', q' aient toujours les valeurs [17], hypothèse par laquelle les $A_0, A_1, \ldots, A_n$ deviennent $\psi_0, \psi_1, \ldots,$ on aura, au lieu de l'équation [21], celle-ci :

$$[22] \qquad \psi^{\frac{nr}{2}} I\,(a_0, a_1, a_2, \ldots, a_n) = I\,(\psi_0, \psi_1, \ldots, \psi_n) ,$$

où $\psi_0, \psi_1, \ldots, \psi_n$ sont déterminés par l'équation [13].

EXEMPLE. Soit la forme cubique

$$u = (a, b, c, d \, \rangle\!\langle \, x, y)^3 ;$$

le covariant N° 1 des tables ou l'Hessien, que nous appellerons v, sera

$$v = \left[ac - b^2, \; \frac{1}{2}\,(ad - bc), \; bd - c^2 \right] (x, y)^2 ,$$

et le discriminant, que nous appellerons Δ, sera

$$\Delta = (ad - bc)^2 - 4\,(ac - b^2)\,(bd - c^2).$$

Or si nous prenons pour φ l'Hessien v, et si nous posons $c_0 = ac - b^2$, $c_1 = \dfrac{1}{2}(ad - bc)$, $c_2 = (bd - c^2)$, on aura

$$\varphi = v = (c_0, c_1, c_2 \,\rangle\!\langle\, x, y)^2:$$

Mais C_0, C_1, C_2, C_3 sont formés avec les covariants ψ_0, ψ, ..., actuellement u_0, u_1, ..., comme c_0, c_1, c_2, c_3 sont formés avec les coefficients de la forme. Donc on aura

$$C_0 = u_0 u_2 - u^2{}_1, \quad C_1 = \frac{1}{2}(u_0 u_3 - u_1 u_2), \quad C_2 = u_1 u_3 - u^2{}_2;$$

et puisque $\mu = \dfrac{1}{2}\left(\dfrac{3.4}{2} - 2\right) = 2$, $u_0 = u_1$, $u_1 = 0$, il viendra en vertu de l'équation [18],

$$u^2\left(c_0, c_1, c_2 \,\rangle\!\langle\, x\mathrm{X} - \frac{1}{3}\frac{du}{dy}\mathrm{Y},\; y\mathrm{X} + \frac{1}{3}\frac{du}{dx}\mathrm{Y}\right) = \left(uu_2, \frac{1}{2}uu_3, -u^2{}_2 \,\rangle\!\langle\, \mathrm{X}, \mathrm{Y}\right)^2.$$

Or cette même équation nous donne $u^2 v = c_0 = uu_2$, d'où $u_2 = uv$, et de la dernière on déduit

$$uu_3 = \frac{1}{3}u^2\left(\frac{du}{dx}\frac{dv}{dy} - \frac{du}{dy}\frac{dv}{dx}\right),$$

de sorte que, si nous posons $\varphi = \dfrac{1}{3}\left(\dfrac{du}{dx}\dfrac{dv}{dy} - \dfrac{du}{dy}\dfrac{dv}{dx}\right)$(*), il viendra

$$u_3 = u\varphi.$$

Partant le second membre susdit deviendra $u^2(v\mathrm{X}^2 + \varphi\mathrm{XY} - v^2\mathrm{Y}^2)$ et l'équation [22] se transformera en celle-ci:

$$[24] \qquad\qquad u^2\Delta = \varphi^2 - 4v^3 , \; (**)$$

(*) φ est un covariant de 3e ordre et de 3e degré de la cubique, en se rappellant le théorème du N° 130.

(**) Puisqu'ici $r = 4$, l'équation [38], en supposant $\psi = u$, deviendra

$$u^6\Delta = \Delta(u_0, u_1, u_2, u_3).$$

Mais $u_0 = u$, $u_1 = 0$. Donc

$$[23] \qquad\qquad u^6\Delta = (uu_3)^2 - 4uu^3{}_2,$$

d'après les valeurs de u_2, u_3 simplement

$$u^6\Delta = u^4(\varphi^2 - 4v^3), \text{ ou } u^2\Delta = \varphi^2 - 4v^3.$$

relation, qui montre comment les invariants et covariants fondamentaux de la cubique sont liés ensemble, et que nous avons déjà donnée N. 136.

145. Il existe, entre les covariants associés au covariant φ d'ordre m et les covariants $u_0, u_1, \ldots, u_n$ associés à la forme u, une relation utile, qui permet encore d'exprimer un des premiers en fonction des autres.

Posons à cet effet, dans l'équation [18],

$$-\frac{1}{s}\frac{d\psi}{dy} = h, \qquad , \qquad \frac{1}{s}\frac{d\psi}{dx} = k.$$

D'après la série de Taylor, on aura

$$u(h\mathrm{Y}+x\mathrm{X}, \ k\mathrm{Y}+y\mathrm{X}) = u(h, k)\mathrm{Y}^n + \left(x\frac{du}{dh} + y\frac{du}{dk}\right)\mathrm{Y}^{n-1}\mathrm{X} + \ldots;$$

par conséquent le covariant associé à ψ, sera

$$[25] \qquad \psi_r = \frac{1}{n(n-1)\ldots(r+1)}\left(x\frac{du}{dh} + y\frac{du}{dk}\right)^{(n-r)}.$$

Mais des équations

$$\psi_1 = \frac{1}{ns}\left(\frac{d\psi}{dx}\frac{du}{dy} - \frac{d\psi}{dy}\frac{du}{dx}\right), \quad \psi = \frac{1}{s}\left(x\frac{d\psi}{dx} + y\frac{d\psi}{dy}\right)$$

on deduti

$$[26] \qquad x\psi_1 - \frac{1}{n}\frac{du}{dy}\psi = uh, \quad y\psi_1 + \frac{1}{n}\frac{du}{dx}\psi = uk.$$

Partant, si dans la relation [18] on pose $\varphi = u$, $\mathrm{X} = \psi_1$, $\mathrm{Y} = \psi$, il viendra

$$[26]' \qquad u^n u(h, k) = (u_0, u_1, \ldots, u_n)(\psi_1, \psi)^n.$$

Mais puisque des équations [26] on tire $u\dfrac{dh}{d\psi_1} = x$, $u\dfrac{dk}{d\psi_1} = y$, il s'ensuit qu'en différentiant l'équation [26]' par rapport à ψ, et en appelant pour abréger $\mathrm{F}(\psi_1, \psi)$ le second membre, on aura

$$\frac{d\mathrm{F}}{d\psi_1} = nu^{n-1}\left(x\frac{du}{dh} + y\frac{du}{dk}\right), \ \frac{d^2\mathrm{F}}{d\psi_1^2} = nu^{n-2}\left(x\frac{du}{dh} + y\frac{du}{dk}\right), \text{ etc.,}$$

d'où, en ayant égard à la valeur de ψ_r , on déduit

$$[27] \qquad n\,(n-1)\,\ldots\,(r+1)\,u^r\psi_r = (u_0,\,u_1,\,\ldots,\,u_n)\,(\psi_1,\,\psi)^r.$$

Ainsi tout covariant ψ_r associé à ψ peut être censé fonction de $u_0,\,u_1,\,\ldots,\,u_n,\,\psi_1$ et ψ.

146. On peut obtenir facilement, d'après **M.** Hermite, les expressions des premiers covariants associés à la forme donnée, que nous appellerons u. En posant $u=f(x,y)=(a,b,c,d,\ldots\gamma x,y)^n$, il viendra

$$\left(a,b,c,d,\ldots\gamma x\mathrm{X}-\frac{1}{n}\frac{du}{dy}\,\mathrm{Y},\ y\mathrm{X}+\frac{1}{n}\frac{du}{dx}\,\mathrm{Y}\right)=(u_0,u_1,\ldots,u_n\gamma\mathrm{X},\mathrm{Y})^n.$$

Supposons d'abord $y=0$; alors les expressions $x\mathrm{X}-\dfrac{1}{n}\dfrac{du}{dy}\,\mathrm{Y}$, $y\mathrm{X}+\dfrac{1}{n}\dfrac{du}{dx}\,\mathrm{Y}$ se réduisent à $x\mathrm{X}-bx^{n-1}\mathrm{Y}$, $ax^{n-1}\mathrm{Y}$; et il viendra

$$[28] \qquad f(x\mathrm{X}-bx^{n-1}\mathrm{Y},\ a\,x^{n-1}\mathrm{Y})=(u_0,\,u_1,\,\ldots,\,u_n\gamma\mathrm{X},\,\mathrm{Y}),$$

en supposant aussi $u_0,\,u_1,\,\ldots,\,u_n$ réduits à leurs premiers termes. Observons maintenant que le développement [28], en posant $k=\dfrac{\mathrm{Y}}{\mathrm{X}}$, est équivalent à celui de $x^n\,\mathrm{X}^n f(1-bx^{n-2}k,\,ax^{n-2}k)$; d'où il résulte évidemment que le premier terme de u_i qui multiplie $\mathrm{X}^{n-i}\mathrm{Y}^i$ contiendra $x^n.x^{(n-2)i}=x^{(i+1)n-2i}$ en facteur. La partie indépendante de x dans ce premier terme sera le coefficient de k^i dans l'expression $f(1-bk,\,ak)$, ce qui prouve d'abord qu'elle sera divisible par a. Pour la déterminer facilement observons que si l'on pose symboliquement $f=(\alpha x+\beta y)^n$, on aura $f(1-bk,\,ak)=(\alpha+(-\alpha b+a\beta)\,h)^n$, et par conséquent l'expression cherchée sera

$$\alpha^{n-i}(-\alpha b+a\beta)^i=(a_0,\,a_1,\,a_2,\,\ldots,\,a_i\gamma-a_1,\,a_0)^i.\ (^*)$$

Ainsi en posant $(a_0,\,a_1,\,a_2\ldots,,\,a_i\,\gamma-a_1,\,a_0)^i=\theta_i(-b,a)$, il viendra

$$[29] \qquad u_i=\theta_i(-b,a)\,x^{(i+1)n-2i}+\ldots.$$

(*) Nous employons pour un moment les lettres avec indices pour faire mieux saisir la loi de formation.

et dès lors, en partant des formules N. 110, on pourra trouver les autres termes de u_i. Notons d'abord que la valeur de $\frac{1}{a}\theta_1(-b, a)$ est $= 0$; il suffit d'ailleurs de se rappeler que nous avons montré tout à l'heure (N° 144) que $u_1 = 0$. Cela posé, on trouvera

$$\frac{1}{a}\theta_2(-b, a) = -b^2 + ac = \frac{1}{a}(a, b, c\backslash -b, a)^2 ,$$

$$\frac{1}{a}\theta_3(-b, a) = 2b^3 - 3abc + a^2d = \frac{1}{a}(a, b, c, d\backslash -b, a)^3 ,$$

$$\frac{1}{a}\theta_4(-b, a) = -3b^4 + 6acb^2 - 4bda^2 + ea^3 = \text{etc.},$$

$$\frac{1}{a}\theta_5(-b, a) = 4b^5 - 10acb^3 + 10b^2da^2 - 5bea^3 + fa^4, \text{ etc.}$$

Voyons d'abord u_2. On a $u_2 = a(ac - b^2)x^{n+2(n-2)} + \ldots$

Or, en se rappelant que l'Hessien

$$\frac{1}{n(n-1)} \begin{vmatrix} \dfrac{d^2f}{dx^2} & \dfrac{d^2f}{dxyd} \\[2ex] \dfrac{d^2f}{dx\,dy} & \dfrac{df^2}{dy^2} \end{vmatrix}$$

est précisement de la forme $(ac - b^2)x^{2(n-2)} + \ldots$, on en conclut aisément en appelant h l'Hessien de la forme, que $u_2 = uh$.

Pareillement, comme on a

$$u_3 = a(2b^3 - 3abc + a^2d)x^{n+3(n-2)} + \ldots,$$

et que $(2b^3 - 3abc + a^2d)$ serait le premier terme du covariant

$$k = \frac{1}{m(n-2)}\left(\frac{dh}{dx}\frac{du}{dy} - \frac{dh}{dy}\frac{du}{dx} \right),$$

qui est de degré $2n - 4 - 1 + n - 1 = 3n - 6$, il s'ensuit qu'on aura $u_3 = uk$.

Quant à u_4 observons que l'on aurait

$$u_4 = a(-3b^4 + 6acb^2 - 4bda^2 + ea^3)x^{n+4(n-2)}$$

et puisque $4(n - 2) = 2 \times 2(n - 2)$, on voit que ce covariant peut être fourni soit par le carré de l'Hessien h, soit par l'invariant quadratique de l'émanant

$$\frac{1}{n\,(n-1)\,(n-2)\,(n-3)}\left(\frac{d}{dx}\,\mathrm{X}+\frac{d}{dy}\,\mathrm{Y}\right)^4 f=h'.$$

Or le premier coefficient du carré de l'Hessien est $(ac-b^2)^2$, et celui de l'invariant quadratique est $(ae-4b+3c^2)\,a^2$, et l'on voit que $(ae-4bd+3c^2)\,a^2-3\,(ac-b^2)^2=\dfrac{1}{a}\,\theta_4\,(-b,\,a)$. Donc, puisque les covariants découlent de leurs premiers termes, une fois l'ordre et le degré donnés, il s'ensuit que l'on aura

$$u_4=u\,(u^2h'-3h^2)\,.$$

De la même façon on trouvera $\quad u_5=u\,(2hk-u^2k')$, en posant

$$k'=\frac{1}{4n\,(n-3)}\left(\frac{dh'}{dx}\,\frac{df}{dy}-\frac{dh'}{dy}\,\frac{df}{dx}\right)\,.$$

147. D'après les valeurs susdites, on trouvera que, en posant

$$(a,\,b,\,c,\,d\,\rangle\!\langle\,x,\,y)^3=f,$$

il viendra

$$(a,b,c,d\,\rangle\!\langle\,x\mathrm{X}-\frac{1}{2}\,\frac{dh}{dy}\,\mathrm{Y},\ \ y\mathrm{X}+\frac{1}{2}\,\frac{dy}{dx}\,\mathrm{X})^3=(f,h,\Delta f,\Delta h\,\rangle\!\langle\,\mathrm{X},\mathrm{Y})^3,$$

où Δ est le discriminant de $f=(ad-bc)^2-4\,(ac-b^2)\,(bd-c^2)$.

Par conséquent, d'après le théorème N. 143, un covariant θ quelconque de la forme cubique f pourra être exprimé par l'une des deux formes

$$[30]\qquad\qquad \theta=\frac{\mathrm{P}\,(f,\,h,\,k)}{f^{\mu}}\,,\qquad\quad \theta=\frac{\mathrm{P}'\,(f,\,k,\,\Delta)}{h^{\nu}}\,,$$

où les lettres P et Q désignent des fonctions rationnelles et entières des diverses quantités auxquelles elles sont appliquées, et les lettres μ et ν des exposants entiers. De là on conclut que θ est exprimable par une fonction entière de $f,\,h,\,k,\,\Delta$.

Pour le démontrer, nous partirons de cette relation trouvée par CAYLEY :

$$[31]\qquad\qquad\qquad \Delta f^2-4h^3=k^2,$$

qui permet de rabaisser toutes les puissances de k à la première et de mettre ainsi les numérateurs [30] sous la forme

$$P(f, h, k) = P_0(f, h, \Delta) + k P_1(f, h, \Delta),$$

$$Q(f, h, \Delta) = Q_0(f, h, \Delta) + k Q_1(f, h, \Delta),$$

P_0, P_1, Q_0, Q_1 désignant des fonctions entières en f, h et Δ. Égalant les deux expressions de θ il viendra

$$\frac{1}{f^\mu} P_0(f, h, \Delta) + \frac{h}{f^\mu} P_1(f, h, \Delta) = \frac{1}{h^\nu} Q_0(f, h, \Delta) + \frac{k}{h^\nu} Q_1(f, h, \Delta).$$

Cette équation nous montre, puisque k est quelconque, qu'on aura séparément

[32] $$\frac{1}{f^\mu} P_0(f, h, \Delta) = \frac{1}{h^\nu} Q_0(f, h, \Delta),$$

[33] $$\frac{1}{f^\mu} P_1(f, h, \Delta) = \frac{1}{h^\nu} Q_1(f, y, \Delta).$$

S'il en était autrement, on aurait, outre la relation [31], une relation de premier degré en k entre f, h, k ; ce qui permettrait, en éliminant k entre les deux relations, d'avoir entre f et h une relation indépendante de x et y, ce qui est impossible. Il suffit pour s'en convaincre d'observer que, dans le cas de la forme canonique $f = x^3 + y^3$, on a $h = -2xy$. Cela étant, les égalités [32] [33] démontrent que P_0 et P_1, Q_0 et A_1 sont divisibles respectivement par f^μ et h^ν. Alors on conclut enfin que *tout covariant θ d'une forme cubique est une fonction entière des invariants et covariants fondamentaux f, h, k, Δ.*

Une analyse toute semblable conduit M. HERMITE à une conclusion semblable pour les formes biquadratiques.

148. Soit :

[34] $$f = (a, b, c, d, e \mathbin{)\!(} x, y)^4$$

la forme donnée. En posant l'Hessien ou le covariant N° 1 des tables $= h$, le covariant de 6ᵉ ordre (N° 2 des tables) $= k$, et I_2, I_3 étant toujours les invariants fondamentaux, on aura pour covariants associés de f

$$[35] \qquad f_1 = 0, \quad f_2 = -fh, \quad f_3 = fk, \quad f_4 = f(I_2 f^2 - 3h^2).$$

Quant aux covariants associés à l'Hessien h, ils seront fournis, quoique après un calcul un peu long, par l'équation suivante

$$[36] \qquad (a, b, c, d, e \,\zeta\, xX - \frac{1}{4}\frac{dh}{dy}Y, \quad yX + \frac{1}{4}\frac{dh}{dx}Y)^4 =$$

$$(f\frac{1}{2}k, \; -\frac{1}{4}f(I_3 f + I_2 h), \; -\frac{1}{8}k(I_3 f + I_2 h), \; -I_3 h^3 + \frac{7}{16}k(I_3 f + I_2 h)^2 \,\zeta\, X, Y)$$

Il s'ensuit, par le théorème N° 132, que tout covariant θ de la forme biquadratique f est susceptible de deux expressions :

$$[37] \qquad \theta = \frac{P(f, h, k, I_2)}{f^\mu}, \qquad \theta = \frac{Q(f, h, k, I_2, I_3)}{h^\nu},$$

où P et Q désignent des fonctions rationelles et entières de f, h, k, I_2, I_3; μ, ν des nombres entiers.

Observons maintenant qu'à l'aide de la relation [7] N° 137

$$[38] \qquad 4h^3 - I_2 4f^2 + I_3 f^3 = k^2,$$

on peut réduire les puissances de k à la première dans les numérateurs des expressions θ. On pourra donc poser

$$P(f, h, k, I_2) = P_0(f, h, I_2, I_3) + k P_1(f, h, I_2, I_3),$$

$$Q(f, h, k, I_2, I_3) = Q_0(f, h, I_2, I_3) + k Q_1(f, h, I_2, I_3),$$

et alors, en égalant les deux expressions de θ, il viendra

$$\frac{1}{f^\mu}P_0(f,h,I_2,I_3) + \frac{k}{f^\mu}P_1(f,h,I_2,I_3) = \frac{1}{h^\nu}Q_0(f,h,I_2,I_3) + \frac{k}{h^\nu}Q_1(f,h,I_2,I_3) \cdots$$

Il s'ensuit, en raisonnant comme plus haut pour les formes cubiques, que,

$$\frac{1}{f^\mu}P_0(f,h,I_2,I_3) = \frac{1}{h^\nu}Q_0(f,h,I_2,I_3),$$

$$\frac{1}{f^\mu}P_1(f,h,I_2,I_3) = \frac{1}{h^\nu}Q_1(f,h,I_2,I_3).$$

De là il résulte, puisque f et h sont indépendants, que P_0 et P_1, Q_0 et Q_1 sont divisibles par f^μ, h^ν, respectivement ; et qu'ainsi : *tout covariant d'une forme biquadratique est une fonction rationelle et entière de ses invariants et covariants fondamentaux, f, h, k, I_2, I_3 et qui peut être reduite au premier degré par rapport à k.*

On retrouve ainsi par cette profonde analyse due à **M. Her**mite les mêmes résultats que M. Cayley avait déjà prévus et démontrés par sa formule [2] No 134.

§ 2.

Loi de réciprocité.

149. Théorème. *A tout covariant d'une forme de degré* n *et de degré* r *dans les coefficients, correspond un covariant de degré* n *par rapport aux coefficients d'une forme de degré* r (*).

Démonstration. Soit d'abord

$$[1] \qquad f(x,y) = ax^n + nbx^{n-1}y + \frac{n(n-1)}{1.2} cx^{n-2}y^2 + \cdots,$$

ou, en mettant en évidence les racines,

$$[2] \qquad f(x,y) = a(x + \alpha_1 y)(x + \alpha_2 y)\ldots\ldots(x + \alpha_n y),$$

$$[3] \qquad \text{ou,} \qquad f(x,y) = a \ norme \ (x + \alpha y),$$

la forme de degré n; et $\varphi(a, b, c, \ldots, x, y)$ le covariant de degré r dans les coefficients.

Posons

$$[4] \qquad F = a^r \ norme \ (X + \alpha Y + \alpha^2 Z + \cdots + \alpha^r T),$$

α désignant une quelconque des racines $\alpha_1, \alpha_2, \ldots$ de la préposée. D'après les théorèmes connus sur les fonctions symétriques,

---

(*) Tout ce qui suit sur cette loi, sauf les explications nécessaires, est tiré du magnifique mémoire de Mr Hermite *Sur la théorie, les fonctions homogènes à deux indéterminées* inséré dans le *Cambridge and Dublin Mathematical Journal, 1854.*

les coefficients de F seront des fonctions entières de degré r des coefficients de la forme f, puisque les racines n'y figurent qu'au degré r. A l'aide de cette simple remarque, on peut établir que *toute fonction entière et de degré* r *des coefficients de* f *s'exprimera linéairement par ceux de la forme* F.

En effet, cette fonction pourra se décomposer en une somme linéaire de fonctions symétriques d'ordre r au plus. Or toutes les fonctions symétriques possibles des racines α jusqu'à l'ordre r sont comprises dans la norme de F et en constituent les coefficients. Par conséquent, par simple substitution, cette fonction pourra s'exprimer linéairement par les coefficients de F.

D'ailleurs il n'y a qu'une seule manière d'exprimer les premiers coefficients par les seconds, c'est à dire qu'*une fonction de degré* r *des coefficients de* f *n'est susceptible que d'une seule expression linéaire par ceux de* F.

En effet, les coefficients de F ne sauraient être liés par aucune relation linéaire dont les coefficients seraient numériques, c'est-à-dire indépendants des coefficients. S'il en était autrement, c'est-à-dire, s'il existait deux expressions linéaires des coefficients de la forme F pour représenter la même fonction de degré r des coefficients de f, il s'ensuivrait qu'une fonction symétrique serait fonction d'un certain nombre d'autres, et par conséquent les coefficients de f ne seraient pas absolument quelconques.

Maintenant supposons qu'on ait mis la fonction binaire f sous la forme symbolique

$$[5] \qquad f = (x x_0 + y y_0)^n,$$

en posant $a = (x_0{}^n)$, $b = (x_0{}^{n-1} y_0)$, $c = (x_0{}^{n-2} y^2{}_0) \cdots$.

Alors on pourrait aussi écrire

$$[6] \qquad \varphi(x,y) = \varphi\left[(x_0{}^n) , (x_0{}^{n-1} y_0) , (x_0{}^{n-2} y^2{}_0), \ldots, x, y\right].$$

Faisons de même pour la fonction F, puisqu'elle est de degré n, par rapport aux variables X, Y, Z, ..., T, et posons

[7] $$F = (XX_0 + YY_0 + \ldots + TT_0)^n,$$

en convenant toutefois d'écrire

$$\left(X_0{}^n\right) X^n, \quad \left(X_0{}^{n-1}Y_0\right) X^{n-1} Y, \ldots$$

au lieu de

$$X_0{}^n X^n, \qquad X_0{}^{n-1} Y_0 X^{n-1}, \ldots,$$

les quantités entre parenthèses désignant les coefficients.

Cherchons maintenant la transformée de F par la substitution

[8] $$\begin{cases} x = px' + qy', \\ y = p'x' + q'y'. \end{cases}$$

Alors α se change en

[9] $$\frac{q + q'\alpha}{p + p'\alpha},$$

et par conséquent l'expression

$$X + \alpha Y + \alpha^2 Z + \ldots + \alpha^r T,$$

en multipliant tout par $(p + p'\alpha)^r$ et en observant que le nouveau a^r deviendra a^r *norme* $(p + p'\alpha)^r$ (ce qui détruit le dénominateur en $(p + p'\alpha_1)^r (p + p'\alpha_2)^r \ldots$), devient

$$X (p+p'\alpha)^r + Y (p+p'\alpha)^{r-1} (q+q'\alpha) + Z (p+p'\alpha)^{r-2}(q+q'\alpha)^2 + \ldots$$

[10] $$= X p^r + Y p^{r-1} q + Z p^{r-2} q^2 + \ldots$$

$$+ \alpha\left[r p^{r-1} p' X + Y(p^{r-1} q' + (r-1)p^{r-2} p'q) + Z(2p^{r-2} qq' + (r-2)p^{r-3} p'q^2) + \ldots \right.$$

$$\left. + \alpha^2\left[\frac{r(r-1)}{1.2} p^{r-2} p'^2 X + \ldots \right] + Z p^{r-2} q'^2 + \ldots \right] + \ldots$$

Alors, par ces valeurs des nouveaux coefficients de α, le polynôme symbolique

$$XX_0 + YY_0 + \ldots + TT_0$$

deviendra à son tour, en multipliant ces coefficients successivement par X_0, X_1, X_2, ...,

$$X\left[X_0 p^r + r\, p^{r-1} p' Y_0 + r(r-1)p^{r-2}p^2 Z_0 + \ldots\right]$$

$$[11] \qquad + Y\left[X_0 p^{r-1} q + Y_0(p^{r-1}q' + (r-1)p^{r-2}p'q) + \ldots\right]$$

$$+ Z\left[X_0 p^{r-2} q^2 + \ldots\right] + \ldots,$$

ou bien, en posant

$$X'_0 = X_0 p^r + r\, p^{r-1} p' Y_0 + r(r-1)p^{r-2}p^2 Z_0 \ldots,$$

$$[12] \qquad Y'_0 = X_0 p^{r-1} q + Y_0(p^{r-1}q' + (r-1)p^{r-2}p'q) + \ldots,$$

$$Z'_0 = X_0 p^{r-2} q^2 + \ldots,$$

$$\cdots\cdots\cdots\cdots\cdots\cdots\cdots$$

il se transformera encore en $XX'_0 + YY'_0 + ZZ'_0 + \ldots$

Or, en observant que, par définition, φ est un covariant, et que, par les remarques faites d'abord, les coefficients du covariant sont des fonctions linéaires de

$$(X_0)^n, \qquad (X_0^{n-1}Y_0), \qquad (X_0^{n-2}Y^2_0),$$

symboles par lesquels sont représentés les coefficients de F, on aura

$$[13] \qquad \varphi\left[(X'_0)^n, (X'_0{}^{n-1}Y'_0), (X'_0{}^{n-2}Y'^2_0), \ldots, x', y'\right]$$

$$= \delta^\mu \varphi\left[(X_0)^n, (X_0{}^{n-1}Y_0), \ldots, x, y\right].$$

Mais X'_0, Y'_0, Z'_0, ... (voir équation [11]) sont liés à X_0, Y_0, Z_0, ... comme s'ils étaient tirés réellement de la fonction

$$[14] \qquad X_0 x^r + r Y_0 x^{r-1} y + \frac{r(r-1)}{1.2} Z_0 x^{r-2} y^2 + \ldots,$$

lorsque, par la substitution susdite [7], elle se change dans la transformée

$$[15] \qquad X'_0 x'^r + r Y'_0 x'^{r-1} y' + \frac{r(r-1)}{1.2} Z'_0 x'^{r-2}_1 y'^2 + \ldots$$

Par conséquent, puisque le second membre de l'équation [13] peut être censé une fonction des coefficients X_0, Y_0, etc. de la forme [14] de degré r, et le premier membre de cette même équation une fonction de ceux de la transformée [15] de cette même forme, l'équation [13] nous prouve que la fonction φ sera un covariant de la forme [14], dont les coefficients seront de degré n, en considérant les quantités (X_0^n), $(X_0^{n-1} Y_0)$, ..., non plus comme symboliques, mais comme réelles.

Par cette singulière métamorphose, que nous devons au génie et à la pénétration d'un des plus grands géomètres modernes, M. Hermite, il ressort que, à chaque covariant de degré r d'une forme de degré n, on peut faire correspondre un covariant de degré n d'une forme de degré r. Ce covariant serait dans notre cas la fonction [13], et la forme la fonction [14], et il se déduit par un singulier artifice de la forme primitive $\varphi(a, b, c, ..., x, y)$ du covariant. La forme F ne sert que de fonction auxiliaire pour opérer ce passage.

150. Exemple. *Formation de l'invariant quadratique d'une forme quelconque.*

Soit

$$[16] \qquad f = ax^2 + 2bxy + cy^2 = a(x + \alpha y)(x + \alpha' y)$$

une forme quadratique donnée. L'expression générale des invariants de cette forme est la fonction de degré 2μ (V. N° 96)

$$[17] \qquad \Delta = (b^2 - ac)^\mu = a^{2\mu}(\alpha - \alpha')^{2\mu} .$$

Donc, d'après le théorème démontré tout-à-l'heure, *les formes de degré pair* 2μ *ont un invariant quadratique*, ce que nous avions déjà appris, N. (96). Pour le déterminer posons

$$[18] \quad F = a^{2\mu}(X + \alpha X' + \alpha^2 X'' ... + \alpha^{2\mu} X^{(2\mu)})(X + \alpha' X' + \alpha'^2 X'' + ... + \alpha'^{2\mu} X^{(2\mu)}),$$

expression qui pourra se représenter symboliquement par la notation

$$[19] \qquad F = (XX_0 + X'X'_0 + ... + X^{(2\mu)} X_0^{(2\mu)})^2 .$$

On trouvera généralement

[20] $$(X_0^{(i)})^2 = a^{2\mu}\,\alpha^i\,\alpha'^i,$$

[21] $$2\,(X_0^{(i)}X_0^{(j)}) = a^{2\mu}(\alpha^i\alpha'^j + \alpha^j\alpha'^i)\,.$$

Développons maintenant la fonction

[22] $$\Delta = a^{2\mu}(\alpha-\alpha')^{2\mu} = a^{2\mu}\Big[(\alpha^{2\mu}+\alpha'^{2\mu}) - \mu_1(\alpha^{2\mu-1}\alpha' + \alpha'^{2\mu-1}\alpha)$$
$$+ \mu_2(\alpha^{2\mu-2}\alpha'^2 + \alpha'^{2\mu-2}\alpha^2) + \dots\Big]\,,$$

en joignant ensemble les termes équidistants des extrêmes et désignant par $\mu_1, \mu_2, \dots$ les coefficients binomiaux. Cela fait, remplaçons-y les parenthèses par leurs vàleurs fournies par les relations [20] et [21]; il viendra

[23] $$\Delta = 2(X_0 X_0^{2\mu}) - 2\mu_1(X'_0 X_0^{2\mu-1}) + 2\mu_2(X''_0 X_0^{2\mu-2}) - \dots,$$

où le dernier terme, qui provient du terme central du développement de Δ, est seulement

$$(-1)^\mu \mu_\mu\left(X_0^{\mu}X_0^{(\mu)}\right)\,.$$

Or cette expression est précisément l'invariant quadratique connu de la forme

[24] $$X_0 x^{2\mu} + \mu_1 X'_0 x^{2\mu-1}y + \mu_2 X''_0 x^{2\mu-2}y^2 + \dots + X^{(2n)}y^{2n}\,.$$

151. Exemple 2ᵉ. L'expression générale des covariants de la forme f est

25] $$\varphi = (b^2-ac)^\mu(ax^2+2bxy+cy^2)^\nu = a^{2\mu+\nu}(\alpha-\alpha')^{2\mu}(x+\alpha y)^\nu(x+\alpha'y)^\nu,$$

de degré $2\mu + \nu$ par rapport aux coefficients de f. Donc, en posant

$$2\mu + \nu = m,$$

on voit qu'il y aura autant de covariants de second degré par rapport aux formes de degré m qu'il y a de solutions entières et positives de cette équation. Le degré de chacun des covariants en x et y est toujours 2ν, comme celui de φ. Pour $\nu = 1$, on aura un covariant en x et y, que nous allons calculer.

Posons à cet effet

$$n = 2\mu + 1,$$

[26]

$$\varphi = A\,x^2 + B\,xy + C\,y^2,$$

où

[27] $\quad A = a^{2\mu+1}(\alpha - \alpha')^{2\mu}\ , \quad B = a^{2\mu+1}(\alpha - \alpha')^{2\mu}(\alpha - \alpha'), \quad C = a^{2\mu+1}(\alpha - \alpha')^{2\mu}\alpha\alpha$

Il s'agira d'exprimer ces diverses quantités au moyen des coefficients de la forme

$$F = a^n(X + \alpha X' + \alpha^2 X'' + \ldots + \alpha^n X^{(n)})(X + \alpha' X' + \alpha'^2 X'' + \ldots + \alpha'^n X_0^{(n)})^2,$$

[28] $\qquad F = (XX_0 + X'X'_0 + X''X''_0 + \ldots X^{(n)}X_0^{(n)})^2.$

A cet effet, observons qu'on aura, comme précédemment,

$$2\,(X_0^{(i)}X_0^{(j)}) = a^n\,(\alpha^i\alpha'^j + \alpha^j\alpha'^i)\ , \quad (X_0^{(i)})^2 = a^n\alpha^i\alpha'^i.$$

Quant au coefficient A, ce sera le même calcul que plus haut, et il viendra

$$A = 2(X_0^{(m-1)}X_0) - 2\mu_1(X_0^{(m-2)}X'_0) + 2\mu_2(X_0^{(m-3)}X''_0) - \ldots,$$

$$C = 2(X_0^{(m)}X'_0) - 2\mu_1(X_0^{(m-1)}X''_0) + 2\mu_2(X_0^{(m-2)}X'''_0) - \ldots.$$

Quant à B, on a

$$B = (\alpha + \alpha')\,A = a^{2\mu+1}\cdot\left[(\alpha^2 + \alpha'^{2\mu}) - \mu_1(\alpha^{2\mu-1}\alpha' + \alpha'^{2\mu-1}\alpha) + \mu_2(\alpha^{2\mu-2}\alpha'^2 + \alpha'^{2\mu-2}\alpha^2) - \ldots\right](\alpha + \alpha')$$

$$= a^{2\mu+1}\left[(\alpha^{2\mu+1} + \alpha'^{2\mu+1}) - (\mu_1 - 1)(\alpha^{2\mu}\alpha' + \alpha'^{2\mu}\alpha) + 2(\mu_2 - \mu_1)(\alpha^{2\mu-1}\alpha'^2 + \alpha'^{2\mu-1}\alpha^2)\right.$$

$$\left. + \ldots\ldots\ldots\right.$$

$$= 2(X_0^{(n)}X_0) - 2(\mu_1 - 1)(X_0^{(n-1)}X'_0) + 2(\mu_2 - \mu_1)(X_0^{n-2}X''_0) - \ldots\ldots\ldots$$

le dernier terme étant $\qquad 2\left(\mu_\mu - \mu_{\mu-1}\right)\left(X_0^{(\mu+1)}X_0^{(\mu)}\right).$

Ainsi, pour toute forme de degré impair $n = 2\mu + 1$

$$f = a_0 x^n + n a_1 x^{n-1} y + \frac{n(n-1)}{1.2} a_2 x^{n-2} y_2 + \cdots + a_n y^n,$$

on a (en tenant compte de ces valeurs A, B, C) le covariant

$$x^2 \left(2 a_{n-1} a_0 - 2 \frac{(n-1)}{1.2} a_1 a_{n-2} + 2 \frac{(n-1)(n-2)}{1.2} a_2 a_{n-3} - \cdots \cdots \right.$$

$$\left. (-1)^{\frac{n-1}{2}} \frac{(n-1)(n-2)\ldots\left(\frac{n+1}{2}+1\right)}{1.2.3\ldots\ldots\frac{n-1}{2}} a^2_{\frac{n-1}{2}} \right)$$

[29]

$$+ xy \left(2 a_0 a_n - 2(n-2) a_1 a_{n-1} + 2 \left[\frac{(n-1)(n-2)}{1.2} - (n-1) \right] a_2 a_{n-2} + \cdots \right)$$

$$+ y^2 \left(2 a_1 a_n - 2 \frac{n-1}{1.2} a_2 a_{n-1} + 2 \frac{(n-1)(n-2)}{1.2} a_3 a_{n-3} - \cdots \cdots \right.$$

$$\left. (-1)^{\frac{n-1}{2}} \frac{(n-1)(n-2)\ldots\left(\frac{n+1}{2}+1\right)}{1.2.3\ldots\ldots\frac{n-1}{2}} a^2_{\frac{n-1}{2}} \right).$$

Dans le cas de $n = 5$, il viendra le covariant N° 1 des tables

[30]
$$(a_0 a_4 - 4 a_1 a_3 + 3 a^2_2) x^2$$
$$(a_0 a_5 - 3 a_1 a_4 + 2 a_1 a_3) xy$$
$$(a_1 a_5 - 4 a_2 a_4 + 3 a^2_3) y^2.$$

Pour les formes cubiques

[31]
$$f = a x^3 + 3 b x^2 y + 3 c x y^2 + d y^3,$$

on trouverait le covariant quadratique

[32]
$$(b^2 - ac) x^2 + (bc - ad) xy + (c^2 - bd) y^2.$$

En le multipliant par l'invariant biquadratique, on aurait un covariant de degré $4\mu + 2$ par rapport aux coefficients de f; donc toutes les formes de degré $4\mu + 2$ ont un covariant quadratique en x, y, et de troisième degré par rapport à leurs coefficients.

152. La loi de réciprocité conduit à des conséquences importantes relativement au nombre des covariants appartenant à une forme donnée. Considérons, par exemple, les formes quintiques. A l'aide des théorèmes exposés N. 99 et 102, on peut conclure que tout invariant de degré θ de la forme quintique pourra être réduit à l'une des deux formes

$$\sum A\, I_4^{\,p}\, I_8^{\,q}\, I_{12}^{\,r}\,, \qquad I_{18} \sum B\, I_4^{\,p'}\, I_8^{\,b'}\, I_{12}^{\,r'}$$

car les invariants de la quintique étant nécessairement pairs (N. 73), ne seront que de la forme 4μ, ou $4\mu + 2$. D'ailleurs par la formule (11) N. 102, toute fonction de I_{18} peut être réduite à une fonction de I_4, I_8, I_{12} et I_{18}. Ainsi la première expression conviendra aux degrés θ pairement pairs. Donc, par loi de réciprocité, il existera autant d'invariants de 5ᵉ degré relativement à une forme de degré θ, qu'il y a des solutions entières et positives des équations

$$4p + 8q + 12r = \theta\,.$$
$$4p' + 8q' + 12r' + 18 = \theta\,.$$

Ainsi pour les formes de degré impairement pair, ce n'est qu'à partir du 18ᵉ degré qu'on trouvera un invariant de 5ᵉ ordre.

Nous nous bornerons à cet exemple, car on pourrait multiplier à l'infini les applications.

§ 3.

Forme canonique invariantive de la forme quintique (*).

153. Soit la forme $(a, b, c, d, e \,\natural\, x, y)^5$. Représentons par $Px + Qy$, $P'x + Q'y$ les covariants linéaires de 5ᵉ et de 7ᵉ degré dans les coefficients ; par I_4, I_8, I_{12}, I_{18} les quatre invariants fondamentaux de la forme quintique ; et par

$$Lx^2 + Mxy + Ny^2$$

le covariant quadratique de 2ᵉ degré dans les coefficients (N° 1 des Tables). Nous savons (N° 130) que le déterminant $PQ' - P'Q = 2I_{12}$, et que $I_4 = M^2 - 4LN$. Transformons maintenant les variables x, y en X, Y à l'aide de la substitution

[1]
$$T = \frac{1}{2\sqrt{I_{12}}}(Px + Qy), \qquad T = \frac{1}{2\sqrt[4]{I_4}}(X + Y),$$

$$U = \frac{1}{2\sqrt{I_{12}}}(P'x + Q'y), \qquad U = \frac{\sqrt[4]{I_4}}{2}(-X + Y),$$

d'où

[2]
$$x = \frac{1}{\sqrt{I_{12}}}(Q'T - QU), \qquad X = T\sqrt[4]{I_4} - \frac{U}{\sqrt[4]{I_4}},$$

$$y = \frac{1}{\sqrt{I_{12}}}(-P'T + PU), \qquad Y = T\sqrt[4]{I_4} + \frac{U}{\sqrt[4]{I_4}};$$

(*) Nous avons adopté pour la démonstration du théorème qui suit celle qui a été donnée par M. Cayley dans son *Eighth Memoir on Quantics*, 1867.

et notons qu'on pourra passer du système (x, y) au système (X, Y) par une substitution à déterminant $=1$; car celui de (x, y) à (T, U) est $=2$ et celui de (T, U) à (X, Y) est $=\frac{1}{2}$.

Cette substitution conduit à des résultats intéressants.

154. On a d'abord, en remplaçant x, y par leurs valeurs [2] et en ayant égard aux relations N° 130,

$$[3] \qquad L x^2 + M x y + N y^2 = I_4 T^2 - U^2 .$$

Mais, en vertu des équations [1],

$$[4] \quad I_4 T^2 - U^2 = \frac{1}{4} \sqrt{I_4} \left[(X + Y)^2 - (X - Y)^2 \right] = \sqrt{I_4} \, X Y .$$

En comparant les deux expressions [3] et [4], on obtiendra

$$[5] \qquad L x^2 + M x y + N y^2 = \sqrt{I_4} \, X Y .$$

On aura ainsi transformé le covariant quadratique trinôme en un covariant monôme par une substitution à déterminant $=1$.

Par la première substitution [2] la forme [1] devient :

$$[6] \quad (a, b, c, d, e, f \mathbin{\rlap{\backslash}{/}} x, y)^5 = \frac{1}{\sqrt{I^5_{12}}} (a, b, c, d, e, f \mathbin{\rlap{\backslash}{/}} Q'T - QU, -P'T + PU)^5,$$

que nous supposerons mise sous la forme $\dfrac{1}{\sqrt{I^5_{12}}} (a, b, c, d, e, f \mathbin{\rlap{\backslash}{/}} T, U)^5$.

Sous cette forme, la quintique jouit de cette propriété que ses coefficients *sont des invariants*. La démonstration qu'en donne M. CAYLEY est très-simple. Posons en effet :

$$y \, a \, D_b + 2 b \, D_c + 3 c \, D_d + 4 d \, D_e + 5 e \, D_f = \delta ,$$

$$x \, 5 b \, D_a + 4 c \, D_b + 3 d \, D_c + 2 e \, D_d + f \, D_e = \delta_1 ,$$

et notons que, $P x + Q y$, $P' x + Q' y$ étant des covariants, on doit avoir $\delta P = 0$, $\delta Q = P$; $\delta P' = 0$, $\delta Q' = P'$. D'où il suit qu'en regardant T, U comme constantes, on aura :

$$\delta (Q'T - QU) = P'T - PU , \qquad \delta (-P'T + PU) = 0 .$$

Or si, en assujettissant le second membre (6) à l'opération δ, le résultat est 0 , le théorème sera démontré. Inutile d'ajouter que dans cette opération les variables T, U doivent être considérées comme constantes, puisqu'elles n'entrent pas dans la formation des coefficients. On aura donc par les valeurs ci dessus :

$$\delta\,(a, b, c, d, e, f \,\chi\, Q'T - QU, - P'T + PU)^5$$

$$= 5\,(a, b, c, d, e \,\chi\, Q'T - QU, - P'T + PU)^4 \cdot (- P'T + PU)$$

$$+ 5\,(a, b, c, d, e \,\chi\, Q'T - QU, - P'T + PU)^4 \cdot (P'T - PU)$$

$$+ 5\,(b, c, d, e, f \,\chi\, Q'T - QU, - P'T + PU)^4 \cdot 0 = 0 \quad (*)\,.$$

L'opération δ_1 fournirait un résultat identique ; donc les coefficients susdits sont bien des invariants.

Comme toute fonction invariantive peut être réduite à une fonction des 4 invariants fondamentaux $I_4 , I_8 , I_{12} , I_{18}$, il est naturel de s'attendre à ce que les coefficients a, b, etc. puissent s'exprimer en fonction de ces invariants. D'après les calculs de M. Hermite et de Cayley on trouverait en effet :

$36\,a =$	$36\,b =$	$36\,c$	$36\,d =$	$36\,e$	$36\,f =$
$1\ I_4^7 I_8$	$-\ 3\ I_4^2 I_8 I_{18}$	$+\quad I_4^6 I_8$	$-\ 3\ I_4 I_8 I_{18}$	$+\quad I_4^5 I_8$	$-\ 3\ I_8 I_{18}$
$1\ I_4^6 I_{12}$	$+ 24\ I_4 I_{12} I_{18}$	$+\quad I_4^5 I_{12}$	$+ 12\ I_{12} I_{18}$	$+\quad I_4^4 I_{12}$	$-\ I_4^2\ I_{18}$
$6\ I_4^5 I_8^2$	$-\quad I_4^4\quad I_{18}$	$+\ 6\ I_4^3 I_8 I_{12}$	$-\ I_4^3 I_{18}$	$+\ 6\ I_4^3 I_8^2$	
$39\ I_4^4 I_8 I_{12}$		$-\ 27\ I_4^3 I_8 I_{12}$		$- 15\ I_4^2 I_8 I_{12}$	
$9\ I_4^3 I_8^3$		$+\ 9\ I_4^2 I_8^3$		$+\ 9\ I_4 I_8^3$	
$54\ I_4^3 I_{12}^2$		$-\ 42\ I_4^2 I_{12}^2$		$- 30\ I_4 I_{12}^2$	
$126\ I_4^2 I_8^2 I_{12}$		$+ 144\ I_8 I_{12}^2$		$- 54\ I_8^2 I_{12}$	
$288\ I_4 I_8 I_{12}^2$		$-\ 90\ I_4 I_8^2 I_{12}$			
$152\ I_{12}^3$					

(*) Il faut noter que la 1re partie du second membre se rapporte aux différentiations par rapport aux coefficients mêmes a, b, c, d, e, et que, par un théorème qui nous est déjà connu, le résultat par rapport à δ est identique à l'opération $y\,D_x$: Il en est de même de $x\,D_y$ par rapport à δ_1.

155. Remplaçons maintenant T et U par leurs valeurs en X, Y ; il viendra

[7]
$$(a, b, c, d, e, f \,\chi\, x, y)^5$$

$$= (a,b,c,d,e,f \,\chi\, \frac{1}{2\sqrt{I_{12}}}\left(\frac{Q'}{\sqrt[4]{I_4}} + Q\sqrt[4]{I_4}\right)X + \frac{1}{2\sqrt{c}}\left(-\frac{Q'}{\sqrt[4]{I_4}} - Q\sqrt[4]{I_4}\right)Y$$

$$\cdot\, \frac{1}{2\sqrt{I_{12}}}\left(\frac{-P'}{\sqrt[4]{I_4}} - P\sqrt[4]{I_4}\right)X + \frac{1}{2\sqrt{I_4}}\left(-\frac{P'}{\sqrt[4]{I_4}} + P\sqrt[4]{I_4}\right)Y)^5$$

$$= (\lambda, \mu, \nu, \nu', \mu', \lambda' \,\chi\, X, Y)^5 \quad \text{par hypothèse (*).}$$

Or l'équation [5] nous donne

$$L D^2_{y} + M D_{y} D_{x} + N D^2_{x} = -\sqrt{I_4}\, D_X D_Y .$$

En appliquant deux fois de suite cette opération à la forme quintique proposée, on aura

$$(L D^2_{4} + M D_y D_x + N^2_{x})^2 (a, b, c, d, e, f)(x, y)^5 = I_4 D^2_X D^2_Y (\lambda, \mu, \nu, \nu', \mu', \lambda' \,\chi\, X, Y)^5$$
$$= 120\, I_4 (\nu X + \nu' Y) ;$$

le second membre, étant un covariant linéaire de degré 5, ne pourra différer de $Px + Qy$ que par un facteur numérique. Il est aisé de vérifier qu'il est $= 120\, (Px + Qy)$ (**). Mais

$$Px + Qy = \frac{\sqrt{I_{12}}}{\sqrt[4]{I_4}}(X + Y) ; \quad \text{par conséquent } I_4\nu = I_4\nu' = \frac{\sqrt{I_{12}}}{\sqrt[4]{I_4}},$$

d'où l'on déduit $\quad \nu = \nu' = \dfrac{\sqrt{I_{12}}}{\sqrt[4]{I^5_4}} .$

Si d'après HERMITE l'on pose $k = \dfrac{I_{12}}{\sqrt{I^5_4}}$, d'où $\nu = \nu' = \sqrt{k}$, l'équation [7] deviendra

[8] $\quad (a, b, c, d, e, f \,\chi\, x, y)^5 = \lambda, \mu, \sqrt{k}, \sqrt{k}, \mu', \lambda' \,\chi\, X, Y)^5,$

(*) Il est aisé de le vérifier en tenant compte des degrés des coefficients de la substitution que ces nouveaux coefficients λ, μ, etc., sont de degré 1.

(**) En effet, si l'on pose $b = d = e = 0$, le premier membre se réduit à $(3c^2 D^2_y - af D_y D_x)^2 (ax^5 + 10cx^3y^2 + fy^5)$, et le seul terme contenant x, par exemple, sera $a^2 f^2 D^2_y D^2_x \cdot 10cx^3y^2 = 120\, a^2cf^2 x$. Mais dans ce même cas les Tables donnent $Px = a^2cf^2 x$; donc le coefficient est 120.

et en même temps le covariant quadratique $\mathrm{L}x^2 + \mathrm{M}xy + \mathrm{N}y^2$ se transforme en $\sqrt{\mathrm{I}_4}\,\mathrm{X}\mathrm{Y}$; d'ailleurs ces coefficients sont des invariants d'après ce qui précède. C'est là la *forme type* à laquelle nous voulions arriver. Il ne reste qu'à déterminer les quantités λ, ν, $\sqrt{k}$, ν', λ'. A cet effet, observons, puisque le covariant quadratique se réduit à un monôme, que, ayant égard à la forme du covariant (N° 1 des Tables), on aura entre les coefficients λ, μ, etc., les relations suivantes

$$[9] \quad \begin{aligned} \lambda\mu' - 4\mu\sqrt{k} + 3k &= 0, \\ \lambda'\mu' - 4\mu'\sqrt{k} + 3k &= 0, \\ \lambda\lambda' - 3\mu\mu' + 2k &= \sqrt{\mathrm{I}_4}. \end{aligned}$$

On va voir, d'après M. Hermite, qu'à l'aide de ces relations les coefficients de la forme type peuvent s'exprimer en fonction des trois quantités $\lambda\lambda' = g$, $\mu\mu' = h$ et k. On tire, en effet, des deux premières les deux équations suivantes du second degré en λ et μ :

$$36\sqrt{k^5}\,\lambda^2 - \left[h(g - 16k)^2 - 9k^2(g + 16k)\right]\lambda + 36g\sqrt{k^5} = 0,$$
$$12\sqrt{k^3}\,\mu^2 - (9k^2 + 16hk - gh)\mu + 12h\sqrt{k^3} = 0.$$

En posant $\Delta = (9k^2 + 16hk - gh)^2 - 24^2hk^3$, on en déduira, en les résolvant,

$$[10] \quad \begin{aligned} 72\sqrt{k^5}\,\lambda &= 4(g - 16k)^2 - 9k^2(g + 16k) + (g - 16k)\sqrt{\Delta}, \\ 24\sqrt{k^3}\,\mu &= 9k^2 + 16hk - gh - \sqrt{\Delta}. \end{aligned}$$

Le double signe de $\sqrt{\Delta}$ fournira le deux systèmes de solutions cherchées pour λ et μ. Mais comme le produit des racines est d'après les équations susdites $= g$, $= h$, il s'ensuit que les autres racines seront précisément λ' et μ' ; de sorte qu'on aura, par le changement du signe de $\sqrt{\Delta}$,

$$[11] \quad \begin{aligned} 72\sqrt{k^5}\,\lambda' &= 4(g - 16k)^2 - gk^2(g + 16k) - (g - 16k)\sqrt{\Delta}, \\ 24\sqrt{k^3}\,\mu' &= gk^2 + 16hk - gh + \sqrt{\Delta}. \end{aligned}$$

Il ne reste plus qu'à trouver les valeurs de g, h, k en fonction des invariants, si l'on veut exprimer les coefficients en fonction des invariants fondamentaux. Or par ce qui précède et par la troisième des équations [9], nous avons déjà

$$[12] \qquad g - 3h + 2k = \sqrt{\overline{I_4}} \,, \qquad k = \frac{I_{12}}{\sqrt{\overline{I^5_4}}} \,.$$

Pour déterminer encore une autre relation entre les quantités g, h, k et les invariants, appliquons l'opération $\sqrt{\overline{I_4}}\,\dfrac{d^2}{dX\,dY}$, c'est à dire le covariant $\sqrt{\overline{I_4}}\,XY$ transformé en intermutant, à la forme quintique type, et l'on aura

$$[13] \quad \sqrt{\overline{I_4}}\,\frac{d^2 F}{dX\,dY} = 20\,\sqrt{\overline{I_4}}\,(\mu, \sqrt{\overline{k}}, \sqrt{\overline{k}}, \mu \,\chi\, X, Y)^3 \,. \; (*)$$

Prenons maintenant les Jacobiens des covariants

$$[14] \begin{cases} \sqrt{\overline{I_4}}\,XY, \\ \sqrt{\overline{I_4}}\,(\mu, \sqrt{\overline{k}}, \sqrt{\overline{k}}, \mu' \,\chi\, X, Y)^3 \,, \end{cases} \qquad \begin{cases} \sqrt{\overline{I_4}}\,XY, \\ I_4\,(\sqrt{\overline{k}}\,X + \sqrt{\overline{k}}\,Y); \; (**) \end{cases}$$

on obtiendra les covariants suivants de 5e et 7e degré dans les coefficients

$$[15] \qquad I_4\,(\mu, \sqrt{\overline{k}}, -\sqrt{\overline{k}}, -\mu' \,\chi\, X, Y)^3,$$

$$[16] \qquad I_4\,\sqrt{\overline{I_4}}\,(\sqrt{\overline{k}}\,X - \sqrt{\overline{k}}\,Y) \,. \; (***)$$

Les covariants cubiques [14] et [15] étant respectivement de degrés 3 et 5 dans les coefficients, on obtiendra par l'intermutant un invariant de 8e degré, et ce sera $I_4\,\sqrt{\overline{I_4}}\,(k - \mu\mu') = \sqrt{\overline{I^3_4}}\,(k - h)$. On aura donc

$$[17] \qquad \sqrt{\overline{I^3_4}}\,(k - h) = I_8 \,.$$

En vertu des équations [12] et [17], il viendra

$$[18] \quad k = \frac{I_{12}}{\sqrt{\overline{I^5_4}}} \,, \qquad g = \frac{I^3_4 + 3\,I_4\,I_8 + I_{12}}{\sqrt{\overline{I^5_4}}} \,, \qquad h = \frac{I_4\,I_8 + I_{12}}{\sqrt{\overline{I^5_4}}} \,,$$

et partant, à l'aide des relations [10] et [11], on déterminera λ, λ', μ, μ', ce qui achèvera la solution du problème.

(*) Ce serait le covariant $C_{3,3}$ de la forme quintique.

(**) C'est le covariant $Px + ky$, en ayant égard aux relations [1] et à la valeur de k.

(***) C'est le covariant $C_{1,7}$, qu'on aurait pu directement tirer des relations [1].

En résumant ce que nous venons de dire, on conclut ce théorème :

Par la substitution

$$[19] \quad x = \frac{1}{2\sqrt{I_{12}}\,\sqrt[4]{I_4}}\left[(Q' + Q\sqrt{I_4})\,X + (Q' - Q\sqrt{I})\,Y\right],$$

$$y = \frac{1}{2\sqrt{I_{12}}\,\sqrt[4]{I_4}}\left[-(P' + P\sqrt{I_4})\,X + (-P' + P\sqrt{I_4})\,Y\right],$$

la fonction quintique (a, b, c, d, e, f ⚹ x, y)⁵ *se transforme en* (λ, μ, $\sqrt{k}$, k, μ', ' k ⚹ X, Y)⁵, *où* k, λ, λ', μ, μ' *seront des invariants déterminés par les relations* [11] *et* [14], *et jouira de la propriété que son covariant quadratique se réduit à* $\sqrt{I_4}\,X\,Y$. C'est là la forme invariantive canonique dont M. Hermite a déduit un corollaire important pour la théorie des équations de 5ᵉ degré, savoir, qu'à l'aide de cette forme canonique *on peut amener toute équation de 5ᵉ degré à ne dépendre que de deux paramètres.*

Posons en effet $H = \dfrac{I_8}{I_4^2}$, $H' = \dfrac{I_{12}}{I_4^3}$; les quantités h, g, h deviendront

$$[20] \quad k = \sqrt{I_4^3}\,H', \quad g = \sqrt{I_4}\,(1 + 3H + H'), \quad h = \sqrt{I_4}\,(H + H').$$

Alors, le radical $\sqrt{I_4}$ disparaissant comme facteur commun à cause de l'homogénéité des relations [10] et [11], l'équation (λ, k, $\sqrt{k}$, $\sqrt{k}$, μ, k' ⚹ X, Y)⁵ $= 0$ ne contiendra plus que deux paramètres H, H'. Ainsi l'étude de la réalité des racines de la forme quintique est ramenée à celle des fonctions, ou invariants absolus $\dfrac{I_8}{I_4^2}$, $\dfrac{I_{12}}{I_4^3}$.

Cette réduction, qui par cette méthode serait inabordable, se fait toute seule, si nous avons recours à notre forme canonique de la forme quintique (N° 101, 102). En effet, on aura

$$= I_4^4\,(H' - H), \quad I_{48} = I_4^{12}\left[36\,H\,H'^2\,(H - H') + 6\cdot12^2\,H'^4 - (H - H')^3\right],$$

$$I_{18} = I_4^{\frac{9}{2}}\,\sqrt{(H' - H)^2 + 8\,H'\,H^3 - 72\,H\,H'^2 - 432\,H'^3}\;.$$

Par conséquent, en divisant par I^4_4 la 3ᵉ équation, page 177, il viendra

$$[21] \qquad 12\left(\frac{H'^5}{I_4}\right)^{\frac{1}{4}} l = H - H' + \rho\sqrt[3]{K} + \rho^2\sqrt[3]{L},$$

K, L ayant les valeurs suivantes :

$$K, L = 36\,H\,H'^2(H-H') + 6.12^2\,H'^4 - (H-H')^3 \pm 216\,H'^{\frac{5}{2}}\sqrt{(H'.-H)^2 + 8H'H^3 - 72\,H\,H'^2 - 43}$$

Mais comme $\left(\frac{H'^5}{I_4}\right)^{\frac{1}{4}}$ sera diviseur commun aux trois coefficients l, m, n, il s'ensuit que l'équation (N° 101) ne contiendra plus que deux paramètres H, H'.

On a donc ce théorème :

Étant donnée la forme quintique (a, b, c, d, e, f ɣ x, y)⁵, *et en appelant* α, β, ɣ *les racines de la canonisante*

$$\begin{vmatrix} 1 & x & x^2 & x^3 \\ a & b & c & d \\ b & c & d & e \\ c & d & e & f \end{vmatrix} = 0,$$

on pourra, par une substitution linéaire à déterminant $= 1$,

$$x = \frac{u\beta(\alpha-\gamma) + v(\beta-\gamma)\alpha}{(\alpha-\beta)(\beta-\gamma)(\gamma-\alpha)}, \qquad y = -\frac{u(\alpha-\gamma) + v(\beta-\gamma)}{(\alpha-\beta)(\beta-\gamma)(\gamma-\alpha)} \; (^*),$$

la transformer dans la forme canonique

$$[22] \qquad l\,u^5 + m\,v^5 - u(u+v)^5 = 0,$$

ne dépendant plus que de deux invariants absolus, H *et* H', l, m, n *étant proportionnels aux seconds membres* [21], *lorsque on y remplace successivement* ρ *par* ρ^0, ρ^1, ρ^2.

Ce résultat confirme d'une autre façon ce que nous disions page 177, savoir, que l'équation [22] est caractéristique pour une forme quintique donnée, de sorte que pour n'importe quelle transformation linéaire on retombera sur la même équation [22] à invariants absolus.

(*) Le dénominateur est $\sqrt{I_{12}}$.

§ 4.

Transformation de Tschirnhausen.
Équations caractéristiques des résultants.

156. D'après cette transformation, qui a été publiée pour la première fois par Tschirnhausen en 1683 dans les *Actes de Leipsig*, on peut faire disparaître autant de termes que l'on veut dans une équation donnée.

Soit
$$x^n + a_1 x^{n-1} + a_2 x^{n-2} + \ldots\ldots + a_n = 0$$
l'équation donnée ; et posons
$$y = b_m + b_{m-1} x + b_2 x + \ldots\ldots + b_1 x^{m-1} + x^m,$$

$b_1, b_2, \ldots, b_m$ désignant des indéterminées, et m un nombre entier $< n$. En éliminant y entre les deux équations on aura une équation de degré n en y, comme on le déduit de la théorie des résultants. On peut ensuite disposer des indéterminées b pour faire disparaître autant des termes que l'on veut, sauf ensuite à résoudre les équations de condition auxquelles on assujettit les b. Cette résolution est possible pour $n = 3$, $n = 4$. Alors, en posant dans le premier cas $y = b_2 + b_1 x + x^2$, dans le second $y = b'_2 + b'_1 x + x^2$, on obtiendra des équations finales en y, de la forme
$$y^3 + A_1 y^2 + A_2 y + A_3 = 0 ,$$
$$y^4 + A'_1 y^3 + A'_2 y^2 + A'_3 y + A'_4 = 0,$$

et l'on déterminera b_2, b_1 par des équations de premier et second degré ; b'_2, b'_1 par des équations de premier et de troisième degré.

Au dessus du 4me degré, le calcul de l'équation finale présente des difficultés insurmontables. Malgré elles, M. JERRARD, Géomètre anglais, a pu démontrer qu'on peut, par la résolution d'équations de 2me et de 3me degré seulement, faire disparaître le 2me, le 3me et le 4me terme d'une équation quelconque, et, par conséquent, en prenant l'inverse de x, les trois termes qui précèdent le dernier. Ce résultat a prouvé en particulier que toute équation de 5me degré pouvait se réduire à la forme trinôme $x^5 + \mathrm{A}x + \mathrm{B} = 0$.

Il restait à trouver une méthode par laquelle on pût déterminer plus aisément les coefficients de l'équation finale, et entr'autres les coefficients A et B de l'équation finale du 5me degré. Ce problème a été résolu par M. HERMITE, en donnant une autre forme à l'équation en z (*) qui le relie avec la théorie des invariants.

Soit donc, d'après lui,

$$[1] \quad f(x) = a_0 x^n + n a_1 x^{n-1} + \frac{n(n-1)}{1 \cdot 2} a_2 x^{n-2} + \ldots + (n-1)a_{n-1} + a_n$$

l'équation donnée. Posons, en désignant $t_0, t_1, t_2, \ldots, n$ indéterminées,

$$[2] \quad z = \varphi(x) = a_0 t_{n-1} + a_0 x \left| t_{n-2} + a_0 x^2 \right. \left| t_{n-3} + \ldots + a_0 x^{n-1} \right.$$
$$+ n a_1 \left| \qquad + n a_1 x \qquad \right| \qquad + n a_1 x^{n-2}$$
$$+ \frac{n(n-1)}{1 \cdot 2} a_2 \left| \qquad + \frac{n(n-1)}{1 \cdot 2} a_2 x^{n-3} \right.$$
$$\cdot \quad \cdot \quad \cdot \quad \cdot \quad \cdot \quad \cdot$$
$$+ n a_{n-1}$$

ce qui revient à écrire symboliquement

$$[3] \quad z = \frac{f(a, t)}{t - x} .$$

Supposons qu'on ait éliminé x entre les équations [1] et [2]; nous obtiendrons une équation en z de degré n, où nous pour-

---

(*) Pour la démonstration nous avons suivi la voie qui a été tracée par M. Cayley dans son Mémoire *On Tschirnhausen's transformation* — 1861.

rons disposer des quantités t_0, t_1, ..., t_{n-1} pour faire disparaître les termes qu'on voudra. En posant $z = X_i$, et en appelant X_i ce que devient X par la substitution de la racine x_i de $f(x)$ à la place de x, l'équation finale aura la forme

$$[4] \quad (z-X_1)(z-X_2)...(z-X_n) = (A_0, A_1, A_2, ... A_n \rangle z . 1)^n = 0 .$$

Le coefficient, de z^{n-1} par exemple, sera, au signe près, $X_1 + X_2 + ... + X_n$, ou, en ayant égard aux relations [7], N°2,

$$+ (n-1)a_1 t_{n-2} + \frac{(n-1)(n-2)}{1 . 2} a_2 t_{n-3} + \frac{(n-1)(n-2)(n-3)}{1 . 2 . 3} a_3 t_{n-4} + ... + a_{n-1} t_0 \Big]$$

Par conséquent, pour que le terme en z^{n-1} disparaisse, il faudra avoir

$$a_0 t_{n-1} + (n-1)a_1 t_{n-2} + \frac{(n-1)(n-2)}{1 . 2} a_2 t_{n-3} + ... + a_{n-1} t_0 = 0 .$$

Alors au moyen de cette relation l'équation en z deviendra :

$$
\begin{vmatrix} a_0 x \\ + a_1 \end{vmatrix}
\begin{vmatrix} t_{n-2} + a_0 x^2 \\ na_1 x \\ + (n-1) a_2 \end{vmatrix}
\begin{vmatrix} t_{n-3} + a_0 x^3 \\ + na_1 x^2 \\ + \frac{n(n-1)}{1 . 2} a_2 x \\ + \frac{(n-1)(n-2)}{2} a_3 \end{vmatrix}
\begin{vmatrix} t_{n-4} + ... + a_0 x^{n-1} \\ + na_1 x^{n-2} \\ + ... \\ + (n-1) a_{n-1} \end{vmatrix}
\begin{vmatrix} t_0 \end{vmatrix}
$$

157. Sous cette forme l'équation finale résultante aura la propriété que tous ses coefficients sont des invariants des deux formes :

$$(a_0, a_1, ... a_n \rangle x, y)^n , \quad (t_{n-2}, t_{n-3}, ... t_0 \rangle x, -y)^{n-2} ;$$

et, s'il en est ainsi, l'équation elle-même sera un invariant, en y considérant z comme une constante. Il suffira donc d'examiner si le premier membre de l'équation [4] satisfait aux conditions

$$\delta - \Delta' = 0,$$
$$\delta' - \Delta = 0,$$

en posant

$$\delta = a_0 \frac{d}{da_1} + 2a_1 \frac{d}{da_2} + \ldots + na_{n-1} \frac{d}{da_n},$$

$$\Delta = t_{n-2} \frac{d}{dt_{n-3}} + 2t_{n-3} \frac{d}{dt_{n-4}} + \ldots (n-2)t_1 \frac{d}{dt_0},$$

$$\delta' = na_1 \frac{d}{da_0} + (n-1)a_2 \frac{d}{da_1} + \ldots + a_n \frac{d}{da_{n-1}},$$

$$\Delta' = (n-2)t_{n-3} \frac{d}{dt_{n-2}} + (n-3)t_{n-4} \frac{d}{dt_{n-3}} + \ldots + t_0 \frac{d}{dt_1}.$$

Or cela revient à examiner si chaque facteur $z - \mathrm{X}$ y satisfait, ou si $(\delta - \Delta')\,\mathrm{X} = 0$, $(\delta' - \Delta)\,\mathrm{X} = 0$. Notons en passant que les opérations doivent être appliquées à x, car x est censé être ici une fonction des coefficients de la proposée. Or l'opération δ sur $f(x, y)$ nous donne

$$(a_0, a_1, a_2, \ldots a_{n-1} \,\rangle\!\langle\, x, 1)^{n-1} \delta x + (a_0, a_1, a_2 \ldots a_{n-1} \,\rangle\!\langle\, x, 1)^{n-1} = 0,$$

d'où $\delta x = -1$. Cela posé, l'opération δ sur X, pour ce qui se rapporte à x, donnera

$$-a_0 \left| \begin{array}{l} t_{n-2} - 2a_0 x \\[4pt] \quad\; - na_1 \end{array} \right. \left| \begin{array}{l} t_{n-3} - 3a_0 x^2 \\[4pt] \quad\; - 2na_1 x \\[4pt] \quad\; - \dfrac{n(n-1)}{1 . 2} a_1 \end{array} \right. \left| \begin{array}{l} t_{n-4} \ldots - (n-1)a_0 x^{n-2} \\[4pt] \quad\; - (n-2)na_1 x^{n-3} \\[4pt] \quad\; \cdots \cdots \cdots \\[4pt] \quad\; - \dfrac{n(n-1)}{1 . 2} a_{n-2} \end{array} \right| t_{\cdots}$$

et, pour ce qui se rapporte aux coefficients a, nous fournira

$$\left| \begin{array}{l} a_0 t_{n-2} + na_0 x \\[4pt] \quad\; + 2(n-1)a_1 \end{array} \right. \left| \begin{array}{l} t_{n-3} + \ldots \end{array} \right. \left| \begin{array}{l} + na_0 x^{n-2} \\[4pt] + n(n-1)a_1 x^{n-3} \\[4pt] \cdots \cdots \cdots \\[4pt] + (n-1)^2 a_{n-2} \end{array} \right| t_0$$

En réunissant les deux parties, δ deviendra :

$$\delta X = (n-2)\,a_0\,x \left| \begin{array}{l} t_{n-3}+ \quad \cdot \quad \cdot \quad \cdot \quad \cdot \quad + a_0 x^{n-2} \\ \phantom{t_{n-3}}+ na_1 x^{n-3} \\ \phantom{t_{n-3}}+ \quad \cdot \cdot \cdot \cdot \cdot \\ \phantom{t_{n-3}}+ \dfrac{(n-1)(n-2)}{1\,.\,2}\,a_{n-2} \end{array} \right| t_0$$

$$+\,(n-2)\,a_1$$

Mais l'opération Δ' nous fournira également le même résultat; donc $\delta X = \Delta' X$, ou $(\delta - \Delta')\,X = 0$.

Quant à l'opération $\delta' - \Delta$, examinons d'abord ce que devient δ' par rapport à x. Or l'équation $f(x\,,1)$ nous donne

$$(a_0\,,a_1\,,a_2\,,\dots,a_{n-1} \mathbin{\rlap{)}(} x\,,1)^{n-1} \delta' x - x (a_1\,,a_2\,,\dots,a_n \mathbin{\rlap{)}(} x\,,1)^{n-1} = 0,$$

d'où, à cause de l'équation $a_0 x^n + na_1 x^{n-1} + \dots = 0$, $\delta' x = x^2$.
A l'aide de cette valeur, l'opération δ', appliquée à X, fournira relativement à x la partie

$$\left| \begin{array}{l} t_{n-2}+2a_0 x^3 \\ \phantom{t_{n-2}}+na_1 x^2 \end{array} \right| \left| \begin{array}{l} t_{n-3}+3a_0 x^4 \\ \phantom{t_{n-3}}+2na_1 x^3 \\ \phantom{t_{n-3}}+\dfrac{n(n-1)}{1\,.\,2}\,a_2 x^2 \end{array} \right| \left| \begin{array}{l} t_{n-4}+\dots+(n-1)\,a_0 x^{n-1} \\ \phantom{t_{n-4}}+n(n-2)\,a_1 x^n \\ \phantom{t_{n-4}}+ \quad \cdot \cdot \cdot \cdot \cdot \end{array} \right| t_0$$

La partie due aux coefficients a sera

$$a_1 x \left| \begin{array}{l} t_{n-1}+na_1 x^2 \\ \phantom{t_{n-1}}+n(n-1)\,a_2 \\ \phantom{t_{n-1}}+(n-1)(n-2)\,a_3 \end{array} \right| \left| \begin{array}{l} t_{n-3}+\dots+na_1 x^{n-1} \\ \phantom{t_{n-3}}+(n-1)\,na_2 x^{n-2} \\ \phantom{t_{n-3}} \cdot \cdot \cdot \cdot \cdot \cdot \cdot \\ \phantom{t_{n-3}}+(n-1)\,a_n \end{array} \right| t_0$$

$$+\,(n-1)\,a_2$$

En ajoutant les deux parties, le coefficient de t_0 reproduit le premier membre de l'équation proposée multiplié par $n-1$, et, puisqu'il est $=0$, il restera

$$a_0 x^2 \left| \begin{array}{l} t_{n-2} + 2\,a_0\,x^3 \\ + na_1 x \\ + (n-1)\,a_2 \end{array} \right. \begin{array}{l} + 2\,na_1\,x^2 \\ + 2\,\dfrac{(n-1)}{2}\,na_2\,x \\ + 2\,\dfrac{(n-1)\,(n-2)}{2}\,a_3 \end{array} \left. \right| t_{n-3} + \cdots,$$

ce qui est précisément la valeur de ΔX. Ainsi l'opération $\delta' - \Delta$ réduit encore à 0 la fonction z. Donc elle est **un invariant**.

REMARQUE. Il est évident, réciproquement, que les coefficients A, s'ils sont des invariants, doivent être fonction des différences des racines, et partant ne peuvent pas contenir le terme en t_{n-1}, qui disparaîtrait dans les différences [2].

158. EXEMPLE. Soit

$$(a, b, c, d\,\breve{\,}\,x, 1)^3 = 0, \quad z = (ax + b)\,u + (ax^2 + 3bx + 2c)\,v.$$

En multipliant la seconde équation par x, et en ayant égard à la première, on a

$$xz = (ax^2 + bx)\,u + (-cx - d)\,v,$$

ou

$$aux^2 + (bu - z - cv)\,x - dv = 0.$$

Par le même procédé, on tirera de celle-ci

$$(z + 2bu + cv)\,x^2 + (3cu + dv)\,x + ud = 0.$$

Maintenant les trois équations :

$$ax^2 v + (3bv + au)\,x + 2cv + bu - z = 0,$$
$$aux^2 + (bu - cv - z)\,x - dv = 0,$$
$$(2bu + cv + z)\,x^2 \quad (3cu + dv)\,x \quad ud = 0$$

fourniront, pour l'équation finale,

$$\left| \begin{array}{ccc} z - bu - xv & -au - 3bv & av \\ d & z - bu + cv & au \\ -ud & -3cu - dv & z + 2bu + cv \end{array} \right| = 0,$$

qui sera de la forme $(1, 0, C, D \, \chi \, x, y)^3$, où l'on a

$$\frac{1}{3} C = (ac - b^2) u^2 + (ad - bc) uv + (bd - c^2) v^2,$$

$$-3abc+2b^3)u^3+(3abd-6ac^2+3b^2c)u^2v+(3acd+6b^2d-3bc^2)uv^2+(-ad^2+3bcd-2c^3)v^3$$

On voit que C, D sont bien des invariants des deux formes

$$(a, b, c, d \, \chi \, X, Y)^3 , \quad (uY - vX),$$

ou encore des covariants de la forme $(a, b, c, d \, \chi \, u, v)^3$.

159. Les coefficients $A_0, A_1, \ldots, A_n$ représentent en général des fonctions de $t_{n-1}, t_{n-2}, \ldots, t_0$; et, lorsqu'ils sont des invariants, ne seront plus que des fonctions simplement de $t_{n-2}, t_{n-3}, \ldots, t_0$. Proposons-nous, par exemple, de trouver le coefficient dans A_r de t_{n-2}^r. Comme $\dfrac{n(n-1)\ldots(n-r+1)}{1.2.3\ldots r} A_r$ est le coefficient de z^{n-r} dans l'équation proposée, on aura

$$\frac{n(n-1)\ldots(n-r+1)}{1.2.3\ldots r} A_r = \Sigma X_1 X_2 \ldots X_r .$$

Or le coefficient de t_{n-2}^r dans ce Σ sera évidemment $\Sigma (a_0 x_1 + na_1)(a_0 x_2 + na_1) \ldots (a_0 x_r + na_1)$, c'est à dire le coefficient de x^{n-r} dans l'équation $a_0^n f\left(\dfrac{x-na_1}{a_0}\right) \parallel$

$$a_0^n \left[a_0 \left(\frac{x-na_1}{a_0}\right)^n + na_1 \left(\frac{x-na_1}{a_0}\right)^{n-1} + \ldots \frac{n(n-1)\ldots(n-r+1)}{1.2.3\ldots r} a_r \left(\frac{x-na_1}{a_0}\right)^{n-r} \right.$$

$$= a_0^{r-1} \left[ar - rn \frac{a_1}{a_0} a_{r-1} + \frac{r(r-1)}{2} n^2 \left(\frac{a_1}{a_0}\right)^2 a_{r-2} - \ldots \right.$$

$$\left. + (-1)^{r-1} rn^{r-1} \left(\frac{a_1}{a_0}\right)^{r-1} a_1 + (-1)^r n^r \left(\frac{a_1}{a_0}\right)^r a_0 \right] .$$

160. Cette méthode de calcul pour la transformation de Tschirnhausen qui après tout est fondée sur la forme particulière d'un résultant nous suggère de donner ici en passant les équations caractéristiques d'un résultant trouvées par Brioschi.

Théorème. *En appelant* R *le résultant des équations*

[6] $\qquad \varphi(x) = a_0 x^n + a_1 x^{n-1} + a_2 x^{n-2} + \ldots + a_n = 0 ,$

[7] $\qquad \varphi(x) = b_0 x^n + b_1 x^{n-1} + b_2 x^{n-2} + \ldots + b_n = 0 ,$

et λ les quantités définies comme au N° 43, on aura

$$[8] \qquad \sum_{0}^{n-1} \lambda_{m,r} \, \frac{d\mathrm{R}}{da_{r+1}} = (\mathrm{n} - \mathrm{m}) \, b_m \, \mathrm{R} \, .$$

Démonstration. On a (N° 43)

$$[9] \qquad \sum_{r=0}^{r=n-1} \lambda_{m,r} \, x^{n-r-1} = 0 .$$

Mais, d'après le théorème N° 47, on a aussi

$$\frac{d\mathrm{R}}{da_n} \, x^{n-r} = \frac{d\mathrm{R}}{da_r} .$$

Partant l'équation [9] pourra se transformer en celle-ci

$$[10] \qquad (^*) \sum_{1}^{n-1} \lambda_{m,r} \, \frac{d\mathrm{R}}{da_{r+1}} = 0 .$$

Or il est évident que le premier membre de cette équation devra s'évanouir avec R et le contenir par conséquent en facteur, car il ne peut pas y avoir d'autre condition entre les coefficients que la condition $\mathrm{R} = 0$. Il viendra donc

$$\sum \lambda_{m,r} \, \frac{d\mathrm{R}}{da_{r+1}} = q\mathrm{R} ,$$

q étant un facteur algébrique qu'on déterminera très-aisément. Il suffit pour cela d'observer que le premier membre est de degré $n+1$ par rapport aux coefficients b, et de degré n par rapport aux coefficients a. D'ailleurs son poids est celui de R plus $m + r + 1 - r - 1 = m$; donc q ne pourra être que de la forme

$$q = q' b_m ,$$

q' étant un coefficient numérique, qu'on trouvera égal à $n - m$, en comptant combien de fois le coefficient b_m entre positivement et négativement dans les quantités a.

(*) Nous supposerons, pour plus de clarté, que

$$\begin{aligned} \lambda_{m,r} = a_0 b_{m+r} + a_1 b_{m+r+1} + \ldots + a_m b_{r+1} & \\ - b_0 a_{m+r} + b_1 a_{m+r+1} + \ldots + b_m a_{r+1} & \end{aligned} \Big) = \sum a_{m-h} b_{r+h} - a_{r+h} b_{m-h} ,$$

de sorte que la première valeur de r soit 1.

REMARQUE. On peut vérifier directement l'équation [8] pour les cas de $m = 0$, $m = 1$.

Si l'on introduit dans la première des équations [28], N° 43, les relations [8], N° 47, on aura

$$(a_0 b_1 - a_1 b_0) \frac{d\mathrm{R}}{da_1} + (a_0 b_2 - a_2 b_0) \frac{d\mathrm{R}}{da_2} + \ldots + (a_0 b_n - a_n b_0) \frac{d\mathrm{R}}{da_n} = 0$$

$$= a_0 \left[b_1 \frac{d\mathrm{R}}{da_1} + b_2 \frac{d\mathrm{R}}{da_2} + \ldots + b_n \frac{d\mathrm{R}}{da_n} \right] - b_0 \left[a_1 \frac{d\mathrm{R}}{da_1} + a_2 \frac{d\mathrm{R}}{da_2} + \ldots + a_n \frac{d\mathrm{R}}{da_n} \right].$$

Mais, sauf à ajouter $a_0 b_0 \frac{d\mathrm{R}}{da_0} - a_0 b_0 \frac{d\mathrm{R}}{da_0} = 0$, la quantité dans la seconde parenthèse n'est autre chose que $n\mathrm{R}$, et la première est égale à 0 [voir (15), N° 47] ; donc

$$\sum_0^n \lambda_{0,r} \frac{d\mathrm{R}}{da_{r+1}} = \sum_1^n (a_0 b_r - a_r b_0) \frac{d\mathrm{R}}{da_r} = n b_0 \mathrm{R}.$$

Pareillement on trouvera

$$\lambda_{1,r} \frac{d\mathrm{R}}{da_{r+1}} = (a_0 b_2 - a_2 b_0) \frac{d\mathrm{R}}{da_1} + \binom{a_0 b_3 - a_3 b_0}{a_1 b_2 - a_2 b_1} \frac{d\mathrm{R}}{da_2} + \ldots + (a_1 b_m - a_m b_1) \frac{d\mathrm{R}}{da_m};$$

is $a_1 \left(b_0 \frac{d\mathrm{R}}{da_0} + b_1 \frac{d\mathrm{R}}{da_1} \right) - b_1 \left(a_0 \frac{d\mathrm{R}}{da_0} + a_1 \frac{d\mathrm{R}}{da_1} \right) + a_0 b_1 \frac{d\mathrm{R}}{da_0} - b_0 a_1 \frac{d\mathrm{R}}{da_0} = 0.$

Donc, en ajoutant,

$$\sum (\lambda_{1,r}) \frac{d\mathrm{R}}{da_r} = a_1 \sum b_i \frac{d\mathrm{R}}{da_i} - b_1 \sum a_i \frac{d\mathrm{R}}{da_i} + a_0 \left(b_2 \frac{d\mathrm{R}}{da_1} + b_3 \frac{d\mathrm{R}}{da_2} + \ldots \right) .$$

$$+ a_0 b_1 \frac{d\mathrm{R}}{da_0} - b_0 a_1 \frac{d\mathrm{R}}{da_0} - b_0 \left(a_2 \frac{d\mathrm{R}}{da_1} + a_3 \frac{d\mathrm{R}}{da_2} + \ldots \right),$$

$$\lambda_{1,r} \frac{d\mathrm{R}}{da_r} = a_1 \sum b_i \frac{d\mathrm{R}}{da_i} - b_1 \sum a_i \frac{d\mathrm{R}}{da_i} + a_0 \left(b_1 \frac{d\mathrm{R}}{da_0} + b_2 \frac{d\mathrm{R}}{da_1} + b_3 \frac{d\mathrm{R}}{da_2} + \ldots \right)$$

$$- b_0 \left(a_1 \frac{d\mathrm{R}}{da_0} + a_2 \frac{d\mathrm{R}}{da_1} + a_3 \frac{d\mathrm{R}}{da_2} + \ldots \right) .$$

Or $a_0 \sum b_i \frac{d\mathrm{R}}{da_{i-1}} - b_0 \sum a_i \frac{d\mathrm{R}}{da_{i-1}} = b_1 \mathrm{R}$, ce qu'il est aisé de vérifier, et $\sum b_i \frac{d\mathrm{R}}{da_i} = 0$ (*).

____

(*) Voir ma *Théorie de l'élimination*, page 79.

Par conséquent

$$\sum \lambda_{1,r} \frac{d\mathrm{R}}{da_r} = - b_1 (n-1) \,\mathrm{R}.$$

Ce théorème a été donné par M. Brioschi dans le *Journal de Crelle*, T. 53. Mais pour la démonstration nous avons reproduit celle que nous avons donnée dans le même *Journal*, Tome 54, qui nous paraît beaucoup plus simple.

Si dans l'équation [8] on fait successivement $m = 0, 1, 2, 3, \dots, n-1$, on obtiendra n équations qu'on pourrait nommer les *équations caractéristiques* du résultant, savoir,

$$\lambda_{0,0} \frac{d\mathrm{R}}{da_1} + \lambda_{0,1} \frac{d\mathrm{R}}{da_2} + \dots + \lambda_{0,n-1} \frac{d\mathrm{R}}{da_n} = n b_0 \mathrm{R},$$

$$[11] \qquad \lambda_{1,0} \frac{d\mathrm{R}}{da_1} + \lambda_{1,1} \frac{d\mathrm{R}}{da_2} + \dots + \lambda_{1,n-1} \frac{d\mathrm{R}}{da_n} = (n-1) b_1 \mathrm{R},$$

$$\cdots\cdots\cdots\cdots\cdots\cdots\cdots\cdots\cdots\cdots$$

$$\lambda_{n-1,0} \frac{d\mathrm{R}}{da_1} + \lambda_{n-1,0} \frac{d\mathrm{R}}{da_2} + \dots + \lambda_{n-1,n-1} \frac{d\mathrm{R}}{da_n} = b_{n-1} \mathrm{R}.$$

161. Voyons maintenant ce que deviennent les équations [11] dans le cas du discriminant, c'est-à-dire, lorsque $\varphi(x)$ et $\psi(x)$ sont respectivement les dérivées par rapport à x, y de la même forme

$$(a_0, a_1, a_2, \dots, a_n \chi x, y)^n = p_0 a_0 x^n + p_1 a_1 x^{n-1} y + \dots + p_n a_n y^n,$$

en supposant que le coefficient binomial soit représenté par $p_m = \dfrac{n(n-1)\dots(n-m+1)}{1.2.3\dots m}$, et qu'on ait fait ensuite $y = 1$.

Les dérivées seront de la forme

$$p'_0 a_0 x^{n-1} + p'_1 a_1 x^{n-2} y + \dots + p'_{n-1} a_{n-1} y^{n-1},$$

$$p'_0 a_1 x^{n-1} + p'_1 a_2 x^{n-2} y + \dots + p'_{n-1} a_n y^{n-1},$$

ou plus explicitement

$$a_0 x^{n-1} + (n-1) a_1 x^{n-2} + \frac{(n-1)(n-2)}{1.2} a_2 x^{n-3} + \dots + a_{n-1} = 0,$$

$$a_1 x^{n-1} + (n-1) a_2 x^{n-2} + \frac{(n-1)(n-2)}{1.2} a_3 x^{n-3} + \dots + a_n = 0.$$

Or observons, en envisageant la question directement, que, le discriminant s'annulant pour des racines égales, si x est une de celles-ci, il faudra qu'on ait, comme au N° 47,

$$p_l \delta a_l x^{m-l} + p_k \delta a_k x^{m-k} = 0 \ , \qquad \delta a_l \frac{d R}{d a_l} + \delta a_k \frac{d R}{d a_k} = 0,$$

d'où l'on tirera

$$\frac{1}{p_l} x^l \frac{d R}{d a_l} = \frac{1}{p_k} x^k \frac{d R}{d a_k} \ ,$$

$$[12] \qquad x^{n-l} \frac{d R}{d a_n} = \frac{1}{p_l} \frac{d R}{d a_l} \quad , \quad \frac{1}{p_{n-1}} x^{n-l-1} \frac{d R}{d a_{n-1}} = \frac{1_l}{p_l} \frac{d R}{d a_l} .$$

D'ailleurs l'équation [10], dans le cas du discriminant, devient

$$\sum_0^{n-2} \lambda_{m,r} x^{n-r-2} = 0, \qquad \text{ou} \qquad \sum_1^{n-1} \lambda_{m,r-1} x^{n-r-1} = 0 \ ,$$

et alors, en remplaçant x^{n-r-2}, x^{n-r-1} par leurs valeurs tirées des équations [12], il viendra

$$[13] \quad \sum_0^{n-2} \lambda_{m,r} \frac{1}{p_{r+}} \frac{d R}{d a_{r+2}} = 0 \quad , \quad \sum_1^{n-1} \lambda_{m,r-1} \frac{1}{p_r} \frac{d R}{d a_r} = 0 \ ,$$

où les derniers termes seront respectivement en $\frac{d R}{d a_n}$, $\frac{d R}{d a_{n-1}}$.

En partant maintenant des équations [8] comme type et en leur appliquant les équations [8], on aura

$$[14] \qquad \sum_0^{n-2} \lambda_{m,r} \frac{1}{p_{r+2}} \frac{d R}{d a_{r+2}} = \frac{(n-1-m)}{n} (n-m) p_m a_m R,$$

$$[15] \qquad \sum_0^{n-1} \lambda_{m,r-1} \frac{1}{p_r} \frac{d R}{d a_r} = \frac{(n-m)(n-1-m)}{n} p_m a_{m+1} R. \ (*)$$

(*) Le coefficient qui est associé à a_{m+1} dans cette équation est
$$\frac{(n-1)(n-2)\dots n-m}{1.2.3\dots m} \cdot \frac{1}{n} p_m (n-m)$$

La valeur de $\lambda_{m,r}$ est actuellement

$$\lambda_{m,r} = \sum p'_l \, p'_{m+r-l+1} \left(a_l a_{m+r-l+2} - a_{m+r-l+1} a_{l+1} \right),$$

où p'_l désigne généralement le coefficient de x^{n-1-l} dans les deux dérivées de la forme donnée, et ne diffère de p_l que par le changement de n en $n-1$.

EXEMPLE. En posant le discriminant de la forme cubique

$$= R = 6abcd + 3b^2c^2 - 4b^3d - 4ac^3 - a^2d^2$$

on aura l'équation

$$1^o \qquad \frac{ad-bc}{3} \frac{dR}{dc} + 2(bd-c^2) \frac{dR}{d.d} = 2bR\,,$$

qui correspond à l'équation [14]

$$\lambda_{1,0} \frac{1}{p_2} \frac{dR}{da_2} + \lambda_{1,1} \frac{1}{p_3} \frac{dR}{da_3} = \frac{1.2.3}{3} a_1 R\,, \qquad \begin{cases} p_2 = 3, \\ p_3 = 1\,, \ m = 1; \end{cases}$$

$$2^o \qquad \frac{2(ac-b^2)}{3} \frac{dR}{dc} + (ad-bc) \frac{dR}{\delta.d} = 2aR\,,$$

qui correspond à l'équation [14]

$$\lambda_{0,0} \frac{1}{p_2} \frac{dR}{da_2} + \lambda_{0,1} \frac{1}{p_3} \frac{dR}{da_3} = 2.a_0 R\,, \qquad \begin{cases} p_0 = 1\,, \\ p_1 = 3\,, \ m = 0; \end{cases}$$

$$3^o \qquad 2(ac-b^2) \frac{dR}{db} + (ad-bc) \frac{dR}{dc} = 6bR\,,$$

qui correspond à l'équation [15]

$$\lambda_{0,0} \frac{1}{p_1} \frac{dR}{da_1} + \lambda_{0,1} \frac{1}{p_2} \frac{dR}{da_2} = 2a_1 R\,, \qquad \begin{cases} p_1 = p_2 = 3\,, \ m = 0, \\ p_0 = 1; \end{cases}$$

$$4^o \qquad (ad-bc) \frac{dR}{db} + 2(bd-c^2) \frac{dR}{d.c} = 6cR\,,$$

qui correspond à l'équation [15]

$$\lambda_{1,0} \frac{1}{p_1} \frac{dR}{da_1} + \lambda_{1,1} \frac{1}{p_2} \frac{dR}{da_2} = \frac{2}{3} p_1 a_2 R = 2cR\,, \qquad \begin{cases} p_1 = 1 \\ p_2 = 1\,, \ m = 1; \end{cases}$$

CHAPITRE HUITIÈME.

FORMES SYMBOLIQUES DES COVARIANTS

162. Depuis quelques années MM. Clebsch et Gordan ont introduit dans l'étude des covariants des formes symboliques spéciales avec un immense succès (*). Aussi Gordan a-t-il réussi à démontrer que le nombre des covariants fondamentaux pour toute forme est limité, et dernièrement il a poussé la détermination des covariants indépendants jusqu'au 7ᵉ et au 8ᵉ degré.

Donner ici leur théorie, ce ne serait que reproduire leurs travaux mêmes et sortir du champ d'une exposition élémentaire où nous nous sommes restreints. C'est pourquoi, nous bornant au rôle d'être utile aux étudiants des sciences mathématiques, nous nous contenterons d'en donner une idée, afin que le lecteur puisse ensuite par lui même entreprendre la lecture assez difficile de ces ouvrages.

Représentons en général symboliquement par $(a_1 x + a_2 y)^n$ la forme $a_0 x^n + n a_1 x^{n-1} y + \ldots + a_n$, en posant

$$a_1^n = a_0, \quad a_1^{n-1} a_2 = a_1, \quad a^{n-2} a_2 = a_2, \ldots a^n_2 = a_n;$$

et convenons de représenter la même forme par les symboles

(*) La notation adoptée par ces auteurs ne diffère en réalité que par la forme de celle qu'avait déjà adoptée en 1846 Cayley dans son Mémoire, à jamais célèbre, sur les hyperdéterminants, inséré dans le *Journal de Crolle*.

$(b_1 x + b_1 y)^n$, $(c_1 x + c_2 y)^n$, $(d_1 x + d_2 y)^n$,   etc., de sorte qu'on ait indifféremment

$$a_1^{\,n-i} a_2^{\,i} = b_1^{\,n-i} b_2^{\,i} = c_1^{\,n-i} c_2^{\,i} = d_1^{\,n-i} d_2^{\,i} = \ldots = a_i .$$

L'avantage de ces représentations symboliques successives de la même forme est de nous permettre d'opérer algébriquement sur les mêmes formes algébriques sans altérer le résultat final. C'est tout là le secret de la méthode donnée d'abord par Aronhold et suivie ensuite par M. Clebsch. Ainsi si l'on peut poser $(a_1 x + a_2 y)^2 = ax^2 + 2bxy + cy^2$; il ne s'ensuit pas que l'égalité subsiste en élévant au carré les deux membres, ou que $(a_1 x + a_2 y)^4 = (ax^2 + 2bxy + cy^2)^2$, car les opérations algébriques que l'on est amené à faire dans le premier membre altèrent la nature des coefficients symboliques. Mais, si au contraire, d'après les conventions ci-dessus, on fait le produit $(a_1 x + a_2 y)^2 (b_1 x + b_2 y)^2$, sauf à remplacer ensuite les coefficients symboliques par leurs valeurs, il est évident que les opérations algébriques n'altéreront pas la nature des coefficients, car chaque facteur restera tel qu'il est par la convention faite auparavant. Ainsi on aura, en restant dans l'exemple ci-dessus,

$$(a_1 x + a_2 y)^2 (b_1 x + b_2 y)^2 =$$
$$a_1^2 b_1^2 x^4 + 2(a_1^2 b_1 b_2 + a_1 a_2 b_1^2) x^3 y + (a_1^2 b_2^2 + a_2^2 b_1^2 + 4 a_1 a_2 b_1 b_2) x^2 y^2 + 2(a_1 a_2 b_1^2 + b_1 b_2 a_2^2) xy^3 +$$
$$= a^2 x^4 + 4ab x^3 y + (2ac + 4b^2) x^2 y^2 + 4bc xy^3 + c^2 y^4 = (ax^2 + 2bxy + cy^2)^2$$

Cela posé, en adoptant ces notations symboliques, le discriminant $ac - b^2$ de la forme quadratique $ax^2 + 2bxy + cy^2$ sera représenté par $\begin{vmatrix} a_1 & a_2 \\ b_1 & b_2 \end{vmatrix}^2$, en supposant que l'on ait

$$(a, b, c \;\unicode{x0291}\; x, y)^2 = (a_1 x + a_2 y)^2 = (b_1 x + b_2 y)^2 .$$

Celui de la forme cubique $ax^3 + 3bxy^2 + 3cxy^2 + dy^3$, qu'on sait être $=$

$$\begin{vmatrix} a & c \\ b & d \end{vmatrix}^2 - 4 \begin{vmatrix} a & b \\ b & c \end{vmatrix} \begin{vmatrix} b & c \\ c & d \end{vmatrix} ,$$

pourra être mis sous la forme

$$\begin{vmatrix} a_1 & a_2 \\ b_1 & b_2 \end{vmatrix}^2 \begin{vmatrix} c_1 & c_2 \\ d_1 & d_2 \end{vmatrix}^2 \begin{vmatrix} a_1 & a_2 \\ c_1 & c_2 \end{vmatrix} \begin{vmatrix} d_1 & d_2 \\ b_1 & b_2 \end{vmatrix},$$

en supposant que l'on ait fait successivement

$$a,b,c,d \,\mathbb{)}\!(\, x,y)^3 = (a_1 x + a_2 y)^3 = (b_1 x + b_2 y)^3 = (c_1 x + c_2 y)^3 = (d_1 x + d_1 y)^3.$$

Par exemple, le terme,

$$a^2_1 \, b^2_2 \, c^2_1 \, d^2_1 \, a_1 \, c_2 \, d_1 \, b_2 = a^3_1 \, b^3_2 \, c^2_1 \, c_2 \, d^2_2 \, d_1 = a \, b \, c \, d,$$

reproduira un des termes du discriminant, etc.

Pareillement en passant à la forme biquadratique

$$(a, b, c, d, e \,\mathbb{)}\!(\, x, y)^4 = (a_1 x + a_2 y)^4 = (b_1 x + b_2 y)^4 = (c_1 x + c_2 y)^4,$$

on aura

$$I_2 = ae - 4bd + 3c^2 = \frac{1}{2} \begin{vmatrix} a_1 & a_2 \\ b_1 & b_2 \end{vmatrix}^4,$$

$$= \begin{vmatrix} a & b & c \\ b & c & d \\ c & d & e \end{vmatrix} = \frac{1}{6} \begin{vmatrix} a_1 & a_2 \\ b_1 & b_2 \end{vmatrix}^2 \begin{vmatrix} b_1 & b_2 \\ c_1 & c_2 \end{vmatrix}^2 \begin{vmatrix} c_1 & c_2 \\ d_1 & d_2 \end{vmatrix}^2.$$

La même chose a lieu pour les covariants.

Ainsi le covariant quadratique de la forme cubique, en adoptant les mêmes notations, sera

$$\Phi_2 = \begin{vmatrix} a_1 & a_2 \\ b_1 & b_2 \end{vmatrix}^2 (a_1 x + a_2 y)(c_1 x + c_2 y) ;$$

et le cubique

$$\Phi_3 = \begin{vmatrix} a_1 & a_2 \\ b_1 & b_2 \end{vmatrix}^2 \begin{vmatrix} c_1 & c_2 \\ b_1 & b_2 \end{vmatrix} (a_1 x + a_2 y)(c_1 x + c_2 y)^2.$$

Voici maintenant les invariants et covariants pour la forme quartique

$$I_2 = (a_1 b_2 - a_2 b_1)^2,$$
$$I_3 = (a_1 b_2 - a_2 b_1)^2 (a_1 c_2 + a_2 c_1)^2 (b_1 c_2 + b_2 c_1)^2,$$
$$C_{4,2} = (a_1 b_2 - a_2 b_1)^2 (a_1 x + a_2 y)^2 (b_1 x + b_2 y)^2,$$
$$C_{4,3} = (a_1 b_2 - a_2 b_1)^2 (c_1 b_2 - c_2 b_1)(a_1 x + a_2 y)^2 (b_1 x + b_2 x)(c_1 x + c_2 y).$$

Si l'on adopte d'écrire avec M. Clebsch, x_1 pour x, x_2 pour y

$$(ab) \quad \text{pour} \quad (a_1 b_2 - a_2 b_1), \quad (bc) \quad \text{pour} \quad (b_1 c_2 - b_2 c_1), \ldots,$$
$$a_x \quad \text{pour} \quad a_1 x_1 + a_2 x_2, \quad b_x \quad \text{pour} \quad b_1 x_1 + b_2 x_2, \ldots;$$

alors les formes quadratiques, cubique et quartique, et en général de $n^\bullet$ degré, deviendront

[1] $\quad f = (a_x)^2, \quad f = a_x^3, \quad f = a_x^4, \ldots f = a_x^n = b_x^n = c_x^n$, etc.;

et les invariants et covariants susdits seront représentés simplement par

[2] $\qquad I_2 \quad = (ab)^2$,

$$[3] \quad
\begin{cases}
I_4 \quad = (ab)^2 (cd)^2 (ac)\, bd , \\[4pt]
C_{2,2} = (ab)\, a_x\, b_x , \\[4pt]
C_3 \quad = (ab)^2 (cb)\, c_x^2\, a_x ,
\end{cases}$$

$$[4] \quad
\begin{cases}
I_2 \quad = (ab)^4 , \qquad\qquad I_3 \quad = (ab)^2 (ac)^2 (bc)^2 \\[4pt]
C_{4,2} = (ab)^2 a_x^2 b_x^2 , \qquad C_{4,3} = (ab)^2 (cb)\, a_x^2\, b_x\, c_y .
\end{cases}$$

Par ces notations les dérivées s'expriment aussi facilement. Il est aisé de voir en effet qu'on a :

$$\frac{df}{dx_1} = n \cdot a_x^{n-1}\, a \qquad ; \qquad \frac{df}{dx_2} = n \cdot a_x^{n-1}\, b ;$$

et

$$\frac{1}{n}\left(x_1 \frac{df}{dx_1} + x_2 \frac{df}{dx_2} \right) = a_x^{n-1}\, a_x .$$

Pareillement

$$[5] \quad \frac{d^h f}{dx_1^h} = n(n-1)\ldots(n-h+1) a_x^{n-h} \quad ; \quad \frac{d^k f}{dx_2^k} = n(n-1)\ldots(n-k+1) a_x^{n-k}\, b$$

$$[6] \qquad \frac{d^{h+k} f}{dx_1^h\, dx_2^k} = n(n-1)\ldots(n-h-k+1) a_x^{n-h-k}\, a^h\, b^k .$$

163. Une fois compris le mécanisme de ces notations, passons à voir par quels principes M. Clebsch arrive à déterminer les covariants.

Supposons que la forme f soit

[7] $$f = ax_1 + bx_2,$$

et faisons-y les substitutions

[8]
$$x_1 = px'_1 + qx'_2,$$
$$x_2 = p'x'_1 + q'x'_2;$$

on aura

[9] $$f = (ap + bp') x'_1 + (aq + bq') x'_2 = a'x'_1 + b'x'_2,$$

en posant

[10] $$a' = ap + bp', \qquad b' = aq + bq'.$$

Mais par les équations de substitution [8] on obtient

[11]
$$\Delta x'_1 = q'x_1 - q.x_2$$
$$\Delta x'_2 = -p'x_1 + px_2$$
, $\qquad \Delta = pq' - p'q ;$

et de même en vertu des équations [10] on a

[12]
$$\Delta a = q'a' - p'b'$$
$$\Delta b = -qa' + pb'$$
, ou [13]
$$\Delta b = pb' + q(-a'),$$
$$\Delta(-a) = p'b' + q'(-a').$$

Si l'on observe de près les équations [8] et [10], [11] et [12] on voit que les équations [12] se déduisent des équations [11] de la même façon que les équations [10] des équations [8], c'est à dire, par l'échange des coefficients d'une ligne avec ceux d'une colonne et par l'échange de (x_1, x_2), (x'_1, x'_2) en (a', b'), (a, b) respectivement. D'ailleurs les déterminants des substitutions [8], [10], [11], [12]

$$\begin{vmatrix} p & q \\ p' & q' \end{vmatrix}, \quad \begin{vmatrix} p & p' \\ q & q' \end{vmatrix}, \quad \begin{vmatrix} q' & -q \\ -p' & p \end{vmatrix}, \quad \begin{vmatrix} q' & -p' \\ -q & p' \end{vmatrix}$$

sont les mêmes, quoique le second soit *transposé* (*) par rapport au premier et le 4ᵉ par rapport au troisième.

(*) Nous appellerons ainsi un déterminant dont les lignes sont identiques aux colonnes d'une autre et réciproquement

On voit encore que les variables x_1, x_2 (à un facteur près) se transforment dans les x'_1, x'_2 par les mêmes formules, par les quelles les quantités b et $-a$ se transforment en b' et $-a'$. Or, comme l'introduction du facteur Δ dans les transformations n'altère pas la propriété fondamentale des invariants, il s'ensuit que l'on aura ce théorème :

Une fonction Ψ, *qui contient les variables* x_1, x_2 *et jouit de la propriété des invariants, continuera encore à jouir de la même propriété, si on change respectivement les variables en* b *et* $-a$.

Au moyen de ce théorème, M. Clebsch observe qu'on peut faire rentrer l'étude des covariants dans celle des invariants. Car, par la considération d'invariants simultanés, on peut, à la place de chaque covariant, introduire autant de formes linéaires qu'il y a de séries de variables dans le covariant. Et alors on reviendra au covariant en changeant les coefficients

$$a_2, -a_1; \quad b_2, -b_1; \quad \text{etc.,}$$

des formes linéaires introduites par les séries des variables

$$x_1, x_2; \quad y_1, y_2; \dots$$

164. M. Clebsch établit ensuite ce théorème fondamental :

Chaque invariant de formes linéaires est une somme de produits formés par les invariants relatifs à deux quelconques d'entre elles.

L'invariant de deux formes linéaires $a_1 x_1 + a_2 x_2$, $b_1 x_1 + b_2 x_2$ est leur déterminant $a_1 b_2 - a_2 b_1 - (ab)$. Ainsi pour trois formes $a_1 x_1 + a_2 x_2$, $b_1 x_1 + b_2 x_2$, $c_1 x_1 + c_2 x_2$ les fonctions

$$[(ab)(ac)(bc)]^\mu \quad , \quad [(ab)(ac)]^\lambda + [(ab)(bc)]^\mu + [(ac)(bc)]^\nu$$

seraient autant d'invariants.

Cette somme est évidemment un invariant, puisque chaque élément (ab) se reproduit. Mais il fallait démontrer que tout invariant peut se réduire à cette somme ; c'est ce qu'a fait voir M. Clebsch dans son ouvrage *Theorie der binacren algebraischen Formen*. En ayant ensuite recours au théorème N° 163, il montre que

Tout covariant d'une série de formes linéaires est un aggrégat de produits, dont les facteurs auront un des trois types suivants :

    1 (ab), *invariant formé par deux quelconques des formes linéaires.*

    2 $(a_1x_1 + a_2x_2)$, *une des formes linéaires données quelconques.*

    3 (xy), *déterminant formé par deux séries de variables* $x_1 y_1$; $x_2 y_2$; etc.

165. En s'appuyant ensuite sur un théorème sur les invariants simultanés donné par Cayley (N° 78), M. Clebsch arrive à son théorème fondamental qu'il avait déjà donné dans le *Journal de Crelle*, t. 59.

Soit Π, dit-il, un invariant ou un covariant d'une forme f de n^e degré, dont $a_0, a_1,..., a_n$ sont les coefficients. Soient $\alpha_0, \alpha_1 ..., \alpha_n$; $\beta_0, \beta_1 ..., \beta_n$, etc., les coefficients d'autres formes de même degré.

Alors, par le théorème de Cayley,

$$[14] \qquad \Pi_1 = \alpha_0 . \frac{d\Pi}{da_0} + \alpha_1 \frac{d\Pi}{da_1} + ... ,$$

et

$$[15] \qquad \Pi_2 = \beta_0 \frac{d\Pi_1}{da_0} + \beta_1 \frac{d\Pi_1}{da_1} + ..., \text{ etc.}$$

seront autant d'invariants. Mais en continuant de la sorte, il est évident qu'à bout de r opérations semblables on finira pour faire disparaître de Π les coefficients (a) si Π était de $r^{ième}$ degré, et on parviendra à une fonction Π_r qui ne contiendra plus que les coefficients (α), (β), etc. de r différentes formes. Réciproquement, on peut de la fonction Π_r remonter à Π. Remplaçons, en effet, dans Π_r les coefficients de la dernière forme par ceux de l'avant-dernière; on aura Π_{r-1}. Si dans celle-ci on remplace les coefficients de Π_{r-2} par ceux de la forme qui précède l'avant-dernière on arrivera à $1.2 \ldots \Pi_{r-1}$. En procédant de la sorte on parviendra à $1.2 \ldots r . \Pi$.

Remplaçons maintenant les coefficients α, β, etc. par leurs expressions symboliques fournies par les $r^{ièmes}$ puissances de a_x, b_x, etc. La fonction Π_r ne contiendra plus les coefficients de la forme f, mais les coefficients a_1, b_1,..... de r fonctions linéaires.

Si la fonction Π contenait des coefficients d'autres formes f', on pourrait par la même méthode la réduire à ne contenir que les coefficients a', b', etc., d'autres fonctions linéaires. Il s'ensuit que:

Tout invariant simultané ou covariant d'une série de fonctions peut être exprimé comme invariant ou covariant d'une série de fonctions linéaires, dont les puissances représenteront symboliquement les formes données.

Mais comme nous avons donné plus haut la forme générale de tout invariant ou covariant des formes linéaires, nous pouvons établir ce théorème fondamental:

Tout invariant peut être représenté symboliquement par un aggrégat de produits de déterminants symboliques (ab); et tout covariant par l'aggrégat de produits de déterminants symboliques (ab) associés à des facteurs symboliques de la forme c_x.

Ainsi donc tout covariant simultané d'un système des formes binaires

$$[16] \quad A = (a_1 x_1 + a_2 x_2)^\alpha, \quad B = (b_1 x_1 + b_2 x_2)^\beta, \quad C = (c_1 x_1 + c_2 x_2)^\gamma \ldots$$

peut être représenté par une somme de termes de la forme

$$[17] \qquad L\,(ab)^m\,(ac)^n\,(bc)^p \ldots a_x^r\,b_x^s\,c_x^t \ldots$$

où L est une constante. Il va sans dire que l'ordre du covariant devra être égal à la somme des exposants, $r+s+t+\ldots$, et que l'expression susdite devra être

homogène et de degré α par rapport aux a,

    id. β id. b ,

    id. γ id. c .

D'ailleurs le degré du covariant sera donné par le nombre des symboles $a, b, c, \ldots$ qui y figurent.

166. On peut former directement des covariants d'après Clebsch par une opération qu'il appelle *ueberschiebung*, et que nous traduirons par *translation*, en attendant un nom plus propre. Cette opération est représentée par l'expression

$$[18] \qquad \Pi = (\varphi\,\psi)^k \, \varphi_x^{m-k} \, \psi_x^{n-k} \,,$$

où $\varphi = \varphi_x^m$, $\psi = \psi_x^n$ désignent deux covariants, et $(\varphi\psi)^k$ désigne la puissance symbolique différentielle $\left(\dfrac{d\varphi}{dx_1} \dfrac{d\psi}{dx_2} - \dfrac{d\varphi}{dx_2} \dfrac{d\psi}{dx_1} \right)^k$.

En ayant égard aux expressions (6), la formule [18] est équivalente à celle-ci

$$[19] \qquad \Pi = \frac{1}{m\,(n-1)\ldots(n-k+1)} \; \frac{1}{n\,(n-1)\ldots(n-k+1)}$$

$$\left[\frac{d^k\varphi}{dx_1^k} \frac{d^k\psi}{dx_2^k} - k\, \frac{d^k\varphi}{dx_1^{k-1}dx_2} \frac{d^k\psi}{dx_1\,dx_2^{k-1}} + \ldots + (-1)^k \frac{d^k\varphi}{dx_0^k} \frac{d^k\psi}{dx_1^k} \right]$$

Ou aurait en particulier, pour $k=1$, $k=2$,

$$\Pi = (\varphi\psi)\,\varphi_x^{n-1}\,\psi_x^{n-1} = \frac{1}{m\,n} \left[\frac{d\varphi}{dx_1} \frac{d\psi}{dx_2} - \frac{d\varphi}{dx_2} \frac{d\psi}{dx_1} \right],$$

$$(\varphi\psi)^2 \, \varphi_x^{m-2} \, \psi_x^{m-2} = \frac{1}{m\,(m-1)\,n\,(n-1)} \left[\frac{d^2\varphi}{dx_1^3} \frac{d^2\psi}{dx_2^3} - 2\, \frac{d^2\varphi}{dx_1\,dx_2} \frac{d^2\psi}{dx_1\,dx_2} + \frac{d^2\varphi}{dx_1^2} \frac{d^2\psi}{dx_1^2} \right]$$

Cela n'est qu'une transformation d'une application de nos intermutants aux émanants.

Formons en effet l'émanant de φ, $\left(x'_1 \dfrac{d}{dx_1} + x'_2 \dfrac{d}{dx_2} \right)^k \varphi$

φ étant toujours un covariant. Si on change par la théorie des intermutants x'_1, x'_2 en $\dfrac{d\psi}{dx_2}$, $-\dfrac{d\psi}{dx_1}$, ψ étant un autre covariant, il viendra pour nouveau covariant

$$[20] \qquad \left(\frac{d\varphi}{dx_1}\frac{d\psi}{dx_2} - \frac{d\varphi}{dx_2}\frac{d\psi}{dx_1}\right)^k.$$

M. Clebsch montre ensuite comment tous les covariants d'une forme peuvent être engendrés par la translation *(ueberschiebung)* de la forme donnée sur elle même ou sur quelques covariants déjà formés.

167. Nous n'insisterons pas davantage sur ces recherches; car pour les approfondir il faudrait plus que reproduire les ouvrages des auteurs même, Clebsch et Gordan. Nous n'avons voulu qu'en donner une idée suffisante pour éclairer le jeune étudiant dans la lecture de leur savants mémoires et pour leur faire savoir ce dont il s'agit par ces recherches. Nous terminerons ce rapide aperçu par la comparaison des formules de Clebsch et Gordan relatives aux covariants de la sextique avec nos propres formules N° 141. Cela servira aussi à faciliter l'étude de leurs représentations symboliques.

Désignant par f la forme donnée, voici leurs notations avec les nôtres en regard

$$H=(f,f)_2=C_{8\cdot2}$$
$$F=(f,H)=C_{12\cdot3}$$
$$i=(f,f)_4=C_{4\cdot2}$$
$$\Delta=(i,i)_2=C_{4\cdot4}$$

$$l=(f,i)_4=C_{2\cdot3}$$
$$p=(f,i)_2=-C_{6\cdot3}-\frac{A}{6}f$$
$$A=(f,f)_6=I_2$$
$$B=(i,i)_4=I_4$$

$$C=(i,\Delta)_2=I_6$$
$$m=(i,l)_2=-\frac{5}{2}C_{2\cdot3}-\frac{A}{6}l$$
$$n=(i,m)_2=10\ C_{2\cdot7}+2Bl-\frac{5}{6}A\,m$$
$$A=2C+\frac{AB}{3}$$
$$D=I_{10}\ ;\ E=I_{15}$$

Notons que B et C sont les invariants de la forme biquadratique i; que A est l'invariant de la forme quadratique l; D est l'invariant de la forme quadratique m; et que F est le déterminant des coefficients des trois formes quadratiques l, m, n.

Cela posé voici pour la sextique les

5 invariants fondamentaux

$$A \equiv I_2; \quad B \equiv I_4; \quad C \equiv I_6; \quad D \equiv I_{10}, \ \text{ou} \ D = (f, (f,l)^3)_6 = 2D - \frac{4}{3} BC + \frac{2}{9} AB^2$$

$$E \equiv I_{15}, \ \text{ou} \ E = ((f,i), l^4)_8 \, ;$$

et les 21 covariants fondamentaux

$$f \equiv C_{6,1}; \quad H = C_{8,2}; \quad F = \begin{vmatrix} f^{(x)} & f^{(y)} \\ H^{(x)} & H^{(y)} \end{vmatrix} \equiv C_{12,3}; \quad i \equiv C_{4,2}; \quad l \equiv C_{2,3}; \quad p = C_{6,3}$$

$$(f,i) = \begin{vmatrix} f^{(x)} & f^{(y)} \\ i^{(x)} & i^{(y)} \end{vmatrix} \equiv C_{8,3}; \quad (H,i) = \begin{vmatrix} H^{(x)} & H^{(y)} \\ i^{(x)} & i^{(y)} \end{vmatrix} \equiv C_{10,4}; \quad (l,l) = \begin{vmatrix} i^{(x)} & i^{(y)} \\ l^{(x)} & l^{(y)} \end{vmatrix} = C_{4,5}$$

$$(i,l)_2 = m \equiv C_{2,5}; \quad (i,l^2)_3 = \begin{vmatrix} m^{(x)} & m^{(y)} \\ l^{(x)} & l^{(y)} \end{vmatrix} \equiv C_{2,8}; \quad (f,l) = \begin{vmatrix} f^{(x)} & f^{(y)} \\ l^{(x)} & l^{(y)} \end{vmatrix} \equiv C_{6,4}$$

$$(f,l^2)_3 = 2 \begin{vmatrix} \Delta^{(x)} & \Delta^{(y)} \\ l^{(x)} & l^{(y)} \end{vmatrix} + \frac{A}{3} C_{4,5} \equiv C_{4,7}; \quad (f,l^2)_4 = 2n - \frac{2B}{3} l + \frac{A}{3} m \equiv C_{2,7}$$

$$(f,l^3)_5 = 2 \begin{vmatrix} n^{(x)} & n^{(y)} \\ l^{(x)} & l^{(y)} \end{vmatrix} + \frac{A}{3} C_{2,8} \equiv C_{2,10} \quad (H,l) = \begin{vmatrix} H^{(x)} & H^{(y)} \\ l^{(x)} & l^{(y)} \end{vmatrix} \equiv C_{8,5}$$

$$(p,l) = \begin{vmatrix} p^{(x)} & p^{(y)} \\ l^{(x)} & l^{(y)} \end{vmatrix} \equiv C_{6,6}^{\dagger}; \quad ((f,l), l)_2 = \begin{vmatrix} f^{(x)} & f^{(y)} \\ m^{(x)} & m^{(y)} \end{vmatrix} + \frac{5}{4} C_{6,6}^{\dagger} \equiv C_{6,6}^{\dagger\dagger} \ (*)$$

$$((f,i), l^2)_4 = 2 \begin{vmatrix} \Delta^{(x)} & \Delta^{(y)} \\ m^{(x)} & m^{(y)} \end{vmatrix} + \frac{B}{6} C_{4,5} - \frac{A}{12} C_{4,7} + \frac{A^2}{36} C_{4,5} \equiv C_{4,9} \, ,$$

$$((f,i), l^3)_6 = \begin{vmatrix} n^{(x)} & n^{(y)} \\ m^{(x)} & m^{(y)} \end{vmatrix} + \frac{B}{3} C_{2,8} - \frac{A}{12} \begin{vmatrix} n^{(x)} & n^{(y)} \\ l^{(x)} & l^{(y)} \end{vmatrix} \equiv C_{2,12}$$

(*) Les signes $\dagger$, $\dagger\dagger$ ne servent qu'à différentier entr'eux les deux covariants $C_{6,6}$, ainsi trouvés, qui sont essentiellement distincts.

NOTES

Note relative à la page 4.

Pour démontrer la formule [13] page (4),

$$[1] \qquad D_y^m \varphi = \Sigma C [D_x^g \varphi] \, \psi'^{k_1} \, \psi''^{k_2} \, \psi'''^{h_2} \ldots \psi^{(m)k_m},$$

$$[2] \qquad \begin{cases} k_1 + k_2 + k_3 + \ldots + k_m = g, \\ k_1 + 2k_2 + 3k_3 + \ldots + mk_m = m, \end{cases}$$

nous observerons que quant à la forme, si elle est vraie pour un indice égal à m, elle sera aussi vraie pour un indice égal à $m+1$.

En effet, comme on a $D_y^{m+1} . \varphi = D_y . D_y^m \varphi$, on déduit de l'équation précédente que si l'on différentie $(D_x \varphi)^g$, g et k, augmentent d'une unité, et que si l'on différentie $\psi^{(i)k_i}$, on obtient $\psi^{(i)k_i - 1} \psi^{(i+1)}$, d'où la somme $k_i + k_{i+1}$ restera encore la même. Par conséquent, la première des équations [2] sera vérifiée, et l'autre aussi; car si l'on avait d'abord

$$m = k_1 + 2k_2 + 3k_3 + \ldots + ik_i + (i+1)k_{i+1} + \ldots + mk_m$$

il viendra maintenant, ou

$$m + 1 = k_1 + 1 + 2k_2 + \ldots + mk_m,$$

ou bien, par rapport généralement à $\psi^{(i)}$

$$m+1 = k_1 + 2k_2 + \ldots + i(k_i - 1) + (i+1)(k_{i+1} + 1) + \ldots + mk_m$$

$$= k_1 + 2k_2 + \ldots + ik_i + (i+1)k_{i+1} + \ldots + mk_m - i + i + 1$$

c'est à dire $m+1$, comme cela doit être; ou bien, si la différentiation porte sur le dernier facteur

$$m+1 = k_1 + 2k_2 + \ldots + m(k_m - 1) + (m+1)k_{m+1}$$
$$= 1 + k_1 + 2k_2 + \ldots + mk_m,$$

en observant que $k_{m+1} = 1$, et ainsi on aura encore $m+1$ tout comme auparavant.

Quant aux coefficients, ils se détermineront aisément en prenant pour $\varphi(x)$ et pour $\psi(y)$ des fonctions particulières, par exemple:

$$\varphi(x) = x^m, \quad \psi(y) = a_0 + a_1 y + a_2 y^2 + a_3 y^3 + \ldots,$$

dont on sait déjà calculer d'avance le coefficient de y^m.

La formule [1] renferme beaucoup d'autres formules données par Laplace et par Schlömilch.

Note relative à la page 23.

Lorsque φ a la forme: $\varphi = \sum \alpha^p \beta \gamma \delta \epsilon \ldots$, où toutes les racines, à l'exception d'une, sont au premier degré, on peut en déterminer la valeur au moyen de la formule [36] N. 8, formule qu'on peut trouver directement ainsi.

On a, en supposant que l soit le nombre des racines $\alpha, \beta, \gamma, \ldots \lambda$,

$$\sum \alpha^{p-1} \sum \alpha \beta \gamma \ldots \lambda = \sum \alpha^p \beta \gamma \ldots \lambda + \sum \alpha^{p-1} \beta \gamma \ldots \mu,$$

où le 2e terme du second membre contient une racine de plus que le groupe $\alpha \beta \gamma \ldots \lambda$, de sorte qu'il en contiendra $l+1$. De là on tire

$$\sum \alpha^p \beta \gamma \ldots \lambda = \sum \alpha^{p-1} \sum \alpha \beta \gamma \ldots \lambda - \sum \alpha^{p-1} \beta \gamma \ldots \mu.$$

Pareillement on aura, en appelant ν une autre racine,

$$\sum \alpha^{p-1} \beta \gamma \ldots \mu = \sum \alpha^{p-2} \sum \alpha \beta \gamma \ldots \mu - \sum \alpha^{p-1} \beta \gamma \ldots \nu$$

et ainsi de suite jusqu'à

$$\sum \alpha^2 \beta \gamma \ldots \psi = \sum \alpha \sum \alpha \beta \gamma \ldots \psi - l' \sum \alpha \beta \gamma \ldots \omega$$

l' désignant le nombre des racines du groupe $\alpha \beta \gamma \ldots \omega$.

·Alors par le système d'équations

$$\sum \alpha^p \beta\gamma \ldots\ldots \lambda = s_{p-1}(-1)^l a_l \qquad -\sum \alpha^{p-1}\beta\gamma\ldots\mu \,;$$

$$\sum \alpha^{p-1}\beta\gamma\ldots\mu = s_{p-2}(-1)^{l+1} a_{l+1} - \sum \alpha^{p-2}\beta\gamma\ldots\nu \,,$$

$$\cdot\ \cdot\ \cdot\ \cdot\ \cdot\ \cdot\ \cdot\ \cdot\ \cdot\ \cdot\ \cdot\ \cdot\ \cdot\ \cdot\ \cdot$$

$$\sum \alpha^2\beta\gamma\ldots\ldots\psi = s_1 (-1)^{l+p-2} a_{l+p-2} - (-1)^{p+l-1}(p+l-1)a_0 a_{p+l-1},$$

multipliées alternativement par $+1$, -1, et additionnées, on obtiendra

$$\sum \alpha^p\beta\gamma\ldots\lambda = (-1)^l \Big[s_{p-1}a_l + s_{p-2}a_{l+1} + s_{p-3}a_{l+2} + \ldots + s_1 a_{l+p-2} + (p+l-1)a_0 a_{p+l-1}\Big]$$

ou bien à l'aide des formules [7], N° 2,

$$\sum \alpha^p\beta\gamma\ldots\lambda = (-1)^{l+1}\Big[a_0 s_{p+l-1} + a_1 s_{p+l-2} + a_2 s_{p+l-3} + \ldots + s_p a_{l-1}\Big],$$

Ainsi on aurait

$$\sum \alpha^4\beta = -a_1 s_4 - a_0 s_5 \,, \quad \sum \alpha^5\beta\gamma = +a_2 s_5 + a_1 s_6 + a_0 s_7$$

$$\sum \alpha^6\beta\gamma\delta = -a_3 s_6 - a_2 s_7 - a_1 s_8 - a_0 s_9 \,, \quad \sum \alpha^7\beta\gamma\delta\epsilon = +a_4 s_7 + a_3 s_8 + a_2 s_9 + a_1 s_{10} + a_0 s$$

ou bien

$$\sum \alpha^4\beta = a_2 s_3 + a_3 s_2 + a_4 s_1 + 5a_3 , \quad \sum \alpha^5\beta\gamma = -a_3 s_4 - a_4 s_3 - a_3 s_4 - a_2 s_5 - a_1 s_6 - 7a_7, \text{ etc.}$$

Note relative à la page 38.

M. Joachimsthal est parvenu à un théorème plus général que celui de Borchardt. Voici son théorème.

En posant

$$[1] \qquad D = \begin{vmatrix} \dfrac{1}{(t_1+\alpha_1)^2} & \dfrac{1}{(t_1+\alpha_2)^2} & \cdots & \dfrac{1}{(t_1+\alpha_n)^2} \\[2mm] \dfrac{1}{(t_2+\alpha_1)^2} & \dfrac{1}{(t_2+\alpha_2)^2} & \cdots & \dfrac{1}{(t_2+\alpha_n)^2} \\[2mm] \cdot\ \cdot\ \cdot & \cdot\ \cdot\ \cdot & & \cdot\ \cdot\ \cdot \\[2mm] \dfrac{1}{(t_n+\alpha_1)^2} & \dfrac{1}{(t_n+\alpha_2)^2} & \cdots & \dfrac{1}{(t_n+\alpha_n)^2} \\[2mm] \dfrac{1}{(t_{n+1}+\alpha_1)^2} & \dfrac{1}{(t_{n+1}+\alpha_2)^2} & \cdots & \dfrac{1}{(t_{n+1}+\alpha_n)^2} \end{vmatrix} \,;$$

$$[2] \qquad \mathrm{T} = \sum \frac{1}{(t_1+\alpha_1)\,(t_2+\alpha_2)\ldots\ldots(t_n+\alpha_n)}\,,$$

où le signe Σ s'étend à tous les termes qui se déduisent du premier en échangeant entr'elles les quantités t_1, t_2, $\ldots\ldots$, t_{n+1} ;

en posant

$$[3] \qquad f(t) = (t+\alpha_1)\,(t+\alpha_2)\ldots\ldots(t+\alpha_n)\,,$$

on aura

$$[4] \qquad \mathrm{D} = (1)^n \frac{\Pi\,(t_1\,t_2\ldots\ldots t_{n+1})\ \Pi\,(\alpha_1\,\alpha_2\ldots\ldots\alpha_n)}{f(t_1)\,f(t_2)\ldots\ldots f(t_{n+1})}\ \mathrm{T}\,.$$

Cette formule, surtout après la démonstration du théorème de Borchardt, est évidente ; car d'abord le dénominateur de T avec le produit $f(t_1)\ldots\ldots f(t_{n+1})$ reproduira le dénominateur du déterminant D. Ensuite il est aisé de voir que D est divisible par toutes les différences entre les quantités t et α séparément ; ce qui explique l'existence de produits Π en t et α.

D'ailleurs en faisant $t_{n+1} = \infty$, le déterminant D et la fonction T actuelle deviennent celles qu'on a étudiées, N° 27, puisque la partie

$$\frac{(t_{n+1}-t_1)\ (t_{n+2}-t_2)\ldots\ldots(t_{n+1}-t_n)}{f(t_{n+1})}$$

dans le second membre se réduit à 1. On voit ainsi comment cette formule comprend celle de Borchardt comme cas particulier.

Note relative à la page 66.

Si l'on remplace, dans une fonction des différences des racines, les coefficients a_0, a_1, a_2, etc. respectivement par s_0, s_1, s_2, etc. la nouvelle fonction sera encore une fonction des différences des racines. En effet, malgré cette substitution, les indices restant les mêmes, on aura encore

$$s_0 \frac{d\varphi}{ds_1} + 2s_1 \frac{d\varphi}{ds_1} + 3s_2 \frac{d\varphi}{ds_3} + \ldots\ldots + (n-1)\frac{d\varphi}{ds_n} = 0\,.$$

Mais en appliquant l'opération δ à la nouvelle fonction φ considérée comme fonction des a_0, a_1, a_2,....., en vertu de la relation $\delta s_r = r s_{r-1}$ (voir N° 32), on doit avoir

$$\delta\varphi = s_0 \frac{d\varphi}{ds_1} + 2s \frac{d\varphi}{ds_2} + \ldots + (n-1) s_{n-1} \frac{d\varphi}{ds_n} \; ;$$

il s'ensuivra $\delta\varphi = 0$, et par conséquent la nouvelle fonction sera bien encore une fonction des différences des racines.

Note relative à la page 108.

Nous nous proposons de faire voir ici que la belle méthode donnée par Gauss pour calculer par approximation une intégrale n'est qu'un cas particulier du théorème donné sur les formes canoniques. Le grand géomètre a en effet démontré qu'on peut, en choisissant convenablement m abscisses entre 0 et 1, calculer l'intégrale $\int_0^1 f(x)\,dx$ avec la même exactitude que si l'on avait substitué à la courbe $y = f(x)$ une courbe parabolique de degré $2m - 1$. Alors on aura:

$$R_1 f(x_1) + R_2 f(x_2) + R_3 f(x_3) + \ldots + R_m f(x_m) = \int_0^1 f(x)\,dx,$$

R_1, R_2, R_3,.... étant des multiplicateurs convenablement choisis en fonction des abscisses $x_1, x_2 \ldots x_m$, et $f(x)$ désignant par hypothèse la fonction

$$f(x) = \alpha + \alpha_1 x + \alpha_2 x^2 + \ldots + \alpha_{2m-1} x^{2m-1}.$$

Il faudra donc que l'égalité

$$R_1 f(x_1) + R_2 f(x_2) + R_3 f(x_3) + \ldots + R_m f(x_m) = \alpha + \frac{\alpha_1}{2} + \frac{\alpha_2}{3} + \frac{\alpha_{2m-1}}{2m}$$

soit satisfaite, quelque soient α_1, α_2, α_3, ..., α_{2m-1}. Par conséquent on aura, en égalant les coefficients de ces mêmes quantités,

$$R_1 + R_2 + R_3 + \ldots + R_m = 1,$$

$$R_1 x_1 + R_2 x_2 + R_3 x_3^3 + \ldots + R_m x_m = \frac{1}{2},$$

$$R_1 x_1^2 + R_2 x_2^2 + R_3 x_3^2 + \ldots + R_m x_m^2 = \frac{1}{3},$$

$$\cdots\cdots\cdots\cdots\cdots\cdots\cdots\cdots$$

$$R_1 x^{2m-1} + R_2 x^{2m-1} + R_3 x^{2m-1} + \ldots + R_m x_m^{2m-1} = \frac{1}{2m}.$$

Or ce sont là les mêmes équations de condition que l'on aurait obtenues, si on avait eu à canoniser l'équation

$$m-1 + (2m-1)\frac{x^{2m-2}}{1} + \frac{(2m-1)(2m-2)}{1 \cdot 2}\frac{x^{2m-3}}{2} + \frac{(m-1)(2m-2)(2m-3)}{1 \cdot 2 \cdot 3}\frac{x^{2m-4}}{3} +$$

$$\cdots + (2m-1)\frac{x}{2m-1} + \frac{1}{2m} = 0,$$

c'est-à-dire, à la mettre sous la forme

$$R_1(x+x_1)^{2m-1} + R_2(x+x_2)^{2m-1} + \cdots + R_m(x+x_m)^{2m-1} = 0.$$

Par conséquent la détermination des inconnues (R) et (x) se fera comme il est indiqué dans le chapitre (4).

Pour $m = 5$, par exemple, x_1, x_2, x_3 seront les racines de l'équation

$$\begin{vmatrix} 1 & x & x^2 & x^3 \\ 1 & \dfrac{1}{2} & \dfrac{1}{3} & \dfrac{1}{4} \\ \dfrac{1}{2} & \dfrac{1}{3} & \dfrac{1}{4} & \dfrac{1}{5} \\ \dfrac{1}{3} & \dfrac{1}{4} & \dfrac{1}{5} & \dfrac{1}{6} \end{vmatrix} = 0, \text{ ou } 20x^3 - 30x^2 + 12x - 1 = 0,$$

dont les racines seront

$$x_1 = \frac{1}{2}, \quad x_2 = \frac{1}{2} + \frac{1}{2}\sqrt{\frac{3}{5}}, \quad x_3 = \frac{1}{2} - \frac{1}{2}\sqrt{\frac{3}{5}}.$$

Ensuite par les formules du même chapitre on trouvera

$$R_1 = \frac{4}{9}, \quad R_2 = R_3 = \frac{5}{18}.$$

Par conséquent l'expression

$$\frac{4}{9} f\left(\frac{1}{2}\right) + \frac{5}{18}\left[f\left(\frac{1}{2} + \frac{1}{2}\sqrt{\frac{3}{5}}\right) + f\left(\frac{1}{2} - \frac{1}{2}\sqrt{\frac{3}{5}}\right)\right]$$

représentera tout aussi bien l'intégrale $\int_0^1 f(x)\,dx$ que si l'on avait substitué à $f(x)$ un polynôme entier de 5e degré.

Note relative à la page 134.

Soit avec Sylvester (*) $\varphi_1 = f\left(a, b, c, ..., \dfrac{d}{da}, \dfrac{d}{db}, \dfrac{d}{dc}, ...\right)$ une fonction de deux systèmes d'éléments $(a, b, c, ...)$ et $\left(\dfrac{d}{da}, \dfrac{d}{db}, ...\right)$; et supposons que par le symbole $\varphi^\dagger$ on exprime généralement l'opération de φ sur tout ce qui suit. Si ψ désigne une fonction semblable des deux systèmes d'éléments, on aura

$$[1] \qquad \varphi^\dagger \, \psi^\dagger = (\varphi \psi)^\dagger + \left(\varphi^\dagger \psi\right)^\dagger ;$$

où l'on sous-entend que les éléments $\dfrac{d}{da}$, $\dfrac{d}{db}$ ..... n'opèrent que sur les éléments a, b, c, ... dans ce qui suit. Cette équation [1] est évidente; la première partie du second membre est indépendante de l'action de φ sur ψ; la seconde partie, au contraire, en dépend.

Nous poserons aussi

$$\varphi_1{}^\dagger \varphi_1 = \varphi_2 , \qquad \varphi_1{}^\dagger \varphi_1{}^\dagger \varphi_1 = \varphi_1{}^\dagger \varphi_2 = \varphi_3 ,$$

et généralement $\left(\varphi_1{}^\dagger\right)^{n-1} \varphi_1 = \varphi_n$.

Il s'ensuit que

$$\varphi_1{}^\dagger \varphi_1{}^\dagger = (\varphi_1{}^2 + \varphi_2)^\dagger , \quad \varphi_1{}^\dagger \varphi_1{}^\dagger \varphi_1{}^\dagger = (\varphi_1{}^3 + 3\varphi_1 \varphi_2 + \varphi_3)^\dagger \text{ (**)}$$

et généralement on trouvera que $\left(\varphi_1{}^\dagger\right)^l = \Pi(l) \times$ coefficient de t^l dans le développement de la fonction e^{T}, où

$$\mathrm{T} = \varphi_1 \, t + \varphi_2 \, \frac{t^2}{1.2} + \varphi_3 \, \frac{t^3}{1.2.3} + \cdots ; \cdot$$

de sorte qu'on pourrait représenter tous les cas par la formule

$$e^{t\varphi_1{}^\dagger} = \left(e^{\mathrm{T}}\right)^\dagger , \text{ ou bien } e^{t\varphi_1{}^\dagger} = \left(e^{(e^{t\varphi^\dagger} - 1)\varphi_1}\right)^\dagger \text{(***)}$$

Cette formule remarquable dont les premiers germes sont dus à M. Cayley pourra nous servir à démontrer directement le théorème N. 76.

(*) *Philosophical Magazine*, 1866.

(**) En effet on aurait $\varphi_1{}^\dagger \varphi_1{}^\dagger \varphi_1{}^\dagger = \varphi_1{}^\dagger \left(\varphi_1{}^\dagger \varphi_1{}^\dagger\right) = \varphi_1{}^\dagger \left(\varphi_1{}^2 + \varphi_2\right)^\dagger$

$$= \varphi_1{}^\dagger \varphi_1{}^2{}^\dagger + \left(\varphi_1{}^\dagger \varphi_2\right)^\dagger = \varphi_1{}^3 + 2\varphi_1 \varphi_1{}^\dagger \varphi_1 + \left(\varphi_1{}^\dagger \varphi_2\right)^\dagger$$

$$= \varphi_1{}^{3\dagger} + 2\varphi_1 \varphi_2{}^\dagger + \left(\varphi_1{}^\dagger \varphi_2\right)^\dagger + \varphi_1{}^\dagger \varphi_2 = \left(\varphi_1{}^3 + 3\varphi_1 \varphi_2 + \varphi_3\right)^\dagger ,$$

(***) En convenant de changer dans le second membre les exposants en indices.

Si on pose, en effet,

$$\varphi_1 = \delta = a_0 \frac{d}{da_1} + 2a_1 \frac{d}{da_2} + 3a_2 \frac{d}{da_3} + \dots ,$$

la formule deviendra
$$e^{t\delta} = e^{(e^{t\delta} - 1)} .$$

Or, en se rapportant au N° 76, on a parle nouveau invariant l'expression

$$\Phi = \varphi \left(a_0 + (e^{\epsilon\delta} - 1)a_0, \quad a_1 + (e^{\epsilon\delta} - 1)a_1, \dots a_n + (e^{\epsilon\delta} - 1)a_n \right),$$

et, par la série de Maclaurin,

$$\Phi = \Sigma \frac{1}{\pi(l)} \left[\frac{d\varphi}{da_0}(e^{\epsilon\delta} - 1)a_0 + \frac{d\varphi}{da_1}\left(e^{\epsilon\delta} - 1 \right)a_1 + \dots + \frac{d\varphi}{da_n}(e^{\epsilon\delta} - 1)a_n \right]^l$$

$$= \Sigma \frac{1}{\pi(l)}(e^{\epsilon\delta} - 1)^l \left[\frac{d\varphi}{da_0}a_0 + \frac{d\varphi}{da_1}a_1 + \dots + \frac{d\varphi}{da_n}a_n \right]^l$$

$$= \Sigma \frac{1}{\pi(l)}(e^{\epsilon\delta} - 1)^l r^l \varphi^l = e^{(e^{\epsilon\delta} - 1)r\varphi}.$$

Mais on vient de voir que généralement

$$e^{\epsilon\delta}\varphi = e^{(e^{\epsilon\delta} - 1)}\varphi .$$

Donc le développement de Φ pourra se représenter par

$$e^{\epsilon\delta}\varphi = \varphi + \epsilon\delta.\varphi + \frac{\epsilon^2}{1.2}\delta^2\varphi + \dots + \frac{\epsilon^i}{1.2\dots i}\delta^i\varphi + \dots .$$

Partant si la fonction sur laquelle δ opère est un invariant tous les coefficients de ϵ doivent s'annuler car dans cette hypothèse $\delta\varphi = 0$. C. Q. F. D.

Note relative à la page 186.

À l'aide de la propriété que C_0 est un péninvariant nous demontrerons, en suivant une idée de M. Cayley, que la somme des coefficients numériques dans chaque fonction $C_0, C_1, C_2 \dots C_m$ est nulle. Observons d'abord qu'en vertu du théorème N. 74, puisque la fonction C_0 est isobarique et satisfait à l'opération $\delta = 0$, la somme de ces coefficients numériques est nulle dans C_0. Ainsi en supposant qu'on ait $C_0 = \Sigma A\, a_0^{\epsilon_0} a_1^{\epsilon_1} a_2^{\epsilon_2} \dots a_n^{\epsilon_n}$, l'opération δ donnera $\Sigma A \left(\epsilon_1 \frac{a_0}{a_1} + 2\epsilon_2 \frac{a_1}{a_2} + \dots + n\epsilon_n \frac{a_{n-1}}{a_n} \right)$; et si l'on suppose que a_i se change en $\lambda_i\, a_i$, en posant π égal au poids $\epsilon_1 + 2\epsilon_2 + \dots + n\epsilon_n$ de chaque terme, on devra avoir en vertu de l'équation $\delta = 0$,

$\Sigma \, A \, \dfrac{\pi}{\lambda} = 0$, ou $\Sigma \, A = 0$. En second lieu observons que les fonctions C_1, C_2, etc. se déduisent (V. N. 110) de C_0 par les opérations δ effectuées successivement sur C_0, C_1, etc., opérations par lesquelles C_0, par exemple, deviendra

$$\Sigma \, A \left(\epsilon_{n-1} \frac{a_n}{a_{n-1}} + 2\epsilon_{n-2} \frac{a_{n-1}}{a_{n-2}} + 3\epsilon_{n-3} \frac{a_{n-2}}{a_{n-3}} + \ldots + n\epsilon_0 \frac{a_1}{a_0} \right).$$

Mais si nous transformons encore a_i en λ^i cette somme deviendra

$$\lambda \, \Sigma \, A \, (\epsilon_{n-1} + 2\epsilon_{n-2} + \ldots + n\epsilon_1).$$

Or, en observant que la quantité entre parenthèse est $=$

$$(n - n) \, \epsilon_n + (n - \overline{n-1}) \, \epsilon_{n-1} + (n - \overline{n-2}) \, \epsilon_{n-2} + \ldots + n - \epsilon_0$$

ou bien, puisque la fonction est homogène, de degré r par hypothèse, $= nr - [n\epsilon_n + (n-1) \, \epsilon_{n-1} + (n-2) \, \epsilon_{n-2} + \ldots \epsilon_1] = nr - \pi$, il s'ensuit que cette somme deviendra $\lambda \, (nr - \pi) \, \Sigma \, A$ et s'annullera avec $\Sigma \, A$ comme avant.

Note relative à la page 235.

La formule $\quad C \, (r, 2, r) = ((\, x^r \,)) \, \dfrac{1}{(1-x) \, (1-x^2)}$, après ce que nous avons montré au N. 96, nous apprend rien de nouveau. Mais on peut toutefois remarquer abondamment que par les dénominateurs $1-x$, $1-x^2$, il n'y a que deux covariants : la forme et l'invariant quadratique, qu'on peut considérer comme un covariant d'ordre 0 et le degré 2.

Note relative à la page 237.

La détermination du nombre des covariants indépendants appartenant à une même forme, à partir du 5e degré, présente beaucoup de difficultés, si l'on veut s'abstenir d'avoir recours à l'analyse symbolique dont M. Clebsch et Gordan ont fait un si brillant emploi. M. Cayley espère y arriver en considérant les sources des covariants. Si l'on trouve les sources indépendantes, se dit-il, on déterminera par cela même quels sont les covariants indépendants. Voici à ce sujet un extrait d'une lettre qu'il m'a fait l'honneur de m'écrire.

« Au lieu des covariants je considère les seminvariants (les coefficients des plus hautes puissances de x dans les covariants mêmes) : en écrivant, pour abréger,

$$\alpha = a, \qquad\qquad \Delta = a^2d^2 - 6abcd + 4ac^3 + 4b^3d - 3b^2c^2,$$
$$\gamma = ac - b^2, \qquad\quad \text{I} = ae - 4bd + 3c^2,$$
$$\delta = a^2d - 3abc + 2b^3, \quad \text{J} = ace - ad^2 - b^2e + 2bcd - c^3,$$
$$\epsilon = a^3e - 4a^2bd + 6ab^2c - 3b^4.$$

Le système complet des seminvariants de la cubique serait $\alpha, \gamma, \delta, \Delta$, pour la cubique; $\alpha, \gamma, \delta, \text{I}, \text{J}$ pour la quartique. Il s'agit de déduire ces systèmes complets des seminvariants donnés α, γ, δ; $\alpha, \gamma, \delta, \epsilon$.

En considérant d'abord la cubique; partant des équations $\alpha = a$, $\gamma = ac - b^2$, $\delta = a^2d - 3abc + 2b^3$; en y écrivant $a = 0$, on obtient $\gamma = -b^2$, $\delta = 2b^3$: éliminez b, on obtient $\delta^2 + 4\gamma^3 = 0$: substituez pour γ, δ, les valeurs complètes $ac - b^2$, $a^2d - 3abc + 2b^3$, on a

$$\delta^2 + 4\gamma^3 = a^2 (a^2d^2 - 6abcd + 4ac^3 + 4b^3d - 3b^2c^2) = a^2 \Delta ;$$

de là le nouveau seminvariant Δ.

Partant de $\alpha, \gamma, \delta, \Delta$, écrivez $a = 0$; cela donne $\gamma = -b^2$, $\delta = 2b^3$, $\Delta = 4b^3d - 3b^2c^2$; en essayant d'éliminer (b, c, d), on n'obtient pas de résultat nouveau : donc on a $(\alpha, \gamma, \delta, \Delta)$ pour système complet des seminvariants de la fonction cubique.

Considérons à présent la quartique ; partant des équations $\alpha = a$, $\gamma = acb^2$, $\delta = a^2d - 3abc + 2b^3$, $\epsilon = a^3e - 4a^2bd + 6ab^2c - 3b^4$; écrivez $a = 0$; cela donne $\gamma = -b^2$, $\delta = 2b^3$, $c = 3b^4$. On a comme auparavant $\delta^2 + 4\gamma^3 = 0$, ce qui donne Δ; d'ailleurs on a encore $\epsilon + 3\gamma^2 = 0$, ou, en substituant pour ϵ, γ les valeurs complètes,

$$\epsilon + 3\gamma^2 = a^2 (ae - 4bd + 3c^2) = a^2 \text{I}$$

ce qui donne I.

Partant de $\alpha, \gamma, \delta, \epsilon, \Delta, \text{I}$, en écrivant $a = 0$, on a $\gamma = -b^2$, $\delta = 2b^3$, $\epsilon = -3b^4$, $\Delta = 4b^3d - 3b^2c^2$, $\text{I} = -4bd + 3c^2$. En éliminant b, c, d, on obtient $\Delta - \gamma\text{I} = 0$; donc, en substituant pour Δ, γ, I les valeurs complètes,

$$\Delta - \gamma\text{I} = a (ace - cd^2 - b^2e + 2bcd - c^3) = a\text{J} ,$$

ce qui donne J. L'équation $\epsilon = a^2\text{I} - 3\gamma^2$ fait voir qu'on doit rejeter ϵ; l'équation $\Delta = \gamma\text{I} + a\text{J}$ fait voir que l'on doit aussi rejeter Δ. On a donc les seminvariants $\alpha, \gamma, \delta, \text{I}, \text{J}$. Écrivons $a = o$, cela donne

$$\gamma = -b^2, \quad \delta = 2b^3, \quad \text{I} = -4bd + 3c^2, \quad \text{J} = -b^2e + 2bcd - c^3.$$

En cherchant à éliminer b, c, d, e, on n'a que le résultat ci-devant trouvé $\delta^2 + 4\gamma^3 = 0$, ce qui donne Δ, et n'est pas ainsi un seminvariant indépendant. Donc on a $\alpha, \gamma, \delta, \text{I}, \text{J}$ pour le système complet des seminvariants de la fonction quintique ».

Note relative à la page 238.

COVARIANTS DE LA QUINTIQUE.

D'après Gordan, les invariants et covariants fondamentaux de la quintique sont au nombre de 22, que nous représenterons ainsi :

$$
\begin{array}{cccc}
\mathrm{I}_4 & \mathrm{I}_8 & \mathrm{I}_{12} & \mathrm{I}_{18}
\end{array}
$$

$$
\begin{array}{llll|lll}
\mathrm{C}_{1,5}; & \mathrm{C}_{1,7}; & \mathrm{C}_{1,11} & \mathrm{C}_{1,13} & & & \\
 & & & & \mathrm{C}_{3,3}; & \mathrm{C}_{3,5}; & \mathrm{C}_{3,9} \\
\mathrm{C}_{2,2}; & \mathrm{C}_{2,6} & \mathrm{C}_{2,8} & & & & \\
\mathrm{C}_{4,4}; & \mathrm{C}_{4,6} & & & \mathrm{C}_{5,3}: & \mathrm{C}_{5,7} & \\
\mathrm{C}_{6,2}; & \mathrm{C}_{6,4} & & & \mathrm{C}_{7,5}; & \mathrm{C}_{9,3} &
\end{array}
$$

Or on a $\mathrm{C}_{2,2} = $ Invariant quad. $\left(x'\dfrac{d}{dx} + y'\dfrac{d}{dx} \right)^4 f,$

$\mathrm{C}_{3,3} = $ Invariant cub. $\left(x'\dfrac{d}{dx} + y'\dfrac{d}{dx} \right)^4 f,$

$\mathrm{C}_{6,2} = $ Hessien de la forme; $\mathrm{C}_{2,6} = $ Hessien de $\mathrm{C}_{3,3}$,

$\mathrm{C}_{4,4} = $ $\mathrm{C}_{2,2}$ opérant comme intermutant sur $\mathrm{C}_{6,2}$,

$$
\mathrm{C}_{3,5} =
\begin{vmatrix}
\mathrm{C}^{'(x)}_{2,2} & \mathrm{C}^{'(y)}_{2,2} \\[2mm]
\mathrm{C}^{'(x)}_{3,3} & \mathrm{C}^{'(y)}_{3,3}
\end{vmatrix};
\qquad
\mathrm{C}_{2,6} =
\begin{vmatrix}
\mathrm{C}^{'(x)}_{2,2} & \mathrm{C}^{'(y)}_{2,6} \\[2mm]
\mathrm{C}^{'(x)}_{2,6} & \mathrm{C}^{'(y)}_{2,6}
\end{vmatrix}
$$

$$
\mathrm{C}_{1,7} =
\begin{vmatrix}
\mathrm{C}^{'(x)}_{1,5} & \mathrm{C}^{'(y)}_{1,5} \\[2mm]
\mathrm{C}^{'(x)}_{2,2} & \mathrm{C}^{'(y)}_{2,2}
\end{vmatrix};
\qquad
\mathrm{C}_{5,3} =
\begin{vmatrix}
f^{'}_{(x)} & f^{'}_{(y)} \\[2mm]
\mathrm{C}^{'(x)}_{2,2} & \mathrm{C}^{'(y)}_{2,2}
\end{vmatrix}
$$

$$
\mathrm{C}_{6,4} =
\begin{vmatrix}
\mathrm{C}^{'(x)}_{2,2} & \mathrm{C}^{'(y)}_{2,2} \\[2mm]
\mathrm{C}^{'(x)}_{6,2} & \mathrm{C}^{'(x)}_{6,2}
\end{vmatrix};
\qquad
\mathrm{C}_{5,7} =
\begin{vmatrix}
f^{'}_{(x)} & f^{'}_{(y)} \\[2mm]
\mathrm{C}^{'(x)}_{2,6} & \mathrm{C}^{'(y)}_{2,6}
\end{vmatrix}.
$$

$$
\mathrm{C}_{7,5} =
\begin{vmatrix}
\mathrm{C}_{3,3} & \mathrm{C}_{3,3} \\[2mm]
\mathrm{C}_{6,2} & \mathrm{C}_{6,2}
\end{vmatrix};
\qquad
\mathrm{C}_{4,6} =
\begin{vmatrix}
\mathrm{C}^{'(x)}_{2,2} & \mathrm{C}^{'(y)}_{2,2} \\[2mm]
\mathrm{C}^{'(x)}_{4,4} & \mathrm{C}^{'(y)}_{4,4}
\end{vmatrix}
$$

$$
\mathrm{C}_{9,3} =
\begin{vmatrix}
f^{'}_{(x)} & f^{'}_{(y)} \\[2mm]
\mathrm{C}^{'(x)}_{6,2} & \mathrm{C}^{'(y)}_{6,2}
\end{vmatrix}.
$$

Quant aux invariants, on les trouve aisément en observant que

$$I_4 = \text{Inv. quad. de } C_{2,2},$$
$$I_8 = \text{Inv. quad. de } C_{4,4},$$
$$I_{12} = \text{Discriminant de } C_{3,3},$$
$$I_{18} = \text{Inv. cubique de } C_{4,6}.$$

Note relative à la page 279.

On appelle *invariant absolu* toute fonction des coefficients de la forme qui demeure la même par une substitution linéaire quelconque. La fonction rationelle $\dfrac{I_p{}^q}{I_r{}^s}$ (où $pq = rs$) est évidemment de ce nombre. Une fonction de termes semblables aussi.

Note relative à la page 333.

Soient les deux systèmes de variables

$$[1] \quad \begin{cases} x = p\,X + q\,Y + r\,Z, \\ y = p'X + q'Y + r'Z, \\ z = p''X + q''Y + r''Z, \end{cases}$$

$$[2] \quad \begin{cases} X' = px' + p'y' + p''z', \\ Y' = qx' + q'y' + q''z', \\ Z' = rx' + r'y' + r''z'. \end{cases}$$

On voit que les coefficients du 2ᵉ système sont ceux du premier, sauf l'ordre suivant lequel ils sont écrits; ils se correspondent dans le sens respectivement horizontal et vertical. Dans ce cas on dit que les variables x', y' z' sont transformées par une *substitution inverse* (*), et les deux systèmes s'appellent *contragrédients*. Nous avons un exemple de système contragrédient dans le système des dérivées $\dfrac{d}{dX}$, etc., par rapport au système (1); car on a évidemment

$$[3] \quad \begin{cases} \dfrac{d}{dX} = p\,\dfrac{d}{dx} + p'\,\dfrac{d}{dy} + p''\,\dfrac{d}{dz}, \\[2mm] \dfrac{d}{dY} = q\,\dfrac{d}{dx} + q'\,\dfrac{d}{dy} + q''\,\dfrac{d}{dz}, \\[2mm] \dfrac{d}{dZ} = r\,\dfrac{d}{dx} + r'\,\dfrac{d}{dy} + r''\,\dfrac{d}{dz}. \end{cases}$$

(*) Les allemands l'appellent *transponirte*.

Ainsi les symboles $\dfrac{d}{dx}$, $\dfrac{d}{dy}$, $\dfrac{d}{dx}$ seront transformés par une substitution inverse, toutes les fois qu'on transformera linéairement les variables x, y, z.

Observons maintenant que, si l'on résout les équations [2] par rapport à x', y', z', on en déduit

$$\Delta x' = P\ X' + Q\ Y' + R\ Z',$$
$$\Delta y' = P''X' + Q'Y' + R\ Z',$$
$$\Delta z' = P''X' + Q''Y' + R''Z',$$

Δ, P, Q, R, etc. étant le déterminant et les déterminants mineurs de la substitution [1] correspondants à p, q, r, etc.

Dans le cas particulier de deux variables on a

$$[5] \begin{cases} X = p\,X + q\,Y, \\ Y = p'X + q'Y, \end{cases} \quad [6] \begin{cases} X' = px' + p'y', \\ Y' = qx' + q'y', \end{cases} \text{d'où } [7] \begin{cases} \Delta x' = q'X' - p'Y', \\ \Delta y' = -qX' - pY'. \end{cases}$$

Remarquons que le premier système pourrait être mis sous la forme

$$[8] \qquad \begin{aligned} y &= \quad q'(Y) - p'(-X), \\ -x &= -q\,(Y) + p\,(-X), \end{aligned}$$

c'est à dire que le système $[y, -x, Y, -X]$ forme un système contragrédient à x, y, X, Y.

Cela posé, nous appellerons *contrevariant* une fonction $f\,(a_0, a_1, \ldots, a_n, x, y)$ qui satisfait à l'équation

$$[9] \quad f(A_0, A_1, \ldots, A_n, X, Y) = (pq' - p'q)^{\mu}\, f(a_0, a_1, \ldots, a_n, q'X - p'Y, pY - qX),$$

où A_0, A_1, …, A_n désignent les nouveaux coefficients qui résultent de la forme lorsqu'on y fait une substitution contragrédiente

$$[10] \qquad x = q'X - p'Y, \quad y = -qX + pY.$$

Si dans la forme donnée f supposée fonction de x', y', on faisait la substitution [7], on voit que par l'homogénéité de la forme, le résultat, à part l'emploi indifférent des variables, serait le même que celui que fournit la substitution [10].

Mais, si l'on remplace X, Y par Y, $-$X, on aura

$$f(A_0, A_1, \ldots, A_n, Y, -X) = (pq' - p'q)^{\mu}\, f(a_0, a_1, \ldots, a_n, y, -x),$$

ce qui démontre qu'on peut obtenir les contrevariants en changeant x, y en y, $-x$ dans les covariants.

Ainsi, puisque tout évectant

$$\left(y^n \frac{dI}{da_0} - y^{n-1} x \frac{dI}{da_1} + y^{n-1} x^2 \frac{dI}{da_2} - + \ldots \right)^p$$

est un covariant, en faisant le changement ci-dessus, on aura un contrevariant dans l'expression

$$\left(x^n \frac{d\mathrm{I}}{da_0} + x^{n-1} y \, \frac{d\mathrm{I}}{da_1} + x^{n-2} y^2 \frac{d\mathrm{I}}{da_2} + \cdots \right)^\nu .$$

L'idée de la réduction des contrevariants aux covariants est due, selon Sylvester, à M. Hermite (*).

En général un contrevariant serait une fonction φ qui, par la substitution inverse, satisferait à l'équation

$$\varphi \, (\mathrm{X}', \mathrm{Y}', \mathrm{Z}') = \Delta^\mu \; \varphi \, (x', y' z') \; ;$$

et il est évident que l'invariant d'un contrevariant est un invariant de la forme primitive.

M. Aronhold a aussi introduit l'étude de fonctions qu'il appelle *Zwischenformen* (**), et que nous pourrions désigner avec d'autres auteurs par *covariants mixtes*. Ces fonctions, en employant en même temps les deux substitutions [1] et [2] satisferaient à l'équation

$$\Psi \, (\mathrm{X}', \mathrm{Y}', \mathrm{Z}', \; \mathrm{X}, \mathrm{Y}, \mathrm{Z}) = \Delta^\mu \; \psi \, (x', y', z', x, y, z).$$

(*) Observations on a new theory of multiplicity, by Sylvester. — *Philosophical Magazine*, 1852.

(**) ARONHOLD — Theorie der homogenen Functionen dritten Grades. *Journal de Crelle*-55.

ERRATA

		Au lieu de	Lisez

Page ligne

$2 \quad 12 \qquad \left(\dfrac{1}{a_0}\right) \qquad\qquad \left(\dfrac{-1}{a_0}\right)$

$3 \quad 24 \qquad s_1 \qquad\qquad s_i$

$5 \quad 10 \qquad s_1 + \dfrac{s_2}{2} + \dfrac{s_3}{3} + \dots + \dfrac{s_p}{p} + \dots \qquad s_1 y + \dfrac{s_2 y^2}{2} + \dfrac{s_3 y^3}{3} + \dots + \dfrac{s_p y^p}{p}$

$19 \quad 22 \qquad a_1^{p_1}\, a_2^{q} \dots \qquad a_1^{p}\, a_2^{q}$

$20 \quad 3 \qquad 3 \Sigma\, \alpha^2_1\, \alpha^2_2 \qquad 3 \Sigma\, \alpha^2_1\, \alpha_2$

$24 \quad 17 \qquad + a_n \dfrac{d\varphi}{da_n} - \varphi = 0, \qquad n\, a_n \dfrac{d\varphi}{da_n} - p\varphi = 0,$

$25 \quad 3 \qquad a_{p-1} \dfrac{d\varphi}{da} \qquad a_{p-1} \dfrac{d\varphi}{da_p}$

$\quad\;\; 4 \qquad a_{p-2} \dfrac{d\varphi}{da} \qquad a_{p-2} \dfrac{d\varphi}{da_p}$

$\quad\;\; 6 \qquad \dfrac{d\varphi}{da} - p \dfrac{d\varphi}{ds} \qquad \dfrac{d\varphi}{da_p} + p \dfrac{d\varphi}{ds_p}$

$33 \quad 14 \qquad \Sigma\, \alpha^i \dfrac{d\varphi}{d\alpha} = \lambda_{i,1} \qquad \Sigma\, \alpha^i \dfrac{d\varphi}{d\alpha} - \lambda_{i,1}$

$35 \quad 19 \qquad [40] \qquad [41]$

$\quad\;\; 20 \qquad \dfrac{d\psi}{d\alpha} \qquad \dfrac{d\psi}{d\alpha_n}$

$36 \quad 1 \qquad$ donc $\psi \qquad$ donc ψ, comme on verra au N. 32,

$42 \quad 2 \qquad \mu_1 \qquad \mu'$

$58 \quad 4 \qquad (-1) \qquad (-1)^l$

$67 \quad 15 \qquad [4] \qquad [44]$

$68 \quad 4 \qquad [6] \qquad [5]$

$\quad\;\; 9 \qquad \varphi = \qquad \varphi = a_0^2$

$\quad\;\; 11 \qquad$ est la $\qquad$ est a_0^3 fois la

Page	ligne		
94	2	$m\, \varphi\, D_y\, \psi - \psi\, D_y\, \varphi$	$m\, (\varphi\, D_y\, \psi - \psi\, D_y\, \varphi)$
"	3	$m\, \varphi\, D_x\, \psi - \psi\, D_x\, \varphi$	$m\, (\varphi\, D_x\, \psi - \psi\, D_x\, \varphi)$
101	3	a_{m-1}	a_{n-1}
"	4	a_m	a_n
"	5	a_m^{n-1}	a_n^{n-1}
"	22	$x_h \left(\dfrac{d\varphi}{dx_h} \right)$	$x_h\, \dfrac{d\varphi}{dx_h}$
103	12	$+ (n-2)$	$+ (n-1)$
107	4	$\Pi\,(\alpha)$	$a_0^{2n-2}\,\Pi\,(\alpha)$
109	22	poser	poser $\wedge p_1 = p'_1$ et
114	27	$x = -$, $y =$	$x = +$, $y = -$
115	20	6^e	8^e
116	4	$4 p\alpha$	$p\alpha$
"	24	[39]		[39] 2	
121	10	Jordan	Gordan
138	11	Δ^i	Δ^μ
139	4	$\Delta^i\, \varphi$	$\Delta^\mu\, \varphi$
140	30	$(1 - 9\,\mu^2)^2$	$1 - 9\,\mu^2$
"	32	$\beta\mu^2$	$3\mu^2$
144	18	$\Sigma\, \alpha\, \dfrac{d\varphi}{d\alpha}$	$- \Sigma\, \dfrac{d\varphi}{d\alpha}$
165	5	,	[23] ,
173	11	$\sqrt[4]{b} + i\,\sqrt[4]{a}$	$\sqrt[4]{\lambda} + i\,\sqrt[4]{\mu}$
175	3	[26]	[26] N. 64
176	5	$(I_4\, I_{12} - I_3^2)$	$(I_4\, I_{12} - I_3^2)^2$
"	17	18,4 ; 27,16	18.4 ; 27.16
189	3	$\left(q\, \dfrac{d\varphi}{dp} + q'\, \dfrac{d\varphi}{dp'} \right)^r$	$\left(q\, \dfrac{df}{dp} + q\, \dfrac{df}{dp'} \right)^r f(p, p')$
"	5	$\left(p\, \dfrac{d\varphi}{dq} + p'\, \dfrac{d\varphi}{dq'} \right)^{n-r}$	$\left(p\, \dfrac{d\varphi}{dq} + p'\, \dfrac{d\varphi}{dq'} \right)^{n-r} f(q, q')$
"	18	$\dfrac{d\varphi}{dX}\, V\,(X) + \dfrac{d\varphi}{dX}\, V\,(X)$	$\dfrac{d\varphi}{dX}\, V\,(X) + \dfrac{d\varphi}{dY}\, V\,(Y)$
"	21	$pp' + pp'$	$pp' - pp'$
205	13	[1]	[13]
206	7	est de	est homogène de

Page	ligne		
209	11	$+ \dots)$	$+ \dots) + \dots$
"	12	$+ \dots)]$.	$+ \dots)] + \dots$
215	5	$na_1 \dfrac{d\varphi}{da_0} =$	$na_{,} \dfrac{d\varphi}{da_0} +$
"	7	$- \Sigma \, \alpha^2 \dfrac{d\varphi}{d\alpha}$	$- \Sigma \, \dfrac{d\varphi}{d\alpha}$
219	23	$A^i - A^j$	$A_i - A_j$
223	14	invariant	covariant
235	24	$+ x +{}^2$	$1 + x^2 +$
237	2	$1 - x^3$	$1 - x^4$
"	5	$(\!(x^r)\!) -$	$(\!(x^r)\!)$
239	1	§ IV	§ VI
257	16	deduti	déduit
288	8	$\displaystyle\sum_{1}^{n-1}$	$\displaystyle\sum_{0}^{n-1}$
291	17	$\displaystyle\sum_{0}^{n-1}$	$\displaystyle\sum_{0}^{n-1}$

ERRATA À LA PRÉFACE

		Au lieu de	Lisez
VII	9	verschieden	verschiedenen
"	10	werde	würde
"	11	wiedersprechen	widersprechen
XI	11	Fundamentalsatzes	Fundamentalsatz
"	13	der	die
XII	10	Friedler	Fiedler
"	14	binären former	binärer formen

TABLES DES FONCTIONS SYMÉTRIQUES.

I

Σ	a_1
α	-1

II

Σ	a_2	a_1^2
α^2	-2	$+1$
$\alpha\beta$	$+1$	

III

Σ	a_3	$a_1 a_2$	a_1^3
α^3	-3	$+3$	-1
$\alpha^2\beta$	$+3$	-1	
$\alpha\beta\gamma$	-1		

IV

Σ	a_4	$a_1 a_3$	a_2^2	$a_1^2 a_2$	a_1^4
α^4	-4	$+4$	[illegible]	[illegible]	[illegible]
$\alpha^3\beta$	[illegible]	[illegible]	[illegible]	[illegible]	
$\alpha^2\beta^2$	[illegible]	[illegible]	[illegible]		
$\alpha^2\beta\gamma$	[illegible]	[illegible]			
$\alpha\beta\gamma\delta$	$+1$				

V

Σ
[illegible]

VI

Σ
[illegible]

VII

Σ
[illegible]

VIII

Σ
[illegible]

IX

Σ
[illegible]

Σ															
α^{10}	−40	+10	+10	−10	+10	−20	+5	+10	−20	−20	−10	−20	−10	−10	+10
$\alpha^{9}\beta$	+30	−4	−10	+1	−10	+11	−5	−10	+11	+11	+10	+20	+10	+10	−1
$\alpha^{8}\beta^{2}$	+10	−10	+6	+2	−10	+4	−5	−10	+20	+10	−6	+4	+2	+10	−2
$\alpha^{8}\beta\gamma$	−16	+1	+2	−5	+10	−3	+5	+10	−11	−11	−3	−12	0	+10	+1
$\alpha^{7}\beta^{3}$	+10	−10	−10	+10	+12	−1	−5	−15	−1	+10	+10	−1	+10	−11	−2
$\alpha^{7}\beta^{2}\gamma$	−20	+11	+4	−5	+1	−6	+10	−20	−10	−11	−4	−3	−12	+1	+2
$\alpha^{7}\beta\gamma^{2}$	+5	−5	−5	+5	−5	+10	+40	−5	+10	+15	+5	−10	+5	+5	−5
$\alpha^{6}\beta^{4}$	+10	−10	−10	+10	−10	+20	−5	+14	−4	−4	−2	+20	−14	−2	−10
$\alpha^{6}\beta^{3}\gamma$	−20	+11	+20	−11	−1	−10	+10	−4	−5	−5	−9	−15	+4	+13	+4
$\alpha^{6}\beta^{2}\gamma^{2}$	−20	+11	+20	−11	+20	−11	+15	−4	−7	+22	−8	+10	+4	−6	+11
$\alpha^{6}\beta^{2}\gamma^{2}$	−10	+10	−6	−2	+10	−4	+5	−2	−8	−5	0	−4	+10	−4	+2
$\alpha^{5}\beta^{3}\gamma^{2}$	−20	+20	+4	−12	−1	−3	+15	+20	−19	+10	−4	+11	−12	+1	+5
$\alpha^{5}\beta^{4}\gamma^{2}$	−10	+10	+2	−6	+10	−12	+5	−14	+4	+4	+10	−12	−3	+2	+6
$\alpha^{5}\beta\gamma\delta$	−10	+10	+10	−10	−11	+1	+5	−2	+13	−8	−4	+1	+2	−4	+3
$\alpha^{4}\beta^{2}\gamma\delta$	+10	−1	−2	+1	−3	+3	−5	−10	+4	+11	+2	+5	+6	+2	−40
$\alpha^{4}\beta^{3}\gamma\delta$	+30	−12	−6	+4	0	+11	−15	−6	+15	+18	+6	+15	−6	−3	−4
$\alpha^{4}\beta^{3}\gamma\delta$	+30	−12	−22	+12	−9	+13	+10	−6	+15	−12	+16	−4	+12	−3	−6
$\alpha^{4}\beta^{2}\gamma^{2}\delta$	+15	−6	−11	+0	+70	+77	+5	+0	−3	−8	−1	+1	−3	+3	−6
$\alpha^{3}\beta^{3}\gamma^{2}\delta$	+30	−21	+2	+5	0	+12	+30	−18	+18	−1	+4	−13	+2	+3	−5
$\alpha^{3}\beta\gamma\delta\varepsilon$	+30	−1	−2	+1	−3	+3	+5	−4	+4	0	+2	−12	0	0	−1
$\alpha^{3}\beta^{2}\gamma^{2}\delta$	+60	−42	−98	+6	+3	+24	−5	+12	−15	0	−8	+5	+4	−3	−12
$\alpha^{3}\beta^{2}\gamma\delta\varepsilon$	−40	+13	+6	−5	+12	−14	−6	+10	−19	+1	−8	+5	0	+3	+5
$\alpha^{3}\beta\gamma\delta\varepsilon$	−10	+1	+2	−1	+3	−3	+5	+4	−4	−5	−2	−5	0	0	+1
$\alpha^{2}\beta^{2}\gamma\delta\varepsilon$	−10	+13	+24	−13	+12	−10	−5	−8	+5	+5	0	−1	0	0	+8
$\alpha^{2}\beta^{2}\gamma^{2}\delta^{2}$	+10	+10	+10	−10	−10	+3	+5	+10	0	0	−4	+4	−2	−1	+8
$\alpha^{2}\beta^{2}\gamma^{2}\delta\varepsilon$	−60	+90	+4	−9	+18	−93	+5	−12	+3	−1	+8	−2	0	0	+9
$\alpha^{2}\beta^{2}\gamma\delta\varepsilon\varphi$	+30	−14	−10	+6	−15	+17	0	+4	−1	0	−4	0	0	0	−6
$\alpha^{2}\beta\gamma\delta\varepsilon\varphi\lambda$	−10	+1	+2	−1	+3	−3	0	0	0	−2	0	0	0	0	+1
$\alpha^{2}\beta^{2}\gamma^{2}\delta$	+10	−5	−10	+7	+11	−4	−5	+3	−7	0	+4	−1	−2	+1	
$\alpha^{2}\beta\gamma^{2}\delta^{2}$	+15	−15	+1	+7	+6	−7	+5	−5	+3	+4	+2	−2	+1		
$\alpha\beta^{2}\gamma\delta\varepsilon$	−60	+32	+28	−21	+24	+0	+5	0	+6	+2	−4	+1			
$\alpha\beta^{2}\gamma\delta\varepsilon\varphi$	+25	−7	−13	+7	+3	−1	0	+2	−2	−4	+1				
$\alpha\beta^{2}\gamma^{2}\delta\varepsilon$	−40	+31	−8	−7	−4	+5	−5	+8	−3	+1					
$\alpha\beta^{2}\gamma\delta\varepsilon\varphi$	+100	−45	−12	+14	+12	−5	0	−4	+1						
$\alpha\beta^{2}\gamma\delta\varepsilon\varphi$	+25	−16	+10	0	−4	0	0	+1							
$\alpha^{2}\beta\gamma^{2}\delta^{2}\varepsilon$	−2	+2	−2	0	+2	0	+1								
$\alpha\beta^{2}\gamma\delta\varepsilon\varphi\lambda$	−60	+12	+12	−7	−3	+1									
$\alpha\beta^{2}\gamma\delta\varepsilon\varphi\lambda$	−50	+20	−6	0	+1										
$\alpha\beta\gamma\delta\varepsilon\varphi\lambda\mu$	+10	−1	−2	+1											
$\alpha\beta\gamma\delta\varepsilon\varphi\lambda\mu$	+35	−6	+1												
$\alpha\beta\gamma\delta\varepsilon\varphi\lambda\mu\nu$	−10	+1													
$\alpha\beta\gamma\delta\varepsilon\varphi\lambda\mu\nu\omega$	+1														

TABLES

DES INVARIANTS ET COVARIANTS.

TABLE DES INVARIANTS (*).

Forme du second degré.

$$ax^2 + 2\,bxy + cy^2 .$$

$$\mathrm{I} = ac - b^2 ,$$

en fonction des racines

$$\mathrm{I} = a^2_0 \,(\alpha - \beta)^2 .$$

Forme du troisième degré.

$$ax^3 + 3\,bx^2y + 3\,cxy^2 + dy^3 .$$

$$\mathrm{I} = a^2d^2 - 3\,b^2c^2 + 4\,b^3d + 4\,ac^3 - 6\,abcd = (ad - bc)^2 - 4\,(ac - b^2)\,(bd - c^2).$$

Si la forme était

$$ax^3 + bx^2y + cxy^2 + dy^2 \quad \mathrm{I} = 18\,abcd - 4\,ac^3 - 4\,b^3d + b^2c^2 - 27\,a^2d^2$$

en fonction des racines

$$\mathrm{I} = a^4_0 \,(\alpha - \beta)^2 \,(\alpha - \gamma)^2 \,(\beta - \gamma)^2 .$$

Forme du quatrième degré.

$$ax^4 + 4\,bx^3y + 6\,cx^2y^2 + 4\,dxy^3 + ey^4 .$$

$$\mathrm{I}_2 = ae - 4\,bd + 3\,c^2 ,$$

$$\mathrm{I}_3 = ace + 2\,bcd - ad^2 - b^2e - c^3 = \begin{vmatrix} a & b & c \\ b & c & d \\ c & d & e \end{vmatrix} .$$

Discriminant $= \mathrm{I}_3^2 - 27\,\mathrm{I}_2^3$

$$\frac{1}{a^2}\,\mathrm{I}_2 = (\alpha - \beta)^2 \,(\gamma - \delta)^2 + (\alpha - \gamma)^2 \,(\beta - \delta)^2 + (\alpha - \delta)^2 \,(\beta - \gamma)^2,$$

$$\frac{1}{a^3}\,\mathrm{I}_3 \;(**) = (\alpha - \beta)^2 \,(\gamma - \delta)^2 \left[(\alpha - \delta)\,(\beta - \gamma) - (\gamma - \alpha)\,(\beta - \delta) \right]$$
$$+ (\alpha - \gamma)^2 \,(\beta - \delta)^2 \left[(\alpha - \beta)\,(\gamma - \delta) - (\alpha - \delta)\,(\beta - \gamma) \right]$$
$$+ (\alpha - \delta)^2 \,(\beta - \gamma)^2 \left[(\gamma - \alpha)\,(\beta - \delta) - (\alpha - \beta)\,(\gamma - \delta) \right] .$$

(*) Le symbole I_p désigne l'invariant de degré p de la forme dont il s'agit.

(**) Si l'on pose $A = (\beta - \gamma)\,(\alpha - \delta)$, $B = (\gamma - \alpha)\,(\beta - \delta)$, $C = (\alpha - \beta)\,(\gamma - \delta)$

il viendra

$$\frac{1}{a^3}\,\mathrm{I}_3 = A^2\,(B - C) + B^2\,(C - A) + C^2\,(A - B) = (A - B)\,(A - C)\,(B - C) .$$

Forme du cinquième degré.

$$ax^5 + 5bx^4y + 10cx^3y^2 + 10dx^2y^3 + 5exy^4 + fy^5 .$$

$$I_4 = 4(ae - 4bd + 3c^2)(bf - 4ce + 3d^2) - (af - 3be + 2cd)^2 = AC - B^2,$$

en posant

$$A = 2(bf - 4ce + 3d^2),\quad B = af - 3be + 2cd,\quad C = 2(ae - 4bd + 3c^2).$$

$$I_4 = -a^2f^2 + 10abef - 4acdf - 16ace^2 + 12ad^2e - 16b^2df$$
$$- 9b^2e^2 + 12bc^2f + 76bcde - 48bd^3 - 48c^3e + 32c^2d^2 .$$

$+1\ a^3cdf^3$	$+78\ ac^2d^2ef$	$-30\ abcd^3e^2$	$-38\ b^3d^4f$
$-1\ a^3ce^2f^2$	$-48\ a^2cd^2e^3$	$-9\ abd^5e$	$+38\ b^3d^3e^2$
$-3\ a^3d^2ef^2$	$-27\ a^2de^5f$	$-17\ ac^5f^2$	$+18\ b^2c^4f^2$
$+5\ a^3de^3f$	$+18\ a^2d^4e^2$	$+93\ ac^4def$	$-30\ b^2c^3def$
$-2\ a^3e^5$	$+5\ ab^3cf^3$	$-38\ ac^4e^3$	$+38\ b^2c^3e^3$
$+1\ a^2b^2df^3$	$-5\ ab^3def^2$	$-42\ ac^3d^3f$	$+8\ b^2c^2d^3f$
$+1\ a^2b^2e^2f^2$	$-30\ abcef$	$+8\ ac^3d^2e^2$	$+25\ b^2c^2d^2e^2$
$-3\ a^2bc^2f^3$	$-34\ ab^2cd^2f^2$	$+6\ ac^2d^4e$	$-57\ b^2cd^4e$
$+11\ a^2bcdef^2$	$+133\ ab^2cde^2f$	$-2\ b^5f^3$	$+18\ b^2d^6$
$-5\ a^2bce^3f$	$-54\ ab^2ef^4$	$+15\ b^4cef^2$	$-9\ bc^5ef$
$+12\ a^2bd^3f^2$	$+18\ ab^2d^3ef$	$+18\ b^4d^2f^2$	$+6\ bc^4d^2f$
$-30\ a^2bd^2e^2f$	$+3\ ab^2d^2e^3$	$-54\ b^4de^2f$	$-57\ bc^4de^2$
$+15\ a^2bde^4$	$+78\ abc^3df^2$	$+27\ b^4e^4$	$+38\ bc^3d^3e$
$+12\ a^2c^3ef^2$	$-18\ abc^3e^2f$	$-48\ b^3c^2df^2$	$-24\ bc^2d^5$
$-21\ a^2c^2d^2f^2$	$-210\ abc^2d^2ef$	$+3\ b^3c^2e^2f$	$+18\ c^6e^2$
$-34\ a^2c^2de^2f$	$+106\ abc^2de^3$	$+106\ b^3cd^2ef$	$-24\ c^5d^2e$
$+22\ a^2c^2e^4$	$+96\ abcd^4f$	$-81\ b^3cde^3$	$+8\ c^4d^4$

Si l'on pose

$$a = bdf - be^2 + 2cde - c^2f - d^3$$
$$3b = adf - ae^2 - bcf + bde + c^2e - cd^2$$
$$3c = acf - ade - d^2f + bd^2 + bce - c^2d$$
$$d = ace - ad^2 - b^2e + 2bcd - c^3 \, ,$$

on a

$$I_8 = A\,(bd - c^2) + B\,(bc - ad) + C\,(ac - b^2) \, .$$

Le discriminant de la forme quintique est $=$

$+ 1\ a^4f^4$	$+ 5760\ a^2cd^2e^3$	$+ 6400\ ac^4e^3$
$- 20\ a^3bef^3$	$+ 3456\ a^2d^5f$	$+ 5120\ ac^3d^3f$
$- 120\ a^3cdf^3$	$- 2160\ a^2d^4e^2$	$- 3200\ ac^3d^2e^2$
$+ 160\ a^3ce^2f^2$	$- 640\ ab^3cf^3$	$+ 256\ b^5f^3$
$+ 360\ a^3d^2ef^2$	$+ 320\ ab^3def^2$	$- 1920\ b^4cef^2$
$- 640\ a^3de^3f$	$- 180\ ab^3e^3f$	$- 2560\ b^4d^2f^2$
$+ 256\ a^3e^5$	$+ 4080\ ab^2c^2ef^2$	$+ 7200\ b^4de^2f$
$+ 160\ a^2b^2df^3$	$+ 4480\ ab^2cd^2f^2$	$- 3375\ b^4e^4$
$- 10\ a^2b^2e^2f^2$	$- 14920\ ab^2cde^2f$	$+ 5760\ b^3c^2df^2$
$+ 360\ a^2bc^2f^3$	$+ 7200\ ab^2ce^4$	$- 600\ b^3c^2e^2f$
$- 1640\ a^2bcdef^2$	$+ 960\ ab^2d^3ef$	$- 16000\ b^3cd^2ef$
$+ 320\ a^2bce^3f$	$- 600\ ab^2d^2e^3$	$+ 9000\ b^3cde^3$
$- 1440\ a^2bd^3f^2$	$- 10080\ abc^3df^2$	$+ 6400\ b^3d^4f$
$+ 4080\ a^2bd^2e^2f$	$+ 960\ abc^3e^2f$	$- 4000\ b^3d^3e^2$
$- 1920\ a^2bde^4$	$+ 28480\ abc^2d^2ef$	$- 2160\ b^2c^4f^2$
$- 1440\ a^2c^3ef^2$	$- 16000\ abc^2de^3$	$+ 7200\ b^2c^3def$
$+ 2640\ a^2c^2d^2f^2$	$- 11520\ abcd^4f$	$- 4000\ b^2c^3e^3$
$+ 4480\ a^2c^2de^2f$	$+ 7200\ abcd^3e^2$	$- 3200\ b^2c^2d^3f$
$- 2560\ a^2c^2e^4$	$+ 3456\ ac^5f^2$	$+ 2000\ b^2c^2d^2e^3$
$- 10080\ a^2cd^3ef$	$- 11520\ ac^4def$	

TABLE IV [3]

L'Invariant I_{12} est $=$

$-1\ a^4c^2d^2f^4$	$-22\ a^3bd^3e^5$	$-30\ a^2b^2c^3def^3$	$-164\ a^2c^5de^3f$
$+2\ a^4c^2de^2f^3$	$-4\ a^3c^5f^4$	$-14\ a^2b^2c^3e^3f^2$	$-24\ a^2c^5e^5$
$-1\ a^4c^2e^4f^2$	$+36\ a^3c^4def^3$	$-50\ a^2b^2c^2d^3f^3$	$+63\ a^2c^4d^4f^2$
$+6\ a^4cd^3ef^3$	$-16\ a^3c^4e^3f^2$	$+168\ a^2b^2c^2d^2e^2f^2$	$+394\ a^2c^4d^3e^2f$
$-16\ a^4cd^2e^3f^2$	$-22\ a^3c^3d^3f^3$	$-48\ a^2b^2c^2de^4f$	$+194\ a^2c^4d^2e^4$
$+14\ a^4cde^5f$	$-50\ a^3c^3d^2e^2f^2$	$-4\ a^2b^2c^2e^6$	$-324\ a^2c^3d^5ef$
$-4\ a^4ce^7$	$+16\ a^3c^3de^4f$	$-48\ a^2b^2cd^4ef^2$	$-440\ a^2c^3d^4e^3$
$-4\ a^4d^5f^3$	$+16\ a^3c^3e^6$	$-2\ a^2b^2cd^3e^3f$	$+78\ a^2c^2d^7f$
$+11\ a^4d^4e^2f^2$	$+54\ a^3c^2d^4ef^2$	$+6\ a^2b^2cd^2e^5$	$+428\ a^2c^2d^6e^2$
$-10\ a^4d^3e^4f$	$+46\ a^3c^2d^3e^3f$	$+62\ a^2b^2d^6f^2$	$-180\ a^2cd^8e$
$+3\ a^4d^2e^6$	$-60\ a^3c^2d^2e^5$	$-90\ a^2b^2d^5e^2f$	$+27\ a^2d^{10}$
$+2\ a^3b^2cd^2f^4$	$-6\ a^3cd^6f^2$	$+39\ a^2b^2d^4e^4$	$+14\ ab^5cdf^4$
$-4\ a^3b^2cde^2f^3$	$-70\ a^3cd^5e^2f$	$-28\ a^2bc^5ef^3$	$-14\ ab^5ce^2f^3$
$+2\ a^3b^2ce^4f^2$	$+56\ a^3cd^4e^4$	$+54\ a^2bc^4d^2f^3$	$-32\ ab^5d^2ef^3$
$-0\ a^3b^2d^4ef^3$	$+18\ a^3d^7ef$	$-48\ a^2bc^4de^2f^2$	$+50\ ab^5de^3f^2$
$+16\ a^3b^2d^2e^3f^2$	$-14\ a^3d^6e^3$	$+112\ a^2bc^4e^4f$	$-18\ ab^5e^5f$
$-14\ a^3b^2de^5f$	$-1\ a^2b^4d^2f^4$	$+82\ a^2bc^3d^3ef^2$	$-10\ ab^4c^3f^4$
$+4\ a^3b^2e^7$	$+2\ a^2b^4de^2f^3$	$-170\ a^2bc^3d^2e^3f$	$-30\ ab^4c^2def^3$
$+6\ a^3bc^3df^4$	$-1\ a^2b^4e^4f^2$	$-104\ a^2bc^3de^5$	$+60\ ab^4c^2e^3f^2$
$-6\ a^3bc^3e^2f^3$	$-16\ a^2b^3c^2df^4$	$-108\ a^2bc^2d^5f^2$	$-48\ ab^4cd^2e^2f^2$
$-50\ a^3bc^2d^2ef^3$	$+16\ a^2b^3c^2e^2f^3$	$-42\ a^2bc^2d^4e^2f$	$+16\ ab^4cd^3f^3$
$+82\ a^3bc^2de^3f^2$	$+82\ a^2b^3cd^2ef^3$	$+298\ a^2bc^2d^3e^4$	$+38\ ab^4cde^4f$
$-32\ a^3bc^2e^5f$	$-132\ a^2b^3cde^3f^2$	$+242\ a^2bcd^6ef$	$-36\ ab^4ce^6$
$+36\ a^3bcd^4f^3$	$+50\ a^2b^3ce^5f$	$-294\ a^2bcd^5e^3$	$+112\ ab^4d^4ef^2$
$-30\ a^3bcd^3e^2f^2$	$-16\ a^2b^3d^4f^3$	$-72\ a^2bd^8f$	$-204\ ab^4d^3e^3f$
$-30\ a^3bcd^2e^4f$	$-14\ a^2b^3d^3e^2f^2$	$+78\ a^2bd^7e^2$	$+102\ ab^4d^2e^5$
$+24\ a^3bcde^6$	$+60\ a^2b^3d^2e^4f$	$-6\ a^2c^6df^3$	$+50\ ab^3c^4ef^3$
$-28\ a^3bd^5ef^2$	$-30\ a^2b^3de^6$	$+62\ a^2c^6e^2f^2$	$+46\ ab^3c^3d^2f^3$
$+50\ a^3bd^4e^3f$	$+11\ a^2b^2c^4f^4$	$-108\ a^2c^5d^2ef^2$	$-2\ ab^3c^3de^2f^2$

(Suite.) $I_{12} =$

$-204\ ab^3c^3e^4f$	$+206\ abc^4d^3e^3$	$+308\ b^5cd^2e^3f$	$+78\ b^2c^7ef^2$
$-170\ ab^3c^2d^3ef$	$-342\ abc^5d^6f$	$-234\ b^5cde^5$	$+428\ b^2c^6d^2f^2$
$+308\ ab^5c^2de^5$	$-804\ abc^5d^6e^2$	$-24\ b^5d^5f^2$	$-516\ b^2c^6de^3f$
$+42\ ab^5c^4d^4e^3f$	$+506\ abc^2d^7e$	$-4\ b^7d^4e^2f$	$+4\ b^2c^6e^4$
$-164\ ab^5cd^5f^2$	$-90\ abcd^9$	$+32\ b^5d^3e^4$	$-804\ b^2c^5d^3ef$
$+674\ ab^5cd^4e^2f$	$-72\ ac^8ef^2$	$+56\ b^4c^4df^3$	$+550\ b^2c^5d^2e^3$
$-590\ ab^3cd^5e^4$	$+78\ ac^7d^4f^2$	$+39\ b^4c^4e^3f^2$	$+392\ b^2c^4d^5f$
$-128\ ab^5d^4ef$	$+224\ ac^7de^2f$	$+298\ b^4c^3d^2ef^3$	$+139\ b^2c^4d^4e^2$
$+138\ ab^5d^5e^4$	$+16\ ac^7e^4$	$-590\ b^4c^3de^3f$	$-354\ b^2c^3d^7e$
$-70\ cb^2c^5df^3$	$-342\ ac^6d^4ef$	$+32\ b^4c^4e^4$	$+83\ b^2c^2d^8$
$-90\ ab^2c^5e^2f^4$	$-220\ ac^6d^4e^4$	$+194\ b^4c^2d^4f^2$	$-180\ bc^8df^2$
$-42\ ab^2c^4d^2ef^2$	$+106\ ac^6d^7f$	$-652\ b^4c^2d^3e^2f$	$+48\ bc^8e^2f$
$+674\ ab^2c^4de^3f$	$+392\ ac^5d^4e^2$	$+713\ b^4c^2d^2e^4$	$+506\ bc^7de^2f$
$-4\ ab^2c^4e^7$	$-222\ ac^4d^6e$	$+136\ b^4cd^4ef$	$-56\ bc^7de^3$
$+394\ ab^2c^4d^4f^2$	$+40\ ac^5d^3$	$-246\ b^4cd^4e^3$	$-222\ bc^6d^4f$
$-652\ ab^2c^4d^4e^4$	$-4\ b^7df^4$	$+16\ b^4d^7f$	$-354\ bc^6d^3e^2$
$-714\ ab^2c^4d^4e^4f$	$+4\ b^7e^2f^3$	$+4\ b^4d^4e^2$	$+330\ bc^6d^5e$
$-498\ ab^2c^2d^5ef$	$+3\ b^6c^2f^4$	$-14\ b^3c^6f^3$	$-72\ bc^4d^7$
$+1246\ ab^2c^4d^4e^4$	$+24\ b^6cdef^3$	$-294\ b^3c^5def^3$	$+27\ c^{10}f^2$
$+224\ ab^2cd^7f$	$-30\ b^6ce^3f^2$	$+138\ b^3c^5e^3f$	$-90\ c^9def$
$-516\ ab^2cd^6e^4$	$+16\ b^6d^3f^3$	$-440\ b^3c^4d^3f^2$	$-4\ c^9e^3$
$+48\ ab^2d^7e$	$-4\ b^6d^2e^2f^2$	$+1246\ b^3c^4d^2e^3f$	$+40\ c^8d^3f$
$+18\ abc^7f^2$	$-36\ b^6de^4f$	$-246\ b^3c^4de^4$	$+83\ c^8d^4e^2$
$+242\ abc^7def^2$	$+27\ b^6e^6$	$+206\ b^3c^3d^4ef$	$-72\ c^7d^4e$
$-128\ abc^6e^4f$	$-104\ b^5cd^4ef^2$	$-866\ b^3c^3d^3e^3$	$+16\ cd^6$
$-324\ abc^5d^4f^4$	$-22\ b^5c^4ef^3$	$-220\ b^3c^2d^6f$	
$-498\ abc^5d^4e^2f$	$-60\ b^5c^4d^4f^3$	$+550\ b^3c^2d^5e^2$	
$+136\ abc^5de^4$	$+6\ b^5c^4de^2f^4$	$-56\ b^3cd^7e$	
$+1078\ abc^4d^4ef$	$+102\ b^5c^2e^4f$	$-4\ b^3d^9$	

L'Invariant $I_{18} =$

+ 1 $a^7 d^5 f^6$
− 5 $a^7 d^4 e^2 f^5$
+ 10 $a^7 d^3 e^4 f^4$
− 10 $a^7 d^2 e^6 f^3$
+ 5 $a^7 d e^8 f^2$
− 1 $a^7 e^{10} f$
− 15 $a^6 b c d^4 f^6$
+ 60 $a^6 b c d^3 e^2 f^5$
− 90 $a^6 b c d^2 e^4 f^4$
+ 60 $a^6 b c d e^6 f^3$
− 15 $a^6 b c e^8 f^2$
+ 10 $a^6 b d^5 e f^5$
− 35 $a^6 b d^4 e^3 f^4$
+ 40 $a^6 b d^3 e^5 f^3$
− 10 $a^6 b d^2 e^7 f^2$
− 10 $a^6 b d e^9 f$
+ 5 $a^6 b e^{11}$
− 1 $a^6 c^5 f^7$
+ 15 $a^6 c^4 d e f^6$
− 10 $a^6 c^4 e^3 f^5$
− 90 $a^6 c^3 d^2 e^2 f^5$
+ 120 $a^6 c^3 d e^4 f^4$
− 40 $a^6 c^3 e^6 f^3$
+ 60 $a^6 c^2 d^4 e f^5$
+ 30 $a^6 c^2 d^3 e^3 f^4$
− 180 $a^6 c^2 d^2 e^5 f^3$
+ 120 $a^6 c^2 d e^7 f^2$
− 20 $a^6 c^2 e^9 f$
− 15 $a^6 c d^6 f^5$
− 110 $a^6 c d^5 e^2 f^4$
+ 205 $a^6 c d^4 e^4 f^3$
− 200 $a^6 c d^3 e^6 f^2$
+ 65 $a^6 c d^2 e^8 f$
− 10 $a^6 c d e^{10}$
+ 45 $a^6 d^7 e f^4$
− 100 $a^6 d^6 e^3 f^3$
+ 81 $a^6 d^5 e^5 f^2$
− 30 $a^6 d^4 e^7 f$
+ 5 $a^6 d^3 e^9$
+ 10 $a^5 b^3 d^4 f^6$
− 40 $a^5 b^3 d^3 e^2 f^5$
+ 60 $a^5 b^3 d^2 e^4 f^4$
− 40 $a^5 b^3 d e^6 f^3$
+ 10 $a^5 b^3 e^8 f^2$
+ 5 $a^5 b^2 c^4 f^7$
− 60 $a^5 b^2 c^3 d e f^6$
+ 40 $a^5 b^2 c^3 e^3 f^5$
+ 90 $a^5 b^2 c^2 d^2 e^2 f^5$
− 90 $a^5 b^2 c^2 d e^4 f^4$
+ 30 $a^5 b^2 c^2 e^6 f^3$
− 210 $a^5 b^2 c d^4 e f^5$
+ 120 $a^5 b^2 c d^3 e^3 f^4$
+ 360 $a^5 b^2 c d^2 e^5 f^3$
− 420 $a^5 b^2 c d e^7 f^2$
+ 130 $a^5 b^2 c e^9 f$
− 5 $a^5 b^2 d^6 f^5$
+ 195 $a^5 b^2 d^5 e^2 f^4$
− 315 $a^5 b^2 d^4 e^4 f^3$
+ 40 $a^5 b^2 d^3 e^6 f^2$
+ 165 $a^5 b^2 d^2 e^8 f$
− 75 $a^5 b^2 d e^{10}$
− 10 $a^5 b c^5 e f^6$
− 60 $a^5 b c^4 d^2 f^6$
+ 210 $a^5 b c^4 d e^2 f^5$
− 110 $a^5 b c^4 e^4 f^4$
+ 60 $a^5 b c^3 d^2 e^3 f^4$
− 360 $a^5 b c^3 d e^5 f^3$
+ 240 $a^5 b c^3 e^7 f^2$
+ 30 $a^5 b c^2 d^5 f^5$
− 210 $a^5 b c^2 d^4 e^2 f^4$
− 180 $a^5 b c^2 d^3 e^4 f^3$
+ 1140 $a^5 b c^2 d^2 e^6 f^2$
− 870 $a^5 b c^2 d e^8 f$
+ 130 $a^5 b c^2 e^{10}$
+ 310 $a^5 b c d^6 e f^4$
− 240 $a^5 b c d^5 e^3 f^3$
− 390 $a^5 b c d^4 e^5 f^2$
+ 280 $a^5 b c d^3 e^7 f$
+ 30 $a^5 b c d^2 e^9$
− 180 $a^5 b d^8 f^4$
+ 300 $a^5 b d^7 e^2 f^3$
− 120 $a^5 b d^6 e^4 f^2$
+ 30 $a^5 b d^5 e^6 f$
− 30 $a^5 b d^4 e^8$
+ 15 $a^5 c^6 d f^6$
+ 5 $a^5 c^6 e^2 f^5$
− 30 $a^5 c^5 d^2 e f^5$
− 270 $a^5 c^5 d e^3 f^4$
+ 196 $a^5 c^5 e^5 f^3$
+ 225 $a^5 c^4 d^3 e^2 f^4$
+ 615 $a^5 c^4 d^2 e^4 f^3$
− 660 $a^5 c^4 d e^6 f^2$
+ 45 $a^5 c^4 e^8 f$
− 120 $a^5 c^3 d^5 e f^4$
− 220 $a^5 c^3 d^4 e^3 f^3$
− 980 $a^5 c^3 d^3 e^5 f^2$
+ 1320 $a^5 c^3 d^2 e^7 f$
− 260 $a^5 c^3 d e^9$
+ 60 $a^5 c^2 d^7 f^4$
− 500 $a^5 c^2 d^6 e^2 f^3$
+ 2235 $a^5 c^2 d^5 e^4 f^2$
− 1995 $a^5 c^2 d^4 e^6 f$
+ 370 $a^5 c^2 d^3 e^8$
+ 360 $a^5 c d^8 e f^3$
− 1320 $a^5 c d^7 e^3 f^2$
+ 1110 $a^5 c d^6 e^5 f$
− 210 $a^5 c d^5 e^7$
− 81 $a^5 d^{10} f^3$
+ 270 $a^5 d^9 e^2 f^2$
− 225 $a^5 d^8 e^4 f$
+ 45 $a^5 d^7 e^6$
− 10 $a^4 b^4 c^3 f^7$
+ 90 $a^4 b^4 c^2 d e f^6$
− 60 $a^4 b^4 c^2 e^3 f^5$
− 120 $a^4 b^4 c d^3 f^6$
+ 90 $a^4 b^4 c d^2 e^2 f^5$
+ 110 $a^4 b^4 d^4 e f^5$
− 50 $a^4 b^4 d^3 e^3 f^4$
− 240 $a^4 b^4 d^2 e^5 f^3$
+ 280 $a^4 b^4 d e^7 f^2$
− 90 $a^4 b^4 e^9 f$
+ 35 $a^4 b^3 c^4 e f^6$
− 30 $a^4 b^3 c^3 d^2 f^6$
− 120 $a^4 b^3 c^3 d e^2 f^5$
+ 50 $a^4 b^3 c^3 e^4 f^4$
+ 60 $a^4 b^3 c^2 d^3 e f^5$
+ 360 $a^4 b^3 c^2 d^2 e^3 f^4$
− 210 $a^4 b^3 c^2 d e^5 f^3$
+ 270 $a^4 b^3 c d^5 f^5$
+ 575 $a^4 b^3 c d^4 e^2 f^4$
− 1700 $a^4 b^3 c d^3 e^4 f^3$
+ 480 $a^4 b^3 c d^2 e^6 f^2$
+ 670 $a^4 b^3 c d e^8 f$
− 315 $a^4 b^3 c e^{10}$
− 685 $a^4 b^3 d^6 e f^4$
+ 540 $a^4 b^3 d^5 e^3 f^3$
+ 1515 $a^4 b^3 d^4 e^5 f^2$
− 2080 $a^4 b^3 d^3 e^7 f$
+ 705 $a^4 b^3 d^2 e^9$
+ 110 $a^4 b^2 c^5 d f^6$
− 195 $a^4 b^2 c^5 e^2 f^5$
+ 210 $a^4 b^2 c^4 d^2 e f^5$
− 575 $a^4 b^2 c^4 d e^3 f^4$
+ 660 $a^4 b^2 c^4 e^5 f^3$
− 225 $a^4 b^2 c^3 d^4 f^5$
+ 1350 $a^4 b^2 c^3 d^3 e^2 f^4$
− 1440 $a^4 b^2 c^3 d^2 e^4 f^3$
− 75 $a^4 b^2 c^3 d e^6 f^2$
− 1965 $a^4 b^2 c^3 e^8 f$
+ 6000 $a^4 b^2 c^2 d^5 e f^4$
− 7050 $a^4 b^2 c^2 d^4 e^3 f^3$
+ 3000 $a^4 b^2 c^2 d^3 e^5 f^2$
+ 265 $a^4 b^2 c^2 d^2 e^7 f$
+ 1420 $a^4 b^2 c^2 d e^9$
− 3810 $a^4 b^2 c d^6 e^2 f^3$
+ 2310 $a^4 b^2 c d^5 e^4 f^2$
+ 1795 $a^4 b^2 c d^4 e^6 f$
− 1800 $a^4 b^2 c d^3 e^8$
+ 240 $a^4 b^2 d^8 e f^3$
+ 30 $a^4 b^2 d^7 e^3 f^2$
− 870 $a^4 b^2 d^6 e^5 f$
+ 615 $a^4 b^2 d^5 e^7$
− 45 $a^4 b c^7 f^6$
− 310 $a^4 b c^6 d e f^5$
+ 685 $a^4 b c^6 e^3 f^4$
+ 120 $a^4 b c^5 d^3 f^5$
+ 1965 $a^4 b c^5 d^2 e^2 f^4$
− 2210 $a^4 b c^5 d e^4 f^3$
− 960 $a^4 b c^5 e^6 f^2$
− 11700 $a^4 b c^4 d^3 e^3 f^3$
+ 15435 $a^4 b c^4 d^2 e^5 f^2$
− 2760 $a^4 b c^4 d e^7 f$
+ 555 $a^4 b c^4 e^9$
− 780 $a^4 b c^3 d^6 f^4$
+ 14040 $a^4 b c^3 d^5 e^2 f^3$
− 10625 $a^4 b c^3 d^4 e^4 f^2$
− 3220 $a^4 b c^3 d^3 e^6 f$
− 570 $a^4 b c^3 d^2 e^8$
− 5840 $a^4 b c^2 d^7 e f^3$
− 540 $a^4 b c^2 d^6 e^3 f^2$
+ 5550 $a^4 b c^2 d^5 e^5 f$
+ 1285 $a^4 b c^2 d^4 e^7$
+ 990 $a^4 b c d^9 f^3$
+ 3150 $a^4 b c d^8 e^2 f^2$
− 3600 $a^4 b c d^7 e^4 f$
− 615 $a^4 b c d^6 e^6$
− 945 $a^4 b d^{10} e f^2$
+ 900 $a^4 b d^9 e^3 f$
+ 45 $a^4 b d^8 e^5$
+ 180 $a^4 c^8 e f^5$
+ 60 $a^4 c^7 d^2 f^5$
− 1420 $a^4 c^7 d e^2 f^4$
+ 25 $a^4 c^7 e^4 f^3$
+ 780 $a^4 c^6 d^3 e f^4$
+ 5760 $a^4 c^6 d^2 e^3 f^3$
− 2945 $a^4 c^6 d e^5 f^2$
+ 1390 $a^4 c^6 e^7 f$
− 7020 $a^4 c^5 d^4 e^2 f^3$
+ 180 $a^4 c^5 d^3 e^4 f^2$
− 1275 $a^4 c^5 d^2 e^6 f$
− 1110 $a^4 c^5 d e^8$
+ 3120 $a^4 c^4 d^6 e f^3$
+ 3900 $a^4 c^4 d^5 e^3 f^2$
+ 1240 $a^4 c^4 d^4 e^5 f$
+ 3155 $a^4 c^4 d^3 e^7$
− 515 $a^4 c^3 d^8 f^3$
− 2920 $a^4 c^3 d^7 e^2 f^2$
− 940 $a^4 c^3 d^6 e^4 f$
− 4300 $a^4 c^3 d^5 e^6$
+ 675 $a^4 c^2 d^9 e f^2$
+ 510 $a^4 c^2 d^8 e^3 f$
+ 2940 $a^4 c^2 d^7 e^5$

$-\ 135\ a^{4}cd^{10}e^{2}f$
$-\ 990\ a^{4}cd^{9}e^{4}$
$+\ 135\ a^{4}d^{11}e^{3}$
$+\ 10\ a^{3}b^{5}c^{2}f^{7}$
$-\ 60\ a^{3}b^{6}cdef^{6}$
$+\ 40\ a^{3}b^{6}ce^{3}f^{5}$
$+\ 40\ a^{3}b^{6}d^{3}f^{6}$
$-\ 30\ a^{3}b^{6}d^{4}e^{2}f^{5}$
$-\ 40\ a^{3}b^{5}c^{3}ef^{6}$
$+\ 180\ a^{3}b^{5}c^{2}d^{2}f^{6}$
$+\ 360\ a^{3}b^{5}c^{2}de^{2}f^{5}$
$+\ 240\ a^{3}b^{5}c^{2}e^{4}f^{4}$
$+\ 360\ a^{3}b^{5}cd^{3}ef^{5}$
$+\ 360\ a^{3}b^{5}cd^{2}e^{3}f^{4}$
$-\ 196\ a^{3}b^{5}d^{5}f^{5}$
$-\ 660\ a^{3}b^{5}d^{4}e^{2}f^{4}$
$+\ 1840\ a^{3}b^{5}d^{3}e^{4}f^{3}$
$-\ 1040\ a^{3}b^{5}d^{3}e^{6}f^{2}$
$-\ 180\ a^{3}b^{5}de^{8}f$
$+\ 216\ a^{3}b^{5}e^{11}$
$-\ 265\ a^{3}b^{4}c^{4}df^{3}$
$+\ 315\ a^{3}b^{4}c^{4}e^{2}f^{3}$
$+\ 180\ a^{3}b^{4}c^{3}d^{2}ef^{3}$
$+\ 1700\ a^{3}b^{4}c^{3}de^{6}f^{4}$
$-\ 1840\ a^{3}b^{4}c^{3}e^{6}f^{3}$
$-\ 615\ a^{3}b^{4}c^{2}d^{4}f$
$-\ 1350\ a^{3}b^{4}c^{2}d^{3}e^{4}f$
$+\ 1560\ a^{3}b^{4}cde^{6}f^{2}$
$+\ 135\ a^{3}b^{4}c^{2}e^{7}$
$+\ 2210\ a^{3}b^{4}cd^{4}e^{4}f$
$-\ 4100\ a^{3}b^{4}cd^{4}e^{6}f^{3}$
$+\ 6000\ a^{3}b^{4}cd^{3}e^{7}f^{2}$
$-\ 4880\ a^{3}b^{4}cd^{4}e^{7}f$
$+\ 990\ a^{3}b^{4}cde^{9}$
$-\ 25\ a^{3}b^{4}d^{7}f^{3}$
$+\ 3710\ a^{3}b^{4}d^{5}e^{2}f^{3}$
$-\ 10755\ a^{3}b^{4}d^{5}e^{4}f^{2}$
$+\ 9875\ a^{3}b^{4}d^{4}e^{6}f$
$-\ 2845\ a^{3}b^{4}d^{3}e^{8}$
$+\ 100\ a^{3}b^{3}c^{6}f^{6}$
$+\ 240\ a^{3}b^{3}c^{5}def^{5}$
$-\ 540\ a^{3}b^{3}c^{5}e^{3}f^{4}$
$+\ 220\ a^{3}b^{3}c^{4}d^{3}f^{6}$
$-\ 6000\ a^{3}b^{3}c^{4}d^{2}e^{2}f^{4}$
$+\ 4100\ a^{3}b^{3}c^{4}d^{4}f^{3}$
$+\ 1340\ a^{3}b^{3}c^{4}e^{6}f^{2}$
$+\ 11700\ a^{3}b^{3}c^{3}d^{4}ef^{4}$
$-\ 15240\ a^{3}b^{3}c^{3}d^{3}e^{5}f^{2}$
$+\ 6960\ a^{3}b^{3}c^{3}de^{7}f$
$-\ 1620\ a^{3}b^{3}c^{3}e^{9}$
$-\ 5760\ a^{3}b^{3}c^{2}d^{4}f^{4}$
$-\ 16120\ a^{3}b^{3}c^{2}d^{4}e^{3}f^{3}$
$+\ 26700\ a^{3}b^{3}c^{2}d^{4}e^{5}f^{2}$

$-\ 5240\ a^{3}b^{3}c^{2}d^{3}e^{6}f$
$-\ 1640\ a^{3}b^{3}c^{2}d^{4}e^{8}$
$+\ 6560\ a^{3}b^{3}cd^{7}ef^{3}$
$+\ 7240\ a^{3}b^{3}cd^{6}e^{3}f^{2}$
$-\ 24240\ a^{3}b^{3}cd^{5}e^{5}f$
$+\ 11420\ a^{3}b^{3}cd^{4}e^{7}$
$-\ 980\ a^{3}b^{3}d^{9}f^{3}$
$-\ 3420\ a^{3}b^{3}d^{8}e^{2}f^{2}$
$+\ 8100\ a^{3}b^{3}d^{7}e^{4}f$
$-\ 3880\ a^{3}b^{3}d^{6}e^{6}$
$-\ 300\ a^{3}b^{2}c^{7}ef^{3}$
$+\ 500\ a^{3}b^{2}c^{6}d^{2}f^{3}$
$+\ 3810\ a^{3}b^{2}c^{6}de^{2}f^{4}$
$-\ 3710\ a^{3}b^{2}c^{6}e^{4}f^{3}$
$-\ 14040\ a^{3}b^{2}c^{5}d^{3}ef^{4}$
$+\ 16120\ a^{3}b^{2}c^{5}d^{2}e^{3}f^{3}$
$-\ 540\ a^{3}b^{2}c^{5}de^{5}f^{2}$
$+\ 600\ a^{3}b^{2}c^{5}e^{7}f$
$+\ 7020\ a^{3}b^{2}c^{4}d^{5}f^{4}$
$-\ 1950\ a^{3}b^{2}c^{4}d^{4}e^{4}f^{2}$
$-\ 17670\ a^{3}b^{2}c^{4}d^{4}e^{6}f$
$+\ 4170\ a^{3}b^{2}c^{4}de^{8}$
$+\ 480\ a^{3}b^{2}c^{4}d^{6}ef^{4}$
$-\ 31040\ a^{3}b^{2}c^{4}d^{5}e^{3}f^{2}$
$+\ 45180\ a^{3}b^{2}c^{4}d^{4}e^{5}f$
$-\ 3160\ a^{3}b^{2}c^{4}d^{4}e^{7}$
$-\ 140\ a^{3}b^{2}c^{3}d^{7}f^{3}$
$+\ 18000\ a^{3}b^{2}c^{3}d^{7}e^{3}f^{2}$
$-\ 12180\ a^{3}b^{2}c^{3}d^{6}e^{5}f$
$-\ 13430\ a^{3}b^{2}c^{3}d^{5}e^{6}$
$-\ 7200\ a^{3}b^{2}cd^{9}ef^{2}$
$-\ 120\ a^{3}b^{2}cd^{8}e^{3}f$
$+\ 9960\ a^{3}b^{2}cd^{7}e^{5}$
$+\ 1890\ a^{3}b^{2}d^{11}f^{2}$
$-\ 540\ a^{3}b^{2}d^{10}e^{3}f$
$-\ 1710\ a^{3}b^{2}d^{9}e^{5}$
$-\ 360\ a^{3}bc^{8}df^{3}$
$-\ 240\ a^{3}bc^{8}e^{2}f^{3}$
$+\ 5840\ a^{3}bc^{7}d^{2}ef^{3}$
$-\ 6560\ a^{3}bc^{7}de^{3}f^{3}$
$+\ 8460\ a^{3}bc^{7}e^{5}f^{2}$
$-\ 3120\ a^{3}bc^{6}d^{4}f^{3}$
$-\ 480\ a^{3}bc^{6}d^{3}e^{2}f^{3}$
$-\ 25880\ a^{3}bc^{6}d^{2}e^{4}f^{2}$
$-\ 1820\ a^{3}bc^{6}de^{6}f$
$-\ 3620\ a^{3}bc^{6}e^{8}$
$+\ 49680\ a^{3}bc^{5}d^{4}e^{3}f^{2}$
$+\ 17520\ a^{3}bc^{5}d^{3}e^{5}f$
$+\ 13500\ a^{3}bc^{5}d^{2}e^{7}$
$-\ 120\ a^{3}bc^{5}d^{7}f^{3}$
$-\ 32280\ a^{3}bc^{5}d^{4}e^{2}f^{2}$
$-\ 46880\ a^{3}bc^{5}d^{5}e^{4}f$
$-\ 30040\ a^{3}bc^{4}d^{4}e^{6}$

$+\ 12860\ a^{3}bc^{3}d^{8}ef^{2}$
$+\ 32000\ a^{3}bc^{3}d^{7}e^{3}f$
$+\ 46160\ a^{3}bc^{3}d^{6}e^{5}$
$-\ 2700\ a^{3}bc^{3}d^{10}f^{2}$
$-\ 8820\ a^{3}bc^{2}d^{9}e^{4}f$
$-\ 34620\ a^{3}bc^{2}d^{8}e^{7}$
$+\ 1080\ a^{3}bcd^{11}ef$
$+\ 12060\ a^{3}bcd^{10}e^{3}$
$-\ 1620\ a^{3}bd^{13}e^{2}$
$+\ 81\ a^{3}c^{10}f^{5}$
$-\ 990\ a^{3}c^{9}def^{4}$
$+\ 980\ a^{3}c^{9}e^{3}f^{3}$
$+\ 515\ a^{3}c^{8}d^{4}f^{4}$
$+\ 140\ a^{3}c^{8}d^{2}e^{2}f^{3}$
$-\ 195\ a^{3}c^{8}de^{4}f^{2}$
$-\ 5575\ a^{3}c^{8}e^{6}f$
$+\ 120\ a^{3}c^{7}d^{4}e f^{3}$
$-\ 800\ a^{3}c^{7}d^{3}e^{3}f^{2}$
$+\ 22600\ a^{3}c^{7}d^{2}e^{5}f$
$+\ 7240\ a^{3}c^{7}de^{7}$
$-\ 1260\ a^{3}c^{6}d^{5}e^{3}f^{2}$
$-\ 42330\ a^{3}c^{6}d^{4}e^{4}f$
$-\ 34340\ a^{3}c^{6}d^{3}e^{6}$
$+\ 480\ a^{3}c^{5}d^{7}f^{2}$
$+\ 48360\ a^{3}c^{5}d^{6}e^{3}f$
$+\ 73828\ a^{3}c^{5}d^{4}e^{5}$
$+\ 105\ a^{3}c^{5}d^{9}f^{2}$
$-\ 30265\ a^{3}c^{5}d^{8}e^{2}f$
$-\ 92290\ a^{3}c^{4}d^{7}e^{4}$
$+\ 9540\ a^{3}c^{4}d^{10}ef$
$+\ 69220\ a^{3}c^{4}d^{9}e^{3}$
$-\ 1215\ a^{3}c^{4}d^{12}f$
$-\ 30510\ a^{3}c^{4}d^{11}e^{2}$
$+\ 7290\ a^{3}cd^{13}e$
$-\ 729\ a^{3}d^{15}$
$-\ 5\ a^{2}b^{8}cf^{7}$
$+\ 15\ a^{2}b^{8}def^{6}$
$-\ 10\ a^{2}b^{8}ce^{2}f^{5}$
$+\ 10\ a^{2}b^{7}c^{2}ef^{5}$
$-\ 120\ a^{2}b^{7}cd^{2}f^{6}$
$+\ 420\ a^{2}b^{7}cde^{2}f^{5}$
$-\ 280\ a^{2}b^{7}ce^{4}f^{4}$
$-\ 240\ a^{2}b^{7}d^{4}ef^{5}$
$+\ 210\ a^{2}b^{7}d^{2}e^{4}f^{4}$
$+\ 200\ a^{2}b^{6}c^{3}df^{5}$
$-\ 40\ a^{2}b^{6}c^{3}e^{2}f^{5}$
$-\ 1140\ a^{2}b^{6}c^{2}d^{2}ef^{5}$
$-\ 480\ a^{2}b^{6}c^{2}de^{3}f^{4}$
$+\ 1040\ a^{2}b^{6}c^{2}e^{5}f^{3}$
$+\ 660\ a^{2}b^{6}cd^{4}f^{5}$
$+\ 1440\ a^{2}b^{6}cd^{2}e^{2}f^{4}$
$+\ 1560\ a^{2}b^{6}cd^{2}e^{2}f^{3}$
$+\ 960\ a^{2}b^{6}d^{5}ef^{4}$

$-\ 1340\ a^{2}b^{5}d^{4}e^{3}f^{3}$
$-\ 2440\ a^{2}b^{6}d^{3}e^{5}f^{2}$
$+\ 4320\ a^{2}b^{6}d^{2}e^{7}f$
$+\ 1620\ a^{2}b^{6}de^{9}$
$-\ 81\ a^{2}b^{5}c^{5}f^{6}$
$+\ 390\ a^{2}b^{5}c^{4}def^{5}$
$+\ 1515\ a^{2}b^{5}c^{4}e^{3}f^{4}$
$+\ 980\ a^{2}b^{5}c^{3}d^{3}f^{5}$
$+\ 7050\ a^{2}b^{5}c^{3}d^{2}e^{2}f^{4}$
$-\ 6000\ a^{2}b^{5}c^{3}de^{4}f^{3}$
$+\ 2440\ a^{2}b^{5}c^{2}e^{6}f^{2}$
$-\ 15435\ a^{2}b^{5}c^{2}d^{4}ef^{4}$
$+\ 15240\ a^{2}b^{5}c^{2}d^{3}e^{3}f^{3}$
$-\ 6480\ a^{2}b^{5}c^{2}de^{7}f$
$+\ 1215\ a^{2}b^{5}c^{2}e^{9}$
$+\ 2945\ a^{2}b^{5}cd^{6}f^{4}$
$+\ 540\ a^{2}b^{5}cd^{4}e^{2}f^{3}$
$-\ 795\ a^{2}b^{5}cd^{4}e^{4}f^{2}$
$-\ 4180\ a^{2}b^{5}cd^{3}e^{6}f$
$+\ 4185\ a^{2}b^{5}cd^{2}e^{8}$
$-\ 8460\ a^{2}b^{5}d^{7}ef^{3}$
$+\ 20390\ a^{2}b^{5}d^{6}e^{3}f^{2}$
$-\ 16194\ a^{2}b^{5}d^{5}e^{5}f$
$+\ 3765\ a^{2}b^{5}d^{4}e^{7}$
$+\ 120\ a^{2}b^{4}c^{6}ef^{5}$
$-\ 2235\ a^{2}b^{4}c^{5}d^{2}f^{5}$
$-\ 2310\ a^{2}b^{4}c^{5}de^{2}f^{4}$
$+\ 10755\ a^{2}b^{4}c^{5}e^{4}f^{3}$
$+\ 10625\ a^{2}b^{4}c^{4}d^{3}ef^{4}$
$-\ 26700\ a^{2}b^{4}c^{4}d^{2}e^{3}f^{3}$
$+\ 795\ a^{2}b^{4}c^{4}de^{5}f^{2}$
$-\ 10070\ a^{2}b^{4}c^{4}e^{7}f$
$+\ 180\ a^{2}b^{4}c^{3}d^{5}f^{4}$
$+\ 1950\ a^{2}b^{4}c^{3}d^{4}e^{3}f^{3}$
$+\ 36510\ a^{2}b^{4}c^{3}d^{2}e^{4}f^{2}$
$+\ 25880\ a^{2}b^{4}c^{2}d^{6}e^{3}f^{3}$
$-\ 32370\ a^{2}b^{4}c^{2}d^{5}e^{3}f^{2}$
$-\ 12180\ a^{2}b^{4}c^{2}d^{4}e^{5}f$
$-\ 9850\ a^{2}b^{4}c^{2}d^{3}e^{7}$
$+\ 195\ a^{2}b^{4}cd^{8}f^{3}$
$-\ 43800\ a^{2}b^{4}cd^{5}e^{2}f^{2}$
$+\ 72755\ a^{2}b^{4}cd^{6}e^{4}f$
$-\ 18750\ a^{2}b^{4}cd^{5}e^{6}$
$+\ 14115\ a^{2}b^{4}d^{9}ef^{2}$
$-\ 23790\ a^{2}b^{4}d^{8}e^{3}f$
$+\ 8175\ a^{2}b^{4}d^{7}e^{5}$
$+\ 1320\ a^{2}b^{3}c^{8}df^{5}$
$+\ 30\ a^{2}b^{3}c^{7}e^{2}f^{4}$
$+\ 540\ a^{2}b^{3}c^{6}d^{2}e^{2}f^{4}$
$-\ 7240\ a^{2}b^{3}c^{6}de^{3}f^{3}$
$-\ 20390\ a^{2}b^{3}c^{6}e^{5}f^{2}$
$-\ 3900\ a^{2}b^{3}c^{5}d^{4}f^{4}$
$+\ 31040\ a^{2}b^{3}c^{5}d^{3}e^{2}f^{3}$

TABLE I

+ $32370\,a^2b^3c^5d^2e^4f^2$	+ $63960\,a^2bc^7d^3e^4f$	− $6960\,ab^7cd^3e^3f^3$	+ $940\,ab^4c^6d^3f^4$
+ $38820\,a^2b^3c^5de^6f$	− $6660\,a^2bc^7d^2e^6$	+ $6480\,ab^7cd^2e^5f^2$	+ $12180\,ab^4c^6d^2e^2f^3$
+ $9310\,a^2b^3c^5e^8$	− $180600\,a^2bc^6d^5e^3f$	− $1390\,ab^7d^6f^4$	− $72755\,ab^4c^6de^4f^2$
− $49680\,a^2b^3c^4d^5ef^3$	− $71610\,a^2bc^6d^4e^5$	− $600\,ab^7d^5e^2f^3$	+ $4255\,ab^4c^6e^6f$
− $91260\,a^2b^3c^4d^3e^4f$	− $4755\,a^2bc^5d^8f^2$	+ $10070\,ab^7d^4e^4f^2$	+ $46880\,ab^4c^5d^4ef^3$
− $50550\,a^2b^3c^4d^2e^7$	+ $141240\,a^2bc^5d^7e^2f$	− $12600\,ab^7d^3e^6f$	− $360\,ab^4c^5d^3e^3f^2$
+ $800\,a^2b^3c^3df^3$	+ $219730\,a^2bc^5d^6e^4$	+ $4050\,ab^7d^2e^8$	+ $148890\,ab^4c^5d^2e^5f$
+ $81840\,a^2b^3c^3d^4e^2f^2$	− $45130\,a^2bcd^4e^9f$	− $30\,ab^6c^5ef^5$	+ $38950\,ab^4c^5de^7$
+ $360\,a^2b^3c^3d^5e^4f$	− $240975\,a^2bc^4d^8e^3$	+ $1995\,ab^6c^4d^2f^5$	+ $42330\,ab^4c^4d^6f^3$
+ $101450\,a^2b^3c^3d^4e^6$	+ $5580\,a^2bc^3d^{11}f$	− $1795\,ab^6c^4de^3f^4$	− $181980\,ab^4c^4d^5e^2f^2$
− $8220\,a^2b^3c^2d^8ef^2$	+ $128490\,a^2bc^3d^{10}e^3$	− $9875\,ab^6c^4e^4f^3$	− $220125\,ab^4c^4d^3e^6$
− $58080\,a^2b^3c^2d^7e^3f$	− $34155\,a^2bc^2d^{12}e$	+ $3220\,ab^6c^3d^8ef^4$	− $63960\,ab^4c^3d^7ef^2$
− $34300\,a^2b^3c^2d^6e^5$	+ $3645\,a^3bcd^{14}$	+ $5240\,ab^6c^3d^2e^3f^3$	+ $181600\,ab^4c^3d^6e^3f$
− $7590\,a^2b^3cd^{10}f^2$	− $1890\,a^2c^{11}e^2f^3$	+ $4180\,ab^6c^3de^5f^2$	+ $159000\,ab^4c^3d^5e^5$
+ $41640\,a^2b^3cd^9e^2f$	+ $2700\,a^2c^{10}d^2ef^3$	+ $12600\,ab^4c^3e^7$	+ $43605\,ab^4c^2d^9f^2$
− $4650\,a^2b^3cd^8e^4$	+ $7590\,a^3c^{10}de^3f^2$	+ $1275\,ab^6c^2d^5f^4$	− $62025\,ab^4c^2d^8e^2f$
− $5580\,a^2b^3d^{11}ef$	+ $8256\,a^2c^{10}e^3f$	+ $17670\,ab^6c^3d^4e^2f^3$	− $92500\,ab^4c^2d^7e^4$
+ $1980\,a^2b^3d^{10}e^3$	− $105\,a^2c^9d^4f^3$	− $36510\,ab^6c^2d^3e^4f^2$	− $20610\,ab^4cd^{10}ef$
− $270\,a^2b^2c^9f^5$	− $14360\,a^2c^9d^3e^2f^2$	− $6075\,ab^6c^2de^8$	+ $41250\,ab^4cd^9e^3$
− $3150\,a^2b^2c^8def^4$	+ $43605\,a^3c^9d^2e^4f$	+ $1820\,ab^6cd^4ef^3$	+ $5445\,ab^4d^{12}f$
+ $3420\,a^2b^2c^8e^3f^3$	− $12310\,a^2cd^9e^6$	− $38820\,ab^6cd^3e^4f^2$	− $6525\,ab^4d^{11}e^2$
+ $2920\,a^2b^2c^7d^3f^4$	+ $4755\,a^2c^8d^5ef^2$	+ $66650\,ab^6cd^4e^5f$	− $900\,ab^3c^9ef^4$
+ $18000\,a^2b^2c^7d^2e^3f^3$	+ $77790\,a^2c^8d^4e^3f$	− $19800\,ab^6cde^7$	− $510\,ab^3c^8d^2f^4$
+ $43800\,a^2b^2c^7de^5f^2$	+ $59835\,a^2c^8d^3e^5$	+ $5575\,ab^6d^8f^3$	+ $120\,ab^3c^8de^2f^3$
+ $5030\,a^2b^2c^7e^6$	− $57060\,a^2c^7d^6e^2f$	− $5030\,ab^6de^2f^2$	+ $23790\,ab^3c^8e^4f^3$
+ $32280\,a^2b^2c^6d^4ef^3$	− $114960\,a^2c^7d^5e^4$	− $4255\,ab^6d^6e^4f$	− $32000\,ab^3c^7d^5ef^3$
− $81840\,a^2b^2c^6d^3e^3f^2$	+ $19020\,a^2c^6d^8ef$	+ $2175\,ab^6d^5e^6$	+ $58080\,ab^3c^7d^2e^3f^2$
− $85800\,a^2b^2c^6d^2e^5f$	+ $109660\,a^2c^6d^7e^3$	− $1110\,ab^5c^6df^4$	− $15440\,ab^3c^7de^5f$
− $28710\,a^2b^2c^6de^7$	− $2481\,a^2c^5d^{10}f$	+ $870\,ab^5c^6e^2f^4$	− $12500\,ab^3c^7e^7$
+ $1260\,a^2b^2c^5df^3$	− $56110\,a^2c^5d^9e^2$	− $5550\,ab^5c^5d^2ef^4$	− $48360\,ab^3c^6d^5f^3$
+ $181980\,a^2b^2c^5d^4e^4f$	+ $14895\,a^2c^4d^{11}e$	+ $24240\,ab^5c^5de^3f^3$	+ $41360\,ab^3c^6d^4e^2f^2$
+ $153480\,a^2b^2c^5d^3e^6$	− $1620\,a^2c^3d^{13}$	+ $16194\,ab^5c^5e^5f^2$	− $181600\,ab^3c^6d^3e^4f$
− $26700\,a^2b^2c^4d^7ef^2$	+ $1\,ab^{10}f^7$	− $1240\,ab^5c^4d^4f^4$	− $18400\,ab^3c^6d^2e^6$
− $41360\,a^2b^2c^4d^6e^3f$	+ $10\,ab^9cef^6$	− $45180\,ab^5c^4d^3e^2f^3$	+ $180600\,ab^3c^5d^8ef^2$
− $306900\,a^2b^2c^4d^5e^5$	+ $20\,ab^9d^2f^6$	+ $12180\,ab^5c^4d^2e^4f^2$	+ $289800\,ab^3c^5d^4e^3$
+ $14360\,a^2b^2c^3d^9f^2$	+ $130\,ab^9de^2f^5$	− $66650\,ab^5c^4de^6f$	− $77790\,ab^3c^4d^8f^2$
− $16170\,a^2b^2c^3d^8e^2f$	+ $90\,ab^9e^4f^4$	− $8550\,ab^5c^4e^8$	− $87000\,ab^3c^4d^7e^2f$
+ $243000\,a^2b^2c^3d^7e^4$	+ $65\,ab^8c^2df^6$	− $17520\,ab^5c^3d^5e^3f^3$	− $318500\,ab^3c^4d^6e^4$
+ $2340\,a^2b^3c^2d^{10}ef$	+ $165\,ab^8c^2e^2f^5$	− $91260\,ab^5c^3d^4e^3f^2$	+ $92200\,ab^3c^3d^9ef$
− $89550\,a^2b^2c^2d^9e^3$	+ $870\,ab^8cd^2ef^5$	+ $62100\,ab^5c^3d^2e^7$	+ $179500\,ab^3c^3d^8e^3$
+ $270\,a^2b^2cd^{12}f$	− $670\,ab^8cde^4f^4$	− $22600\,ab^5c^2d^7f^3$	− $17520\,ab^3c^2d^{11}f$
+ $15120\,a^2b^2cd^{11}e^2$	+ $180\,ab^8ce^6f^3$	+ $85800\,ab^5c^2d^6e^2f^2$	− $69000\,ab^3c^2d^{10}e^2$
− $810\,a^2b^2d^{13}e$	− $45\,ab^8d^4f^5$	− $148890\,ab^5c^2d^5e^4f$	+ $15300\,ab^3cd^{13}e$
+ $945\,a^2bc^{10}ef^4$	+ $75\,ab^8d^3e^2f^4$	+ $1850\,ab^5c^2d^4e^6$	− $1350\,ab^3d^{11}$
+ $675\,a^2bc^9d^4f^4$	− $135\,ab^8d^2e^4f^3$	− $150\,ab^5cd^8ef^2$	+ $135\,ab^2c^{10}df^4$
+ $7200\,a^2bc^9de^2f^3$	+ $30\,ab^7c^4f^6$	+ $15440\,ab^5cd^6e^3f$	+ $540\,ab^2c^{10}e^2f^3$
− $14115\,a^2bc^9e^4f^2$	− $280\,ab^7c^3def^5$	+ $10350\,ab^5cd^5e^5$	+ $8820\,ab^2c^9d^2ef^3$
− $12860\,a^2bc^8d^3ef^3$	+ $2080\,ab^7c^3e^3f^4$	− $8256\,ab^5d^{10}f^2$	− $41640\,ab^2c^9de^3f^2$
− $8220\,a^2bc^8d^2e^3f^2$	− $1320\,ab^7c^2d^4f^5$	+ $12210\,ab^5d^9e^2f$	− $12210\,ab^2c^9e^5f$
− $150\,a^2bc^8de^5f$	− $3000\,ab^7c^2d^2e^2f^4$	− $7050\,ab^5d^8e^4$	+ $30265\,ab^2c^8d^4f^3$
− $6155\,a^2bc^8e^7$	+ $4880\,ab^7c^3de^4f^3$	+ $225\,ab^4c^8f^5$	+ $16170\,ab^2c^8d^3e^2f^2$
− $480\,a^2bc^7d^4f^3$	− $4320\,ab^7c^2e^6f^2$	+ $3600\,ab^4c^7def^4$	+ $62025\,ab^2c^8d^2e^4f$
− $26700\,a^2bc^7d^4e^2f^2$	+ $2760\,ab^7cd^4ef^4$	− $8100\,ab^4c^7e^3f^3$	+ $44225\,ab^2c^8de^6$

$$
\begin{aligned}
&-\ 141240\, ab^3c^7d^4ef^3 \\
&+\ 87000\, ab^3c^7d^4e^2f^2 \\
&-\ 129000\, ab^2c^7d^3e^5 \\
&+\ 57060\, ab^2c^6d^7f^2 \\
&-\ 5250\, ab^2c^6d^5e^4 \\
&-\ 46050\, ab^2c^5d^8ef \\
&+\ 122800\, ab^2c^4d^8e^4 \\
&+\ 10595\, ab^2c^4d^{10}f \\
&-\ 88125\, ab^4c^4d^4e^2 \\
&+\ 27300\, ab^3c^4d^{11}e \\
&-\ 3375\, ab^2c^4d^{13} \\
&-\ 1080\, abc^{11}def^3 \\
&+\ 5580\, abc^{11}e^4f^2 \\
&-\ 9540\, abc^{10}d^4f^3 \\
&-\ 2340\, abc^{10}d^4e^2f^2 \\
&+\ 20610\, abc^{10}de^4f \\
&-\ 4350\, abc^{10}e^2 \\
&+\ 45130\, abc^9d^4ef^2 \\
&-\ 92200\, abc^9d^4e^3f \\
&-\ 25050\, abc^9d^2e^5 \\
&-\ 19020\, abc^8d^6f^2 \\
&+\ 46050\, abc^8d^5e\,f \\
&+\ 138750\, abc^7d^4e^4 \\
&-\ 178200\, abc^7d^6e^4 \\
&-\ 1650\, abc^6d^8f \\
&+\ 10395\, abc^6d^7e^2 \\
&-\ 30250\, abc^6d^{10}e \\
&+\ 3600\, abc^6d^{12} \\
&+\ 1215\, ac^{12}d^4f \\
&-\ 270\, ac^{12}def^2 \\
&-\ 5445\, ac^{12}e^7f \\
&-\ 5580\, ac^{11}d^4ef^2 \\
&+\ 17520\, ac^{11}d^4e^2f \\
&+\ 8700\, ac^{11}de^5 \\
&+\ 2481\, ac^4d^5f^2 \\
&-\ 10595\, ac^{10}d^4e^2f \\
&-\ 31150\, ac^{10}d^4e^4 \\
&+\ 1650\, ac^9d\,ef \\
&+\ 37950\, ac^9d^4e^4 \\
&-\ 22275\, ac^8d^7e^2 \\
&+\ 6600\, ac^8d^9e \\
&-\ 800\, ac^7d^{11} \\
&-\ 5\, b^{11}ef^6 \\
&+\ 10\, b^{10}cdf^6 \\
&+\ 75\, b^{10}ce\,f^6 \\
&+\ 130\, b^{11}d^4ef^5 \\
&+\ 310\, b^{10}def^4 \\
&-\ 216\, b^{14}e^2f^3 \\
&-\ 5\, b^9c^7f^9 \\
&-\ 30\, b^9cdef^5 \\
&-\ 705\, b^4c^2e^3f^4 \\
&+\ 260\, b^4cdf^7 \\
&-\ 265\, b^9cde^2f^4
\end{aligned}
$$

$$
\begin{aligned}
&-\ 990\, b^9cde^4f^3 \\
&+\ 1620\, b^9ce^6f^4 \\
&-\ 555\, b^9d^4ef^4 \\
&+\ 1620\, b^9d^4e\,f \\
&-\ 1215\, b^9d^4e^4f^2 \\
&+\ 30\, b^8ce\,f^5 \\
&-\ 370\, b^8cd^2f^3 \\
&+\ 1800\, b^8cde\,f^4 \\
&+\ 2845\, b^8c^4e^4f^3 \\
&+\ 570\, b^8c^4d\,e\,f \\
&+\ 1610\, b^8c^2d\,e^4f^3 \\
&-\ 4385\, b^8c^2de^5f^2 \\
&-\ 4050\, b^8c^2e^7f \\
&+\ 1110\, b^8cd^4f^4 \\
&-\ 4170\, b^8cd\,e^2f^3 \\
&+\ 6075\, b^8cd\,e^6f \\
&+\ 2620\, b^8d^4f^2 \\
&-\ 9310\, b^8d^3e^2f^2 \\
&+\ 8550\, b^8d^4e^4f \\
&-\ 3375\, b^8d\,e^7 \\
&+\ 210\, b^7c^5df^5 \\
&-\ 615\, b^7c\,e^2f^4 \\
&-\ 1285\, b^7c^4d^2ef^4 \\
&-\ 11420\, b^7c\,de\,f^3 \\
&-\ 3765\, b^7c\,e^5f^2 \\
&-\ 3155\, b^7c\,d\,f^4 \\
&+\ 3160\, b^7c\,d\,e^2f^3 \\
&+\ 9850\, b^7c\,d\,e^4f \\
&+\ 19800\, b^7c\,de^6f \\
&+\ 3575\, b^8c\,e^7 \\
&-\ 13500\, b^7c\,d\,e\,f^3 \\
&+\ 56550\, b^7c^2d\,e\,f^2 \\
&-\ 62100\, b^7c\,d\,e\,f \\
&-\ 7240\, b^7cd\,f \\
&+\ 28710\, b^7cd\,e^2f^2 \\
&-\ 38950\, b^7cd\,e^4f \\
&+\ 25875\, b^7cd\,e^6 \\
&-\ 6155\, b^7d\,ef^2 \\
&+\ 125000\, b^7d^4e^4f \\
&-\ 7375\, b^7d^6e^5 \\
&-\ 45\, b^6c^7f^5 \\
&+\ 615\, b^6c\,def^4 \\
&+\ 3880\, b^6c^6e\,f^3 \\
&+\ 4300\, b^6c^6d^2f^3 \\
&+\ 13430\, b^6c\,d^2e^2f^3 \\
&+\ 18750\, b^6c\,de\,f^2 \\
&-\ 2175\, b^6c^4e\,f \\
&+\ 30040\, b^6c^4d^4e\,f \\
&-\ 101450\, b^6c^4d\,e^4f^2 \\
&-\ 1850\, b^6c\,d\,e\,f \\
&-\ 25875\, b^6c^4de^7 \\
&+\ 34310\, b^6c^4d^6f^3 \\
&-\ 153480\, b^6c^4d^4e^2f^2
\end{aligned}
$$

$$
\begin{aligned}
&+\ 220125\, b^6c^3d^4e^4f \\
&+\ 6660\, b^6c^3d^7ef^2 \\
&+\ 18400\, b^6c^3d^6e^4f \\
&-\ 73375\, b^6c^2d^5e^5 \\
&+\ 12310\, b^6cd^9f^2 \\
&-\ 44225\, b^6cd^6e^2f \\
&+\ 42500\, b^6cd^7e^4 \\
&+\ 4350\, b^6d^{10}ef \\
&-\ 5125\, b^6d^9e^3 \\
&-\ 45\, b^5c\,e\,f^4 \\
&-\ 2940\, b^5c\,d^2f^4 \\
&-\ 9060\, b^5c^7de^2f^3 \\
&-\ 8175\, b^5c^7e^4f^2 \\
&+\ 46160\, b^5c^6d\,ef^3 \\
&+\ 34300\, b^5c^6d^4e^4f^3 \\
&-\ 10350\, b^5c^6de\,f \\
&+\ 7375\, b^5c^6e^7 \\
&-\ 73828\, b^5c^6d\,f^3 \\
&+\ 306900\, b^5c^6d^4e^2f^2 \\
&-\ 159000\, b^5c^6d^4e^4f \\
&+\ 73375\, b^5c^5d^2e^4 \\
&+\ 71610\, b^5c^6d^4ef^2 \\
&-\ 289800\, b^5c^6d^5e^4f \\
&-\ 59835\, b^5c^6d\,f^2 \\
&+\ 129000\, b^5c^6d^4e^2f \\
&+\ 80500\, b^5c^6d\,e \\
&+\ 25050\, b^5c^6d^9ef \\
&-\ 80125\, b^5c^6d\,e^4 \\
&-\ 8700\, b^5c\,ed^{11}f \\
&+\ 19875\, b^5c\,d^{10}e^2 \\
&-\ 1125\, b^5d^{12}e \\
&+\ 990\, b^5c^4d\,f^4 \\
&+\ 1710\, b^5c^4e^2f^3 \\
&+\ 34620\, b^5c^6d^4ef^3 \\
&+\ 4650\, b^5c^6de\,f^2 \\
&+\ 70\,\,0\, b^5c^6e^4f \\
&+\ 92290\, b^5c^6d^4f^3 \\
&-\ 243000\, b^5c^7d^4e^3f^2 \\
&+\ 92500\, b^5c^6d^4e^4f \\
&-\ 42500\, b^5c^6de^4 \\
&-\ 219730\, b^5c^6d^5ef^2 \\
&+\ 318500\, b^5c^6d^4e^4f \\
&-\ 80500\, b^5c^6d^4e^5 \\
&+\ 114960\, b^5c^6d^7f^2 \\
&+\ 5250\, b^5c^5d^4e^4f \\
&-\ 138750\, b^5c^6d^8ef \\
&-\ 1250\, b^5c^6d\,e^4 \\
&+\ 31150\, b^5c^6d^{10}f \\
&+\ 40000\, b^5c^6d\,e^4 \\
&-\ 18750\, b^5c^6d^{11}e \\
&+\ 2250\, b^5c^6d^{13} \\
&-\ 135\, b^5c^{11}f^4 \\
&-\ 12060\, b^5c^{11}def^3
\end{aligned}
$$

$$
\begin{aligned}
&-\ 1980\, b^3c^{10}e^3f^2 \\
&-\ 69220\, b^3c^9d^3f^3 \\
&+\ 89550\, b^3c^9d^2e^2f^2 \\
&-\ 41250\, b^3c^9de^4f \\
&+\ 5125\, b^3c^9e^6 \\
&+\ 240975\, b^3c^8d^4ef^2 \\
&-\ 179500\, b^3c^8d^3e^3f \\
&+\ 80125\, b^3c^8d^2e^5 \\
&-\ 109660\, b^3c^7d^6f^2 \\
&-\ 122500\, b^3c^7d^5e^2f \\
&+\ 1250\, b^3c^7d^4e^4 \\
&+\ 178200\, b^3c^6d^7ef \\
&-\ 37950\, b^3c^6d^9f \\
&-\ 37125\, b^3c^5d^8e^2 \\
&+\ 17875\, b^3c^4d^{10}e \\
&-\ 2125\, b^3c^3d^{12} \\
&+\ 1620\, b^2c^{13}ef^3 \\
&+\ 30510\, b^2c^{11}d^4f^3 \\
&-\ 15120\, b^2c^{11}de^2f^2 \\
&+\ 6525\, b^2c^{11}e^4f \\
&-\ 128490\, b^2c^{10}d^4ef^2 \\
&+\ 69000\, b^2c^{10}d^2e^3f \\
&-\ 19875\, b^2c^{10}de^5 \\
&+\ 56110\, b^2c^9d^5f^2 \\
&+\ 88125\, b^2c^9d^3e^2f \\
&-\ 40000\, b^2c^9d^2e^4 \\
&-\ 103950\, b^2c^8d^6ef \\
&+\ 37125\, b^2c^8d^5e^3 \\
&+\ 22275\, b^2c^7d^8f \\
&-\ 4125\, b^2c^6d^{10}e \\
&+\ 500\, b^2c^5d^{11} \\
&-\ 7290\, bc^{13}df^3 \\
&+\ 810\, bc^{13}e^2f^2 \\
&+\ 34155\, bc^{12}d^2ef^2 \\
&-\ 15300\, bc^{12}de^4f \\
&+\ 1125\, bc^{12}e^5 \\
&-\ 14895\, bc^{11}d^4f^2 \\
&-\ 27300\, bc^{11}d^3e^2f \\
&+\ 18750\, bc^{11}d^2e^4 \\
&+\ 30250\, bc^{10}d^5ef \\
&-\ 17875\, bc^{10}d^4e^3 \\
&-\ 6600\, bc^9d^7f \\
&+\ 4125\, bc^9d^6e^2 \\
&+\ 729\, c^{15}f^3 \\
&-\ 3645\, c^{14}def^2 \\
&+\ 1350\, c^{14}e^3f \\
&+\ 1620\, c^{13}d^3f^2 \\
&+\ 3375\, c^{13}d^2e^2f \\
&-\ 2250\, c^{13}de^4 \\
&-\ 3600\, c^{12}d^4ef \\
&+\ 2125\, c^{12}d^3e^3 \\
&+\ 800\, c^{11}d^6f \\
&-\ 500\, c^{11}d^5e^2.
\end{aligned}
$$

INVARIANTS DE LA FORME QUINTIQUE
EN FONCTION DES RACINES.

$$1250\, I_4 = a^4_0 \sum (\alpha-\beta)^2 (\beta-\gamma)^2 (\gamma-\delta)^2 (\delta-\epsilon)^2 (\epsilon-\alpha)^2 ,$$

$$\Delta = a^8 (\alpha-\beta)^2 (\alpha-\gamma)^2 (\beta-\gamma)^2 \ldots (\delta \quad \epsilon)^2 .$$

En posant

$$A_1 = (\beta-\gamma)^2 (\delta-\epsilon)^2 + (\beta-\delta)^2 (\gamma-\epsilon)^2 + (\beta-\epsilon)^2 (\gamma-\delta)^2$$

$$A_2 = (\alpha-\gamma)^2 (\delta-\epsilon)^2 + (\alpha-\delta)^2 (\gamma-\epsilon)^2 + (\alpha-\epsilon)^2 (\gamma-\delta)^2$$

$$A_3 = (\alpha-\beta)^2 (\delta-\epsilon)^2 + (\alpha-\delta)^2 (\beta-\epsilon)^2 + (\alpha-\epsilon)^2 (\beta-\delta)^2$$

$$A_4 = (\alpha-\beta)^2 (\gamma-\epsilon)^2 + (\alpha-\gamma)^2 (\beta-\epsilon)^2 + (\alpha-\epsilon)^2 (\beta-\gamma)^2$$

$$A_5 = (\alpha-\beta)^2 (\gamma-\delta)^2 + (\alpha-\gamma)^2 (\beta-\delta)^2 + (\alpha-\delta)^2 (\beta-\gamma)^2 .$$

$$B_1 - \Big[(\beta-\delta)(\gamma-\epsilon)+(\beta-\epsilon)(\gamma-\delta) \Big] \Big[(\beta-\gamma)(\delta-\epsilon)+(\beta-\epsilon)(\delta-\gamma) \Big] \Big[(\beta-\gamma)(\epsilon-\delta)+(\beta-\delta)(\epsilon-\gamma) \Big]$$

$$2^{10}.5^8\, I_8 = \sum (\alpha-\beta)^6 (\gamma-\delta)^4 (\gamma-\epsilon)^3 (\delta-\epsilon)^3 (\alpha \quad c)^2 (\beta-\gamma) (\beta-\delta) .$$

$$2^{16}.5^{12}\, I_{12} = a^{12}_0 \sum (\alpha-\beta)^8 (\delta-\epsilon)^6 (\beta-\gamma)^4 (\gamma-\delta)^4 (\gamma-\epsilon)^2 (\alpha-\delta)^2 (\alpha-\epsilon)^2 .$$

En posant $\alpha = \alpha_1,\ \beta = \alpha_2,\ \ldots\ \epsilon = \alpha_5$ et généralement $(hi) = \alpha_h - \alpha_i$ on aura $I_{18} =$

$$a_0^{18} \Big[(01)(04)(32)+(02)(03)(14) \Big]\Big[(01)(02)(43)+(03)(04)(12) \Big]\Big[(01)(03)(42)+(02)(04)(31) \Big]$$

$$\times \Big[(12)(10)(43)+(13)(14)(20) \Big]\Big[(12)(13)(04)+(14)(10)(23) \Big]\Big[(12)(14)(03)+(13)(10)(42) \Big]$$

$$\times \Big[(23)(21)(04)+(24)(20)(71) \Big]\Big[(23)(24)(10)+(20)(21)(34) \Big]\Big[(23)(20)(14)+(24)(21)(03) \Big]$$

$$\times \Big[(34)(32)(10)+(30)(31)(42) \Big]\Big[(34)(30)(21)+(31)(32)(40) \Big]\Big[(34)(31)(20)+(30)(32)(14) \Big]$$

$$\times \Big[(40)(43)(21)+(41)(43)(03) \Big]\Big[(40)(41)(32)+(42)(43)(01) \Big]\Big[(40)(42)(31)+(41)(43)(10) \Big] .$$

Forme du sixième degré.

$$ax^6 + 6bx^5y + 15cx^4y^2 + 20dx^3y^3 + 15ex^2y^4 + 6fxy^5 + gy^6.$$

$$I_2 = ag - 6bf + 15ce - 10d^2.$$

$$I_4 = \begin{vmatrix} a & b & c & d \\ b & c & d & e \\ c & d & e & f \\ d & e & f & g \end{vmatrix} = aceg - acf^2 - ad^2g + 2adef - ae^3 - b^2eg + b^2f^2$$
$$+ 2bcdg - 2bcef + 2bd^2f - 2bde^2 - c^3g + 2c^2df$$
$$+ c^2e^2 - 3cd^2e + d^4.$$

$$I_6 = a^2d^2g^2 - 6a^2defg + 4a^2df^3 + 4a^2e^3g - 3a^2e^2f^2 - 6abcdg^2$$
$$+ 18abcefg - 12abcf^3 + 12abd^2fg - 18abde^2g + 6abe^3f$$
$$+ 4ac^3g^2 - 24ac^2e^2g - 18ac^2dfg + 30ac^2ef^2 + 54acd^2eg$$
$$- 12acd^2f^2 - 42acde^2f + 12ace^4 - 20ad^4g + 24ad^3ef$$
$$- 8ad^2e^3 + 4b^3dg^2 - 12b^3efg + 8b^3f^3 - 3b^2c^2g^2 + 30b^2ce^2g$$
$$- 24b^3cef^2 - 42bc^2deg + 60bc^2df^2 - 30bc^2e^2f + 24bcd^3g$$
$$- 84bcd^2ef + 66bcde^3 + 24bd^4f - 24bd^3e^2 + 12c^4eg - 27c^4f^2$$
$$- 8c^3d^2g + 66c^3def - 8c^3e^3 - 24c^2d^3f - 39c^2d^2e^2 + 36cd^4e$$
$$- 8d^6.$$

$$I_{10} = AC - B^2$$

(en appelant A, B, C, les coefficients du covariant $C_{2,5}$).

$$I_{15} = \begin{vmatrix} A & B & C \\ B & C & D \\ D & E & F \end{vmatrix}$$

en appelant B, C, D, etc. les coefficients du covariant $C_{4,5}$.

INVARIANTS PAR RAPPORT AUX RACINES.

$$I_2 = \sum (\alpha - \beta)^2 (\gamma - \delta)^2 (\epsilon - \varphi)^2.$$
$$I_4 = \sum (\alpha - \beta)^4 (\gamma - \delta)^4 (\epsilon - \varphi)^4.$$

Pour l'Invariant gauche de 15ᵉ degré le P. Joubert a donné l'expression suivante :

Si on pose $f = a(x-x_\infty)(x-x_0)(x-x_1)(x-x_2)(x-x_3)(x-x_4)$,

$$U_0 = [x_\infty x_0(x_2+x_3-x_1-x_4) + x_1x_4(x_\infty+x_0-x_2-x_3) + x_2x_3(x_1+x_4-x_\infty-x_0)]$$
$$V_0 = [x_\infty x_0(x_3+x_4-x_1-x_2) + x_1x_2(x_\infty+x_0-x_3-x_4) + x_3x_4(x_1+x_2-x_\infty-x_0]$$
$$W_0 = [x_\infty x_0(x_2+x_4-x_1-x_3) + x_1x_3(x_\infty+x_0-x_2-x_4) + x_2x_4(x_2+x_3-x_\infty-x_0)]$$

on aura

$$I_{15} = a^{15}\, U_0\, U_1\, U_2\, U_3\, U_4 \times V_0\, V_1\, V_2\, V_3\, V_4 \times W_0\, W_1\, W_2\, W_3\, W_4$$

TABLE DES COVARIANTS.

Forme de 3ᵉ degré (*).

N° 1. — Covariant de 2ᵉ ordre $= C_{2,2}$

$$(ac - b^2)\, x^2 + (ad - bc)\, xy + (bd - c^2)\, y^2.$$

N° 2. — Covariant de 3ᵉ ordre $= C_{3,3}$

$+1\,a^2d$	$+3\,abd$	$-3\,acd$	$-1\,ad^2$
$-3\,abc$	$-6\,ac^2$	$+6\,b^2d$	$+3\,bcd$
$+2\,b^3$	$-3\,b^2c$	$+3\,bc^2$	$-2\,c^3$

$(x,y)^3.$

Forme de 4ᵉ degré.

N° 1. — Covariant de 4ᵉ ordre $= C_{4,2}$

$+1\,ac$	$+2\,ad$	$+1\,ac$	$+2\,be$	$+1\,ce$
$-1\,b^2$	$-2\,bc$	$+2\,bd$	$-2\,cd$	$-1\,d^2$
		$-3\,c^2$		

$(x,y)^4.$

N° 2. — Covariant de 6ᵉ ordre $= C_{6,3}$

$+1\,a^2d$	$+1\,a^2e$	$+5\,abe$	$-5\,ade$	$-1\,ae^2$	$-1\,be^2$
$-3\,abc$	$+2\,abd$	$-15\,acd$	$+15\,bce$	$-2\,bde$	$+3\,cde$
$+2\,b^3$	$-9\,ac^2$	$+10\,b^2c$	$-10\,bd^2$	$+9\,bc^2e$	$-2\,d^3$
	$+6\,b^2c$	$+10\,b^2e$		$-6\,cd^2$	
		$-10\,ad^2$			

$(x,y)^6.$

(*) Les formes sont toutes écrites sous forme binomiale.

Forme de 5e degré.

N° 1. — Covariant de 2e ordre et de 2e degré $= C_{2,2}$

$+1\,ae$	$+1\,af$	$+1\,bf$
$-4\,bd$	$-3\,be$	$-4\,ce$
$+3\,c^2$	$+2\,cd$	$+3\,d^2$

$\times (x,y)^2$.

N° 2. — Covariant de 6e ordre et de 2e degré $= C_{6,2}$

$+1\,ac$	$+3\,ad$	$+3\,ae$	$+1\,af$	$+3\,bf$	$+3\,cf$	$+1\,df$
$-1\,b^2$	$-3\,bc$	$+3\,bd$	$+7\,be$	$+3\,ce$	$-3\,de$	$-1\,e^2$
		$-6\,c^2$	$-8\,cd$	$-6\,d^2$		

$\times (x,y)^6$.

N° 3. — Covariant de 3e ordre et de 3e degré $= C_{3,3}$

$+1\,ace$	$+1\,acf$	$+1\,adf$	$+1\,bdf$
$-1\,ad^2$	$-1\,ade$	$-1\,ae^2$	$-1\,be^2$
$-1\,b^2e$	$-1\,b^2f$	$-1\,bcf$	$-1\,c^2f$
$+2\,bcd$	$+1\,bce$	$+1\,bde$	$+2\,cde$
$-1\,c^3$	$+1\,bd^2$	$+1\,c^2e$	$-1\,d^3$
	$-1\,c^2d$	$-1\,cd^2$	

$\times (x,y)^3$.

N° 4. — Covariant de 5e ordre et de 3e degré $= C_{5,3}$

$+1\,a^2f$	$+5\,abf$	$+2\,acf$	$-2\,af$	$-5\,aef$	$-1\,af^2$
$-5\,abe$	$-16\,ace$	$-12\,ade$	$-8\,ae^2$	$+16\,bdf$	$+5\,bef$
$+2\,acd$	$+6\,ad^2$	$+8\,b^2f$	$-12\,bcf$	$+9\,be^2$	$-2\,cdf$
$+8\,b^3d$	$-9\,b^2e$	$-38\,bce$	$+36\,bde$	$-6\,c^2f$	$-8\,ce^2$
$-6\,bc^2$	$+38\,bcd$	$+72\,bd^2$	$+72\,c^2e$	$-38\,cde$	$+6\,d^2e$
	$-24\,c^3$	$-32\,c^3d$	$-32\,cd^2$	$+24\,d^3$	

$\times (x,y)^5$.

N° 5. — Covariant de 9e ordre et de 3e degré $= C_{9,3}$

$+1\,a^2d$	$+2\,a^2e$	$+1\,af$	$+7\,abf$	$+5\,acf$	$-7\,aef$	$-1\,af^2$	$-2\,bf^2$	$-cf^2$
$-3\,abc$	$+1\,abd$	$+11\,abc$	$-8\,ace$	$-40\,ade$	$+8\,bdf$	$-11\,bef$	$-1\,cef$	$+3\,def$
$+2\,b^3$	$-12\,ac^2$	$-34\,acd$	$-34\,ad^2$	$+16\,b^2f$	$-29\,be^2$	$+34\,cdf$	$+12\,d^3f$	$-2\,e^3$
	$+9\,bc^2$	$+16\,b^2d$	$+29\,b^2e$	$+47\,bce$	$+34\,c^2f$	$-16\,ce^3$	$-6\,d^2c$	
		$+6\,bc^2$	$-2\,bcd$	$+44\,bd^2$	$+2\,cde$	$-6\,d^2e$		
		$+8\,c^3$	$+16\,c^2d$	$-8\,d^3$				

$\times (x,y)^9$.

N° 6. — Covariant de 4ᵉ ordre et de 4ᵉ degré $= C_{4,4}$

$+1\ a^2df$	$+2\ a^2ef$	$+1\ a^2f^2$	$+2\ abf^2$	$+1\ acf^2$
$-3\ abcf$	$-4\ abdf$	$-4\ abef$	$-4\ acef$	$-3\ adef$
$-5\ abde$	$-10\ abe^2$	$-2\ acdf$	$-2\ ad^2f$	$+2\ ae^3$
$+10\ ac^2e$	$-2\ ac^2f$	$+4\ ace^2$	$+4\ ade^2$	$-5\ bcef$
$-4\ acd^2$	$+24\ acde$	$+4\ b^2df$	$-10\ b^2ef$	$+10\ bd^2f$
$+2\ b^3f$	$-12\ ad^3$	$-9\ b^2e^2$	$+24\ bcdf$	$-5\ bde^2$
$-5\ b^2ce$	$+4\ b^2cf$	$+50\ bcde$	$+16\ bce^2$	$-4\ c^2df$
$+14\ b^2d^2$	$+16\ b^2de$	$-36\ bd^3$	$-22\ bd^2e$	$+14\ c^2e^2$
$-16\ bc^2d$	$-22\ bc^2e$	$-36\ c^3e$	$-12\ c^3f$	$-16\ cd^2e$
$+6\ c^4$	$-4\ bcd^2$	$+28\ c^2d^2$	$-4\ c^2de$	$+6\ d^4$
	$+8\ c^3d$		$+8\ cd^3$	

$\displaystyle \big(x,y\big)^4$

N° 7. — Covariant de 6ᵉ ordre et de 4ᵉ degré $= C_{6,4}$

$+1\ a^2cf$	$+2\ a^2df$	$+2\ abdf$	$-20\ ace^2$	$-2\ acef$	$-2\ acf^2$	$-1\ adf^2$
$-1\ a^2de$	$-2\ a^2e^2$	$-2\ abe^2$	$+20\ ad^2e$	$+1\ ad^2f$	$+10\ adef$	$+1\ ae^2f$
$-1\ ab^2f$	$-10\ abcf$	$-1\ ac^2f$	$+20\ b^2df$	$+1\ ade^2$	$+2\ ae^3$	$+1\ bcf^2$
$-2\ abce$	$+10\ abde$	$+2\ acde$	$-20\ bc^2f$	$+2\ b^2ef$	$+2\ b^2f^2$	$+2\ bdef$
$+4\ abd^2$	$-2\ b^3f$	$+3\ ad^3$	$-20\ bd^3$	$-2\ bcdf$	$-10\ bcef$	$-3\ be^3$
$-1\ ac^2d$	$+14\ b^2ce$	$-1\ b^2cf$	$+20\ c^3e$	$-5\ bce^2$	$-14\ bde^2$	$-4\ c^2ef$
$+3\ b^3e$	$+2\ b^2d^2$	$+5\ b^2de$		$-1\ bd^2e$	$-2\ c^2e^2$	$+1\ cd^2f$
$-6\ b^2cd$	$-26\ bc^2d$	$+1\ bc^2e$		$-3\ c^3f$	$+26\ cd^2e$	$+6\ cde^2$
$+3\ bc^3$	$+12\ c^4$	$-9\ bcd^2$		$+9\ c^2de$	$-12\ d^4$	$-3\ d^3e$
		$+4\ c^3d$		$-4\ cd^3$		

$\displaystyle \big(x,y\big)^6$

N° 3. - Covariant de 1ᵉʳ ordre et de 5ᵉ degré $= C_{1,5}$

$+1\ a^2cf^2$	$+1\ a^2df^2$
$-2\ a^2def$	$-1\ a^2e^2f$
$+1\ a^2e^3$	$-2\ abcf^2$
$-1\ ab^2f^2$	$-4\ abdef$
$-4\ abcef$	$+6\ abe^3$
$+8\ abd^2f$	$+8\ ac^2ef$
$-2\ abde^2$	$-2\ acd^2f$
$-2\ ac^2df$	$-12\ acde^2$
$+14\ ac^2e^2$	$+6\ ad^3e$
$+22\ acd^2e$	$+1\ b^3f^2$
$+9\ ad^4$	$-2\ b^2cef$
$+6\ b^3ef$	$+14\ b^2d^2f$
$-12\ b^2cdf$	$-15\ b^2de^2$
$-15\ b^2ce^2$	$-22\ bc^2df$
$+10\ b^2d^2e$	$+10\ bc^2e^2$
$+6\ bc^3f$	$+30\ bcd^2e$
$+30\ bc^2de$	$-15\ bd^4$
$-20\ bcd^3$	$+9\ c^4f$
$-15\ c^4e$	$-20\ c^3de$
$+10\ c^3d^2$	$+10\ c^2d^3$

$\displaystyle \big(x,y\big)^1$

N° 9. — Covariant de 3e ordre et de 5e degré $= C_{3,5}$

$+1\ a^2cef$	$+1\ a^2cf$	$-1\ a^2df^2$	$-1\ abdf^2$
$-3\ a^2d^2f$	$-5\ a^2def$	$+1\ a^2c^2f$	$+1\ abe^2f$
$+2\ a^2de^2$	$+4\ a^2e^3$	$+5\ abcf$	$+3\ ac^2f^2$
$-1\ ab^2cf$	$-1\ ab^3f^2$	$-8\ abdef$	$-14\ acdef$
$+14\ abcdf$	$+8\ abcef$	$+3\ abe^3$	$+8\ ace^3$
$-11\ abce^2$	$+11\ abd^2f$	$-11\ ac^2ef$	$+9\ ad^3f$
$-1\ abd^2e$	$-17\ abde^3$	$+11\ acd^2f$	$-6\ ad^2e^2$
$-9\ ac^3f$	$-11\ ac^2df$	$+6\ acde^2$	$-2\ b^3cf^2$
$+14\ ac^2de$	$-16\ ac^3e^2$	$-6\ ad^3e$	$+11\ b^2def$
$-6\ acd^3$	$+14\ acde^3$	$-4\ b^3f^2$	$-9\ b^2e^3$
$-8\ b^3df$	$-18\ ad^4$	$+17\ b^2cef$	$+1\ bc^2ef$
$+9\ b^3c^2$	$-3\ b^3ef$	$+16\ b^3d^2f$	$-14\ bcd^2f$
$+6\ b^2c^2f$	$-6\ b^3cdf$	$-21\ b^4de^2$	$+16\ bcde^2$
$-16\ b^2cde$	$+21\ b^4ce^2$	$-44\ bc^2df$	$-3\ bd^3e$
$+8\ b^2d^3$	$-5\ b^4de^2$	$+5\ bc^2e^2$	$+6\ c^3df$
$+3\ bc^3e$	$+6\ bc^3f$	$+39\ bcd^2e$	$-8\ c^3e^3$
$-2\ bc^2d^2$	$-39\ bc^2de$	$-12\ bd^4$	$+2\ c^3d^2e$
	$+22\ bcd^4$	$+18\ c^4f$	

$$\Bigr\}\,(x_1 y)^3.$$

N° 10. — Covariant de 7e ordre et de 5e degré $= C_{7,5}$

$+2\ a^2c^2f$	$+7\ a^2cdf$	$-3\ a^2cef$	$-11\ a^2cf^2$	$+1\ a^2df^2$	$+3\ abdf^2$	$-7\ acdf^2$	$-12\ ad^2f^2$
$-5\ a^2cde$	$-10\ a^2ce^2$	$+12\ a^2d^2f$	$+7\ a^2def$	$-1\ ade^2f$	$-3\ abe^2f$	$+7\ ace^2f$	$+4\ ade^2f$
$+3\ a^2d^3$	$-3\ a^2d^2e$	$-9\ a^2de^2$	$+6\ a^2e^3$	$-7\ abcf^2$	$-12\ ac^2f^2$	$+7\ ad^2ef$	$-2\ ae^4$
$-4\ ab^2cf$	$-7\ ab^2df$	$+3\ ab^2ef$	$+1\ ab^2f^2$	$+26\ abd^2f$	$+18\ acdef$	$-7\ ade^3$	$+5\ bcdf^2$
$+5\ ab^2de$	$+10\ ab^2e$	$-18\ abcdf$	$-26\ abcef$	$-19\ abe^3$	$+6\ ace^3$	$+10\ b^2df^2$	$-5\ bce^2f$
$+5\ abc^3e$	$-7\ abc^2f$	$-18\ abce^2$	$+32\ abd^2f$	$-32\ ac^2ef$	$+3\ ad^3f$	$-10\ b^2e^2f$	$-5\ bd^2ef$
$-7\ abcd^2$	$-8\ abcd^3$	$+30\ abd^2e$	$-8\ abde$	$+18\ acd^2f$	$-15\ ad^2e^2$	$-3\ bc^2f^2$	$+5\ bde^3$
$+1\ ac^3d$	$+9\ abd^4$	$-3\ ac^3f$	$-18\ ac^2df$	$-39\ ad^3e$	$+19\ b^2cf^2$	$+8\ bcdef$	$-3\ c^3f^2$
$+2\ b^4f$	$+22\ ac^3e$	$+45\ ac^2de$	$+6\ ac^2e^2$	$+6\ b^3f^2$	$+18\ b^2def$	$-2\ bce^3$	$+7\ c^2def$
$-5\ b^3ce$	$-19\ ac^2d^2$	$-39\ acd^3$	$+52\ acde$	$+8\ b^2cef$	$-27\ b^2e^3$	$-22\ bd^3f$	$-2\ c^2e^3$
$-2\ b^3d^2$	$+7\ b^2cf$	$-6\ b^3df$	$-39\ ad^4$	$-6\ b^2d^2f$	$-30\ bc^2ef$	$+19\ bd^2e^2$	$-1\ cd^3f$
$+8\ b^2c^3d$	$+2\ b^3de$	$+27\ b^3e^3$	$+19\ b^3cf$	$+20\ b^2de^2$	$-45\ bcd^2f$	$-9\ c^3ef$	$-8\ cd^2e^2$
$-3\ bc^4$	$-19\ b^2c^2e$	$+15\ b^2c^2f$	$-53\ b^2cdf$	$+45\ bcd^2f$	$+87\ bcde^2$	$+19\ c^2d^2f$	$+3\ d^4e$
	$-11\ b^2cd^2$	$-87\ b^2cde$	$+20\ b^2ce^2$	$+25\ bc^2e^2$	$-12\ bd^3e$	$+11\ c^2de^2$	
	$+33\ bc^3d$	$+6\ b^2d^3$	$-25\ b^2de^2$	$-52\ bcde^3$	$+39\ c^3df$	$-33\ cd^3e$	
	$-12\ c^5$	$+12\ bc^3e$	$+39\ bc^3f$	$+39\ c^4f$	$-6\ c^3e^2$	$+12\ d^5$	
		$+57\ bc^2d^2$	$-45\ bc^2de$	$-65\ c^3de$	$-57\ c^2d^2e$		
		$-24\ c^4d$	$+65\ bcd^3$	$+20\ c^2d^3$	$+24\ cd^4$		
			$-20\ c^3d^2$				

N° 11. — Covariant de 1er ordre et de 7e degré $= C_{5,7}$

+	1	a^3cf^3	−	1	a^3df^3
−	4	a^3def^2	+	1	$a^3e^2f^2$
+	3	a^3e^3f	+	4	a^2bcf^3
−	1	$a^2b^2f^3$	+	3	a^2bdef^2
−	3	a^2bcef^2	−	7	a^2be^3f
+	16	$a^2bd^2f^2$	−	16	$a^2c^2ef^2$
+	4	a^2bde^2f	+	6	$a^2cd^2f^2$
−	15	a^2be^4	+	30	a^2cde^2f
−	6	$a^2c^2df^2$	−	8	a^2ce^4
+	1	$a^2c^2e^2f$	−	18	a^2d^3ef
−	22	a^2cd^2ef	+	6	$a^2d^2e^3$
+	26	a^2cde^3	−	3	ab^3f^3
+	9	a^2d^4f	−	4	ab^2cef^2
−	12	$a^2d^3e^2$	−	4	$ab^2d^2f^2$
+	7	ab^3ef^2	−	1	ab^2de^2f
−	30	ab^2cdf^2	+	18	ab^2e^4
+	1	ab^2ce^2f	+	22	abc^2df^2
−	74	ab^2d^2ef	+	74	abc^2e^2f
+	84	ab^2de^3	−	160	$abcd^2ef$
+	18	abc^3f^2	−	32	$abcde^3$
+	160	abc^2def	+	81	abd^4f
−	98	abc^2e^3	+	6	abd^3e^2
−	20	$abcd^3f$	−	9	ac^4f^2
−	94	$abcd^2e^2$	+	20	ac^3def
+	51	abd^4e	−	112	ac^3e^3
−	81	ac^4ef	−	18	ac^2d^3f
+	18	ac^3d^2f	+	284	$ac^2d^2e^2$
+	140	ac^3de^2	−	216	acd^4e
−	100	ac^2d^3e	+	54	ad^6
+	18	acd^5	+	15	b^4ef^2
+	8	b^4df^2	−	26	b^3cdf^2
−	18	b^4e^2f	−	84	b^3ce^2f
−	6	$b^3c^2f^2$	+	98	b^3d^2ef
+	32	b^3cdef	−	45	b^3de^3
+	45	b^3ce^3	+	12	$b^2c^3f^2$
+	112	b^3d^3f	+	94	b^2c^2def
−	150	$b^3d^2e^2$	+	150	$b^2c^2e^3$
−	6	b^2c^3ef	−	140	b^2cd^3f
−	284	$b^2c^2d^2f$	−	50	$b^2cd^2e^2$
+	50	$b^2c^2de^2$	+	15	b^2d^4e
+	320	b^2cd^3e	−	51	bc^4ef
−	120	b^2d^5	+	100	bc^3d^2f
+	216	bc^4df	−	320	bc^3de^2
−	15	bc^4e^2	+	310	bc^2d^3e
−	310	bc^3d^2e	−	90	bcd^5
+	130	bc^2d^4	−	18	c^5df
−	54	c^6f	+	120	c^5e^2
+	90	c^5de	−	130	c^4d^2e
−	40	c^4d^3	+	40	c^3d^4

$\}(x, y)^1$

N° 12. — Covariant de 5ᵉ ordre et de 7ᵉ degré $= C_{5,7}$

x^5	x^4y	x^3y^2	x^2y^3	xy^4	y^5
$+1\,a^3cdf^2$	$-2\,a^3cef^2$	$+1\,a^3cf^3$	$+1\,a^3df^3$	$+2\,a^2bdf^3$	$-1\,a^2cdf^3$
$-2\,a^3ce^2f$	$+5\,a^3d^2f^2$	$-6\,a^3def^2$	$-1\,a^3e^2f^2$	$-2\,a^2be^2f^2$	$+1\,a^2ce^2f^2$
$+2\,a^3d^2ef$	$-1\,a^3de^2f$	$+5\,a^3e^3f$	$-6\,a^2bcf^3$	$-5\,a^2c^2f^3$	$+3\,a^2d^2ef^2$
$-1\,a^3de^3$	$-2\,a^3e^4$	$-1\,a^2b^2f^3$	$+11\,a^2bdef^2$	$+17\,a^2cdef^2$	$-5\,a^2de^3f$
$-1\,a^2b^2df^2$	$+2\,a^2b^2ef^2$	$-11\,a^2bcef^2$	$-5\,a^2be^3f$	$+7\,a^2ce^3f$	$+2\,a^2e^5$
$+2\,a^2b^2e^2f$	$-17\,a^2bcdf^2$	$-4\,a^2bd^2f^2$	$+4\,a^2c^2ef^2$	$-4\,a^2d^3f^2$	$+2\,ab^2df^3$
$-3\,a^2bc^2f^2$	$+13\,a^2bce^2f$	$+4\,a^2bde^2f$	$-2\,a^2cd^2f^2$	$-6\,a^2d^2e^2f$	$-2\,ab^2e^2f^2$
$-6\,a^2bcdef$	$-32\,a^2bd^2ef$	$+17\,a^2be^4$	$+4\,a^2cde^2f$	$+5\,a^2de^4$	$-2\,abc^2f^3$
$+13\,a^2bce^3$	$+32\,a^2bde^3$	$+2\,a^2c^2df^2$	$-4\,a^2ce^4$	$+1\,ab^2cf^3$	$+6\,abcdef^2$
$-8\,a^2bd^3f$	$-4\,a^2c^3f^2$	$-26\,a^2c^2e^2f$	$-10\,a^2d^3ef$	$+13\,ab^2def^2$	$-2\,abce^3f$
$+2\,a^2bd^2e^2$	$+36\,a^2c^2def$	$-2\,a^2cd^2ef$	$+8\,a^2d^2e^3$	$+12\,ab^2e^3f$	$-16\,abd^3f^2$
$+16\,a^2c^3ef$	$-24\,a^2c^2e^3$	$-40\,a^2cde^3$	$+5\,ab^3f^3$	$+32\,abc^2ef^2$	$+24\,abd^2e^2f$
$-2\,a^2c^2d^2f$	$-10\,a^2cd^3f$	$+9\,a^2d^4f$	$+4\,ab^2cef^2$	$-36\,abcd^2f^2$	$-10\,abde^4$
$-38\,a^2c^2de^2$	$-16\,a^2cd^2e^2$	$-24\,a^2d^3e^2$	$-26\,ab^2d^2f^2$	$-42\,abcde^2f$	$+8\,ac^3ef^2$
$+34\,a^2cd^3e$	$+12\,a^2d^4e$	$+5\,ab^3ef^2$	$-35\,ab^2de^2f$	$+24\,abce^4$	$+2\,ac^2d^2f^2$
$-9\,a^2d^5$	$+7\,ab^3df^2$	$+4\,ab^2cdf^2$	$+42\,ab^2e^4$	$+56\,abd^3ef$	$-52\,ac^2de^2f$
$+5\,ab^3cf^2$	$-12\,ab^3e^2f$	$-35\,ab^2ce^2f$	$+2\,abc^2df^2$	$-34\,abd^2e^3$	$+28\,ac^2e^4$
$+2\,ab^3def$	$+6\,ab^2c^2f^2$	$+26\,ab^2d^2ef$	$+26\,abc^2e^2f$	$+10\,ac^3df^2$	$+52\,acd^3ef$
$-12\,ab^3e^3$	$-42\,ab^2cdef$	$+22\,ab^2de^3$	$+72\,abcd^2ef$	$-54\,ac^3e^2f$	$-32\,acd^2e^3$
$-24\,ab^2c^2ef$	$+54\,ab^2d^3f$	$-10\,abc^3f^2$	$-124\,abcde^3$	$+64\,ac^2d^2ef$	$-18\,ad^5f$
$+52\,ab^2cd^2f$	$-91\,ab^2d^2e^2$	$-72\,abc^2def$	$+13\,abd^4f$	$+46\,ac^2de^3$	$+12\,ad^4e^2$
$+7\,ab^2cde^2$	$-68\,abc^3ef$	$+106\,abc^2e^3$	$+26\,abd^3e^2$	$-37\,acd^4f$	$+1\,b^3cf^3$
$-22\,ab^2d^3e$	$-64\,abc^2d^2f$	$+76\,abcd^3f$	$+9\,ac^4f^2$	$-50\,acd^3e^2$	$-13\,b^3def^2$
$-52\,abc^2def$	$+14\,abc^2de^2$	$-210\,abcd^2e^2$	$-76\,ac^3def$	$+21\,ad^5e$	$+12\,b^3e^3f$
$+31\,abc^3e^2$	$+204\,abcd^3e$	$-99\,abd^4e$	$-56\,ac^3e^3$	$+2\,b^4f^3$	$-2\,b^2c^2ef^2$
$+8\,abc^2d^2e$	$-93\,abd^5$	$-13\,ac^4ef$	$+10\,ac^2d^3f$	$+32\,b^3cef^2$	$+38\,b^2cd^2f^2$
$-1\,abcd^4$	$+37\,ac^4df$	$+10\,ac^3d^2f$	$+296\,ac^2d^2e^2$	$+24\,b^3d^2f^2$	$-7\,b^2cde^2f$
$+18\,ac^5f$	$+86\,ac^4e^2$	$-128\,ac^3de^2$	$-260\,acd^4e$	$+16\,b^2c^2df^2$	$-30\,b^2ce^4$
$-25\,ac^4de$	$-208\,ac^3d^2e$	$+181\,ac^2d^3e$	$+72\,ad^6$	$+91\,b^2c^2e^2f$	$-34\,bcd^4f$
$+10\,ac^3d^3$	$+86\,ac^2d^4$	$+72\,acd^5$	$-17\,b^4ef^2$	$-14\,b^2cd^2ef$	$+35\,b^2d^2e^3$
$-2\,b^5f^2$	$-5\,b^4cf^2$	$-4\,b^4df^2$	$+40\,b^3cdf^2$	$-105\,b^2cde^3$	$-34\,bc^3df^2$
$+10\,b^4cef$	$-12\,b^4def$	$-24\,b^4e^2f$	$+22\,b^3ce^2f$	$-86\,b^2d^4f$	$+22\,bc^3e^2f$
$-28\,b^4d^2f$	$+34\,b^3c^2ef$	$+8\,b^3c^2f^2$	$+16\,b^3d^2ef$	$+110\,b^2d^3e^2$	$-8\,bcd^3e^2$
$+30\,b^4de^2$	$-46\,b^3cd^2f$	$+124\,b^3cdef$	$-105\,b^3de^3$	$-12\,bc^4f^2$	$+50\,c^2d^4e$
$+32\,b^3c^2df$	$+105\,b^3cde^2$	$+105\,b^3ce^3$	$-24\,b^2c^3f^2$	$-204\,bc^3def$	$+25\,bcd^4f$
$-35\,b^3c^2e^2$	$-20\,b^3d^3e$	$-56\,b^3d^3f$	$-210\,b^2c^2def$	$+20\,bc^3e^3$	$-70\,bcd^3e^2$
$-50\,b^3cd^2e$	$+50\,b^2c^3df$	$-130\,b^3d^2e^2$	$+130\,b^2c^2e^3$	$+208\,bc^2d^3f$	$+15\,bd^5e$
$+30\,b^3d^4$	$-110\,b^2c^3e^2$	$-290\,b^2c^2d^2f$	$-128\,b^2cd^3f$	$+170\,bc^2d^2e^2$	$+9\,c^5f^2$
$-12\,b^2c^4f$	$-170\,b^2c^2d^2e$	$+170\,b^2c^2de^2$	$+170\,b^2cd^2e^2$	$-250\,bcd^4e$	$+1\,c^4def$
$+70\,b^2c^3de$	$+115\,b^2cd^4$	$-340\,b^2cd^3e$	$-25\,b^2d^4e$	$+60\,bd^6$	$-30\,c^4e^3$
$-40\,b^2c^2d^3$	$-21\,bc^5f$	$+60\,b^2d^5$	$+99\,bc^4ef$	$+93\,c^5ef$	$-10\,c^3d^3f$
$-15\,bc^5e$	$+250\,bc^4de$	$+260\,bc^4df$	$+184\,bc^3d^2f$	$-86\,c^4d^2f$	$+40\,c^3d^2e^2$
$+10\,bc^4d^2$	$-150\,bc^3d^3$	$-25\,bc^4e^2$	$-340\,bc^3de^2$	$-115\,c^4de^2$	$-10\,c^2d^4e$
	$-60\,c^6e$	$-150\,bc^3d^2e$	$+150\,bc^2d^3e$	$+150\,c^3d^3e$	
	$+40\,c^5d^2$	$+72\,c^6f$	$-40\,bcd^5$	$-40\,c^2d^5$	
		$-40\,c^5de$	$-72\,c^5df$		
			$+60\,c^5e^2$		

N° 13. — Covariant de 2ᵉ ordre et de 6ᵉ degré $= C_{2,6}$

$-\ 1\ a^3d^2e^2$	$-\ 1\ a^2cdf^2$	$+\ 2\ b^2c^2f^2$
$-\ 2\ a^3c^2f^2$	$+\ 1\ a^2d^2ef$	$-\ 1\ a^2d^2f^2$
$+\ 5\ a^2cdef$	$+\ 1\ a^2ce^2f$	$+\ 5\ abcdf^2$
$-\ 3\ a^2d^3f$	$+\ 24\ a^2cde^2$	$-\ 3\ ac^3f^2$
$-\ 5\ ab^3def$	$-\ 1\ a^2de^3$	$-\ 5\ abce^2f$
$-\ 1\ ac^3df$	$+\ 1\ abc^2f^2$	$-\ 1\ acd^3f$
$+\ 7\ abcd^3f$	$+\ 1\ ab^2df^2$	$+\ 7\ ac^2def$
$-\ 3\ a^2ce^3$	$+\ 6\ abcdef$	$-\ 3\ b^3df^2$
$+\ 3\ ab^2e^3$	$-\ 10\ ac^3ef$	$+\ 3\ b^3e^2f$
$-\ 1\ abcde^2$	$-\ 28\ acd^3e$	$-\ 1\ b^2cdef$
$+\ 6\ ac^3e^2$	$-\ 1\ ab^3e^2f$	$+\ 6\ b^2d^3f$
$-\ 5\ abc^2ef$	$+\ 11\ ac^2d^2f$	$-\ 5\ abd^2ef$
$-\ 1\ abd^3e$	$-\ 6\ ac^2de^2$	$-\ 1\ bc^3ef$
$-\ 8\ ac^2d^2e$	$-\ 8\ abce^3$	$-\ 8\ bc^2d^2f$
$+\ 3\ acd^4$	$+\ 15\ abd^2e^2$	$+\ 3\ c^4df$
$+\ 2\ ab^2cf^2$	$-\ 10\ abd^3f$	$+\ 2\ a^2de^2f$
$+\ 5\ b^3cef$	$+\ 9\ ad^5$	$+\ 5\ abde^3$
$-\ 8\ b^2c^2df$	$-\ 5\ b^3cf^2$	$-\ 8\ acd^2e^2$
$+\ 3\ bc^4f$	$+\ 9\ b^3e^3$	$+\ 3\ ad^4e$
$+\ 7\ b^2cd^2e$	$-\ 8\ b^3def$	$+\ 7\ bc^2de^2$
$+\ 5\ bc^3de$	$+\ 11\ b^3c^2ef$	$+\ 5\ bcd^3e$
$-\ 3\ b^3de^2$	$-\ 37\ b^2cde^2$	$-\ 3\ b^2ce^3$
$-\ 4\ b^2c^2e^2$	$+\ 18\ b^2cd^2f$	$-\ 4\ b^2d^2e^2$
$-\ 3\ c^4e$	$+\ 8\ b^2d^3e$	$-\ 3\ bd^5$
$-\ 4\ bc^2d^3$	$-\ 28\ bc^3df$	$-\ 4\ c^3d^2e$
$+\ 2\ c^4d^2$	$+\ 8\ bc^4e^2$	$+\ 2\ c^2d^4$
$+\ 2\ b^2d^3f$	$-\ 17\ bcd^4$	$+\ 2\ ac^2e^3$
$-\ 1\ b^4f^2$	$+\ 37\ bc^2d^2e$	$-\ 1\ a^2e^4$
$-\ 1\ b^2d^4$	$+\ 8\ c^3d^3$	$-\ 1\ c^4e^2$
	$-\ 17\ c^4de$	
	$+\ 9\ c^5f$	

$)(x,y)^2$

N° 14. — Covariant de 2° ordre et de 8° degré $= C_{2,8}$

x^2	xy	y^2	x^2	xy	y^2
− $1\,a^3c^2f^3$	+ $2\,a^3d^2ef^2$	+ $1\,a^3d^2f^2$	+ $84\,abc^2d^4f$	+ $20\,b^3cd^2ef$	+ $33\,ac^2d^4f$
+ $6\,a^3cdef^2$	− $4\,a^3de^4f$	− $2\,a^3de^2f$	+ $24\,abc^4d^2e^3$	+ $58\,b^4d^4f$	+ $182\,ac^2d^3e^2$
− $4\,a^3ce^4f$	+ $2\,a^3e^5$	+ $1\,a^3e^4f$	− $106\,abcd^4e$	− $50\,b^4d^3e^2$	− $126\,acd^5e$
− $3\,a^3d\,f^2$	− $2\,a\,bc^2f^3$	− $6\,a^2bcdf^3$	+ $36\,abd^6$	− $6\,b^2c^4f^2$	+ $27\,ad^7$
+ $1\,a^3d\,e^2f$	+ $4\,a^2bce^4f$	+ $6\,a^2bce^4f^2$	+ $18\,ac^5ef$	+ $72\,b^4c^3def$	− $1\,b^4cf^3$
+ $1\,a\,de^4$	− $14\,a^2bd^3f^2$	+ $3\,a^2bd^4ef^2$	− $33\,ac^4d^2f$	+ $50\,b^2c^5e^4$	− $17\,b^4def^2$
+ $2\,a^2b^3cf^3$	+ $30\,a\,bd^4e^2f$	− $3\,a^3be^4$	− $25\,ac^5de^2$	− $156\,b^3c^2d^3f$	− $18\,b^4e^3f$
− $6\,a^3b^2def^2$	− $18\,a^4bde^4$	+ $3\,a^2c^3f^3$	+ $60\,ac^5d^4e$	+ $90\,b^3cd^4e$	+ $21\,b^3c^2ef^2$
+ $4\,a\,b^2e^4f$	+ $14\,a^2c^3ef^2$	− $3\,a^2c^4def^3$	− $21\,ac^2d^5$	− $30\,b^3d^6$	+ $21\,b^3cd^2f^2$
− $3\,a^3bc^2ef^2$	− $66\,a^2c^2de^2f$	− $6\,a^2c^4ef$	+ $3\,b^3ef^2$	− $24\,bc^5ef$	− $14\,b^4cdef^2$
+ $3\,a^3bcd^4f^3$	+ $26\,a^3c^3e^4$	+ $3\,a^2cd^4e^2f$	− $6\,b^3cdf^2$	+ $94\,bc^4d^2f$	− $45\,b^5ce^4$
− $18\,a\,bce^5$	+ $56\,a^4cd^3ef$	+ $6\,a^2cde^4$	− $15\,b^3ce^2f$	− $90\,bc^5de^2$	+ $2\,b^3d^4ef$
+ $17\,a^2bd^4ef$	− $18\,a^3cd^3e^3$	− $3\,a^3d^4e^3$	− $38\,b^4d^2ef$	+ $10\,bc^2d^5$	+ $15\,b^3d^2e^3$
+ $22\,a^2bd^2e^3$	− $18\,a^3d^5f$	+ $4\,ab^3df^3$	+ $45\,b^4de^3$	− $18\,c^6df$	− $32\,b^2c^3df^2$
− $21\,a\,bc^2e^3$	+ $6\,a^2d^4e^2$	+ $4\,ab^4e^2f^2$	+ $3\,b^5c\,f^2$	+ $30\,c^6e^2$	− $39\,b^2c^3e^4f$
+ $13\,a^2c^3e^2f$	+ $4\,ab^3cf^3$	− $1\,ab^2c^2f^3$	+ $102\,b^3c\,def$	− $10\,c^5d^2e$	− $24\,b^2c^2d^3ef$
− $12\,a^2c^2d\,ef$	− $4\,ab^3def^2$	+ $18\,ab^4cdef^2$	− $15\,b^5c^2e^3$		+ $75\,b^2c^3de^3$
− $21\,a^2c^4de^3$	− $30\,ab^2c\,ef^2$	− $16\,ab^4ce^4f$	+ $76\,b^3cd^3f$		+ $125\,b^3cd^4f$
− $3\,a^2cd\,f$	+ $66\,ab^4cd\,f^2$	− $13\,ab\,d^4f^2$	− $175\,b^3cd^2e^2$		− $20\,b^3cd^3e^2$
+ $32\,a^2cd\,e^3$	− $18\,ab^2ce^4$	− $3\,ab\,d^4e^2f$	+ $35\,b\,d^4e$		+ $115\,b^2d^4e$
− $9\,a^3d\,e$	− $84\,ab^2d^3ef$	+ $15\,ab^4de^4$	− $42\,b^4c^4ef$		+ $9\,bc^5f^2$
− $1\,ab\,f^3$	+ $66\,ab^4d^2e^3$	− $22\,abc^4ef^2$	− $182\,b^2c^3d^2f$		+ $106\,bc^4def$
+ $6\,ab\,d^4f^2$	− $56\,abc^3df^2$	+ $12\,abc^2d^4f^2$	+ $120\,b^3c^3de^2$		− $35\,bc^4e^3$
+ $16\,ab^3de^2f$	+ $84\,abc^3e^2f$	+ $18\,abc^3de^2f$	+ $150\,b^4c^3d^4e$		− $60\,bc^3d^3f$
− $18\,ab^3e^4$	− $20\,abc^2de^3$	+ $38\,abc^2e^4$	− $70\,b^3cd^5$		− $150\,bc^3d^2e^2$
− $3\,ab^2c^2df^2$	+ $40\,abcd^4f$	+ $32\,abcd^4ef$	+ $126\,bc\,d\,f$		+ $175\,bc^3d^4e$
+ $3\,ab^3c^2e^2f$	− $72\,abcd^3e^2$	− $102\,abcd^2e^3$	− $15\,bc^5e^3$		− $45\,bcd^6$
− $18\,ab^2cd^2ef$	− $2\,b^5f^3$	− $18\,abd^4f$	− $175\,bc^4d^2e$		− $36\,c^6ef$
+ $14\,ab^2cde^3$	+ $18\,b^4cef^2$	+ $42\,abd^4e^4$	+ $75\,bc^3d^4$		+ $21\,c^5d^2f$
− $41\,ab\,d^4f$	− $26\,b^4d^2f^2$	+ $3\,ac^4df^2$	− $27\,c^7f$		+ $70\,c^5de^2$
+ $39\,ab^2d\,e^2$	+ $18\,b^4de^2f$	+ $41\,ac^4e^3f$	+ $45\,c^6de$		− $75\,c^4d^3e$
− $32\,abc^3def$	+ $18\,b^3c^2df^2$	− $84\,ac^4d^2ef$	− $20\,c^5d^3$		+ $20\,c^3d^5$
− $2\,abc^4e^5$	− $66\,b^3c^2e^3f$	− $76\,ac^4de^3$			

TABLE V[8]

N° 15. — Covariant de 3ᵉ ordre et de 9ᵉ degré $= C_{3,9}$

x^3		x^2y	
$+\,9\,a^4cef^3$	$+\,2094\,ab^3cde^2f$	$+\,9\,a^4cf^4$	$-\,1215\,ab^3d^2e^2f$
$+\,21\,a^4d^2f^3$	$-\,3915\,ab^3ce^4$	$-\,45\,a^4def^3$	$+\,1215\,ab^3de^4$
$-\,78\,a^4de^2f^2$	$+\,528\,ab^3d^3ef$	$+\,36\,a^4e^3f^2$	$-\,1836\,ab^2c^3ef^2$
$+\,48\,a^4e^4f$	$-\,45\,ab^3d^2e^3$	$-\,9\,a^3b^2f^4$	$-\,16812\,ab^2c^2d^2f^2$
$-\,9\,a^3bef^3$	$-\,2592\,ab^2c^3df^2$	$-\,18\,abcef^3$	$+\,6651\,ab^2c^2de^2f$
$-\,162\,a^3b^2cf^3$	$-\,9747\,ab^2c^3e^2f$	$+\,243\,a^3bd^3f^3$	$+\,12960\,ab^2c^2e^4$
$+\,99\,a^3bce^2f^2$	$-\,8496\,ab^2c^2d^2ef$	$+\,9\,a^3bde^2f^2$	$+\,18612\,ab^2cd^3ef$
$+\,300\,a^3bd^2ef^2$	$+\,20010\,ab^2cde^3$	$-\,216\,a^3be^4f$	$-\,18900\,ab^2cd^2e^3$
$+\,12\,a^3b^2de^3f$	$+\,8544\,ab^2cd^4f$	$-\,351\,a^3c^2df^3$	$-\,3888\,ab^2d^5f$
$-\,240\,a^3b^2e^5$	$-\,16650\,ab^2cd^3e^2$	$+\,144\,a^3c^2e^2f^2$	$+\,2970\,ab^2d^4e^2$
$-\,81\,a^3c^3f^3$	$+\,720\,ab^2d^5e$	$+\,1836\,a^3cd^2ef^2$	$+\,15228\,abc^4df^2$
$+\,1026\,a^3c^2def^2$	$+\,972\,abc^5f^2$	$-\,2592\,a^3cde^3f$	$-\,4968\,abc^4e^2f$
$-\,768\,a^3c^2e^3f$	$+\,24624\,abc^4def$	$+\,1152\,a^3bce^5$	$-\,14544\,abc^3d^2ef$
$-\,738\,a^3cd^3f^2$	$-\,5040\,abc^4e^3$	$-\,1458\,a^3d^4f^2$	$-\,12960\,abc^3de^3$
$-\,564\,a^3cd^2e^2f$	$-\,15984\,abc^3d^3f$	$+\,2268\,a^3d^3e^2f$	$+\,1296\,abc^2d^4f$
$+\,1056\,a^3cde^4$	$-\,29340\,abc^3d^2e^2$	$-\,1008\,a^3d^2e^4$	$+\,22500\,abcd^3e^2$
$+\,756\,a^3d^4ef$	$+\,34320\,abc^2d^4e$	$+\,63\,a^2b^3ef^3$	$-\,6480\,abcd^5e$
$-\,696\,a^3d^3e^3$	$-\,8640\,abcd^6$	$-\,234\,a^2b^2cdf^3$	$-\,3888\,ac^6f^2$
$+\,120\,a^3b^3df^3$	$-\,7776\,ac^6ef$	$-\,18\,a^2b^2ce^2f^2$	$+\,5184\,ac^5def$
$-\,21\,a^2b^3e^2f^2$	$+\,5184\,ac^5d^2f$	$-\,3231\,a^2b^2d^2ef^2$	$+\,5760\,ac^5e^3$
$+\,486\,a^2b^2c^2f^3$	$+\,12960\,ac^5de^2$	$+\,4293\,a^2b^2de^3f$	$-\,576\,ac^4d^3f$
$-\,2160\,a^2b^2cdef^2$	$-\,14400\,ac^4d^3e$	$-\,972\,a^2b^3e^5$	$-\,9360\,ac^4d^2e^2$
$+\,1023\,a^2b^2ce^3f$	$+\,3840\,ac^3d^5$	$+\,810\,a^2bc^3f^3$	$+\,2880\,ac^3d^4e$
$+\,120\,a^2b^2d^3f^2$	$+\,192\,b^6f^3$	$-\,3825\,a^2bc^2def^2$	$+\,288\,b^5cf^3$
$-\,1053\,a^2b^2d^2e^2f$	$-\,1440\,b^5cdf^2$	$+\,4032\,a^2ce^3f$	$-\,3888\,b^5def^2$
$+\,1314\,a^2b^2de^4$	$-\,192\,b^5d^2f^2$	$+\,7938\,a^2bcd^3f^2$	$+\,3645\,b^5e^3f$
$-\,1863\,a^2bc^3ef^2$	$-\,1080\,b^5de^2f$	$-\,9360\,a^2bcd^2e^2f$	$+\,756\,b^4c^2ef^2$
$+\,2538\,a^2bc^2d^2f^2$	$+\,2025\,b^5e^4$	$-\,864\,a^2bcde^4$	$+\,7488\,b^4cd^2f^2$
$+\,2340\,a^2bc^2de^2f$	$+\,1728\,b^4c^2df^2$	$-\,1296\,a^2bd^4ef$	$-\,4050\,b^4cde^2f$
$+\,672\,a^2bc^2e^4$	$+\,4410\,b^4c^2e^2f$	$+\,2700\,a^2bd^3e^3$	$-\,6075\,b^4ce^4$
$+\,2820\,a^2bcd^3ef$	$+\,5280\,b^4cd^2ef$	$-\,324\,a^2c^4ef^2$	$-\,4320\,b^4d^3ef$
$-\,7812\,a^2bcd^2e^3$	$-\,13500\,b^4cde^3$	$-\,2484\,a^2c^3d^2f^2$	$+\,6075\,b^4d^2e^3$
$-\,3024\,a^2bd^5f$	$-\,4800\,b^4d^4f$	$+\,6624\,a^2c^3de^2f$	$-\,7128\,b^3c^3df^2$
$+\,4572\,a^2bd^4e^2$	$+\,7800\,b^4d^3e^2$	$-\,6912\,a^2c^3e^4$	$+\,2970\,b^3c^3e^2f$
$-\,324\,a^2c^4df^2$	$-\,648\,b^3c^4f^2$	$-\,4428\,a^2c^2d^3ef$	$+\,3060\,b^3c^2d^2ef$
$+\,3888\,a^2c^4e^2f$	$-\,14040\,b^3c^3def$	$+\,12672\,a^2c^2d^2e^3$	$+\,10125\,b^3c^2de^3$
$-\,8748\,a^2c^3d^2ef$	$+\,3075\,b^3c^3e^3$	$+\,1944\,a^2cd^5f$	$+\,1440\,b^3cd^4f$
$-\,4800\,a^2c^3de^3$	$+\,9120\,b^3c^2d^3f$	$-\,9072\,a^2cd^4e^2$	$-\,13950\,b^3cd^3e^2$
$+\,4248\,a^2c^2d^4f$	$+\,16350\,b^3c^2d^2e^2$	$+\,1944\,acd^6e$	$+\,3600\,b^3d^5e$
$+\,14520\,a^2c^2d^3e^2$	$-\,19200\,b^3cd^4e$	$+\,144\,ab^4df^3$	$+\,1944\,b^2c^5f^2$
$-\,11448\,a^2cd^5e$	$+\,4800\,b^3d^6$	$-\,243\,ab^4e^2f^2$	$-\,1620\,b^2c^4def$
$+\,2592\,a^2d^7$	$+\,4860\,b^2c^5ef$	$-\,900\,ab^3c^2f^3$	$-\,4500\,b^2c^4e^3$
$-\,576\,ab^4cf^3$	$-\,3240\,b^2c^4d^2f$	$+\,10620\,ab^3cdef^2$	$-\,360\,b^2c^3d^3f$
$+\,672\,ab^4def^2$	$-\,8100\,b^2c^4de^2$	$-\,8586\,ab^3ce^3f$	$+\,6300\,b^2c^3d^2e^2$
$-\,459\,ab^4e^3f$	$+\,9000\,b^2c^3d^3e$	$-\,864\,ab^3d^3f^2$	$-\,1800\,b^2c^2d^4e$
$+\,3456\,ab^3c^2ef^2$	$-\,2400\,b^2c^2d^5$		
$-\,864\,ab^3cd^2f^2$			

TABLE V 9

(Suite du Nº 15)

Nº 15. — Covariant de 3ᵉ ordre et de 9ᵉ degré $= C_{3,9}$

xy^2		$\{\}$ — y^3	
− $9\,a^4df^4$	− $6651\,ab^2cd^2ef$	− $9\,a^3bdf^4$	− $5280\,abc^3de^4$
+ $9\,a^4e^2f^3$	+ $4050\,ab^2cde^4$	+ $9\,a^4bef^3$	− $24624\,abcd^4ef$
+ $45\,a^3bcf^4$	+ $4968\,ab^2d^4ef$	− $21\,a^4cf^4$	+ $14040\,abcd^3e^3$
+ $18\,a^3bdef^3$	− $2970\,ab^2d^3e^3$	+ $162\,a^3cdef^3$	+ $7776\,abd^6f$
− $63\,a^4be^2f^2$	+ $1296\,abc^4ef^2$	− $120\,a^3ce^3f^2$	− $4860\,abd^4e^2$
− $243\,a^3c^2ef^3$	+ $4428\,abc^3d^2f^2$	+ $81\,a^3d^3f^3$	+ $3024\,ac^5ef^2$
+ $351\,a^3cd^2f^3$	− $18612\,abc^2de^2f$	− $486\,a^3d^2e^2f^2$	− $4248\,ac^4d^2f^2$
+ $234\,a^3cde^2f^2$	+ $4320\,abc^3e^4$	+ $576\,a^3de^4f$	− $8544\,ac^3de^2f$
− $144\,a^3ce^4f$	+ $14544\,abc^2d^3ef$	− $192\,a^3e^6$	+ $4800\,ac^3e^4$
− $810\,a^3d^3ef^2$	− $3060\,abc^2d^2e^3$	+ $78\,a^2b^2cf^4$	+ $15984\,ac^3d^3ef$
+ $900\,a^3d^2e^3f$	− $5184\,abcd^4f$	− $99\,a^2bdef^3$	− $9120\,ac^3d^4e^3$
− $288\,a^3de^5$	− $1620\,abcd^3e^2$	+ $21\,a^2b^2cef^2$	$5184\,ac^2d^4f^2$
− $36\,a^4b^2f^4$	− $1944\,abc^3d^2f^2$	− $309\,a^2bc^2ef^3$	+ $3240\,ac^4d^2e^2$
− $9\,a^2b^2cef^3$	+ $3888\,ac^5e^2f$	− $1026\,a^2bcdf^3$	+ $240\,b^5ef^3$
− $144\,a^2b^2df^3$	− $1296\,ac^4d^2ef$	+ $2160\,a^2bcde^2f^2$	− $1056\,b^4cdf^3$
+ $18\,a^2b^2de^2f^2$	− $1440\,ac^3d^2e^3$	− $672\,a^2bce^4f$	− $1314\,b^4ce^2f^2$
+ $243\,a^2b^2e^4f$	+ $576\,ac^3d^4f$	+ $1863\,a^2bd^3ef^2$	− $672\,b^4d^2ef^2$
− $1836\,a^2bc^2df^3$	+ $360\,ac^3d^3e^2$	− $3456\,a^2bd^2e^3f$	+ $3915\,b^4de^3f$
+ $3231\,a^2bce^2f^3$	− $1152\,b^5df^3$	+ $1440\,a^2bde^5$	− $2025\,b^4e^5$
+ $3825\,a^2bcd^2ef^2$	+ $972\,b^5e^2f^2$	+ $738\,a^2c^3df^3$	+ $696\,b^3c^3f^3$
− $10620\,a^2bcde^3f$	− $1008\,b^4c^2f^3$	− $120\,a^2c^2e^2f^2$	+ $7812\,b^2c^3def^2$
+ $3888\,a^2bce^5$	+ $864\,b^4cdef$	− $2538\,a^2c^2d^2ef^2$	+ $45\,b^3c^2e^3f$
+ $324\,a^2bd^4f^2$	− $1215\,b^4ce^2f$	+ $864\,a^2c^3def$	+ $4800\,b^3cd^3f^2$
+ $1836\,a^2bd^3e^2f$	+ $6912\,b^4d^3f^2$	− $192\,a^2c^2e^5$	− $26610\,b^3cd^2e^2f$
− $756\,a^2bd^2e^4$	− $12960\,b^4d^2e^2f$	+ $324\,a^2cd^4f^2$	+ $13500\,b^3cde^4$
+ $1458\,a^2c^4f^3$	+ $6075\,b^4de^4$	+ $2592\,a^2cd^3e^2f$	+ $5040\,b^3d^4ef$
− $7938\,a^2c^3def^2$	− $2700\,b^3c^3ef^2$	− $1728\,a^2cde^5$	− $3075\,b^3d^3e^3$
+ $864\,a^2c^3e^2f$	$12672\,b^3c^2d^2f^2$	− $972\,a^3d^4ef$	− $4572\,b^3c^3ef^2$
+ $2484\,a^2c^2d^3f^2$	+ $18900\,b^3c^2de^2f$	+ $648\,a^2d^4e^3$	− $14520\,b^3c^2d^2f^2$
+ $16812\,a^2c^2d^2e^2f$	− $6075\,b^3c^2e^4$	− $48\,ab^4f^4$	+ $16650\,b^3c^3def$
− $7488\,a^2c^2de^4$	+ $12960\,b^3cd^3ef$	− $12\,ab^5cf^2$	− $7800\,b^2c^3e^4$
− $15228\,a^2cd^4ef$	− $10125\,b^3cd^2e^3$	+ $768\,abd^2f^3$	+ $29340\,b^2c^3d^2ef$
+ $7128\,a^2cd^3e^3$	− $5760\,b^4d^4f$	$1023\,ab^3de^2f^2$	− $16350\,b^2c^2d^2e^3$
+ $3888\,a^2d^6f$	+ $4500\,b^3d^3e^3$	+ $459\,ab^3e^4f$	− $12960\,b^2cd^5f$
− $1944\,a^2d^5e^2$	+ $9072\,b^2c^4df^2$	+ $564\,ab^2c^2df^3$	+ $8100\,b^2cd^4e^2$
+ $216\,ab^4ef^3$	− $2970\,b^2c^4e^2f$	+ $1053\,ab^2c^3ef^2$	+ $11448\,bc^5df^2$
+ $2592\,ab^3cdf^3$	− $22500\,b^2c^3d^2ef$	− $2340\,ab^2cd^2ef^2$	− $720\,bc^5e^2f$
− $4293\,ab^3ce^2f^3$	+ $13950\,b^2c^3de^3$	− $2094\,ab^2cd^3f$	− $34320\,bc^4d^2ef$
− $4032\,ab^3d^2ef^3$	+ $9360\,b^2c^3d^3f$	+ $1080\,ab^2ce^4$	+ $19200\,bc^4de^3$
+ $8586\,ab^3de^3f$	− $6300\,b^2c^2d^3e^2$	− $3888\,ab^2d^4f^2$	+ $14400\,bc^3d^4f$
− $3645\,ab^3e^5$	− $1944\,bc^6f^2$	+ $9747\,ab^2d^2e^2f$	− $9000\,bc^2d^3e^2$
− $2268\,ab^2c^3f^3$	+ $6480\,bc^5def$	− $4410\,ab^3d^2e^4$	− $2592\,c^7f^2$
+ $9360\,ab^2c^2def^2$	− $3600\,bc^5e^3$	− $756\,abc^4f^3$	+ $8640\,c^6def$
+ $1215\,ab^2c^2e^2f$	− $2880\,bc^4d^3f$	$2820\,abc^3def^2$	− $4800\,c^6e^3$
− $6624\,ab^2cd^3f^2$	+ $1800\,bc^4d^2e^2$	$528\,abc^3e^3f$	− $3840\,c^5d^3f$
		+ $8748\,abc^2d^3f^2$	+ $2400\,c^5d^2e^2$
		+ $8496\,abc^2d^2e^2f$	

TABLE V [1]

N° 16. — Covariant de 1er ordre et de 11e degré $= C_{1,11}$

x

− 1 $a^4c^3df^4$	+ 27 $a^2b^3e^6$	− 108 ab^4de^5	+ 16 $b^5c^2df^3$
+ 1 $a^4c^2e^2f^3$	+ 39 $a^2b^4c^3ef^3$	− 82 $ab^3c^2df^3$	− 129 $b^5c^2e^4f^2$
+ 7 a^4cdef^3	− 105 $a^2b^2c^3df^3$	+ 315 $ab^3c^3ef^2$	− 108 $b^5cd^2ef^2$
− 12 $a^4cde^2f^2$	+ 18 $a^2b^2c^3de^2f^3$	+ 153 $ab^3c^2def^2$	+ 72 b^5cde^3f
+ 5 a^4cef^5	− 6 a^2bc^2ef	− 390 $ab^3c^2de^3f$	+ 135 b^5ce^5
− 6 a^5df^3	+ 114 $a^2b^3cd^2ef^2$	− 234 $ab^4c^2e^5$	+ 84 $b^5d^4f^2$
+ 12 $a^4d^3e^2f^2$	− 57 $a^2b^2cd^2e^3f$	− 114 $ab^3cd^4f^2$	− 112 $b^5d^3e^2f$
− 7 a^4d^4ef	+ 12 $a^2b^2cde^5$	− 308 $ab^3cd^2e^2f$	− 6 $b^4c^4f^3$
+ 1 a^4de^6	− 6 $a^2b^3df^2$	+ 735 $ab^3cd^3e^4$	+ 240 $b^4c^5def^2$
+ 2 $a^3b^2cdf^4$	+ 3 $a^2b^3de^2f$	+ 208 ab^3d^2ef	+ 179 $b^4c^3e^5f$
− 2 $a^3b^3ce^2f^3$	− 12 $a^2b^2d^3e^4$	− 283 $ab^2d^4e^3$	− 144 $b^4c^2d^4f^2$
− 7 $a^3b^2d^2ef^3$	+ 90 a^2bcdf^3	+ 27 abc^5f^3	+ 306 $b^4c^2d^2e^3f$
+ 12 $a^3b^2de^3f^2$	− 198 $a^2bc^2e^2f^2$	− 396 abc^4def^2	− 765 $b^4c^3de^4$
− 5 $a^3b^4e^5f$	− 9 $a^2bc^3d^2ef^2$	− 337 $ab^2c^4e^3f$	+ 28 b^4cd^4ef
+ 3 $a^3bc^3f^4$	+ 238 a^2bcde^5f	+ 222 $ab^2c^3d^2f^2$	+ 280 $b^4cd^3e^3$
− 30 $a^3bc^2def^3$	+ 116 $a^2bc^3e^5$	+ 783 $ab^2c^3d^2e^2f$	− 88 b^4d^6f
+ 21 $a^3bc^2e^3f^2$	− 6 $a^2bcd^4f^2$	+ 880 $ab^2c^3de^4$	+ 40 $b^4d^5e^2$
+ 44 $a^3bcd^3f^3$	+ 108 $a^2bc^2d^4e^2f$	+ 93 $ab^2c^2d^4ef$	− 63 $b^3c^6ef^2$
− 69 $a^3bc^2e^2f^2$	− 513 $a^2bc^3de^4$	− 1986 $abc^2d^4e^3$	+ 42 $b^3c^4d^4f^2$
+ 62 a^3bcde^4f	− 294 a^2bcdef	− 240 ab^2cd^6f	− 798 $b^3c^4de^3f$
− 28 a^3bce^6	+ 513 $a^2bcd^4e^3$	+ 1098 $ab^2cd^5e^2$	+ 175 $b^3c^4e^4$
− 6 $a^3bd^4ef^2$	+ 108 a^2bd^7f	− 144 abd^8e	− 224 $b^3c^3d^3ef$
− 8 $a^3bd^3e^3f$	− 153 a^2bde^2	+ 81 ab^6cf^2	+ 1365 $b^3c^2d^3e^3$
+ 11 $a^3bd^2e^5$	− 27 $a^2c^6f^3$	− 54 $abc^5d^2f^2$	+ 368 $b^3c^4d^5f$
− 6 $a^3c^4ef^3$	+ 108 $a^2c^5def^2$	+ 570 abc^3de^3f	− 1025 $b^3c^2d^2e^2$
− 11 $a^3c^3d^3f^3$	+ 194 a^2c^4ef	− 148 abc^5e^4	+ 60 b^4d^6e
+ 96 $a^3c^3de^3f^2$	− 42 $a^2c^4df^2$	− 1116 abc^4d^3ef	+ 30 b^5d^5
− 64 $a^3c^3e^4f$	− 663 $a^2c^4de^2f$	− 527 $abc^4d^2e^3$	+ 252 $b^2c^6e^2f$
− 66 $a^3c^2d^3ef^2$	− 274 $a^2c^4de^4$	+ 474 abc^3d^5f	+ 798 $b^2c^5d^2ef$
− 29 $a^3c^2d^2e^3f$	+ 570 $a^2c^3d^4ef$	+ 1662 $abc^3d^4e^2$	− 700 $b^2c^5de^3$
+ 68 $a^3c^2de^5$	+ 914 $a^2c^3d^3e^3$	− 1185 abc^3d^6e	− 578 $b^2c^4d^4f$
+ 18 $a^3cd^5f^2$	− 153 $a^2c^2d^5f$	+ 243 $abcd^5$	− 370 $b^2c^4d^3e^2$
+ 75 $a^3cd^3e^2f$	− 1032 $a^2c^2d^4e^2$	− 216 ac^7e^2f	+ 880 $b^2c^3d^4e$
− 78 $a^3cd^3e^4$	+ 486 a^2cd^6e	+ 369 ac^6d^4ef	− 240 $b^4c^2d^7$
− 27 a^3d^6ef	− 81 a^2d^8	+ 340 ac^6de^3	− 486 bc^7def
+ 24 $a^3d^5e^3$	+ 7 ab^5cf^4	− 149 ac^5d^4f	+ 60 bc^6e^3
− 1 $a^2b^5df^4$	− 16 ab^5dcf^3	− 730 $ac^5d^3e^3$	+ 312 bc^6d^3f
+ 1 $a^2b^4e^2f^3$	+ 9 $ab^5e^3f^2$	+ 488 ac^4d^5e	+ 645 $bc^5d^4e^2$
− 8 $a^2b^3cf^4$	− 53 $ab^4c^2ef^3$	− 102 ac^3d^7	− 735 bc^5d^4e
+ 46 $a^2b^3cdef^3$	+ 104 $ab^4cd^4f^3$	− 2 b^7f^4	+ 190 bc^4d^6
− 30 $a^2b^3ce^3f^2$	+ 150 $ab^4cde^2f^2$	+ 20 b^6cef^3	+ 81 c^9ef
− 20 $a^2b^3d^4f^3$	− 117 ab^4ce^4f	− 24 $b^6d^2f^3$	− 54 c^8d^2f
+ 33 $a^2b^3d^2e^2f^2$	− 48 $ab^4d^3ef^2$	+ 72 $b^6de^2f^2$	− 135 c^7de^2
− 48 ab^3de^4f	+ 138 $ab^4d^2e^3f$	− 54 b^6e^4f	+ 150 c^7d^3e
			− 40 c^6d^5f

(Suite du N° 16)

N° 16. — Covariant de 1er ordre et de 11e degré $= C_{1,11}$

$$y$$

$+\ 1\ a^4cd^2f^4$	$+198\ a^2b^2d^4ef^2$	$-\ 75\ ab^2c^4df^3$	$+\ 78\ b^4c^3df^3$
$-\ 2\ a^4cde^2f^3$	$-315\ a^2b^2d^3e^3f$	$-\ 3\ ab^2c^4e^2f^2$	$+\ 12\ b^4c^3e^2f^2$
$+\ 1\ a^4ce^4f^2$	$+129\ a^2b^2d^2e^5$	$-108\ ab^2c^3d^2ef^2$	$+513\ b^4c^2d^2ef^2$
$-\ 3\ a^4d^3ef^3$	$+\ 6\ a^2bc^4ef^3$	$+308\ ab^2c^3de^3f$	$-735\ b^4c^2de^3f$
$+\ 8\ a^4d^2e^3f^2$	$+\ 66\ a^2bc^3d^2f^3$	$+112\ ab^2c^3e^5$	$+274\ b^4cd^4f^2$
$-\ 7\ a^4de^5f$	$-114\ a^2bc^3de^2f^2$	$+663\ ab^2c^2d^4f^2$	$-880\ b^4cd^3e^2f$
$+\ 2\ a^4e^7$	$+\ 48\ a^2bc^3e^4f$	$-783\ ab^2c^2d^3e^2f$	$+765\ b^4cd^2e^4$
$+\ 1\ a^3b^2d^2f^4$	$+\ 9\ a^2bc^2d^3ef^2$	$-306\ ab^2c^2d^2e^4$	$+148\ b^4d^5ef$
$+\ 2\ a^3b^2de^2f^3$	$-153\ a^2bc^2d^2e^3f$	$-570\ ab^2cd^5ef$	$+175\ b^4d^4e^3$
$+\ 1\ a^3b^2e^4f^2$	$+108\ a^2bc^2de^5$	$+798\ ab^2cd^4e^3$	$-\ 24\ b^3c^5f^3$
$-\ 7\ a^3bc^2df^4$	$-108\ a^2bcd^5f^2$	$+216\ ab^2d^7f$	$-513\ b^3c^4def^2$
$+\ 7\ a^3bc^2e^2f^3$	$+396\ a^2bcd^4e^2f$	$-252\ ab^2d^6e^2$	$+283\ b^3c^4e^3f$
$+\ 30\ a^3bcd^2ef^3$	$-240\ a^2bcd^3e^4$	$+\ 27\ abc^6f^3$	$-914\ b^3c^3d^3f^2$
$-\ 46\ a^3bcde^3f^2$	$-\ 81\ a^2bd^6ef$	$+294\ abc^5def^2$	$+1986\ b^3c^3d^2e^2f$
$+\ 16\ a^3bce^5f$	$+\ 63\ a^2bd^5e^3$	$-208\ abc^5e^3f$	$-280\ b^3c^3de^4$
$+\ 6\ a^3bd^4f^3$	$-\ 18\ a^2c^5df^3$	$-\ 93\ abc^4d^2e^2f$	$+527\ b^3c^2d^4ef$
$-\ 39\ a^3bd^3e^2f^2$	$+\ 6\ a^2c^5e^2f^2$	$-570\ abc^4d^3f^2$	$-1365\ b^3c^2d^3e^3$
$+\ 53\ a^3bd^2e^4f$	$+\ 6\ a^2c^4d^2ef^2$	$+1116\ abc^3d^4ef$	$-340\ b^3cd^6f$
$-\ 20\ a^3bde^6$	$+114\ a^2c^4de^3f$	$+224\ abc^3d^3e^3$	$+700\ b^3cd^5e^2$
$+\ 6\ a^3c^4f^4$	$-\ 81\ a^2c^4e^5$	$-369\ abc^2d^6f$	$-\ 60\ b^3d^7e$
$-\ 44\ a^3c^3def^3$	$+\ 42\ a^2c^3d^4f^2$	$-798\ abc^2d^5e^2$	$+153\ b^2c^6ef^2$
$+\ 20\ a^3c^3e^3f^2$	$-222\ a^2c^3d^3e^2f$	$+486\ abcd^7e$	$+1032\ b^2c^5d^2f^2$
$+\ 11\ a^3c^2d^3f^3$	$+144\ a^2c^3d^2e^4$	$-\ 81\ abd^9$	$-1098\ b^2c^5de^2f$
$+105\ a^3c^2d^2e^2f^2$	$+\ 54\ a^2c^2d^5ef$	$-108\ ac^7ef^2$	$-\ 40\ b^2c^5e^4$
$-104\ a^3c^2de^4f$	$-\ 42\ a^2c^2d^4e^3$	$+153\ ac^6d^2f^2$	$-1662\ b^2c^4d^3ef$
$+\ 24\ a^3c^2e^6$	$-\ 5\ ab^5df^4$	$+240\ ac^6de^2f$	$+1025\ b^2c^4d^2e^3$
$-\ 90\ a^3cd^4ef^2$	$+\ 5\ ab^5e^2f^3$	$+\ 88\ ac^6e^4$	$+730\ b^2c^3d^5f$
$+\ 82\ a^3cd^3e^3f$	$+\ 7\ ab^4c^2f^4$	$-474\ ac^5d^3ef$	$+370\ b^2c^3d^4e^2$
$-\ 16\ a^3cd^2e^5$	$-\ 62\ ab^4cdef^3$	$-368\ ac^5d^2e^3$	$-645\ b^2c^2d^6e$
$+\ 27\ a^3d^6f^2$	$+\ 48\ ab^4ce^3f^2$	$+149\ ac^4d^5f$	$+135\ b^2cd^8$
$-\ 27\ a^3d^5e^2f$	$+\ 64\ ab^4d^3f^3$	$+578\ ac^4d^4e^2$	$-486\ bc^7df^2$
$+\ 6\ a^3d^4e^4$	$+\ 6\ ab^4d^2e^2f^2$	$-312\ ac^3d^6e$	$+144\ bc^7e^2f$
$+\ 12\ a^2b^3cdf^4$	$-117\ ab^4de^4f$	$+\ 54\ ac^2d^8$	$+1185\ bc^6d^2ef$
$-\ 12\ a^2b^3ce^2f^3$	$+\ 54\ ab^4e^6$	$-\ 1\ b^6cf^4$	$-\ 60\ bc^6de^3$
$-\ 21\ a^2b^3d^2ef^3$	$+\ 8\ ab^3c^3ef^3$	$+\ 28\ b^6def^3$	$-488\ bc^5d^4f$
$+\ 30\ a^2b^3de^3f^2$	$+\ 29\ ab^3c^2d^2f^3$	$-\ 27\ b^6e^3f^2$	$-880\ bc^5d^3e^2$
$-\ 9\ a^2b^3e^5f$	$+\ 57\ ab^3c^2de^2f^2$	$-\ 11\ b^5c^2ef^3$	$+735\ bc^4d^6$
$-\ 12\ a^2b^2c^3f^4$	$-138\ ab^3c^2e^4f$	$-\ 68\ b^5cd^2f^3$	$-150\ bc^3d^7$
$+\ 69\ a^2b^2c^2def^3$	$-238\ ab^3cd^3ef^2$	$-\ 12\ b^5cde^2f^2$	$+\ 81\ c^9f^2$
$+\ 33\ a^2b^2c^2e^3f^2$	$+390\ ab^3cd^2e^3f$	$+108\ b^5ce^4f$	$-243\ c^8def$
$-\ 96\ a^2b^2cd^3f^3$	$-\ 72\ ab^3cde^5$	$+116\ b^5d^3ef^2$	$-\ 30\ c^8e^3$
$-\ 18\ a^2b^2cd^2e^2f^2$	$-194\ ab^3d^5f^2$	$+234\ b^5d^2e^3f$	$+102\ c^7d^3f$
$+150\ a^2b^2cde^4f$	$-337\ ab^3d^4e^2f$	$-135\ b^5de^5$	$+240\ c^7d^2e^2$
$-\ 72\ a^2b^2ce^6$	$-179\ ab^3d^3e^4$		$-100\ c^6d^4e$
			$+\ 40\ c^5d^6$

N° 17. — Covariant de 1er ordre et de 13e degré $= C_{1,13}$

x		y	
$-\ 2\,a^5c^2df^5$	$-\ 104\,a^3b^2c^2d^2f^4$	$-\ 2\,a^5cd^2f^5$	$-\ 80\,a^3b^2d^3e^3f^2$
$+\ 2\,a^5c^3e^2f^4$	$-\ 160\,a^3b^3c^2de^2f^3$	$+\ 4\,a^5cde^2f^4$	$+\ 368\,a^3b^2d^2e^5f$
$+\ 10\,a^5cd^4ef^4$	$+\ 60\,a^3b^2c^2e^4f^2$	$-\ 2\,a^5ce^4f^3$	$-\ 180\,a^3b^3de^7$
$-\ 16\,a^5cde^3f^3$	$+\ 320\,a^3bcd^3ef^3$	$+\ 6\,a^5d^3ef^4$	$+\ 24\,a^3bc^4ef^4$
$+\ 6\,a^5ce^5f^2$	$+\ 80\,a^3b^2cd^2e^3f^2$	$-\ 16\,a^5d^2e^3f^3$	$-\ 160\,a^3bc^3d^2f^4$
$-\ 6\,a^5d^4f^4$	$-\ 496\,a^3b^2cde^5f$	$+\ 14\,a^5de^5f^2$	$+\ 320\,a^3bc^3de^2f^3$
$+\ 12\,a^5d^3e^2f^3$	$+\ 252\,a^3bce^7$	$-\ 4\,a^5e^7f$	$-\ 280\,a^3bc^3e^4f^2$
$-\ 10\,a^5d^4e^4f^2$	$-\ 72\,a^3b^2cd^5f^3$	$+\ 2\,a^4b^2d^3f^5$	$-\ 560\,a^3bc^2d^3ef^3$
$+\ 6\,a^5de^6f$	$-\ 420\,a^3b^2cd^4e^2f^2$	$-\ 4\,a^4b^2de^2f^4$	$+\ 1280\,a^3bc^2d^2e^3f^2$
$-\ 2\,a^5e^8$	$+\ 860\,a^3b^2cd^3e^4f$	$+\ 2\,a^4b^2e^4f^3$	$-\ 688\,a^3bc^2de^5f$
$+\ 4\,a^4b^2cdf^5$	$-\ 404\,a^3bcd^2e^6$	$+\ 10\,a^4bc^2df^5$	$+\ 184\,a^3bc^2e^7$
$-\ 4\,a^4b^2ce^2f^4$	$+\ 96\,a^3bc^4df^4$	$-\ 10\,a^4bc^2e^4f^4$	$+\ 288\,a^3bcd^5f^3$
$-\ 10\,a^4b^2d^2ef^4$	$-\ 120\,a^3bc^4e^2f^3$	$-\ 26\,a^4bcd^2ef^4$	$-\ 240\,a^3bcd^4e^2f^2$
$+\ 16\,a^4b^2de^3f^3$	$-\ 560\,a^3bc^3d^2ef^3$	$+\ 32\,a^4bcde^3f^3$	$-\ 480\,a^3bcd^3e^4f$
$-\ 6\,a^4b^2e^5f^2$	$+\ 160\,a^3bc^3de^3f^2$	$-\ 6\,a^4bce^5f^2$	$+\ 264\,a^3bcd^2e^6$
$+\ 6\,a^4bc^3f^5$	$+\ 304\,a^3bc^3e^5f$	$-\ 30\,a^4bd^4f^4$	$-\ 144\,a^3bd^6ef^2$
$-\ 26\,a^4bc^2def^4$	$+\ 280\,a^3bc^2d^4f^3$	$+\ 84\,a^4bd^3e^2f^3$	$+\ 336\,a^3bd^5e^3f$
$+\ 8\,a^4bc^2e^3f^3$	$+\ 1440\,a^3bc^2d^3e^2f^2$	$-\ 50\,a^4bd^2e^4f^2$	$-\ 144\,a^3bd^4e^5$
$+\ 32\,a^4bcd^3f^4$	$-\ 960\,a^3bc^2d^2e^4f$	$-\ 22\,a^4bde^6f$	$+\ 24\,a^3c^5df^4$
$-\ 116\,a^4bcd^2e^2f^3$	$-\ 376\,a^3bc^2de^6$	$+\ 18\,a^4bce^8$	$-\ 72\,a^3c^5e^2f^3$
$+\ 180\,a^4bcde^4f^2$	$-\ 1296\,a^3bcd^4ef^3$	$-\ 6\,a^4c^4f^5$	$+\ 280\,a^3c^4d^2ef^3$
$-\ 78\,a^4bce^6f$	$+\ 80\,a^3bcd^4e^3f$	$+\ 32\,a^4c^3def^4$	$-\ 440\,a^3c^4de^3f^2$
$+\ 24\,a^4bd^4ef^3$	$+\ 832\,a^3bcd^3e^5$	$-\ 8\,a^4c^3e^3f^3$	$+\ 400\,a^3c^4e^5f$
$-\ 20\,a^4bd^3e^3f^2$	$+\ 432\,a^3bcd^6f^2$	$+\ 4\,a^4c^2d^3f^4$	$-\ 140\,a^3c^3d^4f^3$
$-\ 44\,a^4bd^2e^5f$	$-\ 72\,a^3bcd^6e^2f$	$-\ 104\,a^4c^2d^2e^2f^3$	$+\ 40\,a^3c^3d^3e^4f$
$+\ 34\,a^4bde^7$	$-\ 240\,a^3bcd^5e^4$	$+\ 90\,a^4c^2de^4f^2$	$-\ 368\,a^3c^3de^6$
$-\ 30\,a^4c^4ef^4$	$-\ 36\,a^3c^6f^4$	$-\ 26\,a^4c^2e^6f$	$+\ 108\,a^3c^2d^3ef^2$
$+\ 4\,a^4c^3d^2f^4$	$+\ 288\,a^3c^5def^3$	$+\ 96\,a^4cd^4ef^3$	$-\ 40\,a^3c^2d^4e^3f$
$+\ 240\,a^4c^3de^2f^3$	$-\ 56\,a^3c^5e^3f^2$	$-\ 160\,a^4cd^3e^3f^2$	$+\ 376\,a^3c^2d^3e^5$
$-\ 130\,a^4c^3e^4f^2$	$-\ 140\,a^3c^4d^3f^3$	$+\ 124\,a^4cd^2e^5f$	$-\ 36\,a^3cd^6e^2f$
$-\ 160\,a^4c^2d^3ef^3$	$-\ 180\,a^3c^4d^2e^2f^2$	$-\ 36\,a^4cde^7$	$-\ 168\,a^3cd^5e^4$
$-\ 280\,a^4c^2d^2e^3f^2$	$+\ 420\,a^3c^4de^4f$	$-\ 36\,a^4d^6f^3$	$+\ 36\,a^3d^7e^3$
$+\ 332\,a^4c^2de^5f$	$-\ 276\,a^3c^4e^6$	$+\ 72\,a^4d^5e^2f^2$	$+\ 6\,a^2b^5df^5$
$-\ 54\,a^4c^2e^7$	$+\ 420\,a^3c^3d^4ef^2$	$-\ 60\,a^4d^4e^4f$	$-\ 6\,a^2b^5e^2f^4$
$+\ 24\,a^4cd^5f^3$	$-\ 1120\,a^3c^3d^3e^3f$	$+\ 18\,a^4d^3e^6$	$-\ 10\,a^2b^4cf^5$
$+\ 360\,a^4cd^4e^2f^2$	$+\ 1112\,a^3c^3d^2e^5$	$-\ 16\,a^3b^3cdf^5$	$+\ 180\,a^2b^4cdef^4$
$-\ 320\,a^4cd^3e^4f$	$-\ 144\,a^3c^2d^6f^2$	$+\ 16\,a^3b^3ce^2f^4$	$-\ 160\,a^2b^4ce^3f^3$
$+\ 38\,a^4cd^2e^6$	$+\ 1620\,a^3c^2d^5e^2f$	$+\ 8\,a^3b^3cd^2ef^4$	$-\ 130\,a^2b^4d^3f^4$
$-\ 108\,a^4d^6ef^2$	$-\ 1620\,a^3c^2d^4e^4$	$-\ 8\,a^3b^3ce^5f^2$	$+\ 60\,a^2b^4d^2e^2f^3$
$+\ 96\,a^4d^5e^3f$	$-\ 864\,a^3cd^7ef$	$+\ 12\,a^3b^2c^3f^5$	$+\ 60\,a^2b^4de^4f^2$
$-\ 12\,a^4d^4e^5$	$+\ 876\,a^3cd^6e^3$	$-\ 116\,a^3b^2c^2def^4$	$-\ 20\,a^2b^3c^3ef^4$
$-\ 2\,a^3b^4df^5$	$+\ 162\,a^3cd^9f$	$+\ 80\,a^3b^2c^2e^3f^3$	$-\ 280\,a^2b^3c^2d^2f^4$
$+\ 2\,a^3b^4e^2f^4$	$-\ 162\,a^3cd^8e^2$	$+\ 240\,a^3b^2cd^3f^4$	$+\ 80\,a^2b^3c^2de^2f^3$
$-\ 16\,a^3b^3c^2f^5$	$+\ 14\,a^2b^5cf^5$	$-\ 160\,a^3b^2cd^3e^2f^3$	$+\ 300\,a^2b^3c^2e^4f^2$
$+\ 32\,a^3b^3c^2def^4$	$-\ 6\,a^2b^5cdef^4$	$-\ 120\,a^3b^2cde^4f^2$	$+\ 160\,a^2b^3cd^3ef^3$
$-\ 8\,a^3b^3d^3f^4$	$-\ 8\,a^2b^5ce^3f^3$	$+\ 76\,a^3b^2ce^6f$	$-\ 192\,a^2b^3cde^5f$
$+\ 80\,a^3b^3d^2e^2f^3$	$+\ 50\,a^2b^4c^2ef^4$	$-\ 120\,a^3b^2d^4ef^3$	$-\ 108\,a^2b^3ce^7$
$-\ 160\,a^3b^3de^4f^2$	$+\ 90\,a^2b^4cd^2f^4$	$-\ 56\,a^2b^3cd^4f^3$	$+\ 6\,ab^6cf^5$
$+\ 72\,a^3b^3e^6f$	$-\ 120\,a^2b^4cde^2f^3$	$+\ 940\,a^2b^3cd^4e^2f^2$	$-\ 78\,ab^6cdef^4$
$+\ 84\,a^3b^2c^3ef^4$	$+\ 60\,a^2b^4cde^4f^2$	$-\ 1500\,a^2b^3d^6e^4$	$+\ 72\,ab^6e^3f^3$
$-\ 280\,a^2b^4d^3ef^3$	$-\ 1560\,a^2c^3d^6e^2$	$+\ 756\,a^2b^3d^2e^6$	$-\ 44\,ab^5c^2ef^4$
$+\ 300\,a^2b^4d^2e^3f^2$	$+\ 810\,a^2c^2d^8e$	$+\ 360\,a^2b^2c^4df^4$	$+\ 332\,ab^5cd^2f^4$

(Suite du N° 17)

N° 17. — Covariant de 1ᵉʳ ordre et de 13ᵉ degré $= C_{1,13}$

x		y	
$+\ 216\ a^2b^4de^3f$	$-\ 162\ a^2cd^{10}$	$-\ 420\ a^2b^2c^4e^2f^3$	$-\ 496\ ab^5cde^2f^3$
$-\ 216\ a^2b^4c^7$	$-\ 4\ ab^7f^5$	$+\ 1440\ a^2b^3c^3d^2ef^3$	$+\ 216\ ab^6ce^4f^2$
$-\ 160\ a^2b^3c^3df^4$	$-\ 22\ ab\ cef^4$	$-\ 2160\ a^2b^3c^3de^4f^2$	$+\ 304\ ab^5d^5ef^3$
$-\ 80\ a^2b^3c^3e^4f^3$	$26\ ab^6d^2f^4$	$+\ 984\ a^2b\ c\ e^5f$	$-\ 312\ ab^5d^2e^3f^2$
$+\ 1280\ a^2b^3c^2d^2ef^3$	$76\ ab^6de^2f^3$	$-\ 480\ a^2b^2c^2d^4f^3$	$-\ 320\ ab^4c^2df^4$
$-\ 312\ a^2b^3c\ e^5f$	$124\ ab^5c^2df^4$	$-\ 1320\ a^2b^3c^2d\ e^2f^2$	$+\ 860\ ab\ c^6e^2f^3$
$-\ 440\ a^2b^3cd^2f^3$	$+\ 368\ ab^5c^2e^4f^3$	$+\ 2040\ a^2b^2c^4d^2e^4f$	$-\ 960\ ab^4c^2d^2ef^3$
$-\ 2160\ a^2b^3cd\ e^2f^2$	$-\ 688\ ab^5cd^2ef^3$	$-\ 732\ a\ b\ c^3de^5$	$+\ 1740\ ab\ c^2de^3f^2$
$+\ 1740\ a^2b^3cd^3e\ f$	$-\ 192\ ab^5cde^4f^2$	$-\ 768\ a^2b^2cd^2ef^2$	$-\ 2160\ ab^4c^2e^5f$
$-\ 216\ a^2b^3cde^5$	$+\ 400\ ab^6d\ f^3$	$+\ 2640\ a^2b^2cd\ e^3f$	$+\ 420\ ab^5cd\ f^3$
$+\ 2344\ a^2b^3d\ ef^2$	$+\ 984\ ab^5d^4e^2f^2$	$-\ 1440\ a^2b^2cd^4e^5$	$-\ 2640\ ab^4cd^5e^3f^2$
$-\ 3240\ a^2b^3d^4e^3f$	$-\ 2160\ ab^5d^6e^4f$	$+\ 504\ a^2b^3d^7f^2$	$+\ 2910\ ab^4cd^2e^4f$
$+\ 1244\ a^2b^3d^6e^3$	$-\ 1080\ ab^5de^6$	$-\ 1296\ a^2b^2d\ e^3f$	$+\ 540\ ab^5cde^6$
$+\ 72\ a^2b^2c^4f^4$	$-\ 60\ ab^4c^4f^4$	$+\ 648\ a^2b\ d\ e^4$	$-\ 700\ ab^5d^5ef^2$
$+\ 240\ a^2b^2c^4def^3$	$-\ 480\ ab^4c^3def^3$	$-\ 108\ a^2bc^6f^4$	$+\ 1840\ ab^5d^4e^4f$
$+\ 940\ a^2b^2c^4e^3f^2$	$-\ 1580\ ab^4c^3e^3f^2$	$-\ 1296\ a^2bc^6def^3$	$-\ 1530\ ab^4d^8e^5$
$-\ 1320\ a^2b^2c^3d^2e^2f^2$	$+\ 40\ ab^4c^2d^4f^3$	$+\ 2344\ a^2bc^6e^4f^2$	$+\ 96\ ab^3c^5f^4$
$-\ 2640\ a^2b^2c^3de^2f$	$+\ 2040\ ab^4c^2d^3e^2f^2$	$+\ 420\ a^2bc^4d\ f^3$	$+\ 80\ ab^3c^4def^3$
$+\ 908\ a^2b^2c^3e^6$	$+\ 2910\ ab^4c^2de^4f$	$+\ 600\ a^2bc^4d^2e^2f^2$	$-\ 3240\ ab^3c^4e^3f^2$
$+\ 600\ a^2b^3c^2d^4ef^1$	$-\ 810\ ab^4\ e^6$	$-\ 3420\ a^2bc^4de^4f$	$-\ 1120\ ab^3c^3d^3f^3$
$+\ 3360\ a^2b^2c^2d^3e\ f$	$-\ 3420\ ab^4cd^4ef^2$	$-\ 1172\ a\ bc^4e^6$	$+\ 3360\ ab^3c^3d^3e\ f^2$
$-\ 168\ a^2b^2c^2d^2e^5$	$-\ 4800\ ab^4cd\ e\ f$	$-\ 900\ a^2bc^3d^4ef^2$	$+\ 4800\ ab^3c^3de^4f$
$-\ 1656\ a^2b^2cd\ f^2$	$-\ 3510\ ab^4cd\ e^5$	$-\ 1280\ a\ bc^3d\ e^4f$	$+\ 2520\ ab^3c^3e^6$
$+\ 3408\ a^2b^2cd^5e^2f$	$-\ 1516\ ab^4d\ f^2$	$+\ 6360\ a^2bc^3d^2e^5$	$+\ 8160\ ab^3c^2d\ ef^2$
$-\ 3480\ a^2b^2cd^4e^4$	$+\ 2156\ ab^4d^5e^2f$	$-\ 576\ a\ bc^2d^7f^2$	$-\ 13360\ ab^3c^2d^3e^3f$
$-\ 1008\ a^2b^2d\ ef$	$+\ 336\ ab^4c^5ef^3$	$+\ 1668\ a^2bc^2d\ e^2f$	$-\ 6000\ ab^3c^2d^2e^5$
$+\ 1224\ a^2b^2d^6e^3$	$-\ 40\ ab^4c^4d^2f^3$	$-\ 6420\ a^2bc^2d^4e^4$	$-\ 2288\ ab^3cd\ f^2$
$-\ 144\ a^2bc\ e\ f^4$	$+\ 2640\ ab^3c^4de^2f^2$	$-\ 576\ a^2bcd^7ef$	$-\ 1312\ ab^3cd^5e^2f$
$+\ 108\ a^2bc\ d^2f^3$	$+\ 1840\ ab^3c^4e^4f$	$+\ 2988\ a^2bcd\ e^3$	$+\ 9360\ ab^3cd^4e^4$
$+\ 768\ a^2bc^5de^2f^2$	$-\ 1280\ ab^3c^3d\ e\ f^4$	$+\ 162\ a^2bd^9f$	$+\ 1824\ ab^3d\ ef$
$-\ 700\ a^2bc^6e^4f$	$-\ 13360\ ab^3c^3d^3e\ f$	$-\ 594\ a^2bd^8e^2$	$-\ 2880\ ab^3d^6e^3$
$+\ 900\ a^2bc^4d\ ef^2$	$+\ 3200\ ab^3c^3de^5$	$+\ 432\ a^2c\ ef^3$	$-\ 72\ ab^2c\ ef^3$
$+\ 8160\ a^2bc^4d^2e\ f$	$+\ 7312\ ab^3c^2d^4f^2$	$-\ 144\ a^2c^6d^2f^3$	$+\ 1620\ ab^2c^5d^2f^3$
$-\ 2148\ a^2bc^4de^2$	$+\ 2360\ ab^3c^2d^3e^3f$	$-\ 1656\ a^2c\ de\ f^2$	$+\ 3408\ ab^2c^5de^2f^2$
$+\ 912\ a^2bc\ d\ f^2$	$+\ 3840\ ab^3c^2d\ e^4$	$-\ 1516\ a^2c\ e\ f$	$+\ 2156\ ab^2c^5e^4f$
$-\ 15060\ a^2bc^3d\ d^2c^2f$	$+\ 5344\ ab^5cd\ ef$	$+\ 912\ a^2c^3d\ ef^2$	$-\ 15060\ ab^2c^4d\ ef^2$
$+\ 2800\ a^2bc^3d^3e^4$	$+\ 2800\ ab^4cd^5e^3$	$+\ 7312\ a^2c^5d^2e^3f$	$-\ 2360\ ab^2c^4d\ e^3f$
$+\ 6624\ a^2bc^2d\ ef$	$+\ 1956\ ab^3d^8f$	$+\ 2344\ a^2c^5de^5$	$-\ 9260\ ab^2c\ de^5$
$+\ 2052\ a^2bc^2d^3e^3$	$-\ 1680\ ab^3d\ e^3$	$-\ 124\ a^2c^4d^5f^2$	$+\ 4336\ ab^2c^3d^5f^2$
$-\ 918\ a^2bcd^5f$	$-\ 36\ ab^2c^6df^3$	$-\ 8020\ a^2c^4d^4e^2f$	$+\ 15220\ ab^2c^4d^4e^2f$
$-\ 2304\ a^2bcd^7e^2$	$-\ 1296\ ab^2c\ e^2f^2$	$-\ 10100\ a^2c^4d^3e^4$	$+\ 19920\ ab\ c^3d\ e^4$
$+\ 486\ a^2bd^9e$	$-\ 1296\ ab^2c^5d\ ef^2$	$+\ 3792\ a^2c^3d^6ef$	$-\ 5808\ ab^2c^2d^6ef$
$+\ 504\ a^2c^7e^2f^2$	$+\ 1668\ ab^2c^5d\ ef^2$	$+\ 14648\ a^2c^3d^5e^3$	$-\ 22740\ ab^2c^2d^5e^3$
$-\ 576\ a^2c^6d^3ef^2$	$-\ 1312\ ab^2c^5de^3f$	$-\ 702\ a^2c^3d^8f$	$-\ 90\ ab^2cd\ f$
$-\ 2288\ a^2c^6de^6f$	$-\ 2060\ ab^2c^5e^5$	$-\ 10296\ a^2c^3d^7e^2$	$+\ 10080\ ab^3d\ e^2$
$+\ 1172\ a^2c^6e^5$	$-\ 8020\ ab^2c^4d^4f^2$	$+\ 3564\ a^2cd^9e$	$-\ 1350\ ab^3d^9e$
$-\ 124\ a^2c^5d^4f^2$	$+\ 15220\ ab^2c^4d^3e^2f$	$-\ 486\ a^2d^{11}$	$-\ 3480\ b^4c^4de^2f^3$
$+\ 4336\ a^2c^5d^3e^2f$	$+\ 1180\ ab^2c^4d^2e^4$	$-\ 864\ ab^4c^7df^3$	$-\ 430\ b^4d^4e^4f$
$-\ 2540\ a^2c^5d^2e^4$	$+\ 3712\ ab^2c^3d\ ef$	$-\ 1008\ ab^4c^7e^2f^2$	$+\ 2800\ b^4c^3d\ ef^2$
$-\ 1912\ a^2c^4d^5ef$	$-\ 8540\ ab^3c^3d\ e^3$	$+\ 6624\ ab^4c^7d^2ef^2$	$+\ 3840\ b^4c^3d^2e^3f$
$+\ 2100\ a^2c^4d^4e^3$	$-\ 2952\ ab^3c^3d^7f$	$5344\ ab^4c\ de^6f$	$+\ 7200\ b\ c\ de^3$
$+\ 240\ a^2c^3d^7f$	$+\ 3330\ ab^3cd^8e$	$+\ 1720\ ab^4c^6e^5$	$-\ 2540\ b\ c^3d^5f^2$

TABLE V[14]

(Suite du N° 17)

N. 17. — Covariant de 1er ordre et de 13e degré $= C_{1,13}$

x		y	
$-576\,abc^7def^2$	$-810\,ob^2cd^{10}$	$-1912\,ab^1c^5d^4f^2$	$+1180\,b^4c^2d^4e^2f$
$+1824\,abc^6e^3f$	$-6420\,b^5c^3d^2ef^2$	$+3712\,ab^1c^5d\,e^2f$	$-10300\,b^4c^2d^3e^4$
$+3792\,abc^6d^5f^2$	$+9360\,b^4c^4de^5f$	$+4920\,ab^1c^5d^2e^4$	$+3240\,b^4cd^6ef$
$-5808\,abc^6d^5e^2f$	$+450\,b^4c^4e^5$	$-4768\,ab^1c^4d^5ef$	$+600\,b^4cd^5e^3$
$+3240\,abc^5de^4$	$+10100\,b^4c^3d^4f^2$	$-16520\,ab\,c^4d\,e^3$	$-1290\,b^4d^8f$
$-4768\,abc^5d^4ef$	$-19920\,b^4c^3d^5e^2f$	$+1920\,ab^1c^3d^7f$	$+900\,b^4d^7e^2$
$-6240\,abc^5d^5e^3$	$-10300\,b^4c^3d^2e^4$	$+19440\,ab^1c^3d\,e^2$	$+876\,b^4c\,df^{10}$
$+2608\,abc^5d^7f$	$+4920\,b^4c^2d^5ef$	$-9540\,ab^1c^2d^4e$	$+1224\,b^3c^6e^2f^2$
$+12440\,abc^4d^5e^2$	$-10100\,b^4c^3d^4e^3$	$+1620\,ab^1cd^{10}$	$+2052\,b^3c^5d^2ef^2$
$-8160\,abc^5d^9e$	$-3440\,b\,cd^7f$	$+162\,ac^9f^3$	$+2800\,b\,c^5de^5f$
$+1620\,abc^2d^9$	$+7100\,b^4cd\,e^4$	$-918\,ac^8def^2$	$-1900\,b^3c^5e^5$
$+162\,ac^9ef^2$	$-750\,b^4d^8e$	$+1956\,ac^8e\,f$	$+2100\,b^3c^4d^4f^2$
$-702\,ac^8d^5f^2$	$+36\,b^3c\,f^3$	$+240\,ac^7d\,f^2$	$-8540\,b^3c^4d^5e^2f$
$-90\,ac^8de^2f$	$+2988\,b^3c^6def^2$	$-2952\,ac^7d\,e^2f$	$-10100\,b^3c^4d\,e^4$
$-1290\,ac^8e^4$	$-2880\,b\,c^6e^5f$	$-3440\,ac\,de^4$	$-6240\,b^3c^3d^5ef$
$+1920\,ac^7d^3ef$	$+14688\,b^3c^5d\,f^2$	$+2608\,ac\,d^4ef$	$+23300\,b^3c^3d^4e^3$
$+3640\,ac^7d^5e^3$	$-22740\,b^3c^5d^2e^2f$	$+8760\,ac\,d\,e^3$	$+3640\,b^3c^2d^7f$
$-796\,ac^6d^5f$	$+600\,b\,c^5de^4$	$-796\,ac\,d\,f$	$-8800\,b^3c^2d^5e^2$
$-5340\,ac^6d^4e^2$	$-16520\,b^3c^4d\,ef$	$-9160\,ac\,d^5e^2$	$-750\,b^3cd^4e$
$+3100\,ac^5d^6e$	$+23300\,b^3c^4d^3e^4$	$+4260\,ac\,d^7e$	$+450\,b^3cd^{10}$
$-600\,ac^4d^8$	$+8760\,b^3c\,d^6f$	$-720\,ac^3d^9$	$-162\,b^2c^8f^3$
$+18\,b^8ef^4$	$-5200\,b^3c^3d^5e^2$	$-2\,b\,f^5$	$-2304\,b^2c^7def^2$
$-36\,b^7cdf^4$	$-5400\,b^3c^2d^7e$	$+34\,b^5cef^4$	$-1680\,b^4c^7e^5f$
$-180\,b^7ce^2f^3$	$+1500\,b^3cd^9$	$-54\,b^7cd^2f^4$	$-1560\,b^3c^6d^3f^2$
$+184\,b^7d^3ef^3$	$-594\,b^2c^8ef^2$	$+252\,b^2cde^3f^3$	$+7100\,b^2c^5de^4$
$+108\,b^7de^3f^2$	$-10296\,b^3c\,d^2f^2$	$-216\,b^3ce^4f^2$	$+12440\,b^2c^5d^4ef$
$+18\,b\,c^3f^4$	$+10080\,b\,c^7de^2f$	$+38\,b^6c^2df^4$	$-5200\,b^2c\,d^5e^3$
$+264\,b\,c\,def^5$	$+900\,b^4c^7e^4$	$-404\,b^6c^3e\,f^3$	$-5340\,b\,c^4d^6f$
$+756\,b^6c^2e^3f^2$	$+19440\,b^2c\,d^3ef$	$-376\,b^6cde^2ef^3$	$-11900\,b^2c^4d^5e^2$
$-368\,b\,cd^5f^3$	$-8800\,b^2c^6d^1e^3$	$-216\,b^6cde^3f^2$	$+10800\,b^4c^3d^7e$
$-732\,b\,cd^4e^2f^2$	$-9160\,b^2c^5d^3f$	$+1080\,b^6ce^5f$	$-2250\,b^2c^4d^9$
$+540\,b^6cde^4f$	$-11900\,b^2c^5d^4e^2$	$-276\,b^6d^4f^3$	$+486\,bc^9ef^2$
$-1172\,b\,d^4ef^2$	$+13900\,b^2c^4d^6e$	$+908\,b^6d\,e^2f^2$	$+810\,bc^4d^2f^2$
$+2520\,b^6d^3e^3f$	$-3150\,b^2c^3d^8$	$-810\,b^6d^2e\,f$	$+3330\,bc^8de^2f$
$-1350\,b\,d\,e^5$	$+3564\,bc^9df^2$	$-12\,b^5c^4f^4$	$-750\,bc^8e^4$
$-144\,b^5c^4ef^3$	$-1350\,bc\,e^2f$	$+832\,b^5c^5def^3$	$-8160\,bc^7d^3ef$
$+376\,b^5c^3d^2f^3$	$-9540\,bc^8d^2ef$	$+1244\,b^5c^3e^3f^2$	$-5400\,bc\,d^4e^3$
$-1440\,b\,c^3de^2f^2$	$-750\,bc\,de^3$	$+1112\,b^5c^2d^3f^3$	$+3100\,bc^6d^5f$
$-1530\,b^5c^3e^4f$	$+4260\,bc^7d^4f$	$-168\,b^5c^2d^2e^3f^2$	$+13900\,bc^6d^4e^2$
$+6360\,b^5c^2d^3ef^2$	$+10800\,bc^7d^3e^2$	$-3510\,b^5c^2de^4f$	$-9100\,bc^5d^6e$
$-6000\,b\,c\,d^2e^3f$	$-9100\,bc\,d\,e$	$-1350\,b\,c^2e^5$	$+1800\,bc^4d^8$
$+1350\,b\,c^2de^5$	$+2000\,bc^5d^7$	$-2148\,b^5cd^4ef^2$	$-162\,c^{10}df^2$
$+2344\,b\,cd^5f^3$	$-486\,c^{11}f^3$	$+3200\,b^5cd\,e^3f$	$-810\,c^{10}e^2f$
$-9260\,b^5cd^4e\,f$	$+1620\,c^{11}def$	$+1350\,b^5cd\,e^5$	$+1620\,c^9d^2ef$
$+7200\,b\,cd^3e^4$	$+450\,c\,^0e^3$	$+1172\,b^5d^6f^2$	$+1500\,c^9de^3$
$+1720\,b^5d^6ef$	$-720\,c^9d^3f$	$-2060\,b^5d^5e^4f$	$-600\,c^8d^4f$
$-1900\,b\,d\,e^3$	$-2250\,c^9d^2e^2$	$+450\,b^5d^4e^4$	$-3150\,c^8d^5e^2$
$-168\,b^4c^5df^3$	$+1800\,c^8d^4e$	$-240\,b^4c^4ef^3$	$+2000\,c\,d\,e$
$+648\,b^4c^5e^2f^2$	$-400\,c^7d^6$	$-1620\,b^4c^4d^2f^3$	$-400\,c^6d^7$

NOTE. Les autres covariants se trouveront aisément à l'aide de ceux-ci en ayant recours aux Jacobiens, p. 214.

Forme de 6ᵉ degré.

N° 1. — Covariant de 2ᵉ ordre et de 3ᵉ degré $= C_{2,3}$

$$
\begin{aligned}
&+1\ a_0a_2a_6 &+1\ a_0a_3a_5 & & a_0a_4a_6\\
&-1\ a_1^2a_6 &-\ a_1a_2a_6 &-& a_1a_5^2\\
&-3\ a_0a_4a_5 &-\ a_0a_4a_5 &-3& a_1a_3a_6\\
&+3\ a_1a_2a_5 &-8\ a_1a_3a_5 &+3& a_1a_4a_5\\
&+2\ a_0a_4^2 &+9\ a_2^2a_3^2 &+2& a_2^2a_6\\
&-3\ a_2^2a_4 &+9\ a_1a_4^2 &-& a_2a_3a_5\\
&+2\ a_2^2a_3^2 &-13\ a_2a_4a_3 &-3& a_2a_4^3\\
& &+8\ a_7 &+2& a_3^2a_4
\end{aligned}
\bigg)(x,y)^2 .
$$

N° 2. — Covariant de 4ᵉ ordre et de 2ᵉ degré $= C_{4,2}$

$+1\ a_0a_4$	$+2\ a_0a_5$	$+\ a_0a_6$	$+2\ a_1a_6$	$+\ a_2a_6$
$-4\ a_1a_3$	$-6\ a_1a_4$	$-9\ a_2a_4$	$-6\ a_2a_5$	$-4\ a_3a_5$
$+3\ a_2^2$	$+4\ a_2a_3$	$+8\ a_3^2$	$+4\ a_3a_4$	$+3\ a_4^2$

$$(x,y)^4 .$$

N° 3. — Covariant de 6ᵉ ordre et de 3ᵉ degré $= C_{6,3}$

$$
\begin{aligned}
&+1\ a_0a_2a_4 &-2\ a_1^2a_5 &+2\ a_2^2a_4 &-4\ a_3^3 &+2\ a_2a_4^2 &-2\ a_1a_5^2 &+\ a_2a_4a_6\\
&+2\ a_1a_2a_3 &+2\ a_1a_2a_4 &-2\ a_1a_2a_5 &+4\ a_1a_3a_5 &-2\ a_1a_4a_5 &+2\ a_1a_4a_6 &+2\ a_3a_4a_5\\
&-\ a_2^3 &+2\ a_1a_3^2 &-3\ a_2a_3^2 &+6\ a_2a_3a_4 &-3\ a_3^2a_4 &+2\ a_3^2a_5 &-\ a_4^3\\
&-\ a_1^2a_4 &-2\ a_2^2a_3 &+\ a_0a_2a_6 &-2\ a_0a_4a_5 &+\ a_0a_4a_6 &-2\ a_2a_4a_3 &-\ a_2a_5^2\\
&-\ a_0a_3^2 &+2\ a_0a_3a_4 &+2\ a_0a_3a_5 &+2\ a_1a_4a_6 &-2\ a_2a_3a_6 &-\ a_3^2a_6\\
& &+2\ a_0a_2a_5 &-3\ a_0a_4^2 &-2\ a_1a_2a_6 &+2\ a_1a_4a_6\\
& &+4\ a_1a_3a_4 &-2\ a_1a_2a_6 &+4\ a_2a_3a_5\\
& &-\ a_1^2a_6 &+2\ a_0a_3a_6 &-\ a_0a_5^2
\end{aligned}
\bigg)(x,y)^6 .
$$

N° 4. — Covariant de 4ᵉ ordre et de 4ᵉ degré $= C_{4,4}$

$$
\begin{aligned}
&+18\ a_0a_1a_4a_5 &+18\ a_0a_1a_5a_6 &+30\ a_0a_2a_4a_6 &+18\ a_0a_2a_3a_6 &+18\ a_1a_2a_5a_6\\
&-18\ a_0a_2a_4^2 &-18\ a_0a_2a_4a_5 &-36\ a_0a_3a_4a_5 &-18\ a_1a_2a_4a_6 &-18\ a_2^2a_4a_6\\
&+16\ a_0a_3^2a_4 &+24\ a_0a_3a_4^3 &+36\ a_0a_4^3 &+24\ a_2^2a_3a_6 &+16\ a_2a_3^2a_6\\
&+108\ a_1a_2a_3a_4 &+144\ a_1a_2a_3a_5 &-36\ a_1a_2a_3a_6 &+144\ a_1a_3a_4a_5 &-108\ a_2a_4a_5^2\\
&-64\ a_1a_4^3 &+36\ a_1a_2^2a_6 &+36\ a_3^2a_6 &+36\ a_2a_4^2a_5 &+64\ a_2a_3a_4a_5\\
&-54\ a_2^3a_4 &-108\ a_2^2a_5 &-180\ a_2^2a_4a_5 &-108\ a_1a_4^3 &-54\ a_3^3a_5\\
&+36\ a_1^2a_3^2 &+108\ a_3^2a_2a_4 &+27\ a_2^2a_4^2 &+108\ a_2a_3a_4^2 &+36\ a_1a_4^2a_5\\
&-3\ a_0^2a_5^2 &-16\ a_0a_2^2a_5 &+6\ a_0a_1a_5a_6 &-16\ a_1a_2^2a_6 &-3\ a_2a_4^3\\
&-12\ a_0a_2a_3a_5 &-54\ a_1a_3a_4^2 &-18\ a_0a_2a_5 &-54\ a_2^2a_4a_5 &+12\ a_2^2a_4^2\\
&-27\ a_1^2a_4^2 &-32\ a_2a_3^3 &-18\ a_1^2a_4a_6 &-32\ a_3^3a_4 &-27\ a_2^2a_6^2\\
&+2\ a_0^2a_4a_6 &-2\ a_0^2a_5a_6 &+54\ a_1a_2a_4a_5 &-2\ a_0a_1a_6^2 &-2\ a_1a_3a_5a_6\\
&-8\ a_0a_1a_3a_6 &-4\ a_0a_2a_4a_6 &+168\ a_2a_3^2a_4 &-4\ a_0a_3a_4a_6 &-8\ a_2^2a_5^2\\
&+6\ a_0a_2^2a_6 &-48\ a_1a_4a_3^2 &-64\ a_3^3 &-48\ a_2a_3^2a_5 &+6\ a_0a_4^2a_6\\
& &-48\ a_3^2a_4a_6 &-1\ a_0^2a_6^2 &-48\ a_0a_3a_5^2\\
& & &-16\ a_0a_3^3a_6\\
& & &+192\ a_1a_3^2a_5\\
& & &-144\ a_1a_3a_4^2\\
& & &-144\ a_2^2a_3a_5
\end{aligned}
\bigg)(x,y)^4 .
$$

N° 5. — Covariant de 8ᵉ ordre et de 2ᵉ degré : $= C_{8,2}$

$+1\,a_0a_2$ $-1\,a_1^2$	$+4\,a_0a_3$ $-4\,a_1a_2$	$+6\,a_0a_4$ $+4\,a_1a_3$ $-10\,a_2^2$	$+4\,a_0a_5$ $+16\,a_1a_4$ $-20\,a_2a_3$	$+1\,a_0a_6$ $+14\,a_1a_5$ $+5\,a_2a_4$ $-20\,a_3^2$	$+4\,a_1a_6$ $+16\,a_2a_5$ $-20\,a_3a_4$	$+6\,a_2a_6$ $+4\,a_3a_5$ $-10\,a_4^2$	$+4\,a_3a_6$ $-4\,a_4a_5$	$+1\,a_4a_6$ $-1\,a_5^2$

$\big)\!\big(\,x,y\,\big)^8$

N° 6. — Covariant de 2ᵉ ordre et de 5ᵉ degré $= C_{2,5}$

$+\ 74\,a_0a_2a_4^3$	$+\ 31\,a_0a_2^2a_5a_6$	$+\ 74\,a_2^3a_4a_6$
$-\ 8\,a_0a_1a_4^2a_5$	$-\ 54\,a_0a_2a_3a_4a_6$	$-\ 8\,a_1a_2^2a_5a_6$
$-\ 52\,a_0a_3^2a_4^2$	$-\ 7\,a_0a_1a_2a_6^2$	$-\ 52\,a_2^2a_3^2a_6$
$-\ 2\,a_0^2a_4^2a_6$	$-\ 24\,a_0a_2a_3a_5^2$	$-\ 2\,a_0a_2^2a_6^2$
$+\ 21\,a_0a_1a_3a_4a_6$	$+\ 22\,a_0a_3^2a_4a_5$	$+\ 21\,a_0a_2a_3a_5a_6$
$+\ 8\,a_0a_2^2a_4a_6$	$-\ 10\,a_0a_1a_3a_5a_6$	$+\ 8\,a_0a_2a_4^2a_6$
$-\ 127\,a_0a_2a_3a_4a_5$	$+\ 23\,a_0a_2a_4^2a_5$	$-\ 127\,a_1a_2a_3a_4a_6$
$+\ 2\,a_0^2a_4a_5^2$	$-\ 16\,a_0a_3a_4^3$	$+\ 2\,a_1^2a_2a_6^2$
$+\ 59\,a_1a_2a_3a_4^2$	$+\ 31\,a_0a_1a_4^2a_6$	$+\ 59\,a_2^2a_3a_4a_5$
$+\ 106\,a_1^2a_3a_4a_5$	$+\ 18\,a_0a_3^3a_6$	$+\ 106\,a_1a_2a_3a_5^2$
$+\ 6\,a_1a_3^3a_4$	$+\ 3\,a_0^2a_3a_6^2$	$+\ 6\,a_2a_3^3a_5$
$-\ 26\,a_1^2a_3^2a_6$	$-\ 7\,a_0^2a_4a_5a_6$	$-\ 26\,a_0a_3^2a_5^2$
$+\ 64\,a_1a_2^2a_3a_6$	$+\ 4\,a_0^2a_5^3$	$+\ 64\,a_0a_3a_4^2a_5$
$-\ 134\,a_1a_2a_3^2a_5$	$-\ 14\,a_0a_1a_4a_5^2$	$-\ 134\,a_1a_3^2a_4a_5$
$-\ 2\,a_0a_1a_3a_5^2$	$+\ 23\,a_1a_2^2a_4a_6$	$-\ 2\,a_1^2a_3a_5a_6$
$-\ 57\,a_2^3a_4^2$	$-\ 14\,a_1^2a_2a_5a_6$	$-\ 57\,a_2^2a_4^3$
$+\ 33\,a_1a_2^2a_4a_5$	$+\ 22\,a_1a_2a_3^2a_6$	$+\ 33\,a_1a_2a_4^2a_5$
$+\ 36\,a_2^2a_3^2a_4$	$-\ 24\,a_1^2a_3a_4a_6$	$+\ 36\,a_2a_3^2a_4^2$
$-\ 24\,a_2^4a_6$	$+\ 4\,a_1^3a_6^2$	$-\ 24\,a_0a_4^4$
$+\ 48\,a_2^3a_3a_5$	$-\ 6\,a_1a_2a_3a_4a_5$	$+\ 48\,a_1a_3a_4^3$
$+\ 30\,a_0a_2^2a_5^2$	$+\ 80\,a_1^2a_3a_5^2$	$+\ 30\,a_1^2a_4^2a_6$
$+\ 82\,a_0a_3^3a_5$	$-\ 32\,a_1a_3^3a_5$	$+\ 82\,a_1a_3^3a_6$
$-\ 1\,a_0^2a_3a_5a_6$	$+\ 81\,a_1a_2a_4^3$	$-\ 1\,a_0a_1a_3a_6^2$
$-\ 54\,a_1^2a_4^3$	$-\ 54\,a_1^2a_4^2a_5$	$-\ 54\,a_2^3a_5^2$
$-\ 25\,a_1^2a_2a_4a_6$	$-\ 22\,a_1a_3^2a_4^2$	$-\ 25\,a_0a_2a_4a_5^2$
$-\ 12\,a_2a_3^4$	$-\ 54\,a_1a_2^2a_5^2$	$-\ 12\,a_3^4a_4$
$-\ 16\,a_0a_2a_3^2a_6$	$-\ 16\,a_2^3a_3a_6$	$-\ 16\,a_0a_3^2a_4a_6$
$-\ 9\,a_0a_1a_2a_5a_6$	$+\ 81\,a_2^3a_4a_5$	$-\ 9\,a_0a_1a_4a_5a_6$
$+\ 1\,a_0^2a_2a_6^2$	$-\ 22\,a_2^2a_3^2a_5$	$+\ 1\,a_0^2a_4a_6^2$
$-\ 1\,a_0a_1^2a_6^2$	$-\ 173\,a_2^2a_3a_4^2$	$-\ 1\,a_0^2a_5^2a_6$
$+\ 10\,a_1^3a_5a_6$	$+\ 174\,a_2a_3^3a_4$	$+\ 10\,a_0a_1a_5^3$
$-\ 30\,a_1^2a_2a_5^2$	$-\ 48\,a_3^5$	$-\ 30\,a_1^2a_4a_5^2$

$\big)\!\big(\,x,y\,\big)^2$

N° 7. — Covariant de 6° ord[re]

$+1\,a_0^2 a_3 a_6$	$-2\,a_0 a_1 a_3 a_6$	$-15\,a_0 a_2 a_3 a_6$	$-60\,a_1 a_2 a_3 a_6$
$-3\,a_0 a_1 a_2 a_6$	$+6\,a_1^2 a_2 a_6$	$+15\,a_1 a_2^2 a_6$	$+60\,a_0 a_3 a_4 a_6$
$-1\,a_0^2 a_4 a_5$	$+2\,a_0 a_1 a_3 a_5$	$-5\,a_0 a_2 a_4 a_5$	$-20\,a_2^2 a_3 a_5$
$-2\,a_0 a_1 a_3 a_5$	$-32\,a_1^2 a_3 a_5$	$-160\,a_1 a_2 a_3 a_5$	$+20\,a_1 a_3 a_4^2$
$+9\,a_0 a_2^2 a_5$	$+6\,a_1 a_2 a_5$	$+45\,a_2^3 a_5$	$-20\,a_0 a_2 a_5^2$
$+5\,a_0 a_1 a_4^2$	$+36\,a_1^2 a_6^2$	$+15\,a_1 a_2 a_4^2$	$+40\,a_2^3 a_6$
$-17\,a_0 a_2 a_3 a_4$	$-58\,a_1 a_2 a_3 a_6$	$-25\,a_2^2 a_3 a_4$	$+20\,a_1^2 a_4 a_6$
$+14\,a_0 a_3^3$	$+32\,a_1 a_3^3$	$+10\,a_0 a_1 a_4 a_6$	$-40\,a_0 a_3^3$
$+2\,a_1^3 a_6$	$+2\,a_0^2 a_4 a_5$	$-10\,a_0 a_1 a_3^2$	
$-6\,a_1^2 a_2 a_5$	$-2\,a_0^2 a_5^2$	$-10\,a_1^2 a_3 a_6$	
$+2\,a_1^2 a_3 a_4$	$-6\,a_0 a_2^2 a_6$	$+30\,a_1^2 a_4 a_5$	
$+6\,a_1 a_2^2 a_4$	$+28\,a_0 a_2 a_3 a_5$	$+40\,a_1 a_3^2 a_4$	
$-4\,a_1 a_2 a_6$	$-26\,a_0 a_2 a_4^2$	$+60\,a_0 a_3^2 a_5$	
	$+4\,a_0 a_3^2 a_4$	$-40\,a_0 a_3 a_4^2$	
	$+30\,a_2^3 a_4$		
	$-20\,a_2^2 a_3^2$		

N° 8. — Covariant de 10° ord[re]

$-1\,a_0 a_2 a_5$	$-2\,a_0^3 a_5$	$+3\,a_0^2 a_4 a_5$	$+2\,a_0^2 a_3^2$	$-14\,a_0 a_1 a_4 a_5$	$+42\,a_0 a_2 a_4 a_6$
$+2\,a_0 a_1 a_2 a_4$	$-4\,a_0 a_1 a_3 a_4$	$+12\,a_0 a_1 a_4^2$	$+16\,a_0 a_1 a_3 a_5$	$+14\,a_0 a_1 a_5^2$	$-42\,a_1^2 a_4 a_6$
$+1\,a_0 a_2^2 a_3$	$-12\,a_1 a_2 a_3^2$	$+6\,a_0 a_2 a_3 a_4$	$+32\,a_0 a_2 a_3 a_5$	$-42\,a_1^2 a_4 a_5$	$+84\,a_1 a_3 a_4 a_6$
$+1\,a_0 a_1^2 a_5$	$+2\,a_0 a_1 a_4 a_5$	$-12\,a_0 a_1 a_3 a_5$	$-18\,a_1^2 a_4^2$	$-56\,a_1 a_2 a_3 a_5$	$-84\,a_2^2 a_3 a_6$
$-3\,a_1^3 a_4$	$-15\,a_1^2 a_2 a_4$	$-42\,a_1^2 a_3 a_4$	$+64\,a_1 a_2 a_3 a_4$	$+70\,a_0 a_2 a_3 a_5$	$+42\,a_2^3 a_6$
$+6\,a_1^2 a_2 a_3$	$+30\,a_1 a_2^2 a_3$	$+84\,a_1 a_2 a_3^2$	$-40\,a_2^2 a_3^2$	$+42\,a_1 a_2 a_3^2$	$-42\,a_0 a_4^3$
$+1\,a_0 a_3 a_4$	$-11\,a_0^2 a_2 a_6$	$+18\,a_0 a_2^2 a_5$	$-2\,a_0^2 a_3 a_6$	$-70\,a_2^2 a_3 a_4$	
$-4\,a_0 a_1 a_3^2$	$+13\,a_0 a_2^2 a_4$	$+19\,a_0 a_2^2 a_4$	$+26\,a_0 a_2 a_4^2$	$+112\,a_1 a_3^2 a_4$	
$-3\,a_1 a_2^3$	$+1\,a_0 a_1^2 a_6$	$-45\,a_2^3 a_3$	$-64\,a_0 a_3^2 a_4$	$-70\,a_0 a_3 a_4^2$	
	$+3\,a_0^2 a_4^2$	$-3\,a_0^2 a_3 a_6$	$-16\,a_0 a_1 a_4 a_6$	$-28\,a_1^2 a_3 a_6$	
	$-15\,a_4^2$	$-24\,a_0 a_3^3$	$+64\,a_1 a_3^3$	$-42\,a_1 a_2^2 a_6$	
		$+3\,a_1^3 a_6$	$+6\,a_0 a_2^2 a_3$		
		$-9\,a_1^2 a_2 a_5$	$-30\,a_2^3 a_4$		
			$+12\,a_1^2 a_2 a_6$		
			$+12\,a_1 a_2^2 a_5$		
			$-64\,a_1^3 a_3 a_5$		

NOTE. Les autres covariants se trouveront à l'ai[de]…

et de 4ᵉ degré $= C_{6,4}$

$+ 15\, a_0a_3a_4a_6$	$+ 2\, a_0a_3a_5a_6$	$+ 3\, a_0a_4a_5a_6$
$+ 5\, a_0a_2a_4a_6$	$- 2\, a_1a_2a_5a_6$	$- 2\, a_0a_5^3$
$- 15\, a_0a_4^2a_5$	$- 6\, a_0a_4a_5^2$	$+ 2\, a_1a_3a_5a_6$
$+ 110\, a_0a_3a_4a_5$	$+ 32\, a_1a_3a_5^2$	$+ 6\, a_1a_4a_5^2$
$- 15\, a_2^2a_4a_5$	$- 36\, a_2^2a_5^2$	$- 5\, a_2^2a_5a_6$
$- 45\, a_1a_4^3$	$- 6\, a_1a_4^2a_5$	$- 2\, a_2a_3a_5^2$
$+ 25\, a_2a_3a_4^2$	$+ 58\, a_2a_3a_4a_5$	$- 6\, a_2a_4^2a_5$
$+ 10\, a_0a_3a_5^2$	$- 32\, a_3^3a_5$	$+ 4\, a_3^2a_4a_5$
$- 60\, a_1a_3^2a_6$	$+ 6\, a_0a_4^2a_6$	$- 1\, a_0a_3a_6^2$
$+ 40\, a_2^2a_3a_6$	$- 28\, a_1a_2a_4a_6$	$+ 1\, a_1a_2a_6^2$
$- 40\, a_2a_3^2a_5$	$+ 26\, a_2^2a_4a_6$	$- 9\, a_1a_4^2a_6$
$- 10\, a_0a_2a_5a_6$	$- 30\, a_2a_4^3$	$+ 17\, a_2a_3a_4a_6$
$+ 10\, a_1^2a_5a_6$	$+ 20\, a_3^2a_4$	$- 8\, a_3^3a_6$
$- 30\, a_1a_2a_5^2$	$- 2\, a_0a_2a_6^2$	
	$+ 2\, a_0^2a_6^2$	
	$- 4\, a_2a_3^2a_6$	

$\cdots (x , y)^6$

et de 4ᵉ degré $= C_{10,4}$

$+ 14\, a_0a_2a_5a_6$	$- 2\, a_1^2a_6^2$	$- 3\, a_1a_2a_6^2$	$+ 2\, a_1a_3a_6^2$	$+ 1\, a_1a_4a_1^2$
$- 14\, a_1^2a_5a_6$	$- 16\, a_1a_2a_5a_6$	$- 12\, a_2^2a_3a_6$	$+ 4\, a_2a_3a_5a_6$	$- 2\, a_2a_4a_5a_6$
$+ 42\, a_1a_2a_5^2$	$- 32\, a_1a_3a_4a_6$	$- 6\, a_2a_3a_4a_6$	$+ 12\, a_3^2a_4a_6$	$- 1\, a_3a_4^2a_6$
$+ 56\, a_1a_3a_4a_5$	$+ 18\, a_2^2a_5^2$	$+ 12\, a_1a_3a_5a_6$	$- 2\, a_1a_4a_5a_6$	$- 1\, a_1a_5^2a_6$
$- 70\, a_1a_2a_4a_6$	$- 64\, a_2a_3a_4a_5$	$+ 42\, a_2a_3a_5^2$	$+ 15\, a_2a_4a_5^2$	$+ 3\, a_2a_5^3$
$- 42\, a_2^2a_4a_5$	$+ 40\, a_3^2a_4^2$	$- 84\, a_3^2a_4a_5$	$- 30\, a_3a_4^2a_5$	$- 6\, a_3a_4a_5^2$
$+ 70\, a_2a_3a_4^2$	$+ 2\, a_0a_2a_6^2$	$- 18\, a_1a_4^2a_6$	$+ 1\, a_0a_4a_6^2$	$- 1\, a_2a_3a_6^2$
$- 112\, a_2a_3^2a_5$	$- 26\, a_2^2a_4a_6$	$- 9\, a_2a_4^2a_5$	$- 12\, a_2a_4^2a_6$	$+ 4\, a_3^2a_5a_6$
$+ 70\, a_2^2a_3a_6$	$+ 64\, a_1a_3^2a_6$	$+ 45\, a_3a_4^3$	$- 1\, a_0a_5^2a_6$	$+ 3\, a_4^3a_5$
$+ 25\, a_0a_3a_5^2$	$+ 16\, a_0a_3a_5a_6$	$+ 3\, a_0a_3a_6^2$	$- 3\, a_2^2a_6^2$	
$- 42\, a_0a_4^2a_5$	$- 64\, a_3^3a_5$	$+ 24\, a_3^2a_6$	$+ 15\, a_4^4$	
	$- 6\, a_0a_4^2a_6$	$- 3\, a_0a_5^3$		
	$+ 30\, a_2a_4^3$	$+ 9\, a_1a_4a_5^2$		
	$- 12\, a_0a_4a_5^2$			
	$- 12\, a_1a_4^2a_5$			
	$+ 64\, a_1a_3a_5^2$			

$\cdots (x , y)^4$

e ceux-ci en ayant recours aux Jacobiens page 250.

CATALOGO

DEI

LIBRI DI MATEMATICA

DELLA

LIBRERIA BRERO

SUCCESSORE A P. MARIETTI

VIA DI PO, N. 11

TORINO

Battaglini G. Meccanica razionale. 2 vol. in-8º. Napoli 1873 . . . . L. 12 —
— Sulla dipendenza di 1º ordine, in-12º. Napoli . » 1 —
— Sulla dipendenza equianarmonica, in-12º. Napoli » 1 —
— Sopra una questione di massimi e minimi, in-12º. Napoli . . . . » 1 —
— Sulle divisioni omografiche immaginarie, in-12º. Napoli . . . . » 1 —
— Osservazioni intorno una forma d'elettrometro bifilare, in-12º. Napoli . . . . » 1 —
— Sulla dipendenza duplo-anarmonica, in-12º. Napoli » 1 —
— Nota sui determinanti, in-12º. Napoli . . . » 1 —
— Involuzioni dei diversi ordini, in-12º. Napoli . » 1 50
— Involuzioni nei sistemi di seconda specie, in-12º. Napoli . . . . » 1 50
— Sulle forme binarie dei primi quattro gradi appartenenti ad una forma quadrata ternaria (nota 1ª) » 1 —
—   » (nota 2ª) ternaria quadratica » 1 —
—   » (nota 3ª) . . . . » 1 —
— Forme binarie 1º e 2º grado . . . . . » 1 —
—   » 3º grado . . . . . » 1 —
—   » 3º o 4º grado . . . . » 1 —
—   » di 4º grado . . . . . » 1 —

Camurri. Tavole delle coordinate in funzioni delle tangenti pel tracciamento delle curve circolari, in-8° L. 7 50

Canova e Del Riccio. Elementi di fisica matematica, in-8° . . . . » 4 —

Cantalupi. Raccolta di tavole e formole, in-8°. Milano 1867 » 20 —
— Trattato di Agrimensura, in-8°. 1873 . . . » 10 —
— Trattato pratico di Architettura stradale. 2 vol. in-8°. Milano 1871 . . . . » 30 —
— Istituzioni pratiche elementari su l'arte di costruire le fabbriche civili. 2 vol. in-8° gr. (con tavole). Milano 1874 . . . . » 30 —
— La scienza e la pratica per la stima delle proprietà stabili, in-8°. Milano 1870 . . . . . » 14 —
— Sulla costruzione delle strade in ghiaia della Lombardia, in-16°. Milano 1867 . . . . . » 1 —

Carlevaris. Chimica moderna. 3 vol. in-8° (con tavole). Torino 1872 . . . . » 22 50
— Polveri da guerra, in-8°. Torino 1870 . . » — 60

Casorati. Teoria delle funzioni di variabili complesse, in-8°. Pavia 1868 . . . . » 10 —

Cavalieri S. Bertolo. Istituzioni d'Architettura statica e idraulica. 2 vol. in-4° (con tavole) .. . . » 32 —

Cavallero A. Atlante di macchine a vapore e ferrovie. 1 vol. in-8°, con atlante . . . . . » 30 —

Chelini. Composizione geometrica dei sistemi di rette di are e di punti, in-4°. Bologna 1870 . . . » 2 50
— Teoria dei sistemi semplici di coordinate, in 4° gr. Bologna 1863 . . . . » 5 —

Codazza prof. **G**. Nozioni teorico-pratiche sul taglio delle pietre e sulle centine delle vòlte. 1 vol. in-8° (con tavole). Torino . . . . » 7 50

Collalto. Geometria analitica a due e tre coordinate, in-8° » 5 —

Curioni. L'arte di fabbricare. 6 vol. in-8° (con tavole) » 72 50
— Corso di Topografia, in-12° (con tavole). Torino 1874 » 9 —
— Corso di Geometria pratica in-12° (con tavole). Torino 1869 . . . . » 5 —
— Appendice all'arte di fabbricare. Tom. 1° e 2°, 2 vol. in-8°. Torino 1874 . . . . » 33 60

Dell'Acqua Carlo. Norme pratiche per ben costruire ed applicare i parafulmini con tavole . . . » 1 75

Détroyat. Traité élémentaire d'Architecture navale. 1 vol. in-8° diviso in 3 parti. Parigi 1850 . . . » 26 —

Diedo Antonio. Fabbriche e disegni. 2 vol. in-8°, legati. Venezia 1840 . . . . » 120 —

Dorna. Tavola longipsometrica, in-8°. Torino 1870 . » 2 —

Marianini Stefano. Collezione delle memorie di fisica
    sperimentale . . . . L. 30 —
Martini. Complementi d'Algebra e geometria analitica,
    in-12°. Torino 1862 . . . . » 2 —
Marzano. Considerazioni sul triangolo rettilineo, in-8°.
    Genova 1863 . . . . » 3 50
Mazzocchi. Costruzioni in legno, in-12°, con atlante in-4°.
    Milano 1874 . . . . » 60 —
Milani. Fisica. 2 vol. in-12°. Milano 1874 . . . » 12 —
Monnin. Traité de la charpente civile. 1 vol. in-4 (con
    tavole). 1828 . . . . » 12 —
Moreno. Elementi di geometria, in-8°. Napoli 1875 . » 5 —
Morselli. Prospettiva pratica, in-4°. Napoli 1871 . » 25 —
Müller e Serra. L'eclisse solare del 22 dicembre 1870.
    Osservazioni eseguite in Terranova di Sicilia. in-4°
    grande . . . . » 10 —
Navone A. C. Passaggio sottomarino attraverso lo stretto
    di Messina, in-8°. Torino 1870 . . . . » 5 —
Nazzani. Idraulica matematica e pratica. 3 vol. in-8° (con
    tavole). Palermo 1875 . . . . . . » 30 —
Novi Prof. **G**. Algebra superiore. Tom. I, in-8° . . » 10 —
Palladio A. Le fabbriche ed i disegni. 54 fasc. a L. 5 » 270 —
— Studio elementare degli ordini di architettura, in-4°.
    Milano 1818 . . . . » 38 —
Palmieri. Lezioni di fisica sperimentale e fisica terrestre,
    in-12°. Napoli . . . . » 9 —
Parrochetti A. Manuale di idrometria, in-8°. Milano » 7 50
Pegnoretti. Manuale pratico per l'estimazione dei lavori
    architettonici, stradali, idraulici e di fortificazione.
    2 vol. in-8° gr. Milano 1864 . . . . . » 30 —
Peri. Algebra e trigonometria, in-12°. Firenze 1867 . » 4 —
— Geometria analitica, in-12°. Firenze 1867 . . » 5 —
Petit. Architecture nouvelle, in folio, relié en toile.
    Paris 1856 . . . . » 28 —
Pigorini. Le abitazioni pacustri di Fontanellato, epoca del
    ferro, in-8° gr. 1865 . . . . . . » 1 50
Plebani. Regolo calcolatorio e l'aritmetica logaritmica,
    in-8°. Torino 1868 . . . . » 5 —
Ponza S. Martino. Istituzioni d'architettura civile. 2 vol.
    in-8°, legati. Torino 1836 . . . . . » 45 —
Promis. Fabbriche moderne. 1 vol. in fol. Torino 1875 » 60 —
Purgotti. Chimica applicata alla medicina e all'agricol-
    tura. 3 vol. in-8°. 1863 . . . . . . » 20 —
Reale Dott. Dei piani quotati o livellati, in-8° . » 8
Romagnosi. Scienza delle costruzioni. 2 vol. in-8°. 1848 » 5 —

Rubini. Calcolo infinitesimale. 2 vol. in-8°. Napoli .   L.   10 —
— Complemento d'Algebra, in-8°. Napoli   .   .   »   7 —
— Complementi di geometria analitica, in-8°. Napoli
    1869   .   .   .   .   »   6 —
Santini. Tavole de' logaritmi dall'1 fino al 101,000, in-8°.
    Padova 1869   .   .   .   .   .   .   »   8 —
Sasso. Napoli monumentale. 2 vol. in-4°. Napoli 1858   »   20 —
Sardi C. Su talune serie ed applicazioni all'aritmetica,
    in-8°. Napoli 1870   .   .   .   .   .   »   3 50
Schiavoni. Principii di Geodesia. 2 vol. in-12°. Napoli 1863 »   12 —
Secchi. Unità delle forze fisiche. 2 vol. in-12°. Milano 1875 »   6 —
Seggiaro. Teoria degli archi equilibrati, in-8°. Milano
    1867   .   .   .   .   »   3 50
Sereni. Trattato di idrometria, in-4° con tav. Roma 1853   »   12 —
Serra M. Geometria piana e solida, in 8°, con atlante   »   20 —
Sobrero. Manuale di chimica applicata alle arti. 1850-1875.
    4 vol. in-12°. 1870   .   .   .   .   .   »   35 —
Stoppani. Purezza del mare e dell'atmosfera, in-8°. Milano
    1875   .   .   .   .   »   12 50
— Geologia. 3 vol. in-8°. Milano 1870   .   .   .   »   30 —
Taccani. Storia dell'Architettura in Europa, in-8°. 1855 »   7 50
Tadolini. Architettura pratica dei molini, in-8°. Milano 1835 »   36 —
Talotti G. B. Cubatura del volume delle vôlte, in-8°.
    Bologna 1871   .   .   .   .   .   .   »   3 50
— Quadratura della superficie delle vôlte, in-8°. Bologna
    1872   .   .   .   .   »   3 —
Tirone. Disegno topografico, in-8°. Torino 1855   .   »   6 —
— Corso elementare di topografia e disegno topografico,
    in-8°. Milano 1868   .   .   .   .   .   »   24 —
Todhunter. Complementi d'algebra, in-12°. Napoli 1875 »   6 —
— Calcolo differenziale ed integrale. 2 vol. in-8°. 1875 »   12 —
Torelli. Applicazioni della geometria all'industria, parte I,
    con tavole. Napoli 1869   .   .   .   . .   .   »   1 50
Trudi N. Decomposizione delle funzioni fratte razionali,
    in-8° gr. Napoli 1864   .   .   .   .   :   »   1 50
— Teoria dei determinanti, in-8°. Napoli.   .   .   »   6 —
Turazza. Il moto dei sistemi rigidi, in-8°. 1868   .   »   6 —
— Trattato d'idrometria, in-8°. Padova 1868   .   .   »   12 —
Venturoli. Elementi di meccanica e d'idraulica. 2 vol.
    in-8°. Milano 1863   .   .   .   .   .   »   10 —

FINE.

www.ingramcontent.com/pod-product-compliance
Lightning Source LLC
LaVergne TN
LVHW050251060726
842525LV00002B/276